21世纪改变人类生活的发明

XXI SIECLE: LES INNOVATIONS QUI VONT CHANGER NOTRE VIE

[法] 埃里克·德里德巴丁 著　　瞿 菁 译

上海科学技术文献出版社
Shanghai Scientific and Technological Literature Press

图书在版编目（CIP）数据

21世纪改变人类生活的发明 /（法）德里德巴丁著；瞿菁译. —上海：上海科学技术文献出版社，2016.6
（合众科学译丛）
ISBN 978-7-5439-6994-0

Ⅰ.① 2… Ⅱ.①德…②瞿… Ⅲ.①创造发明—世界—21世纪—普及读物 Ⅳ.① N19-49

中国版本图书馆 CIP 数据核字 (2016) 第 057433 号

责任编辑：张　树
封面设计：许　菲

丛书名：合众科学译丛
书　名：21世纪改变人类生活的发明
[法]埃里克·德里德巴丁 著　瞿　菁 译
出版发行：上海科学技术文献出版社
地　　址：上海市长乐路 746 号
邮政编码：200040
经　　销：全国新华书店
印　　刷：常熟市人民印刷有限公司
开　　本：650×900　1/16
印　　张：32
字　　数：371 000
版　　次：2016 年 7 月第 1 版　2019 年 1 月第 2 次印刷
书　　号：ISBN 978-7-5439-6994-0
定　　价：58.00 元
http://www.sstlp.com

敬告读者

　　本书以科学事实为基础，参考了大量作品以及多个权威网站，经过多次采访、反复调查，历时两年最终编写而成。在每章末尾，编者对各条信息来源均作了详细注解，以便读者进行更完整深入的研究。此外，为了使内容权威可信，本书还成立了专门的科学指导委员会，对书中涉及的医疗、科技等新概念与新术语进行仔细核对。多位知名学者、工程技术人员、公司企业老总参与其中，纷纷发表见解。在此，我们对他们为本书所做的贡献表示感谢。

科学指导委员会名单

让·安吉里迪斯，电子学博士

伯努·巴迪斯特里，国家工业物产学院总监

埃米尔·博利安，法兰西科学院院士、法兰西学院教授

哈吉马·贝尔巴，生物气象学博士

安德鲁·布拉克，国家分子生物物理中心研究员

皮埃尔·沙博特，空中之星公司董事长

吉尔·唐努吉，物理学家

弗朗斯瓦·格林，西门子法国分公司副总经理

阿克塞尔·卡恩，遗传学家、医生

弗朗斯瓦兹·品特，前外科医生、医学通信专家

赫布·李维斯，宇宙物理学家

让-保罗·李瓦尔，研究员

弗朗西·罗卡尔，作家、宇宙物理学家

亨利·德斯达霍芬，瑞士历史学家、作家

展望、发展、理想国

人们总爱在世纪交替的时候总结过去，展望未来，21世纪当然也不能例外。假设我们的祖先重生，他们将如何在我们的时代生活呢？这真是个有趣的想法！全自动的智能房屋里，所有琐碎的家务都交给机器人一手包办——在祖先们的眼里，上述想法恐怕是异想天开。还有全球定位系统GPS，能引导车辆开往世界上的任何地方——这些由因特网带来的信息革命同样令人叹为观止。但是，人类也有做得不够的地方：陆上的交通状况还有待完善；某些疾病仍在地球上肆虐……

那么，究竟什么才是21世纪的庐山真面目？人们忧心忡忡，疑惑重重……

人类掌握了大量的科学技术知识，也创造了许多有益的发明，未来看似一片光明。比如在医学领域，得益于微电子、机器人以及信息技术的交叉运用，在多个分支学科将要取得的进展看来已经成为人类的囊中之物：精工细作的义肢、人造器官可能真的成为患者身上的一部分并由人类自己的意志自由控制；纤细的导管一头连接着可视设备与微型仪器，一头被导入患者的身体，功能强大的电脑对微型操作仪发号施令，整个手术过程在屏幕上一览无遗——这就是无痛无疤的新型外科手术，它的普及早已不是遥远的梦想。虽然仍有层出不穷的难题挑战着人类，但是谁都无法阻挡科学技术昂首跃进的步伐：计算机的内存不断扩展，运行速度持续提升；不论人类是喜是忧，克隆宝宝的诞生终将成为科技发展的必然。

事实上，人们对于科学发展的犹疑往往是源于心理或经济上的问题。技术上的难关早已被一一攻破，然而心理与经济条件所构成的障碍却使"跨入新世纪，所有家庭都拥有机器人设备"的预想成为泡影。

当然，造成这种对科技进步心存疑虑的因素还有很多。比如：人类往往要依靠某些不确定的知识才能取得预想中的突破。即便可以信誓旦旦地断言科技的发展，但是何时才能真正掌握那些新兴的事物却仍然还是未知数。从大方向上看，知识技术层面的跃升必然会成为大势所趋，然而具体到细节，究竟哪项惊人的发现会在何时、何地并由何人挖掘？这一对矛盾体在 20 世纪美国的两项重大科学研究计划——约翰·菲茨杰拉德·肯尼迪（John Fitzgerald Kennedy）的登月计划以及理查德·尼克松（Richard Nixon）的抗击癌症计划中展露无遗。前一项计划使人类于 1969 年 7 月 20 日踏上了月球；而得益于后者，人类抗击癌症的方法同样发生了重大的变革。虽然决定性的胜利尚未到来，但是面对癌症——这个本世纪发达国家中最大的致命病因，人类的反击确确实实取得了长足的进步。我们所有的人都日夜盼望着癌症、老年性痴呆病以及各种恶性传染病能够早日在地球上销声匿迹。然而实事求是地说，人类至今还没有成为这场战争的胜利者。而且值得注意的是，现在导致各种癌细胞扩散、细菌病毒暴发、寄生虫肆虐的元凶正是人类本身的一些不良生活习惯。有的生物学家更是指出：虽然在对抗恶性疾病的部分战役中，人类看似"歼敌无数"，但是这也使得残存的细菌病毒对人类的"武器"（比如：抗生素、抗毒素、抗癌药物）有了免疫力，因此危害更大。到今天为止，已经是硫酰胺问世的第七十五个年头，而抗生素也达到了半百高龄，但是每年地球上仍有数以百万计的生命被各种细菌病毒无情地吞噬。更可怕的是，新的恶性传染病，像艾滋、非典、埃博拉等，层出不穷，不断危害着人类的身体健康。

最后一点，"人类是否永远会是地球的主宰"这样的问题挥之不去，也使得人类的忧虑与日俱增。过去无法想象的科学发现而今均一一浮出水面：无线电、相对论、半导体、量子力学等。它们在为旷世发明提供理论依据的同时，却也爆发出令人瞠目的力量，让人类也不得不感到自己在地球上的统治地位岌岌可危。这也是为什么人类在享受科技进步的同时却始终忧心忡忡的缘故。

现在，只有一个问题我没有涉及了。借用孔多塞侯爵的名言，就是人类是否应该"迈着坚定的步伐在真理、德行和幸福的大道上前进"呢？换句话讲，其实就是意味着我们能否依赖那些闻所未闻的知识、技术去获取我们的美好生活，去提升社会的道德价值。总之，我们最为关心的还是所有这一切能否为我们的子孙后代送去福荫。从20世纪人类获得的经验中，我们看到了希望；但是无数惨痛的教训也使得疑虑骤起。没有人可以否认新千年将是知识与技术大爆炸的时代，人类的寿命将会延长，还会将征服的触角伸向太空。但是我们同样无法否认新的时代必将会有阴霾：血腥的战争、3次大规模种族屠杀、恐怖的核武器、有恃无恐的污染、全球气候变暖等问题都是曾经或现在仍然困扰着人类的梦魇。事实上，由于在这些方面掉以轻心，我们已经付出了沉重的代价：博帕尔毒气泄漏、切尔诺贝利核事故、石棉中毒、血液感染等丑闻不胜枚举。

也许是因为现在的人们比起孔多塞侯爵要现实得多，所以他们一直都认为科技的客观发展与人类本身主观德行的完善并没有太多的关联。打个最简单的比方，要是现在的学者、研究人员撰写论文，考虑到相关学科知识的不断变化，他们不太可能去参照十几年前的科研成果。但如果换成是探究人类灵魂命运与德行的哲学家，若是他们在思索真、善、美、爱等主题的时候借鉴了柏拉图、亚里士多德、柏罗丁、笛卡尔、斯宾诺莎、康德、尼采或是其他先哲们的思想，恐怕也不是什么贻笑大方的事吧！

　　毫无疑问，人类在新的世纪一定会变得更为强大——关于这点本书也给出了许多事例予以佐证。而问题在于，人类是否会好好利用这些知识技术，让它们为我们的幸福服务呢？我想，只要人类自己愿意，一切都会成为可能。

　　在本书中，埃里克·德里德马丁先生指出他对未来一直抱着乐观的态度，这主要是基于科学技术的飞速发展，但同样也基于他对人类将会合理利用科技这一能力的信任。我想，这既是本书所描绘的，同时也是我们所有人都衷心盼望着的"理想国"。

先哲亦先知吗

爱因斯坦曾说过："想象力比知识本身更重要。"一代又一代的先哲们孜孜不倦，使人类掌握的知识生生不息、代代相传。这些智慧的结晶既证明了智者超凡卓越的才能，也使人类的生活方式发生了翻天覆地的变革。700万年前，由水、火、氧气组成的蔚蓝星球上出现了最早的人类。和地球四十多亿年的高寿比起来，700万年不过是绵绵时间长河里的一朵浪花。然而，正是在这700万年中，人类本身取得了长足的进步：学会人工取火、打磨石块制造工具武器、开田农耕、拓路运输、建造屋舍寺庙与教堂、打造帆船出海游历，甚至还在5 000年前创造了文字。事实上，人类开创的奇迹远远没有结束。18世纪到20世纪短短两个世纪中，声势浩大的工业革命在整个星球掀起了强劲的飓风——一切都被颠覆了。无论是作家、学者还是先哲们，面对这股来势汹汹的风潮都是犹疑重重。在这座"世界工厂"门口，忧虑与兴奋的声音此起彼伏。人类会永远不停地高攀，永远不停地远行……对此，弗朗索瓦·德·克罗塞忧心忡忡，并在他20世纪末新出版的作品中提醒人们注意"是永远不停"！

首先来谈谈悲观派。这一派的特点是对新兴的发明充满恐惧，这种恐惧在众多前人们的手稿中已是屡见不鲜了。早在1932年，伟大的爱因斯坦就断言："到目前为止，还没有任何证据表明有朝一日人类能够真正得到并掌握核能。"很显然，这位20世纪最伟大的科学家在预言原子能技术发展的时候犹疑不安。难道他是在担心人类利用铀时会动机不纯？又或者他自己也害怕看见人在自己的发明发现面前显得毫无招架之力？

12 世纪时，被视为圣人的安·索勒姆将一切胆敢放言要探索、征服海洋的人投进监狱。他说："大海浩瀚无垠，永远没有人能够在海上航行！"

要是这位后知后觉的"先哲"见到了游历东方的意大利人——马可·波罗，他又会说什么呢？他在 13 世纪末写下的手稿中依旧固执己见："意大利人在撒谎！绝对没有人可以从地球的另一端安然无恙地回来。"

克里斯多夫·哥伦布在提出要环游地球的想法后同样受到舆论的打击，最大的阻力就来自西班牙皇室。国王甚至拍胸脯打包票道："即便他真的侥幸抵达世界的另一头，他也不会有命活着回来。"

1555 年，古卜大作《世纪探星者》一书为我们描绘了一个极其晦暗的未来。虽然不能完全否定他的某些观点，但全书字里行间所流露出来的悲观使作者显得未免太过谨小慎微了。

在科学技术领域，情况似乎如出一辙：纵然绝世发明前赴后继，也丝毫激不起人们的热情。1783 年，蒙特高菲兄弟乘坐亲手发明的热气球飞上蓝天。原本是一个普天同庆的日子，普瑞瓦大主教却大泼冷水："如果上帝希望人类飞翔，早在造物的时候就赐予我们翅膀了。"对于两个年轻的先驱者来说，这句话无疑如利剑穿胸。

还有当时赫赫有名的《波尔多邮报》同样不愿放过初出茅庐的发明家们："痴迷于飞艇制造的只有两种人，一种是钱多得无处消遣的暴发户，另一种就是思维错乱的臆想者。"

诸如此类的事例不胜枚举。原以为能够大获成功的燃气照明设备却意外失利。一位英国物理学家威廉姆·海德·沃拉斯顿甚至犀利地嘲笑说："与其夜里摸着燃气灯在伦敦的大街小巷撞得鼻青脸肿，还不如直接从月亮上切一块下来当灯笼！"1832 年，火车同样在人们怀疑的眼光中挣扎着发展。当世界上第一条铁轨竣工通车时，媒体的评论丝毫不留情面："所谓的铁路只会把我们的生活搅得一团糟。"德国的一份杂志《柏林画刊》更是火上浇油："相信我们吧，坐上火车的乘客多半是有去无回！"

厚重的教学讲义常常使天才的医生也迷失了方向。1839 年，韦伯竟然断言："人类在外科手术台上将永远饱受疼痛的折磨。"

即便是英明神武的拿破仑似乎也摆脱不了虚幻的怀疑主义。当格拉姆将自己多年钻研所得的能量发动系统双手奉献给皇帝时，这个站在法兰西顶峰的男人只是无动于衷地扔下几个字："这世上不可能有什么发电机。"

事实上，科学技术在发展变革的过程中通常都会遭到质疑的眼光。

《大众视野》日报曾发表评论："有人时不时会对所谓的潜水艇、超声波高谈阔论，但这些无稽之谈并不能帮助我们揭开深海中隐藏着的奥秘。"

很长的一段时间里，托马斯·爱迪生的发明甚至得罪了英国国会。其新闻发言人私下里表示："爱迪生那种烧得烫手的灯泡也只有大西洋那边的美国佬才觉得如珠如宝。对于真正的学者专家来说，这不过是一文不名的哗众取宠罢了。"

更有甚者，一位英国工程师竟被赶出其工作的实验室，而惨遭不幸的原因是他胆敢研究充气式引擎。

法国人埃米尔·勒华索在看到亨利·福特为美国创造了百亿财富之后，信誓旦旦地说："制造汽车无异于自毁前程！"可笑的是，这"自毁前程"的话竟应验在他自己身上。1897 年，勒华索开着车在马赛的大街上继续向民众宣扬抵制汽车的思想，结果为了避开突然冲上马路的小狗撞得车毁人亡。

一家专业从事马术训练的公司的老板立誓决不花一个子儿购买汽车。这位老板愤愤地扬言说："雷诺就是做梦也休想从我这挖走一分钱。我就不信那些废铜烂铁拼成的四轮车能比得上我可爱的马匹与漂亮的跑道。"

也许 19 世纪的发明创造真的太多了，以至于仍在萌芽阶段的科学技术就能吓得某些人无所适从。许多高级知识分子也不由分说地妄下断言："在我看来，人类已经没有什么可发明的了。"可那时候不过才 1865 年呀！革新的时代才刚刚迎来春天！奇怪的是，虽然现在已跨过 20 世纪，犹疑不安的声音仍旧不绝于耳。

英国的一位机械工程师曾说："想要制造出时速 10 000 千米以上的载人运输工具，那简直是贻笑大方。"如果大家都对他的断言深信不疑，那么人类也无缘与航天火箭见面了。美国航空航天局一次又一次漂亮的探空计划彻底击碎了英国人的偏执。

没有人会忘记，20 世纪 60 年代标志着信息时代的到来。然而当时的媒体却偏偏不赏薄面，极尽其能事打击批判："禁锢在小范围的网络连线不会对我们的生活产生任何影响。"10 年后，连一家全国级的重点发行单位也在其日报中公然写道："计算机没有明天。"

与悲观派相对的当然是乐观者。他们同样人数众多，自成一派。尤其是在预测未来的功力上，后者似乎还略胜一筹呢！伟大的李奥纳多·达芬奇，在挥毫泼墨之时还不忘评述道："我从不满足于前人和别人创造出的一切，以及我所获得的成就。"而他信手拈来的草稿竟然真的成为500年后直升机的设计蓝本。1882年，《巴黎生活周刊》的记者艾伯特·罗比达预言了电视与其他多种合成物质即将诞生。还有作家塞瑞·高登，在他的巨作《2100年，下个世纪的故事》中向人们展开了未来世界的真实画卷。最令人钦佩的还要数儒尔·凡尔纳。这位杰出的科幻小说家在作品中为超现代的大都市巴黎量身订制了一条空中地铁。40年后，曾在书中驰骋东西的轨道被铺设到现实生活中，因为TGV（高速铁路）建成通车了。他的另一部小说《从地球到月球》似乎也为日后人类踏足太空提供了行动指南。简直不可思议！当然，高瞻远瞩的巨匠可远远不止以上几位。乔治·奥维尔在他1984年发表的长篇小说中清晰地勾画出36年后的未来世界。他预见到世界语的诞生、核武器技术的大范围掌握以及医学界将成功洗脑。难道他真的拥有通天的灵异能感知过去和将来？

拥有明确先知的未来观固然要感谢丰富的想象力，但要是没有科学知识作为保障，恐怕巧妇也难为无米之炊。可以肯定的是，勤探索、善思考必将有助于培养察觉未来变化的敏锐度。405年，圣·奥古斯丁就说："未来是现在的期待。"嘉斯顿·贝基也认为："未来会有一连串与过去所出现的情况相类似的事件发生。"而坚持科学观的维克多·雨果则更进一步："科学的灵感，绝不是守株待兔可以等来的。"确实，在最近的几个世纪中，人类从未停止过积极追赶未来的脚步。无数知名或者不知名的专家学者都为了自己的科技发明梦前赴后继：飞行器、手机、汽车……一方面，层出不穷的创新成果使得大家的科研热情如滚雪球般空前高涨；另一方面，不胜枚举的成功案例让人们对更新更好的发明如饥似渴。消费能力提高了，生活质量改善了，科学研究就像被注射了兴奋剂一样勇往直前。作为新型信息技术语言的奠基人，比尔·盖茨与他的微软公司堪称神话。一次公开演讲中他提道："我们在制定商业战略时，常常会乐观地估计未来两年的市场前景。当然，为了控制风险，我们会保守估计后 10 年的发展趋势。"从他的话中我们不难看出，社会的进步绝对是大势所趋。而我们，似乎对这样的发展也是乐在其中：谁能否认交通、信息等方方面面的技术革新？谁又能否认它们确实为人类的生活带来了舒适便捷？只是在享受幸福的过程中我们必须清醒地认识到：现在还只是首战告捷，人类要走的科学之路依然漫长，依然崎岖。"有求才可能有得，"维克多·雨果这样告诫后人，"为什么原始人落后？因为他们不懂得探求。"

比如在医学领域，难道我们可以因为取得的某些小成绩而从此止步不前？确实，许多重大的恶性疾病现在在人类看来早已经不值一提，但也请大家注意，癌症仍猖獗地吞噬着鲜活的生命；艾滋病就像 14 世纪的瘟疫一样疯狂地滋生扩张。与浩瀚无垠的太空相比，人类的所知依然像沧海一粟。至少到目前为止，我们仍无法想象有哪个地球上的家庭能像 15 世纪的哥伦布或达迦马那样，敢于跳上宇宙飞船去未知的世界闯一闯。从古至今，要在未知中找寻可知的答案都是非常困难的，更何况要去相信尚不存在的科技进步？很久以前，就有人喊着要发明一种神奇疫苗用来抵御所有的恶疾。可是就现在看来，那不过是雷声大雨点小的闹剧。还有什么所谓的 100% 无损耗能量转换，估计也是人们一时兴起的笑谈罢了。

事实上，对于各种各样的质疑甚至是诋毁，先知的圣人们早就做到了处变不惊。孔子、托克威尔抑或是孟德斯鸠，他们可都是个中好手。虽然他们的某些观点在很长一段时间内被误判为疯言疯语，不过时间还是最终还他们清白。"只有一个人掌控，但航行速度却远胜于载满水手的船只"成了后来帆船的雏形；"没有动物牵引也能自己跑的小车"为后来的引擎汽车画好了蓝本；"会飞的机器把人弄上了天空"说的不正是现在的飞机吗？但你要知道，先哲们的预言可都是在 13 世纪以前就已经横空出世了！

很难想象，要是中世纪的大学者能知道电磁波的存在将有怎样的评价。也许他们会说这是"环游地球的隐形思想"吧！先哲中毕竟有不少先知！赫布·乔治威尔不就预见了人类踏上月球的时刻？阿兰·鲍尔也为我们设计了四维空间。最知名的当然还要数儒尔·凡尔纳，他构想了潜水艇与飞艇。

光区别乐观还是悲观显然没什么大的实际意义。因为在现实生活中，我们会源源不断地遇上许多其他的问题。比如当我们以发展的眼光看未来时，往往也会产生一些忧虑。毫不夸张地说，人类常常是在欣喜与恐慌中进退两难。科技的发展就好像一匹快要脱缰的野马，你不禁自问："人类是否还有能力将之完全驾驭？"

当拜读了某些哲学作品之后，我们甚至会对"进步"本身提出疑问：是否科技的"进步"就意味着人类社会的"进步"？你不得不承认想象力带来了许多美好的东西，可是它构造的灵感世界却又时常透露着使人不寒而栗的诡秘。法国科幻小说家雅克·斯匹兹就有这样的才能。他的作品带有极浓重的哲学思考，在对未来进行探究的同时也使读者不知不觉地掉进臆想之中。《地球末日》《公元4 000年的逃犯》《苍蝇大战》以及《炼狱眼》等，光看其作品的大名就已经叫人毛骨悚然。尤其是 1945 年出版的代表作《炼狱眼》，十分真实地展现了一个令人望而却步的未来。故事主要讲的是一个科学狂人研制出一种能威胁整个星球的病毒，并寄望他的发明能从外貌到感知彻底摧毁人类。可怜的地球在他的淫威下日渐衰老，人类世界也在仇恨的鬼火中苟延残喘，而从前有过的思想、感情统统在炼狱中付之一炬。从今天的眼光来看，有新的细菌诞生并非只是科幻作品中才有的情节。日常生活中这样的事例比比皆是，只不过后果没有如此严重罢了。

最后想讲一讲现代人对于未来的预测。事实上从 20 世纪 80 年代开始，就不断有人对 21 世纪展开天马行空的想象，结果当然仍是喜忧参半。1980 年，丹尼尔·加里写成了名为《未来档案》的作品，书籍的首页便以《戛然而止的发展》为题，着重讨论了人类社会今后的命运。1968 年成立的罗马俱乐部在这方面也颇有研究，只不过其中的科学家们似乎看问题都比较悲观。他们得出的主要结论就是：资源会用到一滴不剩，地球会完蛋，宇宙也会终结。1978 年，俱乐部的创始人、意大利工业家奥拉里奥·裴瑟断言："地球只剩下 10 年的寿命。"电子工程师罗伯特·福嘉也为 1995 年的世界末日写好了剧本：当一架飞机撞上了纽约市中心的一座方塔之后，整个世界陷入瘫痪，而人类文明也大踏步退回到黑暗的中世纪。显然，这样的观点一定会有反驳者。1962 年，格兰·萨伯教授在密歇根大学讲课时公开向学生们预言了 1992 年全球信息通信科技的普及，并且提出了个人电脑（PC）与个人数码助理（PDA）的概念。他说："完善的电子控制系统将走进千家万户，为你算账、做你的助理……"

人类随着科技的发展究竟是勇往直前还是节节败退？问题的双

重性倒是给大大小小的报纸提供了不少的谈资。不过这也只能说明，我们对这个问题确实很在意。

谁也无法否定人类是创意的天才，因此可以肯定一点，没有什么可以停止人类继续革新前进的步伐。这就是我们的天性，百折不挠、誓死向前的天性。已经到来的 21 世纪终将为我们证明这一点。

如何阅读本书

新的世纪终于到来了！人们频繁地使用与"新世纪"有关的词语去描绘所有令人欣喜的科学技术，比如：千禧汽车、未来飞机、太空漫游、载人空间站……现在，我们可以大声地说："21世纪的钟声已经敲响！"虽然新兴的科学发明看似填满了大家的生活，但事实上，人类只不过刚刚推开技术创新的大门。可以确信的是，21世纪必将成为一个飞跃的新时代。从前只有在科幻小说中才出现的异想天开没准哪一天忽然就美梦成真。难道你不想知道，从2005年到2100年，我们的生活会有怎样翻天覆地的大变化？人类会攀上怎样的科学高峰？又会有哪些妙不可言的发明成果影响我们？一切都要从头开始讲起。

20世纪初，当人类还在以马代步的时候，没有飞机、没有广播，更没有电视，就连医药用品也少得可怜。大家都用煤炭来烧火取暖，至于休闲娱乐，那简直就是天方夜谭。绝大多数的人口都聚居在乡野村落里，总数满打满算也不过就600万左右。经过整整一个世纪的努力，人们的生活质量有了飞跃。从前只有极少数人才能享有的"宝贝"现在都添上了一丝平民化的色彩，成了大众喜闻乐见的日常用品：方便的通信方式、快捷的交通网络、有效的医疗药品，特别是因特网的建立健全更是为20世纪画上了圆满的句号。我们不得不承认，机械单一的技能技巧已逐步被强大完整的科学技术所取代。比方说：一讲到电磁波的传播规律，我们就会向水中投掷小石块以证明波的传递特性；在学校中，也常常是用电子管的草图来解释电视的成像原理；软件方面，盘片上的凹凹凸凸被认为是海量信息得以存储的最大功臣；而各式各样的强力马达，它们的发动运转也不再是什么晦涩深奥的大学问。我们在向孩子们解释喷气式飞机马达的运转时就会借用最常见的气球，当充满气的气球突然漏气，就会在空中又急又快地飞行，这与喷气式飞机的原理是异曲同工的。

21 世纪初，科学技术的脚步已经迈上了康庄大道，它向前的速度无人能阻。普通人已经无法清楚地解释为什么小小的手机能接收图像信息，并在世界范围内通畅地连接。另外，10 年前还窝在电话传真机前拨号码的老土样子现在已经完全被电子邮件与短消息所取代，这一切又要如何向你的孩子娓娓道来？还有，画质清晰、颜色艳丽的等离子超平彩电也不再是有钱人的专属。即便你不知道为什么它的性能如此超凡卓绝，照样可以把它抱回家一饱眼福。在医学领域，情况似乎如出一辙。你根本不知道研究人员们又会有什么样的绝世发明，但人类确实在相关领域取得了重大的胜利。经过了几个世纪的飞速发展，我们的地球已经当之无愧成为革新进步的发源地。我们可以拍胸脯说道："这样的势头决不会减慢！"对于 21 世纪初才出生的幸运儿来说，他们将有可能看到无数的创造发明推陈出新，不仅惠利我们的日常生活，也造福整个人类社会。其中，有的技术也许会远远超越人类本身具有的能力，也许有朝一日我们真的会依附于各种各样的机器生存。但这又有什么关系呢？新的世纪本来就是一个连接符号，将昨天那个理性的世界和明天那个未知甚至有些疯狂的世界相连。究竟是好是坏？是喜是忧？看完了本书之后，你就会有自己的答案了。仁者见仁，智者见智吧！

本书在编写的过程中得到了许多人的帮忙：有志愿组成的科学

技术顾问团，有来自德国西门子公司的信息保障，还有世界各大顶尖专利协会的帮忙。也正是因为有了这么多行家的鼎力相助，才使得这部作品有底气，详细地将今后 100 年内有可能诞生的创造发明最真实地呈现在你的眼前。

古往今来，几乎所有的技术进步都是以史为鉴才能取得最终的成功。要想在将来活得更精彩，偶尔回首过往也是不错的选择。同样的，适时地展望一下未来也会为今后的生活添姿添彩，不是吗？

那么，究竟要如何才能读通读懂这本书呢？我想在这里，不得不先提一下本书的 3 位功臣。他们既是本书原稿的撰写人，也亲自前往各地收集第一手的科学资料。他们是劳伦·米耶、皮埃尔·克伦和埃里克。作为资深的记者，他们创作本书时并非采用天马行空的幻想，而是以事实为根据推断未来可能与世人见面的新发明。

说实话，要完成本书并不是一件轻松的事。一个世纪实在是一段很长的时间，对我们而言未知太多，变数也太多。因此，我们是抱着极其严谨的态度审视未来，从而预测出某些可能。在这里，我郑重地向读者朋友们承诺，我们决不会口无遮拦地夸大事实；即便有，专业的科学技术顾问团也会对此做出修正。比如在抗击癌症的问题上，我们就十分诚实地评论说："要想完全战胜癌症病魔，人类还要等许多年，因为还有很长的路要走。"对于征服太空的计划，情况也是如此。虽然在 2100 年之前进驻太空也并非绝对不可能，但要想在短期之内打造出永久定居宇宙的航天飞船确实是有些勉强。再比如碳氢燃料汽车，也还需要几年才能真正地完成调试。所有的这些信息都是以事实为依据。我们坚信，下一个百年必定是科学这朵娇艳的玫瑰吐露芬芳的黄金世纪。

　　为了出色地完成这部作品，作者们花了很长时间收集大量相关材料，并反复向有关权威人士求教、考证。说他们是一群干劲十足的记者丝毫不为过，他们一方面参考已出版的科学杂志，另一方面则严谨地对待每一项研究成果。当然，适时地到网上去淘宝也是不错的工作方式。为了尽量避免写作与真实技术之间的差距，作者们摒弃了花里胡哨的创作手法，只是向读者们简单地平铺直叙。书中，绝大多数的标题都是平时在新闻中司空见惯了的。在每一篇文章的开头都附有引言，主要是为了概括全文，使读者能够对紧接的内容一目了然。文中的内容并没有做任何夸大的处理，可以说是完全站在读者的角度去尝试探知未来。我们可以把本书的写作目的概括为以下两点：一是要向人们说明今后的 100 年中科技世界会掀起怎样的波澜；二则是希望通过对研发过程的介绍，使人们牢牢记住科学家们曾为这些奇迹付出过怎样的努力与心血。如果你细细品味文章就不难发现，字里行间都充满着作者的乐观主义思想。这一点是很容易理解的，我们不可能带着偏执的悲观主义色彩去幻想未来，也不可能以一种灰暗的基调向大众危言耸听。我们想做的只是要让大家知道：纵然有时候我们会为已逝的过去感到遗憾，但人类生活的不断前行一定是大势所趋。我们要对科学技术有信心，相信它必然会带给我们一个更加美好的明天。

　　在这里，我必须说明一点：本书的作者们从没有期望作品会创造出荒诞或者灵异的感觉，因此，你绝不会在我们的文章中找到奇思妙想的"飞行汽车"或者"火星饭店"。这不是一本供人消遣的科幻小说，我不得不再提醒各位读者一次。我们的作品是希望使那些热爱科学的人们能对最新最快的前沿技术有所了解，成为他们知识的一个来源。当然，对于那些由于没有时间阅读，已经错过了 20

世纪精彩发明的年轻一代来说，翻开这本书也是一次恶补的好机会吧！

首先要和你讲一讲的就是神奇的手机。作为无所不能的通信工具，它连接起的是人们的心与感情，看似冷冰冰的未来世界在它的活跃下似乎也平添了几分人性化。交通方面也一定会有大的发展。别看飞机与汽车都已是年近百岁的"耄耋老人"，但它们在新的技术下必将焕发出不一样的神采。抓住你眼球的不再是它们酷劲十足的设计与外形，而是更低污染、更快速度的卓越性能。往后的交通工具完全有能力将现有的老爷车们远远甩在身后。还有，围绕着能源而展开的未来世界肯定也是振奋人心。感谢几年来研究人员坚持不懈地钻研，21世纪的能源打的将是干净、可持续的环保牌。无损耗的安全核能会抚平人们听到原子技术时的不寒而栗。随着首批太阳能核电站的问世，今后的百年将对整个地球的环境保护做出至关重要的贡献。也许有的人始终没有忘记长途旅行的梦想。在新的世纪里，一种全自动的公交工具（别名为"步行者"）将会和公众见面。它的出现不仅缓解了大城市中交通拥挤的窘境，也实现了许多人自由旅行的愿望。另外，自2003年起与Villette卫星成功对接的气象预报系统已经在各主要城市进行地毯式的工作。它所收集的信息准确无误，一定会为我们的出行提供方便。还有，一种塞入耳朵的小耳塞可以充当同声翻译，让使用者同步了解世界上所有的语言。总之，神奇的发明实在是数之不尽……

为了使本书的内容更加规范，作者暂且把文章分成6个领域。

首当其冲的是通信交流。很显然，新世纪是互相交流、互相了解的黄金百年，因此我们会看到许多相关的技术诞生并成熟：手机的大范围普及、安装在商场大门口新型的虚拟玻璃橱窗、声控汽车以及为盲人特别打造的生活向导助理。

第二大部分涉及医疗保健，主要讨论今后 100 年中有哪些可预料以及不可预料的医学新发现。一般来说，癌症与艾滋病——这两大 20 世纪的恶魔将是我们的紧盯对象。虽然还没有任何迹象表明人类可以在对抗病魔的最终战役中翻身解放，但是医学界确确实实已经取得了不小的成绩。如果地球的污染问题能被有效控制，再配合一些新研制出来的疫苗，那么人类的健康将得到大大的改善。新型的抗衰老药剂，控制帕金森以及阿尔茨海默病的研究计划已经被摆到了桌面上，实施也是势在必行。

接下来说的"科学技术"这一部分所涵盖的范围比较广，但主要还是侧重于"技术"的革新这一方面。所有 20 世纪就已经诞生但仍需要改进的技术都是我们研究的对象。比如：不透光的墙砖将代替旧式百叶帘；电子卡会赶走硬币纸钞；电脑前的键盘不得不让位于信息阅读系统；智能标签继条形码之后侵占超市柜台；发光二极管力压爱迪生的电灯泡；塑料也在新式材料的冲击下退出历史舞台！

还有，快速的未来世界显然无法不考虑神通广大的路面交通运输，这个领域的进步也一定是无可限量。铁路的运行速度将进一步提升；真空隧道也已经投入研究，没有空气的阻隔，相信跨国间的运输会更加通畅；装有全自动导航系统的小汽车已经在加利福尼亚州调试，有了最新的光学识别技术，不握方向盘依然能够潇洒驰骋的梦想即将成真！

当然，航空航天也是不可能被人遗忘的重头戏。高新技术的发展势必带动整个行业的前进：超音速飞机的起航、美国政府提议的宇宙探险计划……1969 年之后，人们一直翘首企盼能诞生一位像阿姆斯特朗一样的登月英雄，继续完成人类迈向太空的憧憬。现在看来，这样的愿望似乎并不是那么遥不可及。

最后吸引我们眼球的还有老生常谈的能源环境问题。污染强加在地球身上的枷锁已经沉重到不能继续置之不理的程度，我们必须采取有效的措施捍卫蓝色星球——我们共同的家园。开发新能源、改善核技术、预防骤冷骤热的非正常气候以及保护易受灾地区人们的财产安全已经成为迫在眉睫的大课题。能认识到问题的严重性十分关键，毕竟谁都不想看到曾经美丽富饶的地球衰败成荒无人烟之地。

最后，我想说的是，发明与幻想原本就只隔了一层纸。几百年前的科幻小说家们不也没有预见到今天的手提电脑与手机吗？也许，异想天开正是创造发明的源泉呢！

目　录

延年益寿有妙招

　　DHEA 胶囊的销售情况火爆，自面世以来已经成为各大药房、专柜的宠儿。作为处方药，其主要功效为延年益寿。据称，针对此新产品仍将进行进一步开发。目前，法国社保基金会拒绝把该产品列为公费医疗用药。

　　"人类终于找到了抗击衰老的良药，但是这方良药就像稀世珍宝，有钱难求。"今早，这样的声音在巴黎 17 街区的某个药房里不绝于耳。不消片刻的工夫，DHEAge 药品的销售专柜前就排起了长龙。早在 20 世纪 90 年代该药品尚处测试阶段时，DHEAge 这个名字就已经开始使用。后来，致力于该产品经销的某欧洲医药集团将此名保留并沿用至今。事实上，受到伦理道德问题的冲击，该药品的诞生引发了不小的争议。这就是被美誉为"延年良方"的 DHEAge 在欧洲大陆迟迟没有上市的原因。

　　就在昨夜，这些看起来还没有一片阿司匹林药片大的新品在法国大部分的药店里同时上柜，它粉红色的包装盒还被堆成了金字塔的形状。这说明，法国最终重返由美国于 1992 年倡导的运动当中。这项新产品是由一组研究人员研制成功的。为了证明自然激素的功效，他们面临了巨大的考验，其中最早发现名为 DHEA 分泌物的研究人员是一位法国教授。他名叫埃蒂安-埃米尔·博利安（Etienne-Emile Baulieu），目前任职于法兰西学院并曾担任法兰西科学院院长。历经多年研究，这些研究人员最终证实了 DHEA 的高效性。在一年的时间里，280 位年逾 70 的老人自愿接受该激素的临床测试。该测试由博利安教授以及来自国家老年医学基金会的福雷特（Forette）教授共同主持，并由二十多位法国研究人员合作完成。实验结果与预期完全相同，它证实了绝大多数由年老或身体机能衰退而引发的疾病，其罪魁祸首正是体内激素分泌量下降。适时摄取 DHEA 补充新的激素，就会使"返老还童"变为可能。2004 年，某加拿大实验室以苍蝇为研究对象，使其摄取 DHEA，结果使苍蝇的寿命从普通的 40 天延长到了 60 天！

在首批接受"万能灵药"临床测试的志愿者中，有一对年届 70、来自上塞纳纳伊地区（Neuilly-sur-Seine）的老夫妻。他们说："我们想成为'不老药'最早的受益者。试想一下，我们将能活到 120 岁！"博利安教授认为，对于目前健康状况良好的这对夫妻而言，要活到 2056 年的想法绝不是天方夜谭，甚至不排除他们能活到 150 岁的可能性！这简直是太神奇了，要知道这对爱人的出生年份可是 1936 年！

亲身体验了 DHEA 在抗疲劳方面所具有的神奇功效之后，一位退休人员这样评论道："我们的皮肤又变得亮丽起来，头发也更有韧性，睡眠质量提高了，感觉整个人找回了真正的活力。"

但是，科学家们也承认 DHEA 并不是无所不能的。标准的体形、适当的有氧锻炼（比如自行车运动）、科学的定期医疗检查才是真正改善健康的关键。由于没有任何医药组织收到过允许 DHEA 上市的相关批文，在很长的一段时间内，该药品处于无人知晓的真空状态。然而当 DHEA 正式上柜销售时，赞美之词却是不绝于耳："返老还童的青春之泉"、"新型万艾可"、"不死神药"……短短几个星期之内，各大媒体对于这款近乎奇迹的药品也是丝毫不吝啬他们的赞美之词。究竟还能不能把 DHEA 称为药品？当得知了这种激素是自然的而非人工合成之后，人们对这个问题的答案似乎也是举棋不定。法国社保基金会显然不想再在此问题上纠缠不休，因此将 DHEA 列为公费医疗用药的计划也迟迟没有提到议程上来。

在美国，15 年前就开始了同类产品的销售，某些种类的 DHEA 甚至完全以食品或者其他的各式名目包装上市。遗憾的是，直到现在都没有任何相关实验室可以为 DHEA 申请一个名正言顺的药用许可证。原因很简单："不老药"不用经过人工合成，与维生素、矿物质、氨基酸一样，都是纯天然的东西。

20 年来，博利安教授一直召开相关课题的学术研讨会，并坚信该激素的使用会为人类带来福音。得益于这位科学家的不懈努力，专门从事人类长寿问题研究的实验室现已建成。该机构主要分析导致人体衰老的原因以及机能衰退所引发的症状，如：肌肉老化、记忆力减退、皮肤松弛等等。

接受采访时，教授说："我们注意到现在的七旬老人，比起 20 世纪中叶六十多岁甚至五十几岁的人群都更有活力，健康状况也更好。"相信没有人会忘记 20 世纪末的长寿之星——詹妮·卡门（Jeanne Calment）以及她 121 岁的高龄纪录。按照教授的说法："以后这样的例子还会有很多，不胜枚举！"多年来，孜孜不倦地致力于长寿激素的研究工作使他赢得了无数的鲜花与掌声，更使他跻身世界最知名的科研成功人士之列。

其实早在 1931 年，诺贝尔化学奖得主阿道夫·布泰南特（Adolf Butenandt）就已经根据人体尿液分析，确定了 DHEA 的分子形状。20 世纪 50 年代，巴黎医学院的一位教授与博利安合作，证实了人体尿液中的 DHEA 含量会随年龄增长而逐年下降。

20 年后，科学界首次对 DHEA 可能具有的功效作出判断。然而直到 20 世纪 90 年代中期，该激素对人体的有益作用才真正得以证实。至此，人们终于相信这种由肾上腺分泌的激素是抗击衰老、返老还童的灵药。针对它神奇的功效以及对人体机能所产生的巨大影响，科学家们甚至把它奉为"激素之王"。此外人们还发现，销售火爆的 DHEA 在抗击阿尔茨海默病和帕金森病的过程中也将占有举足轻重的地位。纽约大学精神病学的一名研究人员指出，DHEA 还会让饱受记忆紊乱折磨的病患看到希望，它在治疗中发挥的作用不容小觑。在美国加州的圣迭戈，82% 接受 DHEA 临床实验的妇女感到在短短几周的疗程内，自己的活力倍增，心情舒畅。

更为神奇的是，费城大学的一组研究人员最近证实 DHEA 能有效抑制脂肪细胞的增长。

这样一来，既是减肥药，又能治疗糖尿病，还可以保护心血管：难怪身兼数职的 DHEA 被誉为"万能灵药"。据称，有些人甚至断定 DHEA 能够挫败癌症。为了验证是否确有其事，短短一年间，不下 40 000 份相关研究报告蜂拥发表。

既然 DHEA 如此神奇，是不是所有人都应该现在就去药房抢购呢？

研究表明，不满 30 岁的年轻人往往维持着良好的 DHEA 水平，无需额外补充药剂。但 40 岁以后，人体内的 DHEA 含量就会降到 50% 左右；对于大多数年逾 75 岁的老年人，该数值将骤减 80% 至 90%。这也就意味着，目前上市的该款新药会把主要"火力"集中在老年市场，并有力地刺激经济增长。要知道自 20 世纪末以来，老年人已经成为消费市场上一支新崛起的生力军：旅游潮、航海热、私车购买等，无处不在的是老年消费者的身影。20世纪90年代热播的美国影片《破茧而出》，生动地再现了新一代的老年人，在DHEA的神力下过着美满生活，幸福到让年轻人也羡慕不已。总之可以肯定一点，未来的DHEA有可能会从黄豆粒、丝兰或其他野生植物中直接提取激素，从而取得更加惊人的突破。多年来，人类在迈向长寿的道路上从来没有停止过前进的步伐。21世纪，鲨鱼肝油也将被用来抗击衰老——美国太阳城中的50 000居民早已深谙此道。这座自1960年以来就只收纳55岁以上退休人员的城市位于亚利桑那州。那里一片欢乐祥和，只要居民们的健康不出现问题，即使再过个100年，也没有人可以破坏这片宁静的世外桃源。在法国，国民寿命的延长已经成为发展的必然趋势。只是设想一下，由于DHEA"作祟"，人的寿命突然延长使得政府不得不重新调整各项退休基金以及疾病保险，那该是一件多么有趣的事情啊！

资料来源：

1. 博利安教授实验室

2. 相关网站：www.dhea.fr；www.doctissimo.fr

3. 西门子欧洲研发俱乐部（旨在人类生命的延长），2003年12月

和难以下咽的节育胶囊说再见

　　继针对女性消费者的避孕贴纸大获成功之后，现在又有一款新的节育新星登陆法国。令人难以置信的是，这一次的新产品竟然是直奔男性而来！要知道自从50年前避孕胶囊问世，针对女性的传统节育方法就几乎没有发生过大的变化。而现在，这种新式的节育概念必将在该领域掀起新的浪潮。

　　"先生们，你们究竟是偏爱'小夹子'还是钟情于'无痛注射'？"确实，男性消费者们从今往后都可以在市场上找到不同的节育产品：既可以选择植入生殖道的避孕夹，也可以选择抑制精子排放的相关药品。历经4年临床试验之后，美国食品药品管理委员会最终认可了这两种节育方法。现在，男性节育夹的市场价格约为300欧元。这种形如米粒的塑料夹子使用方便，无需任何外科手术就可以在10分钟内装戴完毕。一位使用者评论道："那简直就是可逆转的输精管结扎术。"他的这种说法也为每年全世界四百多万接受真正结扎手术的男性指明了另一条出路。当然，对于那些不愿使用节育夹的男性而言，还有一种刚刚在药房上柜的"抑精"药品可供选择。这款新品以黄体酮为基本成分，主要用来抑制男性每日排出的3 000万精子。2003年，澳大利亚ANZAC实验室通过不断研究，最终以注射的方式成功完成了该药品的季度疗程测试。

　　无须再强求女性每日去吞服难以下咽的避孕胶囊，现在的男性完全可以做到把生育情况掌握在自己的手中。然而事实上，他们似乎还没有做好独揽大权的准备。一项近期的调查研究显示：对于这些新式节育方法的采用，多数男性仍然持保留意见。国家保健中心认为："有必要向节育产品的使用者说明，这些新型的方法对于性病的传染毫无招架之力。"该中心还进一步指出，事实上最好的避孕方法还是值得信赖的男用安全套。意识到这一点，目前大多数的实验室都开始倾向于把这些新宠推荐给医生们，让他们通过处方使节育者也同样注意到这个问题。

虽然有些人认为男性新型节育产品取得的成功可与女用避孕贴纸相媲美，但是在可预见的将来，这些"新星"恐怕还有很长的一段路要走。自从法国社保基金宣布将女用避孕贴纸列入公费医疗用药以来，该产品便迅速攻占了各大药房、专柜，甚至抢占了至今已有40年历史的销售常青树——避孕胶囊的市场份额。然而这种邮票大小的自动贴纸在上市之初却是一波三折。与它的同宗兄弟——避孕胶囊不同，节育贴纸之所以命运多舛的原因并非触及了伦理问题，之所以在刚刚面世时就引来纷纷议论，恰恰是因为人们忽略了它以及它可能具有的副作用。在其出现伊始就得以试用的女性中，部分人抱怨在使用该产品后皮肤出现了过敏、刺痛，甚至出血等症状。由此，法国的众多实验室针对上千名女性展开了一系列的调查研究，最终证实这种贴纸不但便捷高效，而且完全无毒无害，可以放心使用。这款产品于2000年在美国问世，使那里的女性彻底摆脱了每天都要吞服避孕胶囊的苦恼。而且节育贴纸可根据情况任意贴在下腹、肩膀、背部或臀部上方，加上它可以持续一周的超强黏性，一个月更换3次就绰绰有余了！一家将该贴纸以畅销胶囊的价格成功打进市场的法国实验室说道："相比每天早上都不得不吞下的药片，女性朋友们一定会意识到——这款面积仅有 4 平方厘米，大小不足普通创可贴的新品将是真正的飞跃。加上它颜色透明，所以就像第二层皮肤一样与真正的皮肤贴合在一起。无论是在游泳池、桑拿房还是健身中心，都不用担心它会脱落。"然而可惜的是，7 年前的美国并没有销售具有以上特性的节育贴纸：当时那里的类似产品要比胶囊贵得多，不但易脱落而且大小超过了 20 平方厘米！后来，经过一家本土实验室 Ortho-Me Neil 的精心研发改造，新的节育贴纸以类似其"近亲"——戒烟贴纸的形象全新亮相，在短时间内竟咸鱼翻身！它不但大败当地年轻一代追捧了近半个世纪的传统避孕产品，更引发了一场新的节育方法革命。一位该产品的使用者说道："这种贴纸通过多种激素的结合，渗入皮肤有效阻碍排卵。其实，以前我们就已经开始涂抹相同原理的药膏，用来治疗胸部的小病小痛或用来调整经期。"

现在，医学界普遍认为节育贴纸比胶囊更为有效，因为前者不但可以控制成千上万的体内激素，而且其成分不经由肝脏分解，所以毒副作用也就大大降低。另外，如果一名服用避孕胶囊的妇女忽然呕吐，那么很显然，她胃里的有效药物也就一起被排出了体外。但是如果她使用的是贴纸，那么这一切的顾虑就一扫而空了！一位节育专家指出："其实这些新产品的真正好处在于延展了使用的灵活性，部分女性甚至可以选择几种自己喜欢的产品同时使用或交替使用。"一项研究表明，新型节育贴纸尤其受到年轻女孩的青睐。她们认为比起日常服用的药品，贴纸更为新潮也更为隐秘。尤其对于那些与父母同住的女孩，想要让自己的私生活逃过家长的法眼就不得不求助于这毫不招摇的节育贴纸。

虽然已经略显过时，但避孕胶囊依旧被视为妇女独立自由运动中具有里程碑式意义的物品，它最初的研究试验还要追溯到 1954年。美国医学家格雷戈里·宾克斯称得上是避孕胶囊之父，他在另两位同事——张民觉和约翰·洛克的协助下，共同发明了这种药品。在胶囊临床试验结束后的两年中，数以千计的妇女涌向美国，志愿争当尝试新药的小白鼠。后来，她们被誉为节育革命的先驱者。正当避孕胶囊以每月两块钱的价格疯狂席卷美国时，我们也必须看到日本人于 1992 年才开始撤销对该产品的禁令；而在相当长的一段时间内，法国市场对该胶囊同样说"不"，直到《纳维什（Loi Neuwirth）法》的颁布才真正使避孕胶囊在法国取得合法地位。不仅如此，《纳维什法》还废止了 1920 年版的旧条例，废除了旧法中"逮捕一切宣传节育思想者"的规定。一位避孕药品的生产者说："避孕产品的使用者之所以能在短短 20 年间从 4% 猛增到 30%，口服药品功不可没。"一位资深记者也回忆到：20 世纪 60 年代的美国，包括马萨诸塞在内的好几个州都试图起诉节育行为的倡导者。后来经过多位艺人轮番上演以及进步杂志的狂轰滥炸，才创造出一个对避孕胶囊相对有利的局面。这场运动也引出了一个敏感但最终仍被西方社会认可的问题——自主决定生育情况。

虽然节育用品的出现由来已久，但节育问题本身却仍旧是一个无人触及的敏感地带。用藏红花做的避孕环、用鳄鱼排泄物做的安全套、用洋槐粉末做的节育隔膜等等，都曾相继出现在人们的生活中。所有这些用以控制生育却听似奇怪的物品都称得上是货真价实的。比如：希腊人一直都用山羊的膀胱来进行性保健；16 世纪的人们更是把青草印染的织物当作灵丹妙药用以抵抗梅毒！科学家马尔萨最早打破禁忌，是涉及节育这个话题的第一人并大胆断言，惟有节育避孕才能解决地球人口过盛这一危机。相信得益于节育贴纸这一类新型产品，节育避孕工作一定会更加便捷，更加普及。

资料来源：

1.《医嘱》杂志（《Prescrire》）

2. 美国食品药品管理委员会

3. 澳大利亚 ANZAC 研究中心

4.《行之有效的避孕方法》(网址：www.doctissimo.fr)

免洗玻璃横空出世，家务琐事一扫而空

免洗免保养的玻璃窗，它一定会成为人们议论的焦点！这项由圣戈班（Saint-Gobain）门窗公司于6年前推出的技术杰作，一问世便受到了各大商业写字楼的追捧。现在，它正逐渐地走进千家万户，象征着人类的智慧，不断为我们带来新的惊喜。

还记得吗？那一个个推着小板车、手摇铃铛的玻璃商贩，忙碌地穿梭在大街小巷……这样的场景已经变成了一幅经典的画卷深深镌刻在年长者的脑海中。事实上，那样的年代并没有远去。就在1970年，巴黎这座城市中仍能觅得流动玻璃商贩的身影！那么，为什么不把他们请回来重操旧业呢？用最新最好的免洗玻璃窗代替以前那些陈旧的东西，让整个城市都重新唤起那份回忆。更何况，这还是一个商机无限的行业！自从全新的免洗窗出现以来，以新品换旧窗的市场就急速膨胀起来。再加上它的价格不升反跌，更使得大众对其青睐有加。一台电动粉碎机已经把妇女从大部分繁琐的家务中解放出来；现在这种新型玻璃窗更是锦上添花，彻底消灭了一项沉重的家务。但是为了保证质量，在把这件物美价廉的产品推出市场以前，众多技术人员全身心投入了这场旷日持久的研究战中，并重点考察了外界污染环境对这款玻璃窗的影响。此外，他们还对来自衣物的灰尘进行分类筛选（包括化纤毡毛以及其他各种合成织物），找出极易附着于窗面的种类。虽然这些细微的灰尘无伤大雅且不易被肉眼察觉到，但是研究表明，一旦它们粘在玻璃表面，将是导致窗面透明度骤减的罪魁祸首。经过众人的努力，成品终于在2000 年以 Bioclean 为商品名闪亮登场，同时也成为世界上首款带有自动清洁功能的免洗玻璃窗。与此同时，英、法两国也各有公司加入了这个新兴的市场。一时间，各大顶级商务楼纷纷采用新的装备。虽然人工清洗的队伍没有被完全取消，但其数量突然减半，连清洁剂和肥皂液的使用量也大大下降。因此，他们下定决心要奋起直追，以打压反传统清洗方式目前的嚣张气焰。

事实上，新型免洗玻璃窗的自动清洁功能主要归功于研究人员成功结合在一起的两大化学现象：光催化反应和亲水性质。前者利用太阳光将有机杂质充分溶解，具体来说，是太阳光中的紫外线在发挥作用；而后者则是通过一层光滑的薄膜使水体在玻璃表面迅速滑落，从而带走黏附着的垃圾灰尘。和绝大多数情况一样，这次发现也只是纯属偶然。实际上，人们是在注意到掺有二氧化钛黏合剂的建筑涂料受紫外光照射会分解的现象后才忽然灵光闪现：是否光催化反应也能用来分解导致玻璃变脏的元凶——大气有机污染物呢？这就是建筑涂料中的糟粕如何摇身一变成为新式玻璃中的王牌材料的全部过程。

当然，从最初的构想到最终实现，势必需要很长一段时间。相关人员历经 8 年艰苦研发才最终完成新型玻璃从生产到上市的全过程。其实说穿了，制造这种玻璃的关键在于一种神奇的光催化材料。这种材料经由高温分解留下一层细薄透明的沉淀物质。随后，该物质在液锡容器中缓缓浮动，与新鲜出炉的玻璃合二为一，最终再一起被送去进行硬化处理。整个流程的成败取决于能否选对一个恰当的时间点，将这种沉淀物质附着于玻璃板上。一旦成品玻璃安装到位，光催化作用就开始显现威力，分解清除其表面的垃圾杂质。除此之外，当然还少不了另一位好帮手——雨水。雨水在玻璃表面形成一层膜并借由重力顺势滑落以达到清洗目的。众所周知，如果降水量不大，水珠会在老式玻璃上留下讨厌的印迹。但是请放心，光催化玻璃绝对不会带来这样的烦恼。结合上述两种化学现象，它会呈现出最干净明亮的玻璃。

更为有趣的是，即便没有太阳光，光催化玻璃也能吸收自然光中的紫外线进行反应。研究人员还说，如果时不时能再下点雨，那就更好了。所以，这样的产品无论走到哪里——专家学者家中也好，普通消费者家中也好——都一样会发挥神奇的魔力。特别是有些高楼大厦需要进行高空清洗作业，当看见玻璃清洁工人被吊在一百多米的高空中左摇右晃，底下的行人都会被吓得胆战心惊，畏畏缩缩。考虑到安全因素，摩天大楼纷纷投向新型玻璃的怀抱。

一年以来，从玻璃窗、落地窗、天窗到透明阳台、温室暖房，人们的居住环境和建筑材料都发生了翻天覆地的变化。想一想，从公元前3世纪第一次偶然发现玻璃到5 000年后的今天我们自己创造高科技新品，人类走过的是怎样一段漫长的道路！这种将硅石混入苏打、石灰中共同煅烧而得的物质，可谓是名留史册。它的起源能够追溯到古埃及甚至美索布达米亚。不过，人类真正掌握吹塑熔化玻璃的技巧却是在两千多年之后的古罗马时代。这样的技术不仅简化了玻璃的生产工艺，还开创了一个新兴的市场，使各式各样的瓶瓶罐罐走进了千家万户。可是令人匪夷所思的是，这样的好东西曾一度销声匿迹。直到8世纪，威尼斯恢复与拜占庭的联系后，玻璃才又重新回到人们的视线当中。1450年，威尼斯的玻璃工匠们避居到一个名叫玻璃岛（Murano）的小岛上并发明了一种又细腻、又闪亮的新式玻璃，也就是后世人们所谓的"水晶"。虽然他们小心翼翼地守护着水晶的制作工艺，但这样的珍宝还是传遍了欧洲大陆。后来，英国人皮尔金顿（Pilkington）发明了名为"漂炼"的制造工艺，使光滑印花且色泽通透的玻璃杯于 19 世纪开始普及。该工艺的主要原理其实就是使熔化的玻璃流在锡质液体上浮动。紧接着，各式各样其他的生产技术也应运而生：给玻璃上色、通过浸泡提升玻璃强度、在玻璃表面附着金属蒸气沉积物以改变其物理属性……由此，玻璃也当之无愧地荣升为高科技产品。然而围绕着玻璃始终有一个难题没有解决，那就是它的清洗问题。不过现在，有了新世纪免洗产品，这个郁结也可以被抛到九霄云外去了。不仅如此，层出不穷的各种新式多功能玻璃还会继续为我们带来惊喜。在它们当中，有防盗安保型的，能在遭到敲击撬损后自动报警；有能监测烟雾的，会在发生火灾后发出警示；在众多备受瞩目的发明中，一种低辐射且透出淡蓝光泽的新式玻璃尤其引人注目。它不但阻冷而且隔热，是一款冬暖夏凉的明星产品。严寒期间，这种玻璃能减少 70% 的热量流失；炎炎夏日里，即便是温室效应对它也是束手无策。当然，不能忽略的还有"隔音玻璃"。这种玻璃由一种特殊的塑料制成，中间夹入一层隔音薄膜，能吸收外界所有的噪声。即使是身处飞机场这样嘈杂的环境，也同样可以享受舒适惬意。最后介绍一种更加叫人跌破眼镜的产品，它名叫"窗帘玻璃"，现在已经由一个高档德国品牌包装问世。顾名思义，"窗帘玻璃"的意思就是一物双用，既是窗帘又是玻璃。只要轻轻启动按钮，这种玻璃就会马上变得像窗帘一样密不透光。主人在享受居室私密的同时，也免去了日日拉伸窗帘的麻烦。总而言之，得益于名目繁多的功能，玻璃已经成为一种智能材料，可以适用于各种不同的场合。但是直到现在，人类仍有一个难题尚未攻破：玻璃究竟可不可以摆脱脆弱的缺点，甚至坚硬如钢呢？虽然关于这方面的研究，我们已经取得了不小的进步，不过就现在所能见到的玻璃而言，它们依然会碎会裂。人类在发展是不争的事实，也许在将来的某一天，我们真的可以发明出一种能自动愈合的玻璃，就像伤口贴上创可贴便能自动愈合一样也未可知呢！

资料来源：

1. Saint-Gobain 公司
2. Pilkington 公司
3. 建筑科学技术中心

让艾滋病滚出地球

前几年在日内瓦，世界卫生组织宣布发现了一种新型疫苗，能够有效阻止艾滋病病毒（HIV）进入人体。对于这一成功的到来，科学界欢欣鼓舞，同时也预示着全球1亿艾滋病血清检查呈阳性的患者都将跨过死亡危机。

这次的保密功夫做得十分到位。世界卫生组织抱着绝对严谨的态度，希望能以一个与"重大科学发现"这一称号相配的大阵仗来宣布此次的消息，因此在当天8点整准时约见传媒。除了之前收到过一封简短的信函，通知说将要公开重大医学突破之外，所有的媒体都被蒙在鼓里。8点20分，卫星电台、电视都马力全开，向整个星球传递这项惊人的发现。"从今往后，艾滋病将不再猖獗！大众可以买到高效又平价的疫苗。一直困扰着我们的可怕病魔将被打回原形！"告别了29年来一直被媒体穷追猛打的窘境，世界卫生组织的发言人难掩心中激动，用慷慨激昂的言语向全世界公开了这项新发现。

新的疫苗其实是一种分子聚变抑制剂，其首次试验早在2004年就已经开始了。它的主要特性就是在细胞外形成一圈保护屏障，以阻止HIV侵入人体免疫系统。所以，它不仅能帮助有益抗体进驻人体，驱逐器官中的细菌病毒，还能提高各种细胞（尤其是淋巴细胞）的抵抗力，并杀死病变细胞。

　　但是，这种新药的制造过程极其复杂，前前后后共计一百多道工序。生产 1 千克成品更是要消耗超过 45 千克的原材料。要不是全球各大医药集团同意为该药 5 年来的所有研发工作无偿投资，恐怕其价格也是普通人望尘莫及的天文数字。科学家们宣称，在此药研发过程中总共投入了 6 亿欧元。多亏美国及非洲国家众多公司慷慨解囊，再加上多年来欧洲各大实验室在技术上的鼎力支持，才使得这次投资不至于变成血本无归的买卖。自 1985 年亚特兰大世界大会召开以来，世界各国纷纷联合起来力抗艾滋，三千多名专家学者被召集在一起共同商议治病良策。同年，人们开始着手测试艾滋病的病源。为了更好地了解"抗艾"工作取得突破性进展的前因后果，有必要回到 2004 年去看一看。那一年，全球感染艾滋病的人数在短短几个月内从 4 200 万猛增至 4 700 万，其中女性感染者接近一半。这可怕的数字挥之不去，使得英国人提出"马歇尔计划"来遏制非洲大陆上肆虐的恶疾。

　　2005 年，法国将艾滋病防治工作列入国家重大事件，提议在全球范围内征收用来对付艾滋的专项税款，并倡导非洲南北合作，从而大大加强科研力度。在世界卫生组织携手加拿大以及瑞典等国的共同努力下，一项"七年计划"浮出水面。"艾滋病病毒十分复杂且基因多样性特征明显，令我们十分头痛。"一位该计划负责人谈道，"要知道在非洲，艾滋病有时候甚至以多种形式复合寄居。所以早在 2000 年的时候，我们就已经不敢奢望仅用一种疫苗扫平所有病毒了。"一旦该计划完全落实到位，每年将定期提交 3 份报告。同为艾滋病的受害者，亚、非国家共同出资 2 亿 3 300 万美元用以支持该计划。而美国的众多研究机构也决定出资为近百名患者提供临床实验，来观察新药可能带有的副作用。归功于政府首脑的积极奔走，博茨瓦纳、马拉维、南非等国在该计划中表现相当踊跃，使其他原本举棋不定的邻国们也坚定了信心。而得益于"艾滋病专项税款"的帮助，信息中心在非洲大陆上到处生根发芽，短短数日内就筹得 20 亿美金。

自 1997 年起，发达国家中艾滋病新感染病例的数量不断走低。对此，20 世纪 80 年代出现的新药 AZT 可谓功不可没；但它毒副作用大，价格又昂贵，无法得到普及。另一方面，虽然自 20 世纪 80 年代以来，艾滋已经逐渐步入慢性病的行列，但非洲大陆上的死亡率仍然在节节攀升。"我们感觉到非洲的情况不容乐观。1997 年的统计数据显示，90% 的受感染人群来自第三世界国家。"一位非洲卫生大臣说道，"每天，都会新增 8 500 人被艾滋病病毒感染。这个事实也为我们每一个人敲响了警钟。"此外他还进一步指出，2002 年，65% 血清检测呈阳性的患者居住在撒哈拉以南地区。

根据联合国的调查报告，仅有 5% 的非洲人能够接受艾滋病药品的治疗。这也使得非洲大陆开始觉醒。于是，"非洲疫苗计划"与世界卫生组织携手合作，加速相关药品的研制进程，并检测可能存在的抗药性。最终，瑞士罗氏制药公司于 2003 年年底推出首款"抗艾"新药，学名为 F20（亦称 Fuzeon）。一年之后，又发起了新一轮的世界医药计划，旨在进一步测试该药。截止到 2006 年，全球共有 40 000 名艾滋病患者加入了此药的临床实验。与此同时，一些新型药物及辅助治疗设备也相继问市，共同为抗击艾滋添砖加瓦。最好的例子便是欧洲的 EuroVac。这款新品由欧盟出资研发，瑞士、德国、西班牙、法国、荷兰、英国、意大利、瑞典等国专家共同指导，是汇聚了众多学者智慧的结晶，其成果更是将矛头直指艾滋病病毒根源。一位世界卫生组织的领导人解释说："其实在国际抵抗艾滋病基金会全面筹款的时候，各项研究工作就已经开始启动了。为了响应由美国提出的应急预案，世界银行将于 2008 年拿出 200 亿美元作为急救基金，去支援几个世纪来深受传染病折磨的重灾地区。"

今早，日内瓦世界大会随着一部电影的播放落下了帷幕。这段影片详细记述了艾滋病的发展历史。那一幅幅从档案中撷取的画面简直是触目惊心，让人不由得回想起高特列伯（Gottlieb）医生的忠告。来自洛杉矶收容中心的高特列伯（Gottlieb）医生是世界上注意到艾滋病存在的第一人，于 1980 年最早发现了 3 名感染患者。1981 年 5 月，美国本土统计到的患病人数已经猛增到三十多个。不久后，法国的克洛德·贝纳尔（Claude-Bernard）医院也探测到该国的首个病例，并将这种通过血液或性来传播的新病取名为"艾滋"。这种免疫系统缺陷综合征不仅在地球上无孔不入，还不断向人们证明即便不是同性恋，不是"瘾君子"，也可能成为艾滋利爪下的牺牲品。一位家族有血友病病史的普通人，在一次输血之后染上了艾滋病。在录像中，他提醒在场的所有人，艾滋病很可能成为21 世纪的鼠疫！画面切换到 1983 年，法国教授路克·蒙塔尼（Luc Montagnier）和他的团队为我们带来了阳光。因为在那一年，他们成功隔离了艾滋病病毒。后来加洛（Gallo）教授完成了所有工作，并研制出了首款"抗艾"药物：AZT（亦称"叠氮胸苷"）；1987年，该药正式推广上市。在抗击艾滋病的过程中，法国始终扮演着强硬的角色。1990 年，得知当局负责人决定为艾滋病病毒携带者制作特别签证时，法国人毅然退出了当年召开的旧金山世界大会。与此同时，巴斯德实验室在此研究领域也是一马当先，于 1994 年确定了病毒的病理特征。然而遗憾的是，几年过后出现在大家眼前的仍然是令人失望的画面：骇人听闻的死亡人数似乎并没有真正引起人们的警觉。直到"国际联合计划"的提出才使情况得到好转。

目前，新出现的疫苗还必须申请许可证以及相关的上市批文。此外，为了使生活在第三世界国家的人们早日摆脱水深火热的医疗环境，一份"世界预防计划"也已初具雏形。在欧洲，人们普遍盼望着新的疫苗能像 BCG、DT-Polio 或其他预防肝炎的疫苗一样被列入公共医疗体系之中。欧盟的卫生部长们已经为该疫苗拟定了融资计划。虽然现在仍然是"贵族"药品，但相信在大批量生产的带动下，会迅速加入到平价药的队伍中来。人们坚信这款疫苗会为非洲带来崭新的明天。这片古老的黑土地直到现在仍在艾滋的肆虐中呻吟。病魔拖垮了当地的经济，也夺走了无数年轻的生命。但是，这样的悲剧不会再重演，因为我们的子孙后代将受到新药的庇护，远离 HIV，也远离艾滋！

资料来源：

1. 瑞士新闻社办事处
2. 世界卫生组织

小小火星砾石，点亮生命之光

几个月的兜兜转转、悬而未决，揭晓谜底的时刻终于来临。一俄罗斯实验室向全球宣布了他们的最新发现：红色星球的矿层中确确实实留有生命的痕迹。

这个话题自 2004 年以来一直被炒得沸沸扬扬。有的人对此深信不疑，有的人则是疑惑重重。其实，早在勘查火星地形的宇宙探测火箭发现该星球地底有水迹时，真相就已经近在眼前了。长久以来，科学委员会都盼望着从火星采集的矿石样本能早日返回地球，但是，受命为此次任务保驾护航的探测火箭并不会径直返程。在此之前，它不仅要长途跋涉 6 个月，还要试图与位于海拔 40 万千米的国际空间站成功对接。身穿无菌服装的宇航员们将接管这批珍贵的矿石，并把它们放入一个箱子中密封保管。几个星期后，来自另一艘航天飞船的工作小组会接替他们继续站好下一班岗。

这些总重约为 20 千克的火星矿石及尘埃将被集中送往休斯敦航天中心下属的一家专项研究所。该所蜚声海外，保管着半个世纪前由阿波罗登月计划的宇航员所采回的月表岩石。从火星远道而来的包裹将首先被送往无菌实验室，再借由机械手分割成几份，最后送往包括美、欧、俄罗斯在内的各国科研小组手中。这些小组也将在此次的研究计划中携手合作。从前致力于生物武器开发，后又转攻宇宙化学的 Biopreparat de Sverdlovsk 实验室，这次也是全力投入，从火星地底 1 米处采得的岩心试样中提取出好几十克的火星土。借助于电子显微镜及大型分光仪，土石中各种奇特的结构立现眼底，简直令人叹为观止！最终，科学家们得出结论：4 个光谱点恰好对应 4 种元素——碳（C）、氢（H）、氧（O）、氮（N）的光谱线。而生物学家也一致认为，这四大元素是构成生命存在的前提条件，缺一不可。

从表面上看，这些奇形怪状的螺旋形结构死气沉沉，甚至与真死无异。但是进一步分析显示，这其实是一组原生细胞的集合体，形象点说就是类似于苔藓的生物。科普类书籍也早就提到过，即便火星上真的有生命存在，也只会是接近苔藓的低等生物。这种推测果然得到了证实。

目前正进行分析试验的岩石样本采自火星 4 大火山之一的阿斯克拉厄斯山（Ascraeus Mons）山脚地区。据测，该火山已熄灭了近 14 亿年。与地球上的情况如出一辙，在靠近火山地区的地底，可以找到富含盐矿的沸水囊以及许多对细菌繁殖极为有利的自然条件。

其实，这次从火星带回的土石样本并非科学家们首获至宝。几年前，也曾有一批带孔的岩心试样被运回地球，它们来自于红色星球北极圈附近的冰帽层。经分析，我们知道了构成该试样的主要成分为干冰，并附有一小部分固态水。因此不少人推测，尽管该地区常年严寒肆虐（气温维持在零下 120 ℃左右），但是水的存在为某些适应恶劣气候的细菌创造了有利的生长繁殖条件。然而事与愿违，这样的假设似乎并不成立。所以很快，新一轮的采集工作在其他几处地点继续展开，可仍旧毫无头绪。为此，科学家们不惜血本，在履带装甲车上安装斗式输送机，并在一望无垠的火星地表进行地毯式收集。令人遗憾的是，即使采用了这样的方式却依旧"颗粒无收"。看来，不得不采取新的手法。一批地质学家临时受命，根据卫星传回的画面判断矿藏价值较高的地点，接着引导已经在那里候命的样本采集机器人赶往目的地。可是，希望又一次在现实面前折翼。无数次的失败使我们不禁想起了多年前小行星坠入地球后的碎片采集工作。其中，最令人难忘的要数陨星 ALH84001 事件。当时，根据"海盗"（Viking）探测器的分析，该星的物质结构与火星岩石完全一致。1996 年 8 月，美国人大卫·麦凯（David Mckay）向全世界宣称在 ALH84001 的残骸中发现了古生命的存在痕迹。这块 12 年前在南极亚兰山脚下发现的石块就像撒入滚油锅里的一把盐，顿时掀起了轩然大波。根据电子显微镜的进一步分析，碎石中圆柱形环状奇异结构似乎正是某些细菌产生钙化作用后留下的杰作。自此之后的几年里，学术界针对古生命是否存在这一问题一直争论不休。直到某天，有人证实了所谓的宇宙生命，不过是地球上的微生物乘虚而入，在陨星石块上产生结核的闹剧罢了。经受了这次打击，科学家们达成了共识：要想证实火星上是否有生命存在，只有一条出路，那就是采集红色星球上"土生土长"的原产矿石样本。这正是学术界今天在做的功课。

事实上，早在两个世纪以前，地球上的人类就开始对火星上是否有生命产生了无尽的遐想。1858 年，梵蒂冈天文台站长安吉洛·西奇（Angelo Secchi）神父观察到火星的星轮上有许多笔直的线条。当时，就有人将它们与地球上的海洋联系在一起。20 年之后，另一名梵蒂冈人乔范尼·夏帕雷利（Giovanni Schiaparelli）拍胸脯担保，那些所谓的"线条"是由火星人人工开凿的运河，目的在于援引两极冰层中的液态水来灌溉他们干燥的星球土壤。一时间，地球人对火星奥秘的探究达到了狂热状态。39 岁的美国富翁帕西瓦尔·罗威尔（Percival Lowell）放弃了作为外交官的高职厚禄，花去毕生财富，在亚利桑那州境内的大峡谷（Grand Canyon）山顶附近建起了一座天文观测站，专门从事对火星的追踪研究。此外，他还一直与法国天文学家卡米伊·弗拉马里翁（Camille Flammarion）保持通信，交流心得体会。要说两人对于火星的痴迷程度，恐怕是难分伯仲。后者为了方便观测，同样打造了属于自己的天文台。"火星上有人居住。"——对于这一说法，他们两个人都深信不疑。

总之从那时起，围绕着火星人的诸多传说铺天盖地而来。1897年，德国小说家库尔特·拉斯维兹（Kurt Lasswitz）杜撰出火星人登陆地球，在北极建造据点的故事。同年，曾经是布料商的英国人赫伯特·乔治·威尔斯（Herbert George Wells）在 70 岁高寿时忽然转行成了天才作家，创作出脍炙人口的科幻杰作《星球大战》。书中，火星人驾驭导弹实施攻占地球的计划，却最终在我们的微生物面前全军覆没。小说刻画得入木三分、惟妙惟肖。1938 年，演员奥森·威尔斯（Orson Welles）将整部作品搬上了美国电台，以他富有磁性的嗓音将"侵略史"重新演绎，让人们着实又惊悚了一把。但是，随着天文观测技术的不断发展进步，人们慢慢揭开了所谓"运河之谜"的事实真相，证实了那不过是火星地表几处深色的痕迹。而夏帕雷利、罗威尔以及弗拉马里翁等人，也终于看到了事情的本来面目。由此，曾经的"火星热"开始逐步降温。直到1964 年"水手"（Mariner）四号的升空，才又使得与火星有关的话题重回到人们的视线中来。这颗美国的小型空间探测火箭在红色星球上空展开了漫漫征程，并带回了首批有关我们这位近邻的远景照片。虽然这些底片的清晰度一般，像素也只能勉强达到今天的民用标准，但却是值得载入史册的珍贵资料。因为这是人类首次没有借助功能强大的天文望远镜而独立探测到的火星地表情况。根据照片显示，该星球表层似乎受到熔岩喷发的影响变得千疮百孔；另一方面，探测火箭没有找到所谓的"人工运河"，至于其他能展现人类智慧的活动痕迹，像建筑等更是难觅踪影。短短几分钟内便可以得出结论：持续了几个世纪的憧憬只是过眼云烟罢了。

紧接着，好几枚空间探测器登陆火星，都不约而同地证实了以上结论。只有1976年美国发射的两枚"海盗"火箭又燃起了希望之火。"海盗"探测器发现了火星地表有一块布满石砾的矿质区，景象与地球上的冰岛或撒哈拉十分接近：褐红色的天空笼盖四野，大风吹卷起铁质的沙尘漫天飞舞。"海盗"探测器上特有的环节抓手可以刮开火星表层土壤，继而进行化学分析。虽然没有发现任何有机化合物，但是科学家们注意到一个奇异的现象：当土石样本受热时会释放出氧气，就好像有生命在火星的砾石中呼吸、代谢、繁衍……我们相信总有一天，火星上的生命会在地球人的呼唤中醒来。

资料来源：

1. 国家航天研究中心
2. 欧洲空间局
3. 美国国家航空航天局

玲珑小"手机"，电话躲在耳朵里

28年前，美国摩托罗拉公司成功研制出世界上第一部移动电话。28年后的今天，手机制造商们纷纷将眼光转向了一款蕴含更高科技的新式隐形电话，它的名字叫做Auricom。

移动通信技术所取得的进步实在叫人瞠目结舌。今天，年过50之人恐怕都不敢相信自己的耳朵了。在他们年轻的时候，手机曾被视为技术革命的先锋代表；而现在，它即将退出历史舞台，在人们的记忆中永生。"大哥大"时代将一去不回了！早在5年前，当一个德国人想到用植入耳道的微型电路片代替传统手机时，历史就为后者的功成身退开启了倒数计时。今天，当整个行业的工厂主们高喊："就是要敢想！"的口号，纷纷倒向新兴技术的时候，也预示着人们最终将亲手为传统方式画上句号。

会议或用餐中途被不合时宜的电话铃声扫了兴致？翻遍了口袋与手提包就是难觅手机的踪影？让这些讨人厌的场景统统见鬼去吧！新的通信方式完美借鉴了精密的助听技术，让使用者免去所有后顾之忧。从今往后有了它，即使是听力迟钝的人也能够甩掉又笨又丑的助听器。还记得吗？2002年时，法国总统宣布永远不再佩戴助听器，惟一的原因是由于笨重的仪器使他看起来像个不折不扣的老家伙。可想而知，此话一出，总统便遭到了口诛笔伐。几个月后，一名当初胆敢向外界爆料总统有耳疾的内阁部长被免除公职。

话说回来，这种技术为新式电话 Auricom 的诞生打下了扎实的基础。作为透明纤小的助听器，它就像耳塞一样在耳道内自由滑动。这款迷你膜片无痛无害，还不影响听觉，在采集外部声音的同时也保证了绝佳的收听效果。一位负责该产品研发的工程师说："这实际上就是一种隐形助听器，像连接天线一样接收或传送电话呼叫信号。仪器中内置芯片，与外部'天线'连接，是整台电话的核心部件。"

虽然这项技术的核心原理听得人一头雾水，不过简而言之就是：工程师们已经把从前手机中的所有东西都成功地塞进了小芯片中。

电话信号会直接进入耳朵，其工作原理与电视节目主持人所使用的耳脉如出一辙。不过，它有耳脉无法比拟的优点：迷你电话绝不会发出干扰信号阻碍听觉正常工作。电话信号进入前，Auricom会发出低鸣以示提醒。如果用户不想接听，中断系统即可；反之，只要轻声说"喂"就可以开始对话了。2000 年初才诞生的蓝牙技术（亦称"短距离无线电通信和数据传输技术"）现已步入成熟，它能够通过耳塞中的话筒收录使用者发出的所有声音。一位迷你电话的用户赞叹道："Auricom 最神奇的地方在于，周围嘈杂的环境完全不影响它的正常工作。即使坐在人群川流不息的火车站，照样能与另一头身处安静氛围下的朋友煲电话粥！"而这一切，都要归功于欧洲空间局（ESA）的多位技术人员共同开发的高效声音辨识系统。

说到这里，也许有人会问："那么小的电话如何拨号呢？"关于这一点，声音辨识系统又将大显身手。用户可以事先在该系统中储存 500 组电话号码。到时只要报出对方姓名，电话就会自动拨号。截至目前的各项测试，此录音存储功能还没有任何报错显示。事实上，类似的声控手机在 20 世纪 90 年代就已经开始调试，只不过当时的构造没能像现在这样精密罢了。此外，关于 Auricom 的充电难题也一直困扰着技术人员。因为即使电话中的助听设备不需要任何特殊的维修保养，芯片也是要定期充电的。对于绝大部分手机使用者，电池充电的频率一般维持在每周一次。现在，技术人员找到了两种解决方案：其一，把芯片从机器中取出直接插上电源充电，几分钟就能完事；其二，配备多种纤薄如纸的电池，以免去用户一直充电的麻烦。当然，要推出新品，还不得不考虑那些拒绝将新奇事物塞入耳朵的消费者。对于他们，可以相应设计几款助听设备在耳外的迷你电话。就这一点来说，本次 Auricom 计划的推广者真可谓高瞻远瞩。他们早就想好了应对之策来满足眼镜佩戴者以及本身就装备助听器的消费人群，那就是将迷你电话与以上两种配件合二为一。不论是近视眼镜还是太阳眼镜，框架都可以用来"安装"连接天线。部分眼镜制造商已经迫不及待地向市场推出了最新的"电话眼镜"。这样一来，恐怕又要出现一批追捧眼镜，奉之为时尚潮流的"假四眼"了！最后要谈谈价格，新推出的迷你电话与传统手机可谓不分上下。因此，Auricom 在美国刚上市就跃升为市场的宠儿。西门子更是斥巨资全面推广这项新技术，希望它能完全代替摩托罗拉公司于 1983 年发明的移动电话。相信谁都无法忘记 DynaTAC，这个重达 800 克、身形如砖的大家伙曾被公认为技术史上的巅峰之作，赢得了无数的拥戴与赞誉。它的诞生也拉开了无线通信新纪元的序幕。数以亿计的人们因为这项技术结晶而改变了工作甚至是生活方式。是不是 1930 年诞生的汽车无线电为移动电话的发明带来了灵感？又或是受到了运动波接收现象的启发，才有了后来的步话机？一系列的问题至今无人能答，惟有一点无可争辩：无线电波接收这项技术的掌握缘起于摩托罗拉公司的传呼机，后者也是最早的卫星信号接收器。紧接着的 60 年代，无线电话就在人类的登月计划中大显身手。人类"向前迈进的这一大步"也把自己推向了全新的手机时代。总而言之，DynaTAC 8000X 的研发工作历时 10 年，耗资超过 1 亿美元。第一台机器诞生时长达 33 厘米，待机时间却不足 1 个小时。"尽管这样，"它的发明者 Rudy Krolopp 回忆道，"消费者仍心甘情愿为它买单并被它随时随地都能连线的特性所深深吸引。价格高达 3 995 美元的新品十分走俏，还未上市，预定的名单就已经填得密密麻麻。"自此之后，手机便沿着它的发展轨道一路飞奔向前：2004 年时，全球累计销量已达到六亿七千万台。一方面，外形设计推陈出新，不断刺激销售量；另一方面，第三代手机（俗称"3G"）的出现更使得收发彩信、在线观看电视节目成为可能。但是，面对不断饱和的市场，研制新式机器，推出既简单又便捷的接收方式已经成为迫在眉睫的大课题。Auricom 和它的迷你耳机将会有怎样的作为？我们拭目以待。当然，围绕着创新而展开的攻坚战并不会因为新品的推出而硝烟散去。长久以来，芬兰的诺基亚一直稳坐行业的头把交椅，紧随其后的有摩托罗拉以及其他众多竞争者，如：西门子、三星、LG 和中国电话制造总公司（这家新兴的中国电话制造企业已跃升为业界的领军人物）。当然，有战争就会有受害者，无数知名品牌在残酷的市场竞争中被判出局。现在，全球每天有超过 30 亿次的电话记录，与 1983 年的 30 万次相比简直是天壤之别。从今往后，Auricom 将作为移动电话的升级产品继续为人类服务。相信在其娱乐、服务、无线上网以及短信息等功能得到进一步完善之后，这款新型"耳机电话"将会引发真正的行业变革，就像我们的祖父母们在广告里说的那样："从此不再有

'线'的困扰，所以打电话吧！真是易如反掌的轻松！"更有趣的是：也许将来的某一天，新培育产生的"无线电通信细胞"会在婴儿出生的那天起就被植入人体组织，21 世纪的人类将成为名副其实的"移动通话者"！

资料来源：

1. 欧洲空间局

2. 相关网站：www.motorola.com/fr；www.siemens-audiologie.fr

3D 眼镜——欧洲人"眼前"的挚爱

不论是台式机还是移动电话，追求越来越高的分辨率必然会成为大势所趋。现在，互联网上的各家运营商们都已按捺不住纷纷出招，使得服务器的信息流量与日俱增。在这种情况下，3D 眼镜应运而生走入了人们的视线中，并成为今年圣诞最热卖的走俏商品。

"多加一元，多得一件！"——这是 10 年前绝大多数眼镜商用以招徕客户的伎俩。只是从今往后，即便像这样弹眼落睛的广告语恐怕也不得不让位于新兴的创造发明，因为后者比它更能吸引眼球。新诞生的 3D 眼镜功能强大，可以让用户通过它直接浏览网页。这不仅在光学仪器界引发了重大变革，更是让眼镜商们措手不及，疲于奔命。新推出的高科技产品分烟玻璃与普通玻璃两种，任何影像资料都能在镜片上一览无遗，为用户单独呈现。此外，内置于玻璃中的接收天线也使无线上网成了随心乐事。其实，这项技术在几年前就被运用于汽车制造。当时的主要目的是为了隐藏汽车上错综复杂的天线设备，包括电台接收线、电话线、GPS 导航线以及专为后排乘客而设的电视线。得益于此，汽车摆脱了横七竖八暴露在外的天线，并与"滚轮刺猬"这个绰号挥手道别。虽然 3D 眼镜内在蕴含的高新科技光芒夺目，但在外观的设计上仍旧秉承了低调朴实的传统风格，因此看来与普遍眼镜无异。

那么现在，就请戴上最新的产品尽情体验吧！它将在您面前展现无穷的魔力，创造一个全新的动态三维世界。虽然这个世界是虚拟的，但是它就像写真的现实主义电影一样栩栩如生。这副神奇的眼镜会为世人呈现所有令人叹为观止的景象，并打开通往另一个世界的大门。您将看到超越现实的那一部分是多么的如梦似境，却又与现实环境结合得密不可分，以至于所有使用过新型眼镜的人都盼望着回到孩提时代，以童真的眼光再去凝望这个不一样的世界，改变我们现在的生活。

目前，3D眼镜已经全面上市，并根据不同的顾客划分市场定位。如果只需要简单上网，那么选择基本款就绰绰有余了。当然，也有能接收地面数字电视（TNT）的改良款；还有装配微型摄录机，能用来打可视电话的智能款。除此之外，最高端的要数能接收所有电视信号的全能款。设想一名正在采访敏感问题的外派记者，只要拥有了3D眼镜，即使没有摄像师的帮忙，他也能把有用的图影资料收录并传回电视台。既出色完成任务，又无安全之忧，多亏了这副隐形摄录镜！但是在不少大型公司里，管理层纷纷发出了对该眼镜使用的反对声音。雇主们担心员工有了该产品就会不安于工作，比如：开会期间装作用心聆听，实则在偷看当晚将要上映的影片预告花絮。然而，这样的顾虑似乎来得太迟了。和苹果牌的摄像随身听一样，这款新品已经成了市场上必不可少的"灵魂"商品，不容人再有置喙的余地。

不过，在真正佩戴这款眼镜之前，请制造商对其进行适当的调整还是十分必要的。就像镜片必须比照使用者的视力反复校验一样，3D眼镜在售出之后也需要有专人完成最后一道精加工。这样才能使镜片的色彩对比更完美，动画及影像画面更清晰流畅。

就技术层面而言，法国埃松省境内的众多尖端科研所可谓成绩斐然。这些实验室零星地分布在萨克莱高原，使那里成为名副其实的"光学谷"。谷内新发明的智能解码器神通广大，不论上天入地都能捕获互联网信号，这就使得 24 小时不间断联网成为可能。此外，网页的显示均由用户的声音控制（按照科学家们原先的构想，应该由人的意识自由发号施令。然而鉴于电脑对人脑运作方式的分析及模仿过于复杂，因此虽然之前让·托德（Jean Todt）在该领域已经做出大量研究，但一时之间仍无后人胆敢逾越半分）。再加上功能强大的搜索引擎马力全开，短短几秒钟内就能够翻遍全球 250 亿注册网站，用户便可以轻松享有超级便捷的网页搜索功能了。不论用户身在人流不息的车站还是处于摇晃不定的行走状态，3D 眼镜的接收功能都堪称一流，除了在交通工具中，可能会出一些小状况。不过总的来说，能单凭一副眼镜就做到无线上网实在是一件了不起的发明！有了它，人们甚至可以腾出原先办公室和家中被台式机霸占的空间。一些大型咨询公司对这种新产品的问世拍手叫好，并极力支持旗下员工使用这款眼镜。因为戴上它，职场精英看起来更像中情局（FBI）的超级特工。

说句实话，新开发的系统技术确实风光无限。许多年轻的弄潮儿争先恐后，都盼望着能成为首批试用新品的"小白鼠"。按他们的话来讲，倒不是冲着眼镜能看电影能上网的功能，而是为了体验某些意想不到的"刺激"。原来，3D 眼镜接发短消息时会在镜片表面发出短暂的闪光，让使用者产生幻觉。试过的人甚至把这种有趣的幻象与吸食毒品后瞬间的快感画上了等号。当然，我们知道这两者有着天壤之别。前者的"仙乐飘飘"对人体健康是完全无害的！除了这项功能之外，3D 眼镜时不时还能扮演一下红娘的角色。素未谋面但已经在网上结缘的男女，很可能通过眼镜的定位功能在大街上偶然邂逅。因为当他们互相靠近时，彼此的眼镜都会闪现红光，告诉主人美满姻缘就在前方。还有，从前父母在孩子电脑上设置的页面净化系统总是收效甚微；现在 3D 眼镜强大的过滤功能，一定会把不良网页从孩子们的视线中清除干净。虽然在研究上硕果累累，但是"光学谷"的各个实验室里还是不断涌现出许多新奇的想法。应一大批顾客的要求，与新产品具有相同功能的隐形眼镜现已全面投入研发。看看眼前人类所取得的成就，再想想 8 世纪末才在意大利诞生的眼镜以及公元前 4000 年偶然发现的凹凸镜片，我们不禁感慨：现在的舒适生活真叫人醉心不已！

做好所有传统习惯统统被颠覆的准备吧！因为高速稳定的因特网已势不可挡。现在，即使是网络爱好者也不过刚开始习惯超平屏幕，而新的发明已经强势出击。中央处理器消失无影，取而代之的是微型集成电路板。这种借助于微电子技术研制的新品将直接被嵌入电脑屏幕，从而完成微机的"瘦身计划"。新型的个人电脑重量仅为 500 克，方便用户携带与上网。不过比起 3D 眼镜的简洁灵巧，微机还是相形见绌。从今往后，不论家里还是公司，将不再有台式机与手提电脑的区分，"走到哪里用到哪里"才是王道。走在大街上还是睡在卧室里，这些都无关紧要，因为随便在什么地方都可以上网、收发电子邮件。旧时将世界相连的美梦今日终于成真。年轻一代甚至无法想象从前绳绳线线、错综复杂的电话通信。无线电的触角伸向全球，联网就是这么的易如反掌！当然，有些人会担心病毒可能给网络带来冲击，因为它们确实会以闪电般的速度摧毁一个又一个的终端设备。公司、企业或者家庭，谁都曾经是计算机病毒肆虐下的受害者。这就是 24 小时联网所必须付出的代价。但是今天，3D 眼镜将站出来大声地对病毒说"不"。由此，人们也开始尝试适应真正的 24 小时无间断联网。从前模拟的臆想将走入真实的世界。法国政府近日决定在全国范围内启用高频宽带网，并在绝大部分时段依靠无线网络进行通信。这样，城市地区的网络信息流量将高达每秒 25 兆字节（Mb），而农村地区的相关数值也将不相上下。从机关到学校，全体国民都身体力行，体验新的网络。即使法国政教分离，也无法阻挡神职人员们全心参与的高涨热情。一般情况下，互联网的连接是免费的，但是机场、火车站等公共地点除外。在那里只要购买一张充值卡，输入密码后就可以正常连线了。如果你想在高速火车（TGV）上收发电子邮件或浏览时事新闻，那么列车会提供 3D 眼镜的出租服务，既周到又方便。而且，使用高频宽带网下载流行歌曲所花的时间不过几秒，对年轻一族来说无疑又是个振奋人心的好消息。更有趣的是，目前欧洲正全力效仿日本，希望在偏远的群岛上也能够完善互联网络。总之，除非不幸遇到影响面极广的灾害性天气（如飓风、海啸等）导致全球网络瘫痪，否则人类的一切活动都将依托着因特网不断前行。不论将来的互联网是否由 3D 眼镜主导，有一点我们必须认清：只有维护正常健康的网络秩序，才能保证人类的生活质量。

资料来源：

1. 光学谷：www.opticsvalley.org

2. 法国眼科医生全国总工会：www.snof.org

3. @RT Flash 公司：www.tregouet.org

Cancer? Cancel

连研究人员自己也始料未及，人类原本打算再花70年去攻克的病魔现在已然成为医学技术的阶下囚。在对抗"20世纪第一恶疾"——癌症的过程中，世界各大实验室携手合作，最终成功研制出首个有效杀灭病变癌细胞的治疗方法。

今天，位于里昂的癌症研究控制中心（Cancéropôle de Lyon）可谓群情激奋。一位多年深受肝癌重症折磨的患者终于完全摆脱病魔阴影，重新燃起生命之火。他也是世界上首位在图卢兹实验室接受 Nanobiotix 抗癌治疗的病患。这种全新的癌症治疗方法耗费了整整10年的研究时间，由美国布法拉大学试验成功。它的关键步骤就是往人体内注射带有铁元素微粒的抗体。这种被称为 NanoBiodrug 的微粒十分神奇，会主动接近落单的癌细胞，并以其强大的磁场直击敌人要害。

老实说，如果没有中国科研人员们的鼎力支持，医学界也不会在短时间内取得这样的突破性进展。几年前，一位中国癌病专家在隔离病变细胞时，成功地找到了控制抗体的有效方法。通过研究，他发现抗体细胞内含有一种能激活人体免疫系统的基因，后者会自然而然地取代癌细胞中的主力军，从而彻底击垮癌症。不过话说回来，要不是2006年人类多性态研究中心完整破译了人体所有的染色体组，恐怕现在也就不会看到如此喜人的成果了。总而言之，我们注意到病变的组织渐渐地稳定起来，也没有扩长成新的肿瘤。从前无孔不入的癌细胞被挡在了毛细血管的铜墙铁壁之外，人体内再也没有它们安营扎寨的地方。这一切通通降低了新肿瘤出现的可能性。由此，人类也真正地掌握了遏制癌症扩散复发的方法。一位知名的法国癌病专家这样说道："从今往后，新的抗体会向病变细胞发起猛烈的进攻。重重围击之下，后者不得不束手就擒。接着，血液会加速流动并制造出又一批健康优质的细胞，为病愈后的身体注入新的活力。最后，败退的病变细胞会随着新陈代谢自然排出体外，整个过程安全轻松，完全不必劳烦到复杂的外科手术。"

在这项举世瞩目的发现走入人们生活之前，医学界经历了漫长而又艰辛的探索，所迈出的第一步值得载入史册！2002 年，瑞士一家大型实验室将名为基利克（Glivec）的抗癌药物推出市场。新品功效神奇，据说能导致癌细胞的"自杀"行为。产品引来了广泛的关注，试用者更是不计其数。2004 年，美国《时代》周刊登出了一则喜人的消息：作为全美首个自愿接受抗癌新药临床试验的病患，休斯敦人路易丝·杰克波丝（Louise Jacobs）现已完全恢复健康。她所尝试的药品无任何毒副作用，精度更是堪比高端导弹，像"打靶"一样直击癌病本源。因为当初不忍继续看着路易丝被病魔折磨得死去活来，主治医生才向她推荐了这种全新的"打靶"疗法。没想到被认为回天乏术的肺癌竟出人意料地得到了控制，路易丝体内的病变细胞被打掉了一半之多。这样的事例也充分证明了"打靶"疗法的行之有效，比起化疗法对人体健康的巨大杀伤力，显然前者将更受人青睐。

现在，这种高精度的"打靶"疗法已经成为 21 世纪最重要的医学革命之一，它能够根据各种不同的癌病对症下药。2004 年，由西门子公司推出的名为 Artiste 的粒子加速器更是巧妙地融入放射疗法将其抗癌功效推向极致。其实原理说来并不复杂：先进行高精度的定位工作，找出病变区；再将高能电子束或 X 射线对准确定部位集中处理。当然，在整个"打靶"疗法的过程中，借由质子、中子甚至活碳离子开展的强子理疗，作用也是不容小觑的。

为了回顾抗癌过程中每一次取得的成绩，有必要回到 2006 年。因为正是在那一年，全世界形成了统一战线，共同为专项研究工作筹募经费。当时，目睹了二十多年来各国独自奋战而收效甚微之后，法国总统雅克·希拉克号召成立一个全球性的基金会，用以抵抗血液及细胞疾病。此举也促进了各国医学实验室的合作，尤其值得一提的便是德国默克（Merck KgaA）实验室与加拿大生物技术公司 Biomira 的联姻。两者携手并肩，大大推动了抗癌疫苗的研发与上市工作。当然，还有几家新崛起的中国研究机构，它们在 2010 年的倾情加盟对于全球抗癌工作的发展无疑更是锦上添花。

回头看看，人类为了能够战胜癌症病魔，走过的是一条怎样崎岖不平的道路！ 1909 年居里实验室与巴斯德实验室牵手，共同研究放射物质在生物医药领域的应用。1912 年，居里夫人又与镭元素实验室共同合作，启动了世界上第一个抗击癌症的计划并于 1921 年设立了居里基金会。此后，法国政府将首批募得的研究款项投入建成了两所专门用于咨询分析、预防治疗的医药站；卫生部也于 1922 年在波尔多组织成立了专业研究中心。接着，人们渐渐注意到对于癌症的病理追踪才是当务之急，于是在维勒瑞弗，保罗·伯楼斯（Paul Brousse）收容所的主治医生古斯塔夫·洛西（Gustave Roussy）甚至决定建造一所私人的抗癌中心。然而根据当时的报道显示，虽然所谓的机构、中心、基金、项目等铺天盖地，但"各人自扫门前雪，哪管他人瓦上霜"的局面依旧没有改变，各组织之间没有联系也不统一。1945 年，人们响应戴高乐将军的倡议踏上了漫漫征程。这位半生戎马的政治巨人耗费了巨大的心力，为抗癌事业的发展打下了扎实的基础。从此，法国人全民总动员筹集资金。1945 年颁布的法律规定：所有相关机构一律转为公共事业单位，并对患者的身体健康负责。至此，抗癌工作才算真正步入了正轨，并培养了一批又一批的先锋模范。法兰西科学院院士、国家医学院名誉主席莫里斯·杜比亚纳（Maurice Tubiana）教授就是其中当之无愧的代表人物。她最早致力于甲状腺癌的治疗工作，后又研究肿瘤细胞的扩散情况，并参与了医学照相术的开发项目，有力推动了癌症探测技术的前进。至于其他不得不提的人物，还有法国人大卫·海耶特（David Khayat）。33 岁时，他成为国家最年轻的公务员干部。后来在他的积极奔走下，世界抗癌峰会诞生，国际专项办事处的创建也排上了议事日程。他的一位恩师不幸患上了肾癌，希望大卫能帮他战胜病痛。这使他更全心全意地投入到这项事业中。2004 年，48 岁的他被法国总统任命为国家癌症研究所的新负责人。

　　不管怎么说，2013 年的到来终于为几十年来抗癌工作遇到的风风雨雨画上了句号，虽然句号前发生的种种事件并不那么完美。我们无法忘记 ARC 丑闻。这个高举着"全心致力于抗癌工作"义旗的组织败絮其中，大笔筹募而来的资金都被装进了负责人雅克·克罗兹马里（Jacques Crozemarie）的私人腰包，把他塞得盆满钵满。还有 1986 年的惊天悲剧——苏联的切尔诺贝利核泄漏事故，受害者人数至今仍不得而知。虽然挫败不断，不过喜讯也着实不少。2000 年的统计显示，每 10 名成年妇女中就有一名身患乳腺癌。因此在世纪之初，各国纷纷发起了关爱女性的主题活动。现在，新抗癌疗法的问世更是让地球人都长长地舒了一口气。多年来，虽然化疗与放射疗法的功勋卓著，可病患因此而受到的身心双重折磨却也是惨不忍睹。而且传统的治疗方法即便可以暂时稳住癌细胞，但始终无法确保病症的彻底根除。现在，就算回忆不停地提醒人们，癌症曾像中世纪横行的鼠疫一样阴暗恐怖，但只要有新型疗法的庇护，新一代的年轻人一定都会淡然一笑。因为对于他们，癌症不过是和乙肝、白喉、脊髓灰质炎、破伤风、天花等疾病一样，只能凶猛一时的普通小症状罢了。

资料来源：

1.《Louise Jacobs》,《时代》，2004 年 6 月

2. 布法拉大学研究资料

3. Merck 实验室

4. 西门子医药有限公司

5. Maurice Tubiana 教授（受西门子研发俱乐部邀请），2005 年 11 月

转基因产品的天下

随着政府的一纸批文，转基因产品终于可以在法国上市销售了。境内最大的批发市场伺机而动：Rungis 市场内汇集了来自全世界各种五花八门的转基因食品，这也为该类型商品的全面推广拉开了序幕。

就像左拉在书中一直说的那样："为了填饱法兰西人民的肚子，必须有一个'巴黎之腹'。"接着，出现了类似的巴尔塔（Baltard）街区以及 1969 年建成开放的汉吉斯（Rungis）市场。而从现在起，人们又将迎接崭新的汉吉斯 2 号。这幢硕大的建筑将专门用于从事转基因食品的交易。真是个不容错过的瞬间，因为你马上就会看到人们敞开大门欢迎转基因食品堂而皇之地走上餐桌！对于汉吉斯市场而言，这一幕早在预料之中。因此在离市场不远处专门辟出了一条道路通往奥利机场，以方便货物直接运抵 2 号大楼。新的市场内将堆放各式各样闻所未闻的新奇货：闪闪发光的蔬菜、完美无瑕的水果、营养富足的肉制品以及足以填饱一个军队的至尊"鱼无霸"……但有一点需要指出，那就是对于奶酪，人们会给予特殊安排。事实上，所有的乳制品都会与其他食品分开而单独出售，因为法国人不愿意为那些改变了成分或发酵工艺的转基因奶酪买单。在法国，人们无法想象基因改变后的卡门贝或蓬莱韦克干酪会长成什么样子，而且断定经过处理后的艾博斯酪必将失去原有的馥郁醇香。不过不管怎样，相信汉吉斯市场里琳琅满目的商品一定会带给主顾们不一样的体验。但是也请不要忘记，围绕着转基因食品而暴发的长达 15 年之久的口水大战至今仍硝烟弥漫。全世界反对的声浪此起彼伏，各地纷纷有组织地力抗新技术的不断前行。有些表现激进的农民甚至被控妨碍实验进展而不得不遭受牢狱之灾。农民联盟的主要领导人——若泽·博韦（José Bové）就曾因为猛烈抨击转基因技术研究而在铁窗下待了整整 6 个月。1998 年，法国政府曾试图通过同时批准两种玉米上市，向国内引进一种杂交谷物种植方法，继而再将新的方法推广普及到油菜和甜菜的培育技术中。然而，这项计划却突然中断，并在政府思量再三后被拦腰斩断。原因是科学家们发现，转基因玉米的花粉很可能导致一种蝴蝶的灭绝。最后，政府部门被迫中止试验计划，同时也为转基因植物种子的研究画上了休止符。

要不是人们始终抱着伦理道德的问题争论不休，也许转基因食品早就能包装问市了。还记得"黄金大米"吗？当科学界发现这种谷物以及它富含的 β - 胡萝卜素能使双目失明的孩子重见阳光，它的进一步试验就成了人们关注的焦点。紧接着，法国政府便坚定不移地宣布要在国内重新开展多达 66 项的转基因科研项目，并警告公民任何胆敢破坏试验田的行为都将受到拘捕的惩罚。可是即便如此，底下的反对声音还是一浪高过一浪。正当各大种苗公司摩拳擦掌，准备在 10 年后的今天卷土重来，网络上竟开始号召全民抗议。2008 年，这种新型食品的健康安全以及优越的食疗功能得到了科学证实。接下来的问题就在于，如何妥善利用信息媒体，告诉大众转基因食品并不是实验室中才有的异类。营养学家们适时地露了把脸，向人们解释，转基因技术的利用并非是现在才有的事情。

"也许很多人不知道，我们的祖先早就学会了在种子上'做手脚'，以使谷物的种植适应各种不同的气候类型。"一位国家农业研究所（INRA）的工作人员这样说道："比如，可可豆转种到美洲，小豌豆移植到欧洲都必然会造成基因的变异。随着时间的流逝，它们的质地、颜色包括形状通通都会改变。"让我们一起来看一看1908年发生在美国的事例吧。一些农民惊奇地发现，在同一块土地上种植玉米，经过改良的种子比普通种子取得了更好的收成，而且两者的抗虫抗害情况也不可同日而语。事实就是，接受转基因处理的种子可以又快又好地适应当地气候，而且对农业害虫也有很强的抵抗能力，会为农民带来丰厚的收益。然而，这样的新技术还是无法得到所有人的首肯。汉吉斯市场内转基因专柜的设立必定会让某些人咬牙切齿。一些反对者自发聚集在市场门口讨伐新兴产品。"转基因，从我们的餐桌上滚蛋！"——类似的横幅标语贴满了大街小巷。对于他们而言，这些食品不仅有违自然规律，更加触痛了人类的伦理道德，是一种犯罪！

前不久，法国农业部长站出来力挺新上市的转基因产品，他说："不再苦于囊中羞涩而饥肠辘辘，新的技术将使人们向前迈出一大步，尤其会为贫苦大众带来福音。"

投赞成票的人比比皆是，不断有营养学家向民众担保转基因食品的无毒无害。那么它们究竟具有哪些特性呢？无可否认，这些新食品的优点确实叫人啧啧称奇。在果蔬专柜，草莓的个头与鳄梨不相上下。批发商们无不自豪地向他人讲述这些产品的销售情况："它们将被卖去餐厅、饭店。那里的大厨省去了料理初加工的麻烦，可以把材料拿来直接烹饪，做出醇香可口、风味独特的草莓浓汤。不信，你们也来尝一个试试——此'味'只应天上有，人间难得几回'尝'!"同样的欢欣,转基因土豆的种植者们也已感同身受,他们说:"改变了基因的马铃薯,淀粉含量更高、口感也更好了。用它做出来的炸薯条喷香脆嫩,十分美味。"

今早,一位农业研究所的工作人员在汉吉斯市场内指着一瓶转基因菜油兴奋地说:"有了这样的食用油,我们就再也不用闻令人窒息的油烟味了。虽然听起来难以置信,不过这就是事实。"另外,还有装在精美柳条篮里出售的西红柿,一个个鲜红透亮,就像20世纪50年代前卫精品店里的时鲜货。它们都来自西班牙的一家农场,那里共有1 200名农业工作者辛勤劳动。为了研制出更多新型的转基因种子,十多年来,共有15家研究中心落户伊比利亚半岛,潜心工作。

现在,农副食品的基因学家们纷纷加入新基因种子的实验室开发项目。专家们发现在某些情况下,细菌不仅可以提高植物的免疫力,甚至能充当养分的搬运工为植物注入活力。那些抵抗力确实强的种子将直接用于种植,连农药也再无用武之地,因为今后的谷物将从种子开始全副武装。另外,我们甚至可以尝试不用养料!比如,在土豆的种子里注入玉米基因,就远比喂它吃饱化肥来得有效!

当然,在植物培育方面风光无限的方法对于动物养殖同样百试百灵。在鱼产品柜台前,当看到形如幼鲸的鳟鱼,驻足之人无不目瞪口呆。销售人员介绍说:"这种鱼在经过特殊的激素处理后就不能生育了。随着基因的改变,它的体重将是普通同类的11倍。"如果再加些美味调料,这些鱼就会摇身一变成为餐厅里让人饕餮的主角。虽然现在,外表不占优势的巨鳟无法引起消费者的共鸣,但相信总有一天,这个能解决一家人整星期餐桌问题的大家伙一定会迎来属于它的春天。

除了鱼类，畜牧类也受到转基因技术的影响。比如，肉店老板挂钩上的大块生肉就吸引来眼球无数，那里的牛排比普通肉质肥上3倍！老板说："短短几个星期，这些牲口就会被养得浑圆壮实。养殖时间比从前短了一半，肉产量却上了一个台阶。"

事实上，新型转基因食品的好处远远不止于此。它们能控制卡路里的含量，使油制品减少肥腻，降低糖分对人体的刺激……专家们甚至希望可以研制出含有药物成分的新产品——这个计划不久后就将着手进行。现在，已经有人成功推出了预防流感的大米及香蕉。而在日本，治头痛的糖果与抗龋齿的果汁也受到了市场的追捧。我们该把这称为"药食"还是"食药"呢？总之，它们的不断发展一定会让患者早日摆脱单一的药疗之苦。只是我们忽略了一个问题：这些未来的医药食品，其经销权最终会花落谁家？究竟是普通食品商还是药房专柜？相信回报丰厚的肥肉谁都想吞进嘴里，那么就让我们拭目以待吧！

资料来源：

1. 国家农业研究所（INRA）

2.《快报》，1997 年 1 月 2 日

3.《科学与生命》（总第 1029 号，2003 年 6 月）

声控汽车，今早起锚

首辆没有安装仪表盘且由声音控制的汽车终于诞生了！这一次，汽车界不仅借鉴了精密的航空技术，还在制造过程中引入了声控导航设备，使汽车摆脱了繁琐的表盘、指针。今后，驾驶信息会直接显示在挡风玻璃上，汽车也将对声音唯命是从，驰骋东西。

崭新的 SeneSasione，是人类引以为傲的技术发明。它的首位主人被惊得目瞪口呆，久久不敢相信自己的眼睛。是的，这款新品堪比 F1 赛车，宽敞大气的挡风玻璃，迷你舒适的手握方向盘，并在前排设有 3 个座位。你看不到仪表盘，更没有操作杆，一切指令都由人的声音发出，绝对称得上操作无误零风险！此外，详尽的驾驶信息会全部显示在彩色重影的挡风玻璃上，这点即使在战斗机面前恐怕也毫不逊色。对于所有"四轮迷"来说，这辆新车无疑是汽车制造史上的里程碑。它不仅继承了传统汽车灵活调节速度的优越性能，更将新融入的技术发扬光大，为人们最终接受全自动交通工具打下了扎实的基础。我们有理由相信，汽车很快就会成为无需手动的智能体。道路安全部的负责人对此也给予了高度评价，他认为汽车驾驶者从今往后都能够集中精神、专心于道路和汽车状况本身，这是一种飞跃。新车 SeneSasione 的研发耗费了研究人员 20 年的心血。在其上市销售之前，公司展开了大手笔的宣传攻势，并向公众开放完全免费的驾驶培训课程。虽然一开始就放手让初学者到道路上体验的做法未免有些冒险，不过新车的技术保障还是让所有人都叹为观止。一位刚刚购得至宝的买主兴奋地说："新车的模拟设备为我们提供了完整的指导信息，感觉就好像在操控飞机一样轻松惬意。而且，所有过程都在驾驶学校的监控器下有序进行，所以完全没有后顾之忧。"更值得一提的是，车上确实没有安装任何仪表设备，也给试车者带来了耳目一新的体验。早在10年前，宝马公司（BMW）就提出了声控车的全新创意。出于安全考虑，厂商们希望汽车驾驶者能始终专心于路面情况，而不是时常被车速等仪表信息所干扰。因此，工程师们想出了在挡风玻璃上显示相关信息的主意。现在，司机朋友们即使不移动视线，也能自如地控制车速与燃料使用情况。总之，杂七杂八的仪表盘终于走到了穷途末路。更为神奇的是，无线电导航定位系统（GPS）也将陆续出现在玻璃的重影中。这样一来，司机再也不用特地到远离视野范围的小屏幕上苦苦挖取信息，只要事先编入目的地，接着等待大屏幕上跳出箭头就可以了。所谓的"坐享其成"恐怕也不过如是！

随着进一步的技术钻研，工程师们不仅完善了挡风玻璃的即时信息显示，还开发了许多新的功能。其中，最不可思议的非"声控驾驶"莫属！具体点讲，从今往后的汽车驾驶系统将交给声音全权负责。如果你能了解10年的研发过程中，相关人员经受的是怎样的曲折与艰辛，你就会觉得把这称为"革命"也毫不为过。假设你从巴黎共和大街18号出发去往位于诺让勒鲁瓦的统治者大街13号，你只要对定位系统发出指示，话音未落，系统就会为你设计出最佳路线。不仅如此，它还会根据时段辨识路面状况，以避免可能遇上的交通拥堵。总之，它就是你出门在外的好伴侣！在传统汽车上也许偶尔也能找到类似的智能系统，但它的"聪明"往往叫主人哭笑不得。比如，没有主人的授意，它会在黑夜中自说自话地突然打开车头灯；再如，只要玻璃上划过半丝水痕，刮水器就像拼命三郎似的狂擦不止。这一切对于新型汽车而言都将成为过去，因为主人的命令才是王道！

在汽车的制造过程中，工程师们预设了一系列的声控指令，比如：警示灯的开关，防冻设备、温度表以及后视镜的调整。不过，汽车的行驶方向还是需要手动控制。对于一款性能杰出的产品而言，应该要做到使不同的驾驶者都得心应手。新车所配备的系统不但能让用户选择自己喜欢的驾驶方法，还能在发动前将座位调整到最舒适的状态。尤其是现在，运载计算功能不断强大、信息设备的价格一再缩水都使得最新技术的运用成为可能。而正是这些令人赞叹的技术为全面打造电子智能新车注入了源源不断的推动力。只是有一点美中不足之处叫人十分担忧：新车似乎没有把用户的个人习惯考虑在内。要知道，有些人不喜欢边开车边讲话；有些人吐字不清；更有甚者带有严重的口音。不过不用杞人忧天，智能系统中的软件早就让一切尽在掌握之中！

一位陪同丈夫前来取车的太太仍旧忧心忡忡，她问道："我就是无法相信新车的声音辨识能力。要是驾驶者咽喉肿痛、声音变得沙哑，那该怎么办呢？"对此，经销人员做出了解答："系统中特有的录音设备会记住用户所有的声音特点。不论声调变得低沉还是尖锐，甚至十分微弱，也难逃汽车的'法耳'。"在这方面取得的进步绝对超乎人们的想象。形形色色的语调、声音、方言在智能辨识词典中应有尽有。因此，新车甚至可以由多人同时驾驶。现在，即使不对语音系统提前设置，也能放心将方向盘交给同车的伙伴。同样的，对于专营租车业务的老板来说，也省去了多余的更改操作步骤，可以将汽车直接投放市场。

更为奇特的是，语音系统还通晓多种语言，堪与个人电脑中强劲的语言软件一较高下！只要选择切换到相应的语言菜单，俄罗斯游客就能租上一辆车，自由奔驰在巴黎的大街小巷了！

20世纪70年代诞生的声音辨识技术是随着手机和信息产品的普及才开始真正走入千家万户。在汽车制造领域，相关的研究还要追溯到20世纪90年代中期。雷诺在欧洲范围内大力推行多个研发项目，旨在早日取得大规模使用声控系统的资格认证。然而经过研究，技术人员发现汽车可能是世界上最不适合安装该系统的地方。且不说车内热量及剧烈震动给话筒带来的冲击，单单是行驶时的噪声、汽车音响的背景音乐以及声音收集等难题就已经让工程师们头疼不已。2000年，经过不断改进，静止车辆上的试验成功率已经达到了97%，但汽车一旦发动，数字又猛降回60%。

事实说明，这项技术仍然有待完善，而多年来，技术人员也一直朝着这个目标昂首前进。2004年时，最好的辨识系统也只能勉强听懂1 500至3 000个单词。而现在，这个数字早已没有了上限！至于话筒问题同样迎刃而解，因为驾驶座上布满了隐形传感器。

在新车上市销售之前，制造商会与顾客进行讨论，并针对后者的习惯爱好对汽车的有关功能及主要指令设定参数。随着技术的进一步开发完善，新款产品的买主无需再耗费大量的时间待在录音室里对不同的命令逐一录制。借助于语音复制技术，一切都可以在计算机的控制下准确无误地完成。总而言之，30年的潜心研究终于打造出完美的尖端技术。想想2000年问世的首款试样吧！它必须借助笨重的个人电脑才能启动。此外，声控系统的出现还将解除多年来欧洲各国禁止司机在驾驶途中使用手机通话的封印。这无疑会大大提高移动电话的使用率。

随着新型汽车的诞生，城市中的道路革命早已是势不可挡。借鉴 F1 赛车而取得灵感的新品也必将在全自动操纵的发展道路上高歌猛进。从今往后，SeneSasione 再也不会让司机在高速公路上晕头转向。左转右旋的方向盘操作将完全由轻巧便捷的即时口令取而代之。

人们可以确信，这款由制造者们全力打造的汽车是汇聚了创新发明的科技结晶。引用 20 年前一位法国造车商的名言，这辆新问世的车中之王必将"使驾驶成为永恒的乐趣"！

资料来源：

1. 西门子 VDO 汽车引擎制造有限公司
2. 声控辨识开发计划：博世研发中心

会飞的大鲨鱼——"步行者"3号

　　1976年，协和飞机实现了人类首次超音速飞行的梦想。它贯穿巴黎、达喀尔、里约热内卢，开辟了一条连接三地的商业航线。现在，协和客机的继任者——欧洲"步行者"3号以每小时3 000千米的速度在蓝天续写辉煌。57岁的机长施密特（Schmidt）将飞行员André Turcat的照片高悬于驾驶舱内以示敬意。后者于1969年在首架超音速飞机的试飞中担任机长，也由此开创了人类征服天空的新纪元。

　　新一代超音速飞机的商业处女航，人类确实做到了！机长施密特也许连做梦也没有想到，在他登上"步行者"3号后的短短20分钟，就亲手刷新了由同胞André Turcat在20世纪创下的飞行速度纪录。这一刻着实叫人欢欣鼓舞！十多年来，没有哪一架民用飞机能取得如此成绩。今早，有"大鲨鱼"之称的"步行者"3号停在跑道尽头，在蓝色导航灯的引导下缓缓驶入停机坪。"白色巨鸟"昂首振翅，静候着指挥塔即将发出的命令。随着"出发"这两个硕大的绿色字符闪现在飞机的座盖舱上，机长轻轻地按下启动按钮。在一片不可思议的静谧中，6台引擎马力全开。短短36秒钟后，"白鸟"没有留下一丝恼人的噪声展翅翱翔在蓝天之上。整个过程发出的声音不足70分贝，该数值仅为20世纪60年代喷气式飞机的一半。机内两百多名乘客尽情体验着处女航的新奇。几分钟后，飞机时速直逼 3 000 km/h，打破了协和自 20 世纪保持至今的纪录。

自 21 世纪初超音速飞机全线停航以来，人们对"超级协和"何时再生的问题始终津津乐道。也许大家都知道一个名为"童贞"的小型航空探险组，他们曾驾驶着超音飞机围绕大气层边缘进行过历时 15 分钟的迷你飞行。虽然各大航空公司一再保证会向乘客提供最高速且无处不在的优质服务，但是超音民用航班却因为价格昂贵且危险系数大始终未能成行。一位在中国工作 5 年的民航高级管理人员不满地说："无可否认，长久以来空客 A380 飞机确实解决了不少人的燃眉之急，它的舒适性与运载量简直无人能及。但是，冗长的飞行时间实在叫人忍无可忍！"另一位经常出门在外的乘客同样胸闷不已地抱怨："人类聪明地创造了高速铁路（TGV），却愚蠢地将高速飞机亲手埋葬！"还有一位长年订坐跨洋航班的服装设计师补充说："我每星期都要飞纽约两次。要是有了超音速飞机，我的旅行时间将从 8 个小时降至 2 小时 15 分。这样就比搭乘高速火车来去巴黎—里昂还快！"万众翘首企盼，"步行者"3 号终于闪亮登场为大家带来全新体验。这一次，从前高速飞机所有的软肋被一一根除：座位设置充足，保证满足供需；引进新式冲压引擎，票价经济实惠；智能减音设备降低噪声污染……

为了攻克以上的技术难点从而取得最后的尽善尽美，研究人员可谓十年磨一剑。这其中，还不包括无数次对飞机舱体作出的修改以及中国工程师们所花费的时间。而且，若非美国、日本、中国及欧洲各国的各大银行鼎力相助同意融资，恐怕"白色巨鸟"早已中途折翼。该研发项目得以顺利进行，首先要感谢的就是波音的音速巡航技术和东方快车公司，其次是亚特兰大圣菲铁路公司及其自动导航车技术，最后还有日本的希望株式会社与中国神柱公司。总之，历经了无数次谈判磋商，最终达成一致：以建立临时跨国公司的形式共同开展合作计划。很显然，要不是凭借多国投资，新一代超音速飞机也不会重见天日。尤其是空中客车与波音公司的携手合作，更加速了核心技术的全面升级。这两家行业巨头不仅是目前世界上惟一掌握超音飞行技术的企业，同时也是惟一拥有长距离运载200名乘客能力的硬件先锋。对于他们而言，12 000千米以上的跨洋航线不过是小菜一碟。

近期，大批"步行者"3号的订单势必将为"速度飞行"的回归推波助澜。虽然空客A380早已将市场塞得鼓鼓囊囊，而旅行社也只奉运载量为金科玉律，但在可预见的将来，急升的超音速飞机需求量一定会把世界三大巨头的生产计划搅得天翻地覆。"超级协和"的首航刚获批准，两百多个座位便在短短几天之内被一抢而空。灵敏的旅游业主们也已嗅出了行业变化的新动向。"空客A380的速度之慢使飞行时间问题成为焦点。"一位旅游业联合会的发言人说道，"很显然，漫长的等待已将乘客们的耐心消磨殆尽。事实告诉我们，'大'与'好'之间无法画上等号。"

现在，大家都十分关心第二代超音速飞机将如何在商业运作上取得成功。虽然"步行者"3号暂时的期望寿命是20年（即2016年至2036年），但是2030年受到万众期待的"步行者"5号引擎以及2069年氢气飞机的诞生都将加速现有飞机的消亡，逼其早早地退出历史舞台。航天运输业的发展趋势向来一目了然。超音速飞机早已不是人们的掌上明珠，当下的目标十分明确：一个小时内必须完成地球上任意两点间的飞行。一系列的市场调研肯定了该计划的巨大商业价值，于是负责"步行者"3号研发的财团纷纷将目光瞄准了新的计划。从技术层面分析，这不是轻而易举就能完成的任务，但是一旦成功了，必将是科学界的又一大奇迹。比如正在探索中的"步行者"5号，它的速度可不是3号的2倍、3倍，而是整整10倍！恐怕人们一时之间还无法想象出这两者的差距吧。

一次又一次的攀登最终必将使现代科技打破先人们的预言。超音速时代的到来意味着人类已经跨越了声音的阻隔。接下来，人类将在"步行者"5号的研究过程中向热量的传递速度发起冲击。不过在此之前，研究人员必须先研制出能抵御1500 ℃高温的材料。"协和"1号的表皮能耐120 ℃考验，"步行者"3号则将该参数提升至400 ℃。光就这一点来说，"步行者"5号计划绝对会面临巨大的挑战。即使是表现神勇的合金材料在千度高温下也会无计可施，因此工程师们不得不求助于双碳分子的混合陶瓷。除此之外还有一个重大的难题：引擎的选用。虽然传统的涡轮喷气式发动机能在20 000米以下的低空风生水起，可一旦到了超音速飞行所要求的高空，它就威力不再了。而与之恰恰相反的冲压喷气式发动机，它能在40 000米的高空坚持正常工作，却无法负荷飞机起飞时的初速度。为了无损飞机的载重量与飞行效率，研究人员千方百计将不同的引擎组合在一起。用他们自己的话来说："这是一场速度与力量的拉锯战。"最终，他们巧妙运用"三合一"的方法解决了难题："步行者"2号上的起飞涡轮引擎加上"步行者"3号上用于加速的循环喷气引擎，再加上专为稳定"步行者"5号速度而研制的全新的超音燃料冲压引擎。

早在20世纪末，美国空军就开始尝试解决引擎的问题。但是军用设备与民用设备到底有着天壤之别。近乎天文数字的价格使得高端民用飞机的制造迟迟无法兑现。20世纪70年代，钛合金打造的黑鸟SR-71完全取代了冷战初期诞生的旧式U-2，旨在对全球各个国家进行飞行侦测。后来，借由涡轮与冲压两种发动机共同助推的"黎明"号又把"黑鸟"挤走。这三十多年来累积的知识技术都为今天高速民用飞机的问世打下了扎实的基础。你可以看到无数的民众聚集在"步行者"3 号前憧憬着未来科技更为迅猛的发展。这个副翼高高隆起的庞然大物一改传统超音速飞机的流线型设计，被人们美誉为"大鲨鱼"。如果说"协和"1 号因为其能上能下的头部而看起来更像是一架纸飞机，那么"大鲨鱼"显然就是航天飞船的子孙后代。它遗传了"祖先"外形扁平、内部宽敞的优良传统。也许你还记得波音 247 的年代——那是在 1933 年，运载着 10 名乘客的首班民用航线从美国出发，历经 7 个中转站抵达目的地。不过在当时，那可算得上是爆炸新闻了！

资料来源：

1. 国家航空航天研究办公室

2. Mark B.，《航天史》，Flammarion 出版社

3.《航天技术周刊》（美国主要的航天航空技术杂志）

4.《世界航天百科全书》，Hachette 出版社

戴着徽章走天下，电子货币任我行

原先为了陆桥费的远程收付而专门设计的电子徽章，现在取得了前所未有的普及。今年，这项技术首次运用于停车、燃料以及罚款等各项内容。对于那些"初来乍到"巴黎的朋友来说，跑银行取钱已经不是重中之重，到电子柜台注册开通才是当务之急。

巴黎市长对这项技术的使用早已称得上是得心应手。不过他的老朋友——伦敦市长似乎就略显执拗。15年前，他宣布没有付清通行税的司机不得进入各大城市的中心街道。一时之间，整个欧洲哗然。直到2017年初，老头终于迷途知返，决定效仿巴黎的现行制度。新的规定与从前大为不同。它彻底摒弃了单一的收费标准，根据时段及车流情况划分不同的通行税额度。举例来说，如果你选择在某位国家元首来访巴黎时去市中心一游，那么80欧元一天的道路价格会叫你欲哭无泪，因为那足以让你坐40趟地铁！从现在开始，所有的汽车都必须装上电子徽章，就像租车公司派出的队伍一样整齐划一。至于相关的信息读取与流通，安装在红绿灯上的天线会通过远程登录将一切搞定。其实最初，人们曾考虑使用条形码缴付费用，但结果不甚理想。最终实践证明，还是电子徽章最神通广大，即使那些千方百计想钻技术空子的不法漏税者也难逃系统法眼。最新改良的辨识设备上安装了矿化板，能把漏网之鱼通通打回原形。在伦敦，先进的录像器材甚至能针对个人实施面部识别。这样，就能在驾驶司机与全球通缉的恐怖分子之间进行比对，使后者再也不敢兴风作浪。

在巴黎，陆上运行的成本与日俱增。电子徽章的出现正好缓解了这一压力，因为它能降低泊车费用。事实上，随身携带现金或持泊车卡都不是明智的选择。尤其是后者，新到一座城市就必须换成当地卡，十分不便。最早用电子货币支付停车费的试验是由各大公园的地下车库所发起。拥有资深公园管理经验的克菲洛特（Cofiroute）公司嗅觉敏锐，致力于向公众介绍这项杰出技术的可行性。后来，巴黎市政当局也意识到有必要鼓励市民地下停车，因为这不仅可以解决地上交通的拥堵问题，还能为市民节省一大笔开支（地上停车计时器的价格一般在每小时15欧元左右）。紧接着，法国各大城市，像里昂、马赛、波尔多等纷纷效仿巴黎，都尝到了甜头。

以上并不是电子徽章的所有优点，小家伙还支持汽车燃油费用的支付。不论是旅游旺季还是上班高峰，司机们再也不用排在长龙里等候缴钱了。从今往后，只要向加油泵出示徽章，一切就畅通无阻了，所有的交易过程会自动记入系统。和栅栏后面那个傻等着的身影说再见吧！这项技术问世之初就受到了美国埃索与麦当劳两大公司的极力推崇。它们在所有连锁店的门口都安装了存有客户银行资料的询问机。这台设备被称为"飞跃"，即使说它是改变了驾车一族生活的技术"飞跃"也丝毫不为过。欧洲人将它与电子徽章配合使用，在其他付费项目的操作上同样收到了令人惊喜的效果。现在只要2欧元，你就能下载一小段当红影片，孩子们也会因此而喜笑颜开！此外，电子文件的传输满打满算也不过花费3分钟的时间。最值得一提的还有直接在坐驾中完成的下载功能。只要在车中安装的键盘上输入地址信息并确认下载，一切便大功告成。燃油公司的服务器会把相关数据直接传送到用户车内的显示器上，再通过电子徽章收取费用。一旦车主将下载文件安装到位，他就能为后排乘客播放优质的图文影音了。当然，那些对于传统人工售卖方式情有独钟的人也并非无处可去。他们依然找得到收款台，也依然可以在音像店与店主们谈天说地。只要随身携带 U 盘，他们就能拜托店里的工作人员将数据复制一份。回到车上后，把 U 盘插入电脑，找到影音系统中所有的 mp3 格式文件，同样可以享受音乐带来的快感。

高速公路上，电子通行税拉拢到无数人心。比起 2000 年初时仅有的几千名用户，法国目前该系统的追随者已突破 2 500 万大关。从前对电子货币大门紧闭的道路安上了醒目的橙色标杆与大大的放行标志，正式对它敞开怀抱。该技术发展之迅猛让所有人都始料未及。一大批收银员消失不见，取而代之的是专为顾客服务的咨询人员。他们每天都为南来北往的司机们排忧解难，像预订酒店、介绍观光活动、提供餐饮娱乐咨询等无一不包。客户们不但可以享受到轻松愉快的旅程，对这些沿途的服务人员也有了新的认识。他们一改平日里对收银员们的不耐烦甚至是敌意，把咨询员当成了好朋友。此外，新型的系统还在跨越国界的运输中大显神威。不论在法国、意大利还是西班牙、葡萄牙，各国统一安装的设备使得付款一气呵成。奥地利甚至在所有高速公路上都只保留了自动收费设备。这样一来，拒绝尝试新技术的顽固派就无法踏足"音乐之都"了。

在很多情况下，电子徽章远不是单一的付款方式这么简单。身在农村地区的司机可以通过道路公司发送的信号，收听交通情况与天气预报。如果你足够幸运，也许还有可能被公司选中成为来年该技术的宣传大使，享受足足一年免付通行税的待遇。虽然这种带有乐透开奖性质的促销模式一度引来巨大争议，但对于电子通行系统强劲的销售势头而言，它也确实算得上功不可没。不过别看它现在风光无限、势如破竹，它的诞生还真有那么一点野史佚文的味道呢！20世纪50年代的美国，人们绞尽脑汁希望发明无线电徽章，目的竟是为了辨别牛的身份！众所周知，美国幅员辽阔且牛羊无数，牛仔们在带领牲口向西迁徙的途中可谓心力交瘁。因此，为牲口量身定做一种身份识别技术，方便主人牵引它们去向新的世界成为当时人们关心的焦点。当然，正史对这样的故事可是只字未提。

在欧洲，各国纷纷加快脚步向电子收费系统全面进发。然而作为先驱的德国，由于太过依赖智能系统而导致了多灾多难的命运，似乎喝醒了邻居们的美梦。大家意识到，不断的前行将是一场胜负难料的赌局。原以为安装了 GPS（定位导航）天线与 GSM（全球移动通信系统）模块的运载卡车能根据已运行的路程顺利计算出应付费用。但是，完美的结果却迟迟没有到来。2005年1月，研究人员不得不再次卧薪尝胆，经过多次反复试验，终于交出了令人满意的答卷。从2017年开始，即使在没有配备智能系统的国家，卡车也能够顺利付费。随着欧盟体系不断地发展壮大，相信越来越多的国家会加入到拥护新技术的队伍中去。不久之后，整片欧洲大陆都能看到电子徽章开花结果，欣欣向荣。但是，自这种系统诞生以来，围绕着它的种种争议就从未止步。尤其是法国，这个在国道及主要高速路口均设下关卡的国家一直饱受民众抗议的困扰。前不久，全国各地的道路交通工人组织便联合同业公会组织了大型示威游行，向政府表明了力抗电子付费设备的决心。可惜的是，政府最终还是打着"环保"牌，借口缓解路面拥堵而在战役中笑到了最后。根据国家气候变化专家小组的建议，法国必须竭尽全力在

2050 年之前将二氧化碳（即俗称的温室气体）的排放量降至现在的75%。由此，电子收费系统也顺理成章地被环保机构视为理想型智能工具，摆在了重要的位置上。

现在，每个国家启用的收费方式都各不相同。在荷兰，驾驶员根据所行驶的公里数缴纳通行税。但在法国，情况就复杂得多。目前，法国人主要参照罚单的数量征收通行税。也就是说，司机一不小心就可能会荷包大出血。电子徽章不但会替他缴付罚金，还会额外追加一笔道路税。法国的这种连坐付款被公认为欧洲第一，恐怕在世界范围内也是首屈一指。从今往后，不要说什么"一不小心"，司机们为了逃过罚单恐怕连区区几千米的油门也不敢踩！最好的方法就是劝他们别再开车！可是既然如此，那还要电子徽章有什么用呢？放心！即便如此，电子徽章仍旧神通广大。且不说可以充当电子货币为手机充值，也不说公交系统或出租车上的数字存储付款，你只要走进餐馆，它就可以为你来上一杯香喷喷的咖啡和举世闻名的长棍面包。虽然至今仍有反对的声音批评这种隐形交费方式，但你不可否认它就是一种神奇的进步。连银行也丈二和尚摸不着头脑，怎么这种模式就这么受人欢迎呢？也许，人们就是喜欢明明付了钱却不用从口袋里掏出钞票的美妙感觉吧！

资料来源：

1. 法国高速公路企业协会

2. Cofiroute 公司

3. Vinci 公园管理小组

4. 飞跃技术公司

5. Toll Collect 公司

热"血"滚滚的运动员

　　谁能够想到，20世纪还是纸上谈兵的人造血液竟已横空出世，并将竞技体育界搅得天翻地覆！随着这种合成血液的成功上市，运动员们一路高奏凯歌，誓将前人的纪录逐一打破！

　　有的人说："这多多少少会刺激到现在的竞技体育成绩，为它带来提高。"有的人则认为："人类在诱惑面前究竟是顽强抵抗还是俯首称臣，答案马上就要揭晓了。"各执己见，众说纷纭。其实，早在下届魁北克奥组委宣布承认人造血的合法地位时，舆论就已经炸开锅了。

　　这种被称为"人造血液"的物质最早在各大医院试用，主要是为了填补每年300万人次的献血缺口以救治病患伤员。自从医学界证实了其无毒无害且不会发生排斥作用的安全性后，人造血便一跃成为医疗消费品市场的宠儿。竞技运动员更是瞄准了这种新产品，作为他们提高成绩的踏板。就像20年前兴奋剂所扮演的角色一样，人造血在很长的一段时间内为运动界所不齿。几个在自行车计时赛中首尝"禁果"的运动员曾使得体坛一片哗然，同时也让获胜的美国人被褫夺了冠军头衔。要知道，那可是光彩夺目的奥运金牌！其实，人造血的作用原理十分简单。比赛前的几分钟如果进行输血，人体内的血红细胞含量即会猛增，从而大大提升肌肉中的含氧量。结果可想而知：自行车运动员将会得到前所未有的速度与耐力。

试想那位命运多舛的赛车手要是晚生 20 年，也就是在这个人造血已经被踢出违禁药物名单的时代，那么他兴许就能站在无限荣光的领奖台上，接受粉丝们的顶礼膜拜。从今往后，输用合成血不再是见不得人的丑事，每一滴液体都可以正大光明地流淌在运动员的血管之中。它甚至还有可能成为最受体育界青睐的能量补充剂，每时每刻都推动竞技运动向更高、更快、更强的目标冲刺。为了方便使用，人造血都被装在柔软的小布袋中出售。使用者只要将布袋夹在运动服上并将已经装好的微型针头插入静脉血管便大功告成了。简短的几个步骤将保证运动员在整个比赛过程中都有如神助。就拿高强度的马拉松比赛来说，输血后的选手会明显感觉到体内含氧量的激升，其耐力与平时相比自然也是不可同日而语。

事实上，大家只要扫一眼目前的世界纪录榜单，人造血的魔力便一目了然。长久以来，人类对自身能力极限的探究一直乐此不疲。但新型血液的诞生似乎预示着这样的探究根本毫无意义，因为这些极限在近 20 年内的攀升速度实在快得令人瞠目结舌。21 世纪初还停留在 9 秒 79 的百米短跑纪录现早已降为 6 秒钟。想当初（1900 年时），美国人贾维斯不过以 10 秒 80 的成绩迈过终点，就惹来全世界为之震动！今天，人类的短跑极限速度已经由原来的 40 km/h 跃升至 60 km/h。同样彪炳史册的还有立下赫赫战绩的马拉松运动员们。自从允许在比赛中全程输血之后，该项目的比赛成绩就一路高歌猛进。1908 年时，2 小时 55 分曾被公认为是历史性的突破。然而现在，选手们跨越 42 195 米的时间连 1 小时 50 分也不到！在血中含氧量不断提升的滚滚潮流中，自行车手们同样无法免俗。1999 年，兰斯·阿姆斯特朗的杰出表现曾让环法各赛道旁的车迷们欢欣雀跃。当时，美国人以每小时 40 千米的速度在体坛投掷了重磅炸弹。但是现在，那些黄色领骑衫们在整个路段的平均时速已经狂飙到 53 千米。20 年前车神的速度纪录不过是现在自行车运动爱好者每周在樊尚公园切磋技艺时的开胃小菜！也许你不禁会问，究竟是什么让人们对人造血液如此狂热？在这里，有一点必须说明：这项神奇发明对于竞技体育的推动只不过是它万千运用中的沧海一粟。许多年来，该物质所拯救的无数生命才是它真正值得载入史册的功勋。它的到来解决了医疗领域常年血库告急的窘迫，让病患伤员们看到了生的希望。

这种神奇物质的出现应该追溯到 20 世纪末。由于法国国内频频爆出受感染血液被胡乱输入病患体内的医疗丑闻，民众大为失望，造成献血人数一落千丈。每年，法国等待输血治疗的病患都达到 50 万之众。突如其来的打击急得各大医院直跳脚，天天向社会发布 8 000 人次的献血缺口警报。这种情况下，科学家们同样心急火燎，希望尽早发现一种既无毒无害又不会发生排异现象的物质来取代血液。十万火急中，几种临时经过同质处理且确保氧气输送的混合替代品诞生，并于第一时间被拉上手术台接受真正的考验。然而事实证明，临阵磨枪并不能妥善地解决问题。由于新的替代物质无法与人体内的血红细胞及血小板配合工作，多次的临床试验最终宣告失败。这也使得医学界一度燃起的希望之火偃旗息鼓。不过值得庆幸的是，百折不挠的挑战者总还是大有人在。匈牙利生物学家就曾提议直接从牛血中提取天然成分以合成人造血，虽然这同样是昙花一现。2003 年在斯德哥尔摩，来自卡罗林斯卡（Karolinska）医院的 8 名患者接受了由美国研究人员组织的临床试验。这一次，试验的主角是以脱水后的人体血液为原料而制造的粉末质合成血。通过观察发现，粉末血在患者体内完全不会引发排异现象，因而受到了各大科学机构的极力推崇。这确实是一项当之无愧的科技创新！首先，新型人工血的保鲜时间长达数年之久，要知道新鲜血液的保质期不过短短 42 天而已；此外，粉末质的特性使它随时随地都能大显神通，并且不受血型种类的束缚。鉴于以上各项优点，这种新产品被交通急救部门广泛运用于事故现场以及特殊紧急情况。

此外，科学家们还针对能提高氧气运送效率的化学物质进行了实验。其中，最受人瞩目的非氟化碳莫属。这种氟碳化合物能通过人工换气的注射方法大大提高血液内的含氧纯度。但是 20 世纪末，美国研究人员发现该物质可能会引发副作用并损害人体的免疫系统。后来受到家用吸尘器工作原理的启发，科学家们在氟化碳的基础上又研制出一种名为 Oxygent 的物质。它能吸收大量的氧气分子，从而有力推动氧气的运送工作。不过可惜的是，Oxygent 的有效时间仅为几个小时，根本无法满足需求。2010 年，位于加利福尼亚的各家实验室联手推出了一种改良分子结构的血红蛋白。可该研发计划却由于蛋白易诱发细菌感染血管而中途夭折。再后来，农业领域的研究使人们看到了一线希望。工作人员在种植烟草、玉米以及油菜时向植物体内导入了血红蛋白基因。收割时竟意外地发现它们的谷粒、根部也出现了与人体匹配的蛋白分子！但是，这项发现还是因为蛋白质活性过短，不能适用于人造血液的制造导致无疾而终。直到 2011 年，经过多年研究失败的经验积累，科学界终于正式对外宣布，得益于发现了足以取代血红细胞的高效载氧物质，人类成功完成了合成血液的初步探索。这种由人血制造的全新物质势必又将标志着科学界的一场新革命，并彻底改变世界上已有的医疗体系。从今往后，每个人都能够为自己准备适用的"血液"，以防将来的不时之需。2014 年，首批血液银行诞生。你只要向银行存几滴血，就能在以后随时随地要它连本带利还你整整 5 升！新鲜的血液小样会交由医疗电子库（DMP）集中整理归档，并送往专门的冷藏室妥善保管，其信息资料可以在全欧洲范围内得到共享。

2018 年，完全不借由人血制造的纯合成无毒血液闪亮登场。它的出现使曾经风光无限的血液银行也黯然失色并逐渐淡出人们的视线。这种以氟、碳为基础研制的新产品与任何血液都能完美融合，因此也消除了一直以来根深蒂固的"血型"概念，更使得 1900 年由卡尔·兰德施泰纳提出的 Rh 系统理论再无用武之地。这位诺贝尔医学奖得主最早鉴别出四大血型（即 A 型、B 型、O 型以及 AB 型），使人类对血液的使用走上了科学的道路并最终创立了免疫血液病学。难以想象，如果兰德施泰纳医生在一个多世纪后的今天亲眼目睹人类赖以生存的"红色液体"成了小布袋里的畅销商品，他会做何感想呢？总之在未来，究竟是要身体中流自己的血还是拿"冒牌血"来痛快玩一把，恐怕也是仁者见仁，智者见智吧！

资料来源：

1. 各项体育纪录：《队伍》，法新社特派记者

2. 人造血液：www.futura-sciences.com

3. 献血协会文件资料

4. DELPUECH JEAN-JACQUES，《氟化碳》，《研究》杂志，1985 年

耳朵里住着同声翻译

简直令人难以置信，本届在韩国首次召开的全球经济论坛竟然会向与会者发出这样的邀请。两千多名代表收到的请柬上都赫然印着："届时，会场将不配备任何翻译。您可以用母语畅所欲言，与其他来宾交流探讨。"请相信，这绝对不是主办方心血来潮的玩笑话，因为世界上首部装入耳朵的同传机已经诞生。

这次受邀参加首次论坛的嘉宾人手一对形如胶囊的黄色配件，看似十分奇怪。事先，他们被告知必须在开会的时候把配件塞进耳朵里。这种貌不惊人、形如海绵耳塞球的小家伙，难道是用来降低噪声的？无人能答。直到大会的序幕缓缓拉开，谜底才真正揭晓。一位演说家登上讲台，用一种几乎无人知晓的语言滔滔不绝起来。在场只有少数几个见多识广的人勉强辨别出他使用的是印尼几十种方言的其中之一。正当所有人都以为满场嘉宾会因一头雾水而面面相觑时，神奇的事情发生了。在印尼人打开话匣子短短几秒之后，黄色耳塞开始发力。它就像回声一样将发言人的演讲稿准确无误地复制下来。只不过，它所使用的是各位与会者自己的母语。

这项叫人啧啧称奇的新技术给学校中语言课程的设置打上了大大的问号。我们甚至很难想象，那些专门从事翻译的教师及工作人员，他们的命运将何去何从？不再需要学习外语，不再需要翻译资料，连一度被视为革命性突破的语言软件也会消失无影……有了最新的系统，从今往后，那些等待翻译的文件就会从你耳朵里源源不断地即时涌出。只可惜，"耳朵同传"已经风生水起，但"眼睛同传"却还没有着落。要不然，以后连笔头翻译的麻烦都可以省去了！不过，要是听了"耳朵同传"（这款产品的商用名为"吾之耳"）的开发公司老总的介绍，你便能了解单单是实现"耳朵同传"的技术就已经大费周章了。毕竟，要把世界上已知的大部分语言通通编成程序并装进能塞入耳朵的电路片里，这可绝不是一件轻而易举的小差事！

从技术层面上看，研究人员首先要克服的困难便是如何将已有的两大尖端技术成功嫁接拼装。其一就是我们常常提到的语音辨识技术。虽然人类对它的使用由来已久并且也算得上得心应手，但要真正从话筒或电话接收，并将声音信号精确地转换成整体音素却也不是一蹴而就的事情。为此，专家们特意将各种语言划分成由单词组成的一个个音位单元。光这一点就十分复杂，因为不同的语言要做区别处理：英语有四十来个单元，印度的方言有 10 个，罗多卡斯语 11 个（巴布亚新几内亚的土著语言），夏威夷土语 13 个……还有几个极端的例子，比如：南非卡拉哈利土著民的语言中，单是"XU"这一个发音，就有 141 种不同的音位，简直叫人叹为观止！

当不同的音素辨认完毕，就轮到第二项技术来显山露水了。这种技术凭借光速在数据库中飞快地扫描所有的存档字符，并进行接下去的翻译工作。一旦讲话人吐出字符，系统便会根据音位自动查找与之对应的目标语言。不过，由于语言的书面表达与口头传递有着天壤之别，因此该系统的实际运作远比上述的简短介绍来得复杂。首先，书面文字会严格遵守各种规定在字里行间注明标点符号，但口头表达则完全不受这些条条框框的约束。为了使翻译系统运行正常，这就要求说话人能在演讲中注意适时停顿。如果连喘息的时间都没有，像连珠炮似的前后发音含糊粘连，那么势必会造成系统超负荷工作，从而使目标语言的搜索受到干扰，甚至陷入瘫痪。其次，书面语言在表达时总是力求精练明了，注意避免句法错误。而口语不论在句法结构还是词汇选择方面都更显现出其自由的特点。有时候，同一个单词在不同的语境下甚至会表达出不同的含义。比如英文中的 Sympathy，既能做"同情、怜悯"解，也有"热情、大方"的意思。还有相当重要的一点同样是书面语言中不可能遇到的情况，那就是说话人吐字的力度与节奏变化。周围环境的影响、其自身的身体状况（气息是否平稳、嗓音是否沙哑）、心理状况（是紧张还是放松）都会产生不同的潜在暗示含义从而影响演讲结果。当然，这其中还没有考虑吐字不清、新编词汇、重复停顿、口头禅以及语法结构错误等对翻译设备造成的影响。最后，最不能忽视的关键就是只有人在说话时才会产生的语调问题。对于正在交流的人来说，区分语调根本不费吹灰之力。但是对于翻译机而言，情况则完全不是这样。就算有电脑智能引路，系统也无法辨别说话人的口吻究竟是感叹、惊讶还是命令，更别说其他的心理反射了。

要想在电光火石的瞬间又快又好地完成工作，翻译系统就不得不进行一系列复杂的运算操作以克服上述列出的几大难题。因为无论在哪一种语言体系下，都无法避免一音多义的麻烦局面。在书写中，这也许根本构不成大的障碍，因为单词拼写的不同会将疑惑通通拔除。比如在法语中，当我们读到"面包"（pain）这个单词，绝对不会与"松树"（pin）混淆起来（在法语中，两词发音相同）。即便遇上了一词多义，在拼写、读音完全一样的情况下，句子所处的语境也能为我们拨开迷雾。以法语单词 temps 为例，它既是逝去难追的"时间"，也是天气预报中的"气候、时节"。另外，还有与 temps 同音的昆虫"牛牤"（taon）以及副词"那时"（tant）。只要出现在书面文字中，相信这些都是一目了然的东西。再如，英文句子 John lies，你可以把它理解为"约翰是个大骗子"，也可以解释成"约翰躺着"，主要就是根据上下文来判断句子的意思。为了使翻译内容与原文能够一一对应，翻译机不仅要懂得机械转换，还必须具备分析所有语言成分的能力。因此，如果没有深厚的语法语义功底、顺畅的句型结构逻辑，或者不通晓说话人国家的民俗文化、表达习惯，那都是无法过关斩将全身而退的。

早在 20 世纪 50 年代，人们首次尝试研制自动翻译机时，上述的种种难题就已经浮出水面。因此，当时诞生的设备即使有后台信息技术的支持也只能完成简单的任务。在一些年代久远的杂志上，也许还能找到相关信息。1954 年 1 月 7 日，IBM 公司在其纽约总部向公众展出了世界上第一台"老爷"翻译机。简陋的系统只能从俄语转到英语，而且辨别出的单词满打满算也才刚凑齐 250 个。更加有趣的是，翻译内容专门集中在科学领域，原因是这样可以缩小词汇搜索范围。这部机器的诞生主要是为了方便浏览登载在苏联各大科技刊物上的文章。虽然鄙陋，却也不算一无是处，至少"老爷机"搞出来的文章能勉强凑合着看明白。而且，人们之所以觉得有趣，就是因为它"不入骨髓，只见皮毛"的翻译风格常常使人哭笑不得。

很显然，翻译机的研究由来已久。然而需要指出的是，笔译与口译是两个截然不同的概念。不论口译由人工还是机器完成，它都比单纯的笔译来得更为复杂。因为前者必须逾越一个巨大的障碍，那就是一定要如影随形地"同时工作"。原声与翻译之间一旦出现了时间上的断层，就会使工作成果大打折扣。

这也就是为什么长久以来，众多性能卓越的软件无法与专业同声译者媲美的原因。现在，语言学家与软件工程师秤不离砣的紧密合作终于开花结果，他们并肩携手在击溃无数难题之后共同笑到了终点。这也意味着人类确确实实跨上了始终被认为无法企及的技术高峰。两年来，电脑运行速度的飞升帮助智能传译机将报错率下调至原先的一半，使得新产品的商业普及成为可能。此外，该技术还有可能为移动通信的发展带去助益。专门为手机量身定做的翻译设备势必会造成现有手机市场的大换血。当然，翻译机器的适用范围还不限于此，打越洋电话订机票、查问年鉴、索取信息都能够轻而易举地办到。两国领导人之间的电视电话会谈、世界级的论坛大会、国际法庭上的唇枪舌剑……人们再也不用担心因为翻译质量而引起误解、争论。由韩国制造商推出的最新产品已经把翻译报错率降为 5%。这真是个了不起的成绩！但是，厂商踌躇满志，并不因此而沾沾自喜。他们一再表示会继续完善产品质量，争取将该数值降至 1% 以下。这样的话，再也没有哪一位口译家堪与翻译机器比高了！至于生产制造公司的高层们，他们只要高枕无忧地睡大觉，醒来数钱就行了。因为，新产品一定会在落后的偏远地区遍地开花。要知道，语言不通可是那里经济发展的最大绊脚石呢！

资料来源：

1. Arnold 博士，《关于翻译机器的简单介绍》，1994 年

2. 欧洲翻译协会

3. www.voicerecognition.com

和电线说 Bye-Bye

　　远距离移动通信可以说是20世纪最伟大的发明之一。现在，人类又将奇思妙想无限延展，希望通过电子传输彻底摆脱电缆和插座，从而实现电能的"无线"连接。与"剪不断、理还乱"的电线挥手道别吧！因为，无线电源已经悄悄走进了千家万户。

　　法国电力总公司近日宣布：考虑到随处架设的电线杆有碍观瞻、影响市容，长达一个世纪以来为民众提供服务的电缆即将被拆除并退出历史舞台。取而代之得到普及的是借助电磁波远程传输技术研制成功的无线供电网络。此话一出，立刻在消费市场上掀起了轩然大波。几周来，不论是电台还是电视，到处都充斥着无线家用设备的广告。没有"尾巴"的电视机、不带插头的立柱灯等等铺天盖地，和20世纪90年代初手机刚问世时的空前盛况不相上下。

　　今天，移动电话技术已经变得司空见惯，谁都知道它是依靠一根微型天线收发信号从而完成远距离的信息传送。但试想一下，如果这种技术原理能运用在电力配送上，那么一定会产生十分神奇的化学反应。事实上，只要是有关"电"的话题，人类向来表现得情有独钟。回想1881年在巴黎举行的万国博览会，在名为"电子精灵"的展台前竟聚集了90万来自世界各地的参观者。展台周围人头攒动，不论是站在爱迪生的灯泡、贝尔的电话还是西门子的电轨前，大家都看得如痴如醉。虽然这些科学史上的巅峰之作已深深刻入我们的心中，但围绕着"电"而不断涌现出的新发明还是会使人们眼前一亮。就比如现在，你即将见识到的是不再被电线缠绕的屋舍！听起来似乎更像异想天开，但这确确实实已经成真。各大家电卖场惊奇地说："自从微波炉与 DVD 上市以来，还从未创下过如此高的销售纪录。"看来，无线家用电器当之无愧地成为新一季的最大卖点，短短几星期内，就使营业额攀升了 12 个百分点。房产经纪人也闻风而动，毫不犹豫地把这项技术与不动产的销售结合在一起，从而进一步拓展了新品的市场范围。一位巴黎的经纪人表示，在他目前售出的产业中，有 65% 安装了无线供电系统。圣埃蒂安城里，人们在原先的工业区旧址上建起了一片崭新的"概念住宅区"。那里，鳞次栉比的高楼中都配备了无线电源接收器。电工师傅们东奔西走，马不停蹄地为住户安装设备。一位大型媒体影音连锁店的售货员回忆说："现在这种万人空巷的情景使我不禁联想起 21 世纪初人们对于因特网的疯狂。所有人都对 WiFi（一种无线网络覆盖技术）梦寐以求。因为有了它，即使你在屋子里窜来窜去，也不会影响正常联网。"正是长久以来对于生活品质的不断追求，才有了现在层出不穷的新兴技术。对此，一位社会学家娓娓道来："1923年，首个家居艺术沙龙诞生。它在现代生活方式走入千家万户的过程中扮演了至关重要的角色。"正是因为它的强力推荐，方便的熨斗、电热水器、取暖设备才会逐渐出现在人们的居室之中。而与此同时，一些传统设备也被迫离开了人们的生活。很显然，后起之秀们使家庭主妇的生活发生了翻天覆地的大变革并将无数女人从繁重的家务中解放出来。现在，每年电力能源的消费增长速度都维持在13 至 20 个百分点。电能已经渐渐褪去达官贵人们才能享用的奢侈光环，成了大众日常生活中必不可少的伴侣。随着时间的推移，原先无数个孤军奋战的电力公司（1914年，光巴黎地区就有二十多家电力公司）慢慢地合并成集团企业。半个世纪以来，借助于大型核电站以及水电大坝的修筑，电力发展更是突飞猛进。整个地球都好像被包围在一张巨大的电网之中，虽然生活比以前便捷，但美好的景观也被纵横交织的网线切割得支离破碎。因为电流必须由缆线传导，所以无可避免地要在居民区中结"蜘蛛网"。现在，电能远程传输技术的诞生为新的革命吹响了号角。从今往后，电子将通过波的形势由少数的几座中转塔传载，各种特制的家用电器，比如床头灯，会在"电波"转化成电流之前将其接收。

提到这项出类拔萃的技术，我们首先应该感谢的是国家航天研究中心（CNES）的工作人员。他们于1994年在留尼旺岛上完成了相关系统的首次试验。当时，岛上一座名为大巴赞的村庄位置十分偏僻，离城中心的市场相距好几千米。所以，该村一直到20世纪90年代也没能通上电力设备。于是，研究人员们寻思着设计一种不依赖电线杆接收电能的供应系统，当然其建造成本还不能太高。后来进一步的工作表明，新出现的技术运用并不比接地线或太阳能挡板昂贵，完全有可能走亲民路线。回头看看，那一次的试验显然为今天无线电能传输首开先例，也为以后大范围民用普及计划提供了蓝本。对所有人而言，无线电流都称得上是史无前例的杰作，就好像从科幻电影走入了现实世界。不过，杰作要真正登堂入室恐怕还需要进行适当的调整。

要使无线系统正常工作，关键要看电与波之间能否成功转换。事实上，这种技术早已运用在灯泡的制造上：玻璃管内的金属丝会在真空环境下产生超短波并对其传导。接着，从前排满电线的插座会通过内部新安装的中转器将电能转化成微波。当然工作还没有结束，为了把这些微波最终送交到各种家用电器，如台灯、电脑等，还必须有一条专门的电磁通道。一位科学家介绍说："不论是地震时威力无边的振动波还是收听音乐时唤醒耳膜的声波，它们在传递时都运载着能量。而这一点恰好可以为我们所用。"用于加热食物的微波炉正是根据这个原理来工作的。我们所使用的家庭无线电流，其实是由一种名为赫兹波的微波转化而来。它会径直传往家电上的接收天线，继而改头换面成为神通广大的电流。

和许多新兴的技术一样，无线电流的运用也并非风平浪静。几大消费者协会对微波的崛起速度十分担忧，多次向公众力陈其辐射可能给环境造成的负担。没有人会忘记当年手机普及时在全社会引发的大论战。一位孩子的母亲回忆说："21 世纪初，反对的声音此起彼伏，坚决要求政府拆除学校附近的移动信号接收线。"不过可惜的是，那些倡议不过是一纸空文。移动电话仍旧在飞速壮大的道路上勇往直前，其信号甚至还借助卫星接收器爬到了我们头顶上。同样的情况在高压电线的使用上也是似曾相识。据说，其强大的磁场曾滋扰沿线居民不得安宁。所以一直以来，民众对于无线电流的安全性都抱着将信将疑的态度。也许科学家的回答会使他们如释重负：事实上，在房间内传递的微波比太阳光线更安全。即使用户不顾说明书的要求在接收设备前驻足停留，也不会引发灼伤事故。因为，电力公司传出的民用电能数值受到相关法规的严格限制。

在这里，插播一段小趣闻：2020 年诞生的绝世发明在一个多世纪之前就已经在美国物理学家的脑海中蠢蠢欲动。要知道那可是在 1900 年，世博会上的"电子精灵"也不过刚刚进入人们的视线！当时，人们在纽约附近建起了一座高塔，希望凭借它在全球范围内实现无线电能传输的创举。今天，借助于大规模的电力发送能力，前人的计划终于在我们的时代重见天日。近期，日本科学家在海拔36 000千米的空间轨道上成功打造出一座太阳能核电站，旨在从太空收集能源并将其直接送回地面。核电站接收到的电磁波将以微波的形式返回地球，一来可以解决岛国能源紧缺，二来也避免了高能波束灼伤地表行人。

虽然现在还算不上大功告成，但在新的世纪里，人们一定会把目前在农村地区的高压电线电缆彻底拔除。还记得1999年12月的那场飓风吗？150 km/h的狂风嘶吼着呼啸而过，拦腰斩断了280根高压电线杆与22 000根中压杆。在法国，空中架设的电线绵延400 000千米。15年来，法国人单单为了电线的美观工作就耗费了450万欧元！很显然，接下去的工作重心一定是如何实现"虚拟电线"的全面普及。让我们共同来构想这幅美丽的画面：在将来的某一天，无线电流就像一缕阳光洒在千家万户的屋顶上，为人们的生活带来舒适惬意。

资料来源：

1. 国家航天研究中心（CNES）

2. 欧洲远程电能输送研发协会（协会网址：http: //membres.lycos.fr/nirrey）

3. www.industrie.gouv.fr/energie/electric/textes/se_appro.htm

甩掉方向盘的汽车驾驶

今早，世界上首条安装全自动机械向导设备的高速公路全线贯通。这意味着汽车驾驶步入了无人操作的新时代。新革命的到来，意义非同凡响。从今往后，东奔西走的司机即便甩掉方向盘，也能感受高速安全的行车快乐。

一早，A6国道沿线就已被挤得水泄不通。弗勒昂比埃市的收费匝道口前更是形成了一道人流屏障，因为在这里，首批安装智能引路仪的汽车主人们即将踏上旅程，体验不用方向盘的自动驾驶。此次的开发项目聚集了全欧洲的科研力量。为了能早日实现人在汽车驾驶过程中的"列席"，科学家们真可谓废寝忘食。他们选取各大高速公路上的几小段，尝试安装能负责引导汽车的光学轨道。太阳能高速公路上，司机朋友可以随时启动智能驾驶系统调控车辆速度。这样，他们便可以抽出身来休息一下，缓解旅途中的疲劳。人们在巴黎与里昂之间打通了一条总长为380千米的光学公路，时刻准备着甩掉方向盘。其实，关于这项技术的首批试验最早可以追溯到20世纪80年代的加利福尼亚。欧洲人在美国南部的高速公路旁架起了一条副车道，并以矮墙将它与普通路段划分开来。这件人们夜以继日赶工完成的全自动作品在外人看来，更像是一条小型铁轨。别瞧它貌不惊人，蕴藏的玄机可是非同凡响！道路的沥青中暗置着无数发射晶体管，而汽车正是依靠它们给出的信号进行行驶速度的自动调整。Rhin-Rhône 道路建筑总公司的发言人强调说："这款自动引路车之所以能上市发售，新型道路可以说是居功至伟。"这刚好解释了为什么新车研制成功那么多年却迟迟不与消费者见面，因为路还没修好。现在，随着全套光学监测系统的安装到位，弗勒昂比埃的道路匝口正式开启，向自动驾驶车敞开了怀抱。对于那些配备有智能引导仪的车辆，特设的道路自然是畅通无阻。但对于那些明明"低智商"却还想浑水摸鱼冒充智能的不速之车，道路同样为它们预留了特别出口，并对其关闭所有的通行车道从而客气地请"车"出"路"。因此，自动引导道路上呈现出的永远是井然的秩序，每一辆车都能不偏不倚地在自己的位置上悠然向前。

当然，这套系统最令人赞不绝口的还是它完美的安全性能。智能车会遵循光学路段发出的指示精确调整车速，并且能根据当时的环境、天气等因素随机应变。

在今早的路段测试中，有一辆车突然抛锚停在道路中央。说时迟，那时快，系统刚一检测到发生事故阻碍了交通，便传出信息建议其他驾驶者转入传统车道。这种随心出入的设计原本是专为那些喜欢沿途停下观赏风景的游客精心打造的，没想到在特殊情况下竟也大发神威。

听了这套系统的神通广大，你一定会认为它的运行原理十分复杂，其实不然。说到底，它不过是借助了一种光学辨识技术才会法力无边。而这种技术早已经运用在公交运输中，比如 2001 年在鲁昂开通的 Civis 有轨电车，它就是依靠埋入地下的光学带行驶的。值得一提的是，在 Civis 整整 20 年的运行过程中，从没有发生过一起交通事故。

现在，人们要做的事情正是把老技术重新运用到汽车上去。为了成功地做到这一点，必须符合两个条件：其一，全球的汽车制造商要达成一致，参照欧盟现行的公路网络制定国际统一的行业标准；并且，要想办法以尽可能低的成本在传统公路沿线建造自动引导车道。目前，类似的协议已经初具雏形。软件供应商们也同意在价格方面做出让步以全面推进新车的商业化。其二，要完善辅助的紧急求助系统。10 年来，由科菲（Cofiroute）道路公司安装在巴黎至各大沿海城市的预警设备已经逐渐显现出威力。侦测到任何风吹草动，SOS 无线电标都会在第一时间发出警报信号。这样，沿途突然抛锚的汽车就能及时获得支援，以避免意外事故的发生。

说实话，人类在自动导航车的开发过程中走过不少弯路。作为该研究项目的领路者，美国人很久以前就已经在加州的道路上进行相关试验了。可惜的是，兴师动众得出的成果仍旧差强人意。如此一来，山姆大叔被迫于 2000 年初中断了一切与新车有关的研究活动。

在欧洲，前行的路途显然要平坦得多。由道路安全保障机构策划并由法国国家科学研究中心（CNRS）负责开展的"预见"计划一直以来都顺风顺水。依靠各大高校为研究平台，众多知名的科学专家、技术人员聚集在一起精诚合作，为了达成全欧洲的统一标准全力以赴。截止到 2001 年，法国工程师们已经成功开发出在全欧洲范围内适用的移动信息系统。正是得益于工作人员不断地推陈出新，人机交换的技术才能在 21 世纪初接二连三获得突破性的进展。专家们不仅从飞机模型的工程学原理中找到了灵感，还向媒体公开了首批设计草图。紧接着 2003 年，新发起的 ARCOS 计划将目光锁定在老年人身上，希望为他们打造一款帮助驾驶的操作系统。该项目的总工程师介绍说："对于我们而言，没有什么比预测风险和排除事故来得更重要。"这位资深学者 20 年前就在克莱蒙-费朗大学发表过同主题的学术论文，名噪一时。踩着前人辉煌的足迹，后起之秀们也不甘示弱，马不停蹄地转入 PAROTO 计划的研究中。这是真正意义上的防撞击系统，安装了智能探测器、雷达以及红外摄像仪，能精确捕捉每一个错误的驾驶操作。日本汽车业巨头尼桑公司于 2002 年率先推出了拥有侧控装置的新产品。这款智能巡航车的主人在系统软件的辅助下，真的可以松开方向盘与踏板，轻松享受名副其实的"巡航"速度。2008 年，加利福尼亚州的圣迭戈有幸成为全美境内第一个参与新技术试验的地区。出人意料的是，新系统最大的受益者竟然是卡车。后者不断飞升的数量以及在运输业中举足轻重的地位都为这场革命的到来注入了决定性的推动力，同时也在第一时间为它打上了"重量级"的烙印。从那之后，自动导航卡车便在高速公路上潇洒地飞驰，而日益饱和的交通也如释重负。能取得如此喜人的成绩，美国的"通途"计划功不可没。它整合了包括拜克雷大学在内多家研究机构的力量，麾下更是人才济济。不得不提的就是该项目的主要负责人——米歇尔·佩朗。作为美国自动信息研究所（INRIA）的工作人员，早在 1991 年时他就有了全自动导航驾驶的想法。没有人可以否认这位领路人的先见之明。在 2003 年的访谈中，他说："司机们应该意识到，驾车过程中依靠的不仅仅是双手。当脚踏刹车时，新系统会发出一系列的指令。它们息息相关，配合工作，第一步就是确保所有的车轮已经停止转动。此外，系统在控制车辆方向上也有两把刷子，尤其是在侦察到异常情况时，它甚至能自动为驾车者安排向左转还是向右转。这也就意味着，新诞生的技术能像人脑一样辨别路况，判断方向。如果遇到乍起的狂风使汽车偏离正确的车道，电子发动机甚至能帮助车主回归

'正轨'。"

从人类脑海中第一次闪现智能引导车的概念到今天完美作品在公路上风驰电掣,我们整整等待了 30 年的时间。如果法国汽车业的巨匠安德烈·雪铁龙仍旧在世,那么恐怕他也只有瞠目结舌的份了!虽然这位创意先锋在方向盘下安装了拉杆并以此控制信号灯的开关,大大提升了车辆的智能水平,但要他设想一款智商堪与人脑比高的汽车,只怕也确实难为了他老人家。还记得 20 世纪中叶的著名诗人夏尔·特雷奈吗?没错,就是他在 7 号国道上诗兴大发,边驾驶边歌颂美好的新车:"多么神奇的道路之行!你可曾见识巴黎的无垠?别再流连不知归途,因为它已成为狭小的树林。"2021年必将成为汽车制造史上的一座里程碑,因为它标志着驾驶技术从机械向智能的转型。在很长的一段时间里,我们不得不对着混乱的交通状况感叹自己无能为力。运输业的急速发展与道路空间的供不应求似乎势成水火,不可调和;车道上轻型轿车与重量级卡车互不相让,着实成为事故频发的罪魁祸首。

对此,各国均痛下决心,希望从根本上把问题解决。德国人率先行动,计划于明年正式启动世界上第一条智能引导车道,并于2040 年全线贯通柏林到巴黎的高速自动公路,以方便欧盟内部各国的往来运输。再加上汽车内无线上网的技术日臻成熟,司机们一边下载信息、一边照顾驾驶速度似乎也并非遥不可及的奢望。接下来,人类又会创造出什么奇迹呢?科学家们早已经展开想象,踏上征程。也许工程师们会弄出一辆时速高达 200 km/h 却毫无安全隐患的"猎豹"。这样,从巴黎到尼斯就只要短短几小时。也许更绝,设计一列"四轮火车",车厢一节连着一节,借助空气动力学的原理,为车主们节省 20% 的能耗!也许,有更多更美好的"也许"等

甩掉方向盘的汽车驾驶

着我们……

资料来源：

1. Berkeley 大学，"通途"计划

2. 美国自动信息研究所（INRIA）

3. 法国道路桥梁工程实验中心

4. 米歇尔·佩朗，"自动公路"计划（INRIA）

遨游蓝天的五星饭店

纵然体积再大，恐怕也没有谁胆敢在空客 A380 面前班门弄斧。现在，庞大的空客家族中又再添生力军，名为"空中客栈"的最新款 A380 飞机闪亮登场。相信舒适度堪与五星饭店媲美的它必定会在高空中带给人们耳目一新的感官体验。虽然大家翘首企盼的航空旅游时代还没有到来，但这架足以领袖群伦的新杰一定会为整个行业带来新的气象。

70 米的身高，所以不得不承认它很壮；556 吨的体重，所以不得不感叹它很沉；80 米长的巨大规模与整整 15 000 千米的飞行距离，这一串串不可思议的数字都叫人难忘。几十年来，空客 A380 当之无愧是飞机中的泰山北斗。它的神奇还不仅仅在于"大"，更在于超远程的飞行能力。从新加坡到澳大利亚，对它而言不过是小菜一碟。正因为如此，A380 开通的巴黎—悉尼直航业务成了现在法国人前往澳洲的首选。能有幸登上超大引擎发动的飞机的确是一件令人终生难忘的事情。如果说过去波音 747 客机起飞时的不稳定会吓得乘客们一身冷汗，那么现在的空中客车则完全没有这样的顾虑。对于庞然大物 A380，起飞跑道的总长至少要达到 3 350 米。绝大多数的乘客，尤其是好奇的孩子们也许不禁会问："究竟大块头要狂奔到什么地方才肯飞起来？"但是，几乎没有人知道即便"大块头"真的傻奔 100 千米，整架飞机耗费的燃油也不过 3 升而已。

因此 A380 可以自豪地说，它的环保性能远胜于依靠柴油机发动的民用小汽车！

2006 年，能容纳 555 名旅客的普通型空中客车投入使用，对于当时普遍只有 300 个座位的飞机而言，A380 充满了王者之风。它不仅满足了空中飞行每年 5% 的递增需求，还为整个行业的发展设下了风向标。2022 年，每千米飞行旅客的数量较世纪初整整增长了一倍！期间，人们甚至采用统一座位标准的方法，将飞机容量扩充至 840 人以满足旅行社的要求。数以万计的中国旅客出于对西方文化的喜爱，尤其是对浪漫法国的憧憬，成为大型空客最忠实的使用者。紧随其后的还有韩国、马来西亚以及泰国。但是，随着人流量的增加，原先意想不到的问题也渐渐浮出水面。除了要妥善安排好超大飞机上的空间布局，如何高效管理等候的队伍也叫人伤透了脑筋。由于人数实在太多，常常造成旅客飞行时间只需要短短 2 个小时，但登记候机却耗去 5 个小时的尴尬局面。只有头等商务舱的客人才享有延迟登记的特权，并且可以通过专门为他们预留的红毯小道轻松上机。

多年来，不少航空公司都在实战中汲取了经验教训。他们清楚地知道，不论哪一架飞机被排在 A380 之后起飞，都不得不延迟至少 5 分钟升空。因为大块头助跑后留下的尾涡会造成空气对流不稳定，严重干扰下一班机的正常助跑。所以，几乎所有的机场调度塔都必须在 A380 升空后收拾由于下班飞机延误而留下的烂摊子。许多人一直在追问："为什么不干脆禁止 A380 继续使用？就像当初拒绝超音速协和客机一样赶走'空客'不就好了吗？"确实，风光无限的大块头早就应该做好承受责难的准备。

16 年来，空中客车从未停下创新的步伐。现在，该家族大胆推出新成员"空中客栈",势必又将引来业界不小的震动。新型客机减少了乘客座位（只有 350 座），尽最大的可能性腾出空间以提高舒适度。想一个人坐得舒舒服服，不再与邻座抢地方的乘客就要美梦成真了。他甚至可以登录网站查询舱内座位布局，预定自己最中意的位子。

很显然，这样的航班服务绝对物超所值，因此座位也是供不应求。和许多闻名遐迩的豪华酒店一样，你要是动作慢了半拍就等于白白错失了机会。所以还是要先下手为强啊！更加值得高兴的是从去年开始，罗西专用通道的修缮工程已经基本完成。从今往后，搭乘高速地铁环法兰西岛游览的时间缩为短短几分钟。即便是家住城郊的居民，也可以省去自己开车或拦出租的麻烦轻松上路。忘记世纪初时还在困扰我们父母的出行难题吧！在未来的生活中，铁道运输会成为交通系统中当之无愧的主力军，而从前频频爆发的罢工运动也会从我们的视线中彻底消失。此外，环城建造的高速地铁将借助于 24 小时高清监控仪为旅客创造一个安全无忧的乘车环境。当然，地面上的一切改善都是为了呼应全新的 A380 飞机的投入使用。前不久，一个专为搭乘 A380 班机而打造的地铁站落成通车。乘客们在地铁站内同样能够预订或修改机票信息，因为站内的屏幕上会定时更新各航班的起降时间——这也是电子票务问世以来，相关技术取得的又一大突破。

接下来的问题就是如何高效快速地通过海关检查。光学仪器能自动辨识护照真伪并通过智能监测系统盖上数码印章——这些先进的技术在保证不让犯罪分子有机可乘的情况下更加快了原本繁琐冗长的通关手续。

一旦登上飞机，舒适度简直是无与伦比。宽敞柔软的座椅周围整齐地摆放着任何你想要的设备：存有 200 部电影的海量点播屏幕、充气式腰椎按摩仪、存放各式饮料的保鲜冰箱还有净化空气的负离子系统……不论何时，你都可以通过电子定位系统找到最近的乘务人员寻求帮助。这些所谓的"航班服务"即便在五星级饭店的"客房服务"面前也是毫不逊色。高强度的飞行中，你可以随时做个颈部按摩放松身体。当然，全程连线的网络及电话通信服务也十分值得称道。很会享受的美国人除了对以上的服务照单全收，还别出心裁地在 A380 上建起了运动场并同时安上 SPA 浴缸。

随着普通航线的热销，航空公司又乘胜追击推出了专为新婚夫妇而设的"柔情月光"航班。虽然一次 A380"空中客栈"的蜜月包机服务售价高达 1 万欧元，但算起来还是要比一般航线的商务包机划算。因此眼下，新开发的业务已经成了所有新婚燕尔的男女最梦寐以求的礼物。它甚至把曾经一度炙手可热的豪华饭店蜜月游远远甩在了身后。

既然打的是饭店牌，自然会想方设法营造出客房的氛围。A380 上的每一张座位都能够展开，短短几秒就变身成为豪华大床。乘客们可以申领一套羽绒盖被、睡衣以及布拖鞋——这些可是从前只能在头等舱才看得到的宝贝！还有专业耳机品牌提供的降噪头罩，它能够针对噪声并产生与之相逆的声波从而使你安然入睡。比起以前那些可笑的棉花耳塞，孰优孰劣简直一目了然！绝大多数的乘客都会买下自己曾使用过的头罩，以资纪念。要知道，那可是海拔 10 万米的高空中享受五星级饭店服务的证明。不论是轻柔的按摩还是舒缓的香薰，总之机上的一切设施都是为了让乘客能拥有最高质量的休息以及最舒心的旅程。为此，航空公司甚至不惜血本，花重金聘请知名疗养顾问为乘客们提供专业指导意见。顾问们人手一台迷你电脑，会根据乘客的年龄、体形以及行程距离等情况为他量身打造一套作息时间表。遇到贪睡的乘客也没有关系，降噪头罩会自动奏出轻快的音乐提醒他赶快走出梦乡。起床后，乘客可以直接去泡个澡或冲个凉。当然，还有热腾腾的奶茶、咖啡以及刚刚出炉的羊角包等着他。

不断追求卓越服务品质的理念使得 A380"空中客栈"当之无愧成为民用航空市场上的王者。许多航线的策划者已经将目光牢牢锁定在"会飞的五星级饭店"之上，希望围绕它推出一些更独特的创意服务。从明年开始，有意举办海外研讨会或学术交流活动的公司企业可以预订 A380 包机项目。也许在不久的将来，某位摇滚巨星可以在海拔 10 万米的高空举办他的个人世界"巡回"演唱会！曾经饱受指责的航空业终于拨云散雾，得见天日！相信它会像空客 A380 一样，飞得更高也飞得更好！

资料来源：

1. 欧洲空中客车公司：www.airbus.com

欧盟科技第一强国——瑞士

能相信吗？瑞士要加入欧盟大家庭了！作为尖端技术业的新锐，钟表王国在不久的将来便会取印度而代之并真正成为科学界的王者。让历史铭记这一天吧！印有白色十字架的旗帜在欧盟上空迎风飘扬！

20世纪70年代，美国人精心打造出属于自己的硅谷。印度也不甘示弱，于2000年建起了世界上最大的科研专项基地。现在，终于轮到瑞士奋起直追了。作为整个欧洲的中心，钟表王国向来以其得天独厚的地理优势散发着无穷的魅力。在无数跨国集团纷纷选择让自己的研发中心落户瑞士之后，该国的专利注册数呈现出无比强劲的增长势头。20年来，众多知名的瑞士企业，比如雀巢、罗氏、瑞士人寿、斯沃琪等都一直在为这个变化推波助澜。看到这些公司身先士卒，其他大型的欧洲企业也跃跃欲试。尤其是2004年之后，德国倡导在全欧洲范围内统一施行优惠的税收制度以鼓励欧洲公司的跨国投资，更引得各行各业的翘楚向着黄金宝地——瑞士蜂拥而去。

就像香港是"血拼"狂人的必经之地，对于技术人员而言，瑞士同样是不能不去的科研重镇。从今往后，即使把它称为汇集了所有尖端技术的堡垒恐怕也不为过。得益于它的活跃表现，近20年来，欧洲吸引到的全球研发投资份额已经从27%蹿升至31%。反观美国，从 33% 下降为 30%，拱手让出了世界第一的宝座。作为微电子、医疗、药学研究等领域的专家，瑞士对于吸引科研工作者早已是驾轻就熟。从日内瓦一直到巴塞尔密密麻麻地布满了各种实验室，使得这一带成为世界上研究机构最密集的地区。欧洲专利局的高官肯定地说："自 1987 年以来，瑞士境内的专利注册数每年都呈现出稳定的增长。20 世纪初，我们才刚从 1 699 项专利猛升至 2 326 项。而今天，这个数字已经突破了 4 000 大关。"事实上，这样的变化并非人们一时之间的心血来潮。你只要回顾一下历史便会发现，早在 1901 年爱因斯坦在伯尔尼专利局工作时就已经为今天的发展埋下了种子。

现在，拥有如此强大的科研力量，瑞士不得不考虑在欧盟中取得一席之位。在最近的一次国内公投中，这个想法成为现实。同时也标志着 700 万瑞士人将彻底摆脱现在中立国公民的身份，投身到欧盟大家庭中。然而谁能想到，瑞士人一开始时对加入欧盟这项提议表现得是心不甘情不愿。对于一个高度民主的自由国家，其中的 26 个行政区独立得就好像 26 个不同的政府。因此在他们看来，集体进入欧盟的框架中似乎是一场风险极大的赌博。但最终究竟是什么使瑞士人痛下决心？长期以来形同虚设的联邦政府可谓"功不可没"。这个一直被称为"傀儡"的机构在 21 世纪初忽然花招频出，从碌碌无为成功转型为败事有余。据统计，瑞士国内的经济增长已经跌破 1%，比其他的欧盟邻国整整低了 1.8 个百分点。在经济走下坡路的巨大压力下，瑞士人决定专攻医药工业的研究并把巴塞尔打造成全欧洲的制药中心。10 年来，日内瓦、苏黎世和伯尔尼三所大学倾力合作，取得了辉煌的学术成绩。连美国与中国也不得不甘拜下风，把紧拽在手中多年的研究金牌双手奉上。然而，单一的产业根本无法扭转大局。疲软的经济使得瑞士货币在强势的欧元面前举步维艰。瑞士各家银行多年敛聚的财富在顷刻间灰飞烟灭，使得联邦内最富有的行政区也感到寝食难安。

面对在野党排山倒海的攻击与国内民众的不信任危机，布鲁塞尔当局决定于2020年全面抬高瑞士商品的出口关税。结果怎么样呢？价格昂贵的瑞士货大量滞销。全球食品业的巨头——雀巢甚至一度萌生了将公司总部从莱芒湖畔的沃韦迁往美国的主意。在阴霾的商业环境中，所有人似乎都丧失了摆脱困境的信心。2000年，大家眼睁睁地看着瑞士航空——国内惟一的航空公司关门歇业。这还不是最要命的，因为人们仍然寄希望于繁荣的瑞士农业为国内经济带来一线生机。可是，阿尔卑斯山的另一头却同样噩耗频传。众所周知，瑞士农民一直都享有国家70%的补贴金。若非如此，面对澳大利亚与智利农副产品的有力竞争，瑞士的瓜果蔬菜恐怕根本走不出国门。但是现在，联邦议会决定推行补贴金改革，将原有的政府援助砍去50%。这项议案对眼下危急的经济形势显然是雪上加霜。而那些辛勤劳作，每年献出百万升美酒佳酿、无数吨水果豆荚的农民，等待他们的竟然是破产！这样绝对不行，瑞士人必须改革！他们首先要做的就是抛弃令自己洋洋得意的中立国地位。不要再偏执地认为瑞士能在大国的重重包围下游刃有余，欧洲的版图上根本不需要一块可有可无的中间地带。

宁静祥和、安全有序、爱国心强……瑞士就是这样一个与生俱来拥有超凡魅力的国家。纵然标准千变万化，但每次在联合国评选的最优质国家名单上，它总能够拔得头筹。多年来，道路运输问题始终是其他国家的心病，但瑞士人却处理得井井有条：他们禁止一切重型污染汽车进入山区。虽然这一系列的法规条例略显严苛，但也没有给它进入欧盟造成任何障碍，因为众国皆首肯瑞士的运输模式堪称典范。在跨阿尔卑斯山的公路管理上，瑞士的先进理念甚至比它的邻居们超前了整整 30 年。此外瑞士还有一个亮点，那就是国内的公投制度。联邦政府总能恰到好处地安排每一个行政单位的职能，而相关的法律也会遵循一直以来的民主原则，由全民投票产生结果。这就是一个远比我们想象中更出色的瑞士。

不论之前有过多少风风雨雨，现在的瑞士确确实实已经跻身欧洲强国的行列。还记得 2000 年时瑞士人发起的吸引外资运动吗？结果不费吹灰之力便招来门客无数。一百多家外资公司纷纷将自己的决策中心迁入钟表王国，其中不乏霍尼韦尔、美敦力（Medtronic）这些业界的泰山北斗。不少经济学家甚至预言，瑞士加入欧盟对于整个欧洲来说都是一次不小的机遇。一位欧盟的前轮值主席说："它的价值无可估量，所有的西方国家都想分得一丝光彩。"他还高兴地补充道，瑞士境内已有整整一个世纪没有爆发过大罢工。在这片欧洲小国的土地上，似乎一直都笼罩着难以言喻的神秘。而它往往也是政治经济学家们研究的盲点。一位经济学教授回忆说："就在不久以前，除了日内瓦与国际奥委会执委会的所在地——洛桑，几乎没有哪一个法国人敢说真正了解瑞士。我们甚至还一直错把瑞士的罗讷河看作法国所有。"但短短几个月以来，瑞士已经吸引了全世界无数关注的目光。全球钟表制造业的第一把手——斯沃琪公司更是锦上添花。这家由尼古拉斯·海耶克于 1980 年创立的企业使祖国的美名在全世界的上空回响。

现在，瑞士更是成为时尚的代名词。印有白色十字架的 T 恤是街头一道亮丽的风景线。由雀巢公司生产的健康食品也成为年轻一族茶余饭后必不可少的东西。要说瑞士对于全球经济发展的影响，那简直称得上"小身材，大味道"。几个月来，在瑞士加入欧盟等一系列利好消息的刺激下，达沃斯、圣摩瑞茨等地的楼市价格全面飙升。饭店业也逐渐复苏，大张旗鼓地搞起改革。在某些免税交易区，资金流量足足增长了6倍，使信息系统一度陷入停滞。还有境内的瓦莱行政区，一心想跟上盐湖城的步伐主办一届奥林匹克运动会，让像辛吉斯、费德勒这样的优秀网球选手在本土奥运会上征服世界！

每天，法国投资者都会乘坐高速铁路（TGV）由瓦莱入境工作，因为8年来那里已经发展为一个成熟的免税贸易区。相比法国33%的天价进口税，这里的数字显然更加平易近人，只有22%。目前，瑞士政府正计划出台另一项招商引资的新政策，希望在境内所有的行政区都统一实行税收优惠，让更多的制造企业能以更低的成本生产出物美价廉的商品并贴上"瑞士制造"的标签。不要再轻看这个不起眼的地理小国了。从今往后，它会成长为一个真正的经济强国，让世界也为之震动！

资料来源：

1. 世界经济合作发展组织（OCDE）

2.《费加罗》报，2004年11月8日

3.《快报》，2004年11月1日

4. 欧洲统计局

电子学堂开课喽

"教授先生，和您道一声再见！您的身影将永远留在我的心间。"还记得这首20世纪传唱于街头巷尾的歌曲么？就那些对网络授课耿耿于怀的教职员工而言，这首歌似乎击痛了他们的要害。但是不管怎么说，远程教育确实已经走入了我们的生活，而且必将为那些讨厌中规中矩课堂形式的调皮鬼带来新的滋味。

以前，要是能成为哪一所学校的教师是一件极其光荣的事情。这意味着你在当地将备受尊敬，并和市长、神父一样享有某些特权。人们会把你看作有大智慧并且传递知识的圣人。然而近些年来，教师所扮演的角色不停地发生变化。尤其是自20世纪末起，如何恰当地调和学生之间的人际关系变成了一个微妙又棘手的难题。因此，社会与家长两方面都纷纷发出了质疑教师能力的声音。在绝大多数发达国家中，从前对老师的那份敬畏感已经荡然无存。这也使得教育这条职业道路布满了荆棘与风险，甚至成为职业抑郁症发病率最高的行当之一。

当下的学生越来越无法忍受看着黑板傻抄笔记的课堂模式。为了满足他们对于新式教育的期待，自2010年起专业人士决定尝试一种革命性的教育模式。在与现实生活紧密结合的前提下，新技术会以数字化的手段对传统教学内容进行补充。它最大的亮点在于能够通过手机、无线电波传输信息，为学生们提供高度自由的学习环境。总之，它的目标就是：随时随地享受教育资源。今天，著名的NTIC系统（一种新型信息通信技术，能运用数字信号传输视听文件）已经深入人心，能轻而易举地使民众接触到方方面面的知识。得益于此，成熟稳定的网络课堂才能够大行其道。越来越多的人认为，真正的知识应该既重质又重量。因此，在获取大量知识的同时又能听到讲解帮助消化简直是一件一举两得的美事。不久前，为了缓解传统课堂的教学压力，一项支持远程教育的法律在议会中表决通过。要知道在那以前，有的学校一个班甚至要挤进70名学生！

我们可以暂且把新的技术称为"电子授课"。这是一次革命！尽管它不是第一次出现在人们的视线中，尽管它已经帮助了无数长期患病而脱课的学生和因为父母工作不稳定而时常被迫转学的孩子，但这一次它回归的意义确实非同凡响。在不久的将来，它一定会让人们接受教育的方式发生重大的变革，甚至完全取代传统的教育模式。为了完美地迎接这一天的到来，技术人员们对现有的"电子授课"系统做了进一步的调整完善。现在，它能够毫无限制地直接为使用者提供电子通信服务。无论是学术论坛还是在线阅览，都能应对自如。它甚至可以自动检测与用户学术主题相关的网站，以方便学生查询。使你大跌眼镜的是，这款人性化的学习系统并不是由教育工作者发起，而是由各大公司鼎力支持的。从20世纪末开始，我们的社会便步入了崭新的经济时代，而知识也成为伴随发展的主旋律。那些担心无法融入新环境的公司白领纷纷将目光转向"终生教育"，把它当作立足于职场常胜不败的灵丹妙药。于是，系统的成人教育也蓬蓬勃勃地发展起来。某些大型集团公司更是将学习能力作为考评员工工作质量的一项重要标准。随着多媒体技术尤其是因特网的普及，电子授课真正做到了将学习者从时空的束缚中解放出来。接下来，你就能看到电子学校深深地扎根人们的生活，为教育带来新的气象。

当然，新技术的推广也经历了一波三折。没有人会忘记大批教职员工曾走上街头，一次又一次地举行示威以宣泄他们对网络学校的不满。可惜的是，单纯的传统教育很明显已经与这个时代格格不入。看着一场必败无疑却仍有人负隅顽抗的战斗总叫人心酸不已。抛开新兴技术带给人们的惊喜，这些教育工作者将何去何从确实使人揪心。对于某些人而言，日复一日眼睁睁地看着"世界上最美的职业"被数字革命逼入绝境，是绝对难以忍受的痛苦。后来经过多次试验，大家终于意识到无论电子教育系统的性能有多卓越，人的参与总是整个过程中必不可少的环节。是的！也许电子课程更为便捷充实，但总需要有一位掌握教学艺术的引路者为学习平添几分乐趣。也许通过网络，学生能直接与知名的学术大家探讨天文地理，但总无法做到像课堂中的老师那样随问随答。因此请不要忘记，在享受远程课堂获取知识的过程中，有经验的在线教师一定会助你一臂之力。

但是，围绕着这些"在线教师"，问题又出现了。长期以来，大家一直在他们的报酬上纠缠不休：工资按照什么名义给？作者的版税？根据在线时间？又或者根据教学质量？在这种情况下，谁来考评他们的工作？尤其是在无法与学生本人见面的虚拟环境下，怎么知道学习成果？

所有的这些问题，要找到答案恐怕还尚待时日。但是，千万不要看到了这些难题就以为电子学校是毒蛇猛兽，难以亲近。事实上，它确实为众多学生提供了高质量、低约束且丰富多彩的教学模式。它的出现尤其受到了大学生们的青睐，因为后者能在它的帮助下找到学习与工作的平衡点。

对于国家的财政支出而言，这项新技术的优点同样不胜枚举：大量教学楼可以另作他用，电力暖气能源大大节省，学校班车再也不会出没于上下班高峰给交通增压，甚至连国家的教育部可能也要销声匿迹了。从今往后会专门成立一个简单的秘书处，在文化部长的领导下负责跟踪教育计划的改革情况。另外，还有专业的委员小组会在全国范围内有针对性地制定教学大纲。当然，得到自由的不仅仅是学生，在线教师们同样拥有这份快乐。根据现行的体制，他们可以选择自己感兴趣的城市、村庄安家落户，然后在新的环境下开展教学活动。这样，在享受工作的同时也丰富了自己的人生阅历。

昨天还在拥挤不堪的教室里疲于应付各式各样的学生，但今天已经能借助网络从容不迫地继续工作。一方面，教育工作者为远程学习网不断补充养料；而反过来，新的形式也让他们摆脱了过去的束缚，专心在"园丁"的道路上走下去。通过超文本链接，教师甚至可以辅导学生登录其他网站，进一步强化学习内容。此外，还有别具特色的"学术论坛"板块同样大受欢迎。在那里，学生们绝对可以找回从前亲临课堂的感觉。因为他们能与自己的导师自由探讨，也能和其他同学畅所欲言。据研究显示，相对于单打独斗的死读书，这种教学相长的形式可以使知识的获取量提升整整30个百分点！毕竟主动激发兴趣比被动填鸭学习要高效得多。

现在，依靠各学科领域教师专家的协作，电子学校可以说当之无愧地成为全球教育系统的新宠。除了拥有专业的评估软件能根据不同学生的智力特点为他们量身打造适用的学习方法之外，新技术对于知识的更新速度同样令人叹为观止。实际运行中，网络的工作效率会在模拟工具的帮助下进一步提高。它甚至可以为学生创造出实验室环境与远程实践操作的机会。最后就是学生们最关心的考试问题。在电子学校的体系下，学生可以自由地选择考试时间。但只有在所选课程全部通过之后，该生的成绩才会被认可。至于老式的文凭证书，全都是土得掉渣的过时货。新的学校会给每一位合格的学生贴上标签，以资鼓励。总之，以后连《教授，再见》这首歌也不会有人唱了。估计大家都会哼着"是谁的馊主意，竟把学校立"的调子在屏幕前"上学"了吧!

资料来源:

1. 教育新技术研究会（鲁昂，2002 年）

2. 欧洲委员会，文化教育处

3. www.astd.org；www.teletrain.com

空中的士——小身材，大力量

　　人类对于空中飞行的狂热向来是如痴如醉。不久前，世界上首家空中出租"车"公司挂牌成立。庞然大物们的光彩在轻巧的迷你喷气式飞机前恐怕很快就要土崩瓦解，因为后者正以迅雷不及掩耳之势迎头赶上。只要点头招手，出租飞机便会随叫随到。就乘着这为所有人张开的机翼，凌驾于云端之上吧！

　　只给一把花生米、将就着一杯白开水的经济航班——让这种噩梦似的飞行见鬼去吧！多年来，乘客们一直强忍着舱位供不应求的紧张、无休无止的检查以及差劲寒酸的机上餐盒。现在他们再也无法承受这一切，纷纷投向出租飞机公司的怀抱，希望从今往后借由它的翅膀遨游蓝天。随着空中出租车迅猛的发展势头，原先由大型客机独霸的市场份额渐渐发生了变化。向来自视甚高把机票价格抬上天的大型航空公司也不得不对出租飞机的来势汹汹做出反击，接二连三地降价促销。可惜的是，这已经回天乏术。乘客们对航空公司动辄延误几小时的作风早已失望透顶，大型企业也厌倦了扔大笔钞票预订商务舱在欧洲小国之间跳来跳去的做法。因此，现在所有人都把目光投向了随叫随到的出租飞机。而后者也不负众望，甚至能提供远至中国、巴西这样的长距离飞行服务。这种新的模式尤其受到商人们的青睐，因为他们可以免去中途转机的麻烦直飞投资地。机上的设备能精确地满足他们的要求而他们也能事先通过网络核算交通成本，甚至预订一条为自己量身订制的飞行路线。

出租飞机最大的优点就是便捷。一方面，它的起降设备几乎可以在任何机场升空；另一方面，它能够在乘客指定的地点附近降落。这种新型飞机可以在全欧境内 1 200 个机场着陆停靠，光法国就有 170 个可用机场。此外，它还会为乘客提供往返飞行服务。你只要通过手机直接连线机长就能得知航班最晚的返程时间。当然，你也可以提前预订，安心办完事情之后呼叫出租飞机。更加值得一提的是，随着新兴业务的日益壮大，对应的地面服务质量也大踏步前进。现在，乘客离机后可以搭乘机场专供的运载大巴从布尔热（Bourget）或 Toussus-le-Nobel 机场抄近道直驶巴黎，大大节省了陆上耗费的时间。

别看现在空中出租车的生意红红火火，就在前几年，这种包机形式还被看作是总裁、董事们的奢侈特权。对于绝大多数的普通老百姓，除了传统客机别无选择。这就意味着他们必须忍受疲劳的折磨：在飞机着陆前，旅程总是看似漫漫无止境；如果想提前预订座位，就必须将行程推迟几天；登记行李、取登机牌，都得乖乖在长队中傻等；即便跋山涉水历经关卡检查，你还要有力气挤上机场巴士；纵然有幸踏入机舱，映入眼帘的也只有座位号乱成一团，人满为患的狼藉场面；至于行李房，更是塞得水泄不通；比这还糟的是，一想到下机后没有出租车愿意接受银行卡付账，你恐怕连继续飞行的心情也荡然无存。总而言之，那就是噩梦一场！出租飞机的出现将乘客们从梦魇中彻底解放出来！千万不要忘记它便捷的乘登方式：飞机停靠的地方离候机大楼才十来米远；就像在国外机场经常能看到的一样，乘客们不用再借助伸缩旋梯，直接扶着金属台阶也能进入机舱；与此同时，行李会被自动带入飞机的底座仓库。

　　至于大众普遍关心的价格问题，已经享受过空中出租车的乘客们早为大家算好了账。一位精打细算的生意人强调说："如果从巴黎到巴塞罗那的机票一直能像这样维持在 600 欧元，我不禁想问，为什么不早一点推广出租飞机？"确实，需求量的不断上升为价格下降埋下了伏笔。而因特网内的机票交易更为这项业务的发展推波助澜。我们甚至可以看到交易市场上推出了某些座位的全年套票销售。精明的经销商也会根据机票的出售情况选择飞机类型，这样一来就能高效利用空间，保证机上空无一"座"。作为全球空中出租车的信息枢纽，出租飞机网正在调试一种新型会员卡。顾客可以在卡内预订飞行时间，这样不但能合理安排行程，还能在每次往返登机后积分换取礼品。包机服务究竟有没有为广大乘客带来实惠呢？答案是肯定的。尤其是多人包机，交通成本的优势就更加显而易见。出租飞机公司的一位股东向我们解释说："在开办业务之初，我们就意识到它既会为消费者的利益着想，也能让我们日进斗金。"只要飞机一直在天上，就能为两方带来好处。一位技术人员补充道："虽然新式飞机对于技术保养的要求十分苛刻，无形中抬高了成本，但只要停靠的国家手下留情，盈利仍旧相当可观。比如在印度，情况就十分喜人。"

　　随着众多网站进一步加强宣传攻势，随心呼叫的空中出租车被越来越多的家庭所熟知。而这些习惯了传统大客机的家庭正是新兴业务所追逐的市场目标。我们以一个十口之家为例——父母双亲带着 8 个孩子。在以前，像这样的人家几乎没有可能同时搭机，因为高昂的票价常常使之望而却步。他们惟一的选择只有分批旅行或者搭不同航班。而现在，出租飞机解决了所有的后顾之忧。在布尔热机场，气氛总是像节日般欢快轻松，乘客们的行程往往由参观航天航空博物馆打头阵。馆内，从最早的飞行器到最卖座的飞机型号〔像协和、隼 7X（Falcon7X）以及庞然大物空客 A380〕可谓应有尽有。接着在出租公司的引导下，乘客们可以直接乘上预定的小型机场巴士并尽情享用纯正的咖啡和法式羊角包。甩掉从前紧绷的神经，让一切从容不迫吧！如果是家庭旅行，父亲甚至可以把团体票分发给孩子们，让他们自己搞定简单快捷的登机手续。乘客们能直接进入安检通道，等候检查。一旦放行的绿灯亮起，他们就可以登上 10 人座的机舱，离候机楼不过一步之遥。软毯、皮椅、迷你吧台……舒适度将像飞机升空一样直冲云霄！这些还不是最值得称道的。坐在飞机里，你甚至可以打开家庭影院、高速上网冲浪或者直接跑去洗澡凉快一把。如果飞行目的地远在国外，系统会根据实际情况安排中途停靠站以方便乘客休息。空中出租车的表现之所以如此杰出，主要是因为它系出名门。新式飞机隶属于 20 年前名噪一时的"隼"系列，现在更在安全性能上作了修缮。如果工程师疏忽了在启程前的例行检查，电子飞行记录就会阻止飞机升空。

起飞的时刻即将来临，快去看一下 10 口之家的"飞之初体验"吧！他们个个心满意足地靠在座位上，感受着机上舒缓柔和的氛围。漂亮的空姐轻声朗读安全注意事项，接着就来到他们中间演示多媒体设备的操作程序。"隼"缓缓升空，窗外原本宏伟的法兰西体育场在乘客的眼中越变越小。孩子们总是对新奇的事物垂涎欲滴，很快他们便吵着要参观驾驶室。对于这些要求，空姐都详细地做好记录。飞机一旦进入正常飞行轨道，机长便会邀请乘客参观他的天地。在舱室门口，两名全副武装的士兵把守重地——这一幕恐怕在普通航班上是无法想象的。大门开启，孩子们立刻被眼前的电子设备与声控命令装置深深吸引。而作为一家之主，父亲现在正忙得不亦乐乎，骄傲地与亲朋好友们分享着价廉物美的豪华飞行。他告诉我们选择新式飞机的前因后果："我是无意中在因特网上发现了梦寐以求的'隼'。通过3D视频，我可以自己判断小家伙的舒适度与内部构造的合理性。此外，网站还一并提供飞机组件的名称、照片与性能参数，简直太方便了！"这里，再也没有难以下咽的餐盒，乘客们也不会被行李箱上乱七八糟的标签弄得一头雾水。总之，新的旅程已经开始，让我们共同迎接这划时代的飞行方式。

根据DMS的预测，迷你出租飞机的前途将无可限量。这家高瞻远瞩的美国机构早在21世纪初就预言了飞行行业内的市场变革，力陈出租包机将不再是百万富豪们的专宠；而且，新业务的增长潜力将以每年10%的速度递增。没有人可以否认它的正确性——欧洲最早成为"隼"发展的根据地。厌倦了无休无止的长队，繁琐缠人的安检以及航班取消后候机厅内的彻夜难眠，旅客们纷纷转投阵营。空中出租车以其独特的魅力告诉世人："小身材，大力量！"

资料来源：

1. DMS：www.forecast1.com

2. www.dassault.fr；www.jet-prive.fr；www.firsthebergement.com

3. 迷你喷气飞机：www.netjets.com

纯平屏幕，再见

新式二极管发光屏幕（又称 OLED）的出现可以说又是科学技术史上的一大突破，它的普及使传统的纯平屏幕（LCD）逐渐退出人们的视线。前者轻薄如纸，新品刚一上市便引起了不小的轰动。有的商家甚至把 OLED 改装成布帘用作室内照明工具，同样供不应求。

从今往后，商场里还会不会有传统电视机的一席之地？法国零售业总工会忧心忡忡地提出了这个问题。随着发光屏幕的大举入侵，以前由纯平电视独领风骚的柜台前冷冷清清。因此，家电业的老板们也纷纷将目光聚集到 OLED 这只"会下金蛋的鸡"身上。不得不承认，新型发光屏幕确实有过人之处。它柔软纤薄、不占地方，甚至能粘贴在柱子上展示销售。一位刚接手新产品推销的工作人员说道："事实上相比于台式机，新品在图像接收方面并不占优势。但是只要它的价钱合理，消费者还是会趋之若鹜。毕竟这是一项新技术，你得相信喜新厌旧是人之常情！"就外观设计而言，所有的发光屏几乎都长得一模一样，只是在尺寸上各有不同。短短几个月内，新上市的后起之秀已经把它的前辈——晶体纯平屏幕逼入绝境。后者在诞生之初，就曾由于令人咋舌的天价吓得顾客们望而却步。虽然近些年来，它的消费税一降再降，有的商家甚至打出让利 50% 的广告进行促销，但"老大哥"的门前依旧乏人问津。究其原因，主要还得归咎于它庞大的体形与晃眼的模样。看看城市中的普通家庭，绝大多数的住房都算不上宽敞，这就意味着他们无法腾出太多的地方留给电视机。同样的，留给家用信息设备的空间也会一减再减。新式发光屏的适时出现为这些家庭带来了福音。它轻小纤薄，既可以悬挂在客厅墙上，也能粘贴在窗帘表面，完全不碍眼。从前由笨重电脑屏显示的影像资料现在可以安心无忧地交给OLED。商家正是瞄准了"两千分之一毫米"的巨大市场潜力，第一时间在柜台吹响了新品全面上市的号角。

"在消费者选择新技术的同时，也意味着他们将彻底摆脱又丑又笨的机器和纠缠不清的电线。"经验丰富的售货员一边从柜台中抽出一"张"形如塑料胶片的发光屏幕，一边向我们介绍说，"还记得20年前吗？电脑、电视机刚一问世便占据了人们家中的半壁江山，它们在很长的一段时间里都被公认为社会发展的标志性产物。但是现在，改朝换代的日子来临了！"从今往后在新兴的光学技术面前，即使是20世纪风光无限的电视机恐怕也会黯然失色。在西门子德国实验室，工作人员们见证了多年来为了研制出超轻超薄的OLED所花费的每一滴心血与汗水。关于新技术的原理，科学家们简单地解释道："发光屏魔力的秘密藏在多色塑料半导体中。这种高分子材料由双碳分子固定的苯环聚合而成，带有红、蓝、绿三原色。"当然在实际生产过程中，步骤要复杂得多。作为发光屏的主要元件，超薄胶片成品前必须在表面以2至5代的低压电镀上一层激活电子。等到正常工作时，电子层就会散发出柔和璀璨的光芒，令人难以置信。更绝的是，OLED带有负极电流，由柔软的特殊合金发出，一旦来到塑料胶片表层便会自动汽化。因此，这种能调和出各种色彩并在墙面、天花板上映射图影的薄片同样可以成为室内优质的照明设备。有了 OLED，还要老式液晶屏做什么？笨重、昂贵、制造难度高，早就该被潮流淘汰了！

现在，我们来看一看世界上最早的发光屏，它由美国爱普森公司于 2004 年在东京研制成功。诞生之初，新生儿足足有 1 米长！要知道，巨型屏幕可是造价不菲，动用了世界上最大的发光二极管制造而成。爱普森在研发之初便瞄准了新技术将为公司带来丰厚的收益，而事实上，OLED 也确实不负众望。随着发光材料性能的日益完善加上生产成本的不断降低，新型屏幕俨然成为消费市场上的佼佼者。一位技术人员自豪地说："产品最令人称奇的地方要数它透射出的光芒，温暖而又柔和，就像阳光倾洒在人们的身上。"既然性能如此优越，自然会被广泛运用。在不少公司的驻地，没有窗户的办公室对 OLED 特别青睐有加。只要在墙上悬挂两块发光屏，柔和多彩的光线便会四散开来，连电灯都不再有用武之地。如果双手轻轻掠过发光二极管，图影资料就会即刻显现，而墙壁也同时变成了天然屏幕。这项技术对于职场会议来说可谓再理想不过了。无需再担心不合时宜的幻灯片会出来搅局，演讲者可以随心所欲地分析大纲以及图表。在老百姓家中，OLED 同样可以大显神通，悬挂在墙壁上的屏幕好似一幅艺术画。前些年发明的无线电流及影像资料的传输技术都与 OLED 配合得天衣无缝，使消费者真正摆脱了缠人的电线，为居室的美观增光添彩。目前市面上销售的发光屏幕尺寸齐全，最大的长达 2.5 米，能与影院媲美！我们不禁想说，20 年前的父辈们恐怕做梦也想不到能直接在家里体验电影院的声像震撼吧！

当然，发光材料既能做成庞然大物，也能摇身一变装进口袋。看看时下年轻一族手掌上捧的都是什么宝贝？对了，正是附有

OLED 屏幕的"秘密武器"（亦称"迷你卡片"）。第一张贴有发光屏的迷你卡片是由 CeBIT 公司率先研发上市的。受到这个奇思妙想的启发，人们将自己银行账户的数据直接连线到信用卡上，随时查看。得益于耀眼的新技术，掌上电脑也开始了前所未有的大变身。"掌上电脑、移动电话、汽车表盘、飞机驾驶舱以及航海系统，只要涉及屏幕的应用，通通会在 OLED 的推动下彻底换血。"一位专门从事信息技术研究的科学家肯定地说，"新技术将亲手为传统的等离子或纯平屏幕时代画上句号，同时也宣告着布拉恩于 1896 年发明的电子显像管寿终正寝。"

作为显像技术大革命的领路人，称 OLED 为该领域承上启下的接班者丝毫不为过。想想人类在这项技术的发展中走过的是一条怎样漫长而又曲折的道路。1862 年，佛罗伦萨的佐凡尼·加塞里神父借助于远程感光线最早实现了巴黎与亚眠两地之间的定位图像传输。后来，爱迪生在真空导管中成功发射电子流，完善了前人的研究；而由赫兹发现的电磁波也对相关工作助益良多。1900 年，在世界电子学年会上首次出现了"电视"这个概念。从那一天起，随着电子管的不断发展，显像技术也渐渐成为人类的囊中之物手到擒来。1924 年，约翰·贝尔德发明了世界上第一台电视机。虽然老古董只有 8 根扫描线和 400 个像素点，却当之无愧标志着一个时代的进步。1926 年，电视成像的清晰度得到进一步发展。西屋、通用以及美国广播电台趁热打铁，创立了人类历史上首个电视频道——著名的 NBC。紧接着 1931 年，一位法国人实现了巴黎与伦敦之间的远程电视信号对接，他的大名——亨利·德·弗朗士已被载入史册。1935 年，巴黎人以埃菲尔铁塔为中心向方圆 50 千米发射电视节目信号。但是，尖端技术要为大众接受总要经历漫漫征程。根据 20 世纪前半叶的统计显示，全世界民用电视机满打满算也不过 2 000 台左右。1939 年 9 月 1 日，二战的爆发使 BBC 正在热播的米老鼠系列动画戛然而止。一直到 1946 年 6 月 7 日，同名作品才又在和平的钟声下回到了人们的视野中。随之而来的 20 世纪 50 年代，彩色成像技术诞生。1962 年，在 Telstar 卫星的帮助下，欧洲电视台实现跨洋直播。1969 年 7 月 21 日，全法境内能接收到阿姆斯特朗踏上月球这一伟大瞬间的电视机数量已超过 700 万台。对于电视成像技术而言，700 万何尝不是一个令人振奋的数字呢？它预示着产品全面商业化的时代已经到来。

21 世纪初，95% 以上的家庭都拥有了超大超平的电视屏幕。而 2026 年，大彩电这边风景独好的局面恐怕很快就会在 OLED 的猛烈攻势下土崩瓦解。看似无形胜有形，让卓越的新式发光屏为你点亮视觉盛宴吧！

资料来源：

1. 西门子总公司
2. 《探索科学——微电子专刊》
3. 《电视发展史》，费尔南德·纳丹

MPA——神奇光学笔

人类终于又可以在字里行间找回书写的乐趣了！科技日新月异的发展使得手工书写一度变成了难能可贵的稀罕事。但是现在，随着无键盘微机的全面上市，那个被遗忘了30年的姿势又将重回人们的视线当中。信息传感技术的出现将彻底颠覆长久以来的习惯！从今往后随心所欲写几个字，接着确认发送，信息便会准确无误地传递出去。多么不可思议：文字就像长上翅膀一样飞了起来！

你什么都可以不在乎，但惟独不能忘了这支笔。在不久的将来，它就会像呼吸的空气一样和你密不可分。别看小家伙还不如一支铅笔分量重，但却是日常生活中必不可少的通信工具。工作时，它仿佛成了人脑与电脑间架起的一座桥梁，不但保证信息传输通畅，还严格遵守每一个字母的书写规范。在它的无限风光之下，需要不停敲敲打打的键盘渐渐褪去光彩。人们一听到要学习复杂的输入方式便头疼不已，更厌倦了无休止的格式、排版错误。一位法兰西科学院院士肯定地说："对于那些喜欢书写的人来说，新发明简直妙不可言！是信息输入的一大突破。"

没有什么比使用神奇光学笔（Magic Pen Assistant，简称 MPA）来得更轻松惬意了！你只要揭开笔套，就能感觉到笔尖那不可思议的震动。区区 40 克的小不点就像一件汇聚了科技精华的奇珍异宝，能对整个系统发号施令。别看它娇小玲珑，其实里面深藏玄机。首先，在它的笔头上固定着一枚红外线微型摄像仪，能以每秒60次的高频探测笔杆的移动；其次是神通广大的微处理器，可以根据已知的图像信息对笔杆精确定位；最后还有不得不提的蓝牙发射装置：在与终端电脑或手机传输信息的过程中，它可是举足轻重的关键人物。不过，我们的 MPA 也有美中不足的地方——它必须和一种特制的纸配合使用才会魔力无边。别看这种灰不溜秋的纸张相貌平平，其实它的表面布满了肉眼无法辨识的表格，而纵横交错的表格线只有在电子显微镜下才会一目了然。它们以几何规则整齐排列，主要有两大作用：一来是随时追踪定位 MPA 的运动轨迹；二来则是确定书写页码以辨认使用者选择的功能，比如：记录备忘、发送简讯、远程预订等……此外，所有纸张的右下角都画有一个小方格，人称"魔盒"。使用者要是想把指令发送到手机或电脑，就必须先在方格上打钩。

当然，除了传输文字信息之外，MPA 还有许多其他妙不可言的用处。只要使用者愿意，他随时可以翻看之前自己发送过的信息。简单的几个步骤，白纸黑字便会清晰地浮现出来。不过说到底，人们偏爱 MPA 的最大原因还是由于它强大的信息发送能力。小家伙可以借助微波连线几乎所有的终端设备。手提电脑、移动电话还有短消息服务器，只要能接收电子信号的机器，MPA 通通搞得定！"从前，我们的孩子都喜欢在手机键盘上敲敲按按，做'拇指一族'发送简讯。那个时候，T9 系统是普遍应用的输入方法。"对于手写输入的回归，一位笔迹研究专家举双手赞成："现在，光学笔改变了一切。人们可以一气呵成地写完简讯，并直接修改！"

21 世纪初时，面对键盘无处不在的发展势头，铅笔、钢笔在人们日常生活中的地位开始摇摇欲坠。计算器、电脑、电子记事本以及手机都被键盘牢牢掌控，挤得传统手写方式奄奄一息。然而，技术的变革总会让局势瞬息万变。电子光学笔的诞生就让笔杆打了一个漂亮的翻身仗。和妥帖安排人们生活的数码助理——PDA 一样，MPA 也被公认为是无所不能的典范。任何紧跟技术发展步伐的新新人类都不会错过这支万能神笔。请看下面一则场景：一位母亲在开车送孩子去上学的路上，拿起 MPA 随手写下了几行字。她在做什么呢？难道是在开列待会儿购物的清单？当然不是！事实上，她利用红灯停车的时间见缝插针地给孩子的班主任写了一封信，希望老师允许她的儿子免上一节体育课。这样的假条绝不可能冒名顶替，因为家长们的笔迹早在开学初时就已经在学校的数据库中备份档案。孩子的母亲甚至可以随信附上医生证明。班主任收到信息之后，同样只要写几个字回复确认便大功告成了。

要使新产品的性能真正稳定成熟，工程师们不得不耗费心力去攻克一个又一个的技术难题。MPA 之所以能大获成功，就是胜在它作为工具能够简便操作这一优点上。使用者根本不必掌握天书般的信息知识，也无须求助于又长又复杂的功能菜单，只要按自己的方法就能够轻轻松松写简讯、填表格、查资料……

在 MPA 的首批用户中，我们看到了高官助理、商人、冒险家以及记者的身影。他们共同的特点就是没有固定的工作地点，并且需要不停地搜集信息，将之存入特制的中央系统。神奇光学笔的到来大大简化了他们的工作，也让他们彻底与麻烦又难携带的键盘挥手道别。对于经常要赶飞机的大忙人们，即便把手提电脑遗忘在汽车的后备箱里也没有关系，只要带着 MPA，一切便万事大吉。所以说："神笔在口袋，工作可展开！"当然，MPA 不仅是大人们的专利，学生朋友也可以享受它的福泽。如果说 2024 年出现的电子课堂建起了一座虚拟校园，那么围绕着光学笔所诞生的系统则毫无疑问像是学生的书包。有了它，教学信息便可以在挥笔间轻松传递。如果有自己想看的书目，只要写下书名，学生就能将它下载到自己的电脑上，甚至还能与好友分享。比起在因特网上天昏地暗的搜索，谁敢说 MPA 不是更实用、更经济的方法？

现在是不是急着想见见神奇光学笔的研发者？许多记者都不约而同地想到了 IBM 公司，后者在 20 世纪 90 年代末发明了世界上最早的电子画板与记事本（即"CrossPad"系列产品）。确实，将这家美国公司称为 MPA 技术的领路人丝毫不显过分。只不过现在，相关技术有了进一步的发展，使用更简单，价格也更便宜。此外，光学传输领域所取得的飞跃也为 MPA 的卓越品质锦上添花。还记得最早的光学笔"Anoto"系列吗？这支由瑞典公司推出上市的小家伙只能勉强做到传送书写符号。而今天，不论是数据、图像的转换还是字符、信息的扫描，MPA 都无所不包。连商业的发展也随着光学传输技术的普及欣欣向荣：顾客要是在数码纸印制的杂志上瞥见了吸引眼球的广告彩页，他可以立刻拿出神笔点击来预定产品：比萨、鲜花、美酒……仿佛弹指挥笔间就能走进我们的生活。商家甚至可以用同样的纸张印制销售目录，汇聚所有的热销商品吸引顾客。一度销声匿迹的电话黄页或许也能够再次得到重用。你只要轻轻写下联系人的姓名，他的号码便会自动闪现。更加令人啧啧称道的是借由 MPA 进一步开发得到的"智能导游"系统。后者能自动列出观光地的所有信息，包括酒店、餐馆、出租车、博物馆以及其他名胜古迹。你再也不用因为来到陌生的地方而愁眉不展。有了MPA，你就绝不可能成为到处乱撞的无头苍蝇！还有那些紧急救护人员，从今往后可以通过光学信号发送信息，一来可以避免从前无线电传输受到干扰而造成的错误；二来也大大提高了伤者病患办理入院手续的效率。

在这里，要特别提一下人们日常生活中必不可少的电子邮件通信。MPA 的出现，使 e-mail 的接收变得尤其快捷。用户只要在数码纸的底端打钩确定，信件就可以在短短 3 秒钟内出发上路！由于发送的文本经过频率倒换处理，因此你可以对邮件的私密性完全放心。从明年开始，纳税人甚至可以借助 MPA 在网上直接完成缴费手续。与此同时，他也能够查询自己以往的纳税总额与新出台的相关政策。看到这里，谁还能不举起拇指称赞 MPA 是一件十全十美的好东西呢！

资料来源：

1. 瑞典 Anoto 公司：www.anoto.com

2. 视觉艺术公司：www.visionobjects.com

3.《华尔街日报》，2000 年 6 月 8 日

环保巨艇展翅高飞

随着全球掀起对抗温室效应的大潮，作为温室气体——二氧化碳排放物之一的交通工具也经历了一番更新换代。以燃料电池驱动的电子飞艇就是新一代产物中的杰出代表，其升降基地——奥利机场也随之进入人们的视线。

巴黎奥利（Orly）机场终于迎来了第二春！这个占地 1 500 万平方米的机场曾一度因环境污染问题关门歇业，几乎沦落为工业废地。机场的南候机厅在那时更是成了破旧的收容所，无家可归的流浪汉曾多到让省长不得不颁下"禁止进入"的命令。值得庆幸的是，政府随后出台了一系列对策，旨在拯救这个 20 世纪 60 年代法国的骄傲：正是在此地，法国人像基贝尔·贝科（Gilbert Bécaud）所唱的《奥利机场的星期天》那样，蜂拥而至，观赏第一代喷气式飞机的着陆。

奥利机场坐落在大片居民区内，不论飞机起飞还是降落，所发出的噪声都使附近的居民怨声载道，最后不得不停用。岂料峰回路转，新一代飞艇的横空出世，使得奥利机场西、南两大航空站（它们可是历史文物级的建筑）得以再度展翅。单从外形上来说，飞艇可以被描述为"翱翔空中的庞然大物"。它不制造任何噪声的优点，使它可以在这个居民环绕的机场内随意起飞着陆。选择奥利机场的另一个原因是，在寸土寸金的巴黎，要为飞艇另外新建场地也是不切实际的。城市规划家们随后看中了离机场几步之遥的汉吉斯市场，决定在那里建造飞艇的主要升降基地。就这样，历经5年的漫长等待，奥利地区终于摇身一变成了世界闻名的航空港。而以"奥利"命名的航空平台，也终于有能力迎接"货物运载之王"的头衔。现在，不只是起降跑道，整个基地都被用来接收货物，其运作方式犹如接纳大型客轮的港口一样。地下仓库和飞艇停靠处通过地下通道相连接，从而使货物的组织运输得以在地下进行。每个飞艇都有其专有的着陆处。在奥利，这样的着陆处超过300个，使它当之无愧登上了欧洲最大航空港口的宝座。以前的奥利机场候机厅被改建成了操控室和物流中心，用来确保全球定位系统（GPS）对货物的追踪。

继1961年奥利机场南航空站首次投入使用后，人们第二次对机场周围的露天咖啡厅和餐馆进行了整修，这一切，仿佛历史重演。如今人们围着新一代飞艇啧啧赞叹的样子，与当年围观喷气式飞机的人群，又有什么不同呢？当然，这条"空中巨鲸"的确有其惊人之处，引发了太多的好奇和关注。与飞艇基地相邻的维苏市墓地外有一堵旧石墙，孩子们常爬到墙上，目不转睛地注视着飞艇在一片神奇的寂静中起飞。没错，21世纪的飞艇是电力驱动的，又怎么会制造噪声呢！若在20年前，人们听到这样的设想，可能会不屑地一笑吧。新一代飞艇和一个世纪前的齐柏林飞艇（即飞艇的鼻祖）确有神似之处，当然仅限于外形，与昙花一现的齐柏林相比，新一代飞艇的未来绝对会美好得多。

新一代飞艇的诞生，一方面和科学家们多年的辛勤工作、不断调试密不可分，另一方面也有赖于电子驱动技术的成熟。该技术使飞艇在性能上超出了之前人们的一切预估。为了使飞艇能在

3 000 米的高度以每小时 150 千米的速度飞行，研究者们运用了一些航空领域内的技术。飞艇通过透明纤维被遥控，机身外涂有氢保护层，这种保护层也是美国航天局在他们的太空飞船上使用的。当然，其中部分航空技术，齐柏林公司和飞船制造集团股份公司（CargolifterAG）都已经尝试过了。有关这两家公司，前者虽无令人瞩目的成就，但也风平浪静地营业至今；后者则在 21 世纪初就投入研发，比"空中客车"A380 型货机（Airbus A380）机身更长的新一代飞艇。

创新，意味着人们将舍弃汽油和柴油发动机这些传统的动力系统，从今往后，改用电子发动机来驱动螺旋桨，靠的是燃料电池。这一突破要归功于法国液化空气公司（Air Liquid）。它二十多年来一方面通过其子公司 Axane 不断研究，另一方面又与法国空中之星公司（Airstar）合作成立合资企业专门致力于飞艇制造，才有了今天的成果。燃料电池由氢氧混合制成，通过化学反应产生电能，其能量强到足以支撑一段一万千米不间断的飞行。其实，早在 1969 年人们尝试登月的时候，这项技术就已经被使用过了！第一款新型飞艇于 2005 年正式问世，之后随着其性能不断完善，载重能力不断提高，终于从一个实验性的雏形发展到成熟的系列。如今，新一代飞艇被专用于运载又重又多的货物，承重量相当于 5 辆载重卡车。不要忘了，气球下悬挂的飞艇货舱可是长达 100 米的庞然大物！总体估算一下，每年约有 200 架飞艇横跨太平洋上方，承重达 400 万吨。就是这样浩浩荡荡的队伍，也不会造成任何污染！

飞艇内需要有两名驾驶员和两名操作员（操作员的主要职责是装载货物），以保证在 60 小时 9 000 千米的飞行过程中，始终与地面保持联系。工作人员具体的工作时刻表是根据最新的航空规则而定的，当然这些规则二十多年来一直在变。机身密封舱内有两个卧室和一个客厅，条件与当初的齐柏林飞艇相比可是要好很多了。内部装潢上没有任何奢侈或炫耀的成分，室内感觉与大型油轮差不多，配有最先进的数字技术。飞艇内工作人员也因此感慨地说，机舱内的生活，应该和海员的生活差不多吧。工作人员大多数是航空专业毕业的高材生，在正式驾驶飞艇前，基本上都曾在监视艇上小试过牛刀。另外值得一提的是，以新一代飞艇为代表的新型交通工具，近几年来在科学领域也取得了很大成功。它们被用来探测难以进入的地区，以观察那里的动物和植物。此外，如果被用于执行安全警戒方面的任务，这些飞艇的身上就会被加涂一层光环。它们可以一连几天守在一个岗位上维护秩序，相形之下，直升机目标大，消耗碳氢燃料又很厉害，也就渐渐失去了原来的市场。1900年初就已发明的飞艇，虽一路走来多灾多难，但最终凭借着科学家持之以恒的努力和科学技术的进步，披荆斩棘，笑到了最后。

事实上，即使是1937年"兴登堡"（Hindenburg）号飞艇氢气爆炸事故，也从未打消过人们脑中利用气球飞行的念头。"兴登堡"号事故共造成36名乘客死亡，事故起因据说是雷雨引起的静电，当然也有历史学家试图以谋杀来论证起因。之后，齐柏林飞艇的第二代——"齐柏林伯爵"（Graf）号的命运也没好到哪里去：于一场暴风雨后在太平洋上空遇难。好在它不管怎么说曾创下过12天内飞行34 000千米的环游世界纪录，而且仅仅依靠一个六分仪、一个指南针、一个双筒望远镜和一台无线电！如果说飞艇有不愿被提及的历史，那就是它也曾被用作战争工具。1940年，在第二次世界大战中，德国纳粹就曾使用飞艇一百二十余架。随后在20世纪50年代，飞艇几乎销声匿迹，只是人们偶尔会看到广告中才使用的热气球，或者是在某些纷争不断的地区，以色列军队用它们来实行监视任务。

21 世纪初，在环境问题白热化引发重重忧虑的推动下，飞艇时代真正宣告到来。它最终取代了传统的货运工具，并且摒弃了原来的长着陆跑道，实现了在不着陆的情况下直接装载货物，省去了许多麻烦。工作人员不必像以前通过集装箱运输那样，把货物拆又装、装了又拆。这样，才是真正的送货上门，不打一点折扣！最近，人们甚至又有了新的设想，那就是打算把飞艇用到旅游业上。太激动人心了！这样，人们不是能再度体验当年孟戈菲兄弟（Montgolfier）驾气球远航的豪情壮志了么？1783 就要重现啦！

感谢空中之星公司董事兼总经理皮埃尔·沙白（Pierre Chabert）先生对本文给予的协助。

资料来源：

1. 飞船制造集团股份公司（Société CargolifterAG）
2. 齐柏林公司（Société Zeppelin）

高速火车的承诺：3 小时从巴黎到罗马

"一切都有可能"：这就是法国国营铁路（SNCF）在 20 世纪打出的口号。这一口号，终于在"180 分钟从巴黎到罗马"成为现实后，得到了最好的应验。想象一下，周末乘坐车速高达每小时 500 千米的高速火车，去罗马度假……车厢内安静有序的氛围绝对能够保证旅途的舒适。还等什么呢，古罗马竞技场、罗马电影城、纳沃那广场正在召唤我们呢！

在等待了 n 年之后，第一款超高速火车（TTGV）总算是千呼万唤始出来。人们一大早便聚集在里昂火车站，希望亲眼目睹高速火车的处女之行。车内的乘客由法国明星和意大利模特们组成。车身被象征性地漆成了法意两国国旗的颜色。火车启动后，由于其速度非常快，车身的颜色在眨眼间呈现瞬息万变的幻象：一会儿，法国国旗上似乎有了意大利国旗的颜色；一会儿，意大利国旗上似乎又染上了法国国旗的色调。当然这些都不是最重要的，更吸引人眼球的是车厢内一流的环境设备。比如，座椅是电动的，并且可以向各个方向调节。车内配有的缓冲系统大大增强了列车的安全系数，即使在拐弯时车厢仍保持平稳，乘客也可以自在地喝咖啡。和巴黎—里昂高速火车相同，法意高速火车内也有专为商人们而设的公务舱。他们可以在那里放松自己，或静静地工作。列车内甚至还有 VIP 包厢。进入包厢有非常严格的条件，即必须向门口的警卫人员出示纳米车票，这一必经程序被戏称为"芝麻开门"。

对于有幸搭乘火车的少数幸运儿，他们可以享受到的是：丝毫不逊于飞机头等舱的座椅，嵌在每个座椅背后的电视屏幕、因特网宽带链接和一个 MP3 播放器。在一个私人的小型酒吧内有冷饮供应，乘客也可以通过前方的电视荧幕选择阅读各类报纸杂志。另外，车厢内还有按摩服务，如果你愿意，你甚至可以在一个名为 SPA Rail 的车厢里冲个澡。

那么其他乘客呢？他们的待遇也绝对不会糟。"双倍意式浓缩咖啡"，那是特地为他们所准备的。和飞机一样，乘客必须使用电子车票。当然他们也可以将车票打印出来，比如在入站口，有一个快速打印设备，乘客只需输入其预定车票号，便可打印车票以通过票检。票检手续不再是往车票上打孔。法国最终同意舍弃这一传统检票方式，毕竟这样的方式在整个欧洲也只有他们在使用了。车站的服务很周到，比如乘客可以在那里找到专门的商业咨询师，为乘客解答例如如何在罗马预定出租车、租赁小轿车和预订宾馆房间的疑问。

乘客在车厢内，可以体验到史无前例的超高速，看到窗外的景物以每小时 500 千米的速度后退（这样的速度足以让沿途的警卫人员目瞪口呆，至于那些过去趾高气扬地在高速公路上开法拉利的飙车族，恐怕只有无地自容的份了）。只是，单纯的乘客们并不一定能预见新一代高速列车将产生的深远影响。事实是从今往后，里昂距巴黎只不过短短 1 小时的车程。相当一部分的巴黎人可以选择在保留其巴黎金饭碗的前提下，搬到里昂去住。列车行驶 1 个小时后进入阿尔卑斯山脉，途中略微减速。之后再度加速，途经意大利都灵、米兰和罗马。整个行程不超过 3 个小时。3 个小时啊，吃顿饭再看个电影也要花上这点时间吧。列车靠站后，罗马游的梦想终于可以付诸实践了，回望远处的卡皮托广场，没错，你的的确确已经站在了罗马的土地之上。

法国国营铁路终于得以一扫 20 世纪末背负的重重骂名而扬眉吐气了。原本是国有公司的法国国营铁路，在面对欧洲日趋泛滥的航空公司时（尤其是后者销售的廉价机票），承受了巨大压力。不堪重负之下，最终决定彻底整顿公司内部文化。从此以后，乘客变成了"客户"，任何列车延误或列车事故都会通过互联网及短信的方式在第一时间被披露。车站实现了管理上的独立并开始以盈利为目标。与之相关的接待工作和信息提供工作被放到了最重要的位置。简而言之，从今以后，乘坐火车将是一种享受。公司新一代继任的领导团队，通过注入私营化的规则，使得公司一扫沉寂，焕然一新。随之而来的结果是，火车不再被认为是公共设施，而是一种必须证明其竞争力和高效率的交通工具。曾被认为过于大胆的词语，如"市场营销""利润"等也最终成了公司不可忽略的议题。谁能够料想，走低价路线的高速火车，通过在互联网销售往返巴黎—马赛的车票，会取得如此迅雷不及掩耳的成功呢？公司随即又以超低价垄断了夜间交通市场（15 欧元乘遍整个法国境内）。之后，公司再度推出拍卖车票的方式：每个星期四，车票会在几个站点被拍卖。它们都有一个起拍价，只要出价高，出手快，拍卖技巧运用得当就可以竞拍成功，方法和在易趣网上竞拍无异。另一方面，车内服务也更为丰富多样，越来越多的车厢里配上了 DVD、Wi-Fi 卡或者电脑，使乘客能在车厢内上网。即使在最小的区域火车里，如今也配有空调，每排座位下都设有充电插座。

这些享受，都是高速火车带来的！年复一年，法国的铁路技术不断在寻求自我突破。就是依靠这样的精神，2007 年，首先推出了东部—斯特尔斯堡高速火车，速度高达每小时 320 千米。随即问世的是太平洋地区高速火车，速度更快，为每小时 330 千米，后又提升到每小时 350 千米。列车的不断提速，使人与人、地与地之间的距离越来越小。从巴黎去滑雪场或去海滩，所花的时间不会超过 3 小时。不知不觉中，高速火车渐渐占有了航空和轿车原先的市场份额。近几年来，铁路网络在欧洲范围内迅速扩张，北至斯图加特，南至菲格拉斯和西班牙。高速火车就这样一点点铺开它的网络。不过，下一个重大历史性飞跃可能要到 2029 年才能实现。如果说速度已经不再是问题，人们需要面对的挑战是列车行进过程中产生的噪声。一旦高速火车的速度超过每小时 300 千米，就会产生相当大的噪声污染，这对住在铁路沿线的居民来说是难以忍受的。工程师们因此必须埋头于更为艰巨的研究任务，即试图利用更为轻便的材质，比如铝，来制造高速火车的车身。只要材质更轻，密度更大，造型更弯曲（这让某些人不禁联想到日本著名的新干线），高速火车便可以创造史无前例的行车速度的同时，却又不造成一丁点儿噪声污染。其实，在 1990 年的一个实验过程中，列车就曾达到过每小时 500 千米的速度。因此，要再提高速度也未必不可能，只是在此之前必须解决速度与噪声这对矛盾关系。

意大利的选择是十分明智的。法意两国的关系一直以来都很融洽，双方也曾有过很愉快的合作，比如里昂—都灵高速公路建设工程（每年约有 5 000 万吨的货物和 700 万游客经过），以及在阿尔卑斯山脉下开凿地道的工程。多年来，高速火车翻山越岭驶向意大利，驶向都灵和米兰。如果没有卓越的技术，以及两国亲密无间的合作，新一代高速火车也就不可能问世了。

2029 年的目标是，制造出速度为每小时 500 千米的双层超舒适高速火车，这样的话，从巴黎去罗马只需 3 个小时。这将是科技史上的一个里程碑，也同时意味着对航空业的新一轮打击。时间是最有力的证据，现在，人们可以对当初某些专家的无稽之谈进行一番嘲弄了：在 20 世纪初，有专家曾宣称在速度超过每小时 100 千米的车厢内，人体内的血液就会凝固。随着新的科学发现的不断涌现，如气动力、磁悬浮和电动力的发现，工程师们有足够的把握投入对新一代火车的研究，并且时刻准备着挑战时速 800 千米，甚至 900 千米的极限速度。那样，火车就和飞机一样快了！当然，还有很多技术方面的问题有待解决，比如列车在紧急情况下的刹车制动系统。目前，就时速 500 千米的高速火车来说，刹车的滑行距离可足足长达 5 千米呢！

资料来源：

1. 阿尔斯通公司（www.alstom.com）
2. 法国国营铁路（www.sncf.fr）
3. 纽西兰高山火车（www.transalpine.com）

人类将在火星上露营

他们是第一批登上火星的地球人！只是，这次登陆与 1969 年 7 月 20 日阿姆斯特朗和艾尔德林的登月计划相去甚远。首次登上火星似乎与平日里的常规工作没什么不同，人们的观念发生了很大变化：之前长时间的准备工作，以及二十多年来充斥大街小巷的火星表面影像，大大降低了惊喜的成分。值得关注的应该是，人类在火星上度过的首个夜晚！

声音效果很好，图像非常清晰，地球上的数字电视顺利地连接上了 15 年前安装在火星表面一个名为乌托庇亚平原（Utopia Planitia）上的接收装置。乌托庇亚是火星上非常典型的一个地区：广袤荒芜的红土平原，布满了小石子，和撒哈拉地区的碎砾荒漠很像。远处有几座小山丘，给人感觉是一个宁静的小港湾。火星上一直有轻轻的微风，吹起沙石的灰尘。沙石含有铁的成分，因此灰尘折射太阳光后，天空看上去是淡粉红色的。这样的场景并没有令登上火星的宇航员们感到惊讶。毕竟他们之前已经花了大量的时间在飞行模拟器里接受训练，看过无数火星表面的照片。这些照片都是由宇宙探测器和机器人拍摄的，这么说来，它们才是登上火星的先驱者吧。宇航员登陆后，反而有种到家般的亲切感。当然，成为"第一"总是激动人心的事情，就像 60 年前，他们的前辈阿姆斯特朗及艾尔德林，乘坐"阿波罗 11 号"首度登上了月球一样！60 年后，第一批火星探测部队由 3 男 3 女组成，都是富有经验的研究人员。相形之下，当年首度参与登月计划的不过是两名普通的宇航员。当然这也难怪，因为该任务是有政治性的，即实现肯尼迪总统在 1961 年许下的承诺。在冷战形势最严峻的时期，美国的这一举动意味着它想让苏联和世界上其他的国家看到，美国将永远是整个地球上拥有最强大技术的超级大国。

而今天，在火星上，政治要给科学让位了。6 位登上火星的宇航员并不是去证明什么的。人们不再像"阿波罗任务"时那样，脑中有国与国之分。事实上，阿波罗任务后来被戏称为"3F"流程（国旗、脚印和遗忘）：宇航员在月球上插一面国旗，留下几个脚印，然后就走人！然而，这次登火星的任务要艰巨很多，所带来的影响也将更为深远和持久。

此次火星之行的构想始于 20 年前一个美丽的秋日下午。那天，在火星学会（Mars Society）组织的一次会议上，一位致力于开发太空旅游业的企业家和一位行星学家在会议室门口相遇。他们先一起用了午饭，之后经常见面，一个崭新的想法由此产生。他们决定不再依靠国家来实行火星计划，为什么不利用私人公司的赞助呢？如果那个公司可以从中得益，势必愿意投入大量的资金，相形之下，一个或几个国家能划拨的研究经费也不过几十亿美元。的确，自从1969 年以来，项目的赞助变得越来越重要了！一个私人企业家，他会非常关注成本及时间的节约和最大限度的利用，只要他能看到潜在的商业回报：电视转播权、DVD 销售权、火星陨石的销售权等，他就完全有理由全力以赴投入这样一个项目。相反，如果是由国家或国际社会来支撑这个行动，项目资金反而有可能被挥霍，时间上也可能一拖再拖。

人们应该记得，登火星的计划其实曾多次使当年设计登月的科学家们跃跃欲试。登月计划的最大功臣——冯·布劳恩曾提出过一个飞行器的构想。该飞行器通过核可燃性燃料驱动，承载6名宇航员，历时3个月就能到达火星。那个时候，科学家们甚至决定了具体的出发日期：1981年12月12日！遗憾的是，他们一直没有办法取得足够的资金援助。事实上，当时有很多类似的项目陷入困境。几个大型的美国航空技术公司都提出过类似的构想，比如美国道格拉斯公司（Douglas）、通用电气（GE）和北美人航空（North America Rockwell），只不过在他们的计划中，宇航员的人数分别为6、8以及10个。在20世纪80年代，人们认为火星之行是可能的。但几十年过去了，不见任何起色。主要原因是这些项目都太过野心勃勃，因此需要投入的资金也过于巨大。要把重达几千吨的庞然大物送出大气层，在当时根本是不现实的！这个旅程带的东西越少越好，因此，必须懂得利用在火星上的本土资源，生产尽可能多的必要物资。

以避免繁琐的步骤和巨大的花费为目的，相关人员对此次登陆火星的计划进行了非常周密的安排。不再需要巨大的宇宙飞船，也不需要事先到火星上建一个基地。更大胆的是，人们此次预期在火星上停留一年半的时间，而在过去所有的计划里，在火星表面停留时间都不会超过整个火星之行的5%！如果在着陆时火星表面气象情况不佳，宇航员可以选择直接返回地球。这就是此次名为"火星直击"的探测任务。宇航员将在火星上停留550天——相当于一年半的时间，这样起码能和为期一年的往返行程相提并论了。整个探测行动的花费仅为200亿美元，远远低于以前预估的450亿美元。由此可见，这次火星登陆计划与先前的计划相比有了非常大的改进。

毫无疑问，第一批登陆火星的宇航员的选拔是非常严苛的。和以前的选拔不同，这次不仅有体力和智力上的达标标准，人的适应能力和喜好更是在选拔团队成员中起到了决定性的作用。这个团队是男女混合的，队员之间的人际关系也是考核的重要指标。至于是否能采纳夫妻档的候选者，在这个问题上意见分歧很大。最后的决定是可以考虑夫妻档，但是他们必须答应一个非常重要的条件：不得生育。考虑到整个任务的时间长于 9 个月，而在地球外要找到产房是绝对不可能的，因此夫妻双方中必须有一人愿意接受绝育手术。

至于火星上的生活，其实也已经没有多少新鲜感了！从物质方面来说，所有的风险都被降到了最低的限度。比如能源问题，可以有 3 个途径解决：地热井、太阳板和小型核反应器。不出意外的话，光靠一年前通过自动宇宙飞船安放到火星上的核反应器就可以解决小队人马在火星上的能源需求了。空气、水以及用于返程的碳氢燃料，同样可以通过当地的资源来取得。在宇航员们到达前，火星上已事先安排了一个小型化学工厂，工厂内有压缩机，它吸入二氧化碳（二氧化碳在火星表面大气层内占 95%），通过化学反应器产生甲烷和水。水随即被电解以生成氧气，供宇航员们呼吸。至于食物，除了从地球上带来的应急食物，宇航员将主要食用在保温的玻璃容器内由溶液培养的植物，当然为此他们必须先成为素食主义者。这些都不是问题。宇航员们在火星之行前，曾在加拿大、冰岛和南极洲上的研究所内接受过非常严格的训练。这些研究所能提供与火星表面相近的生活环境，使得宇航员通过训练掌握在火星表面生活与工作的技能。

至于出行交通，宇航员们配有两辆装甲车：一辆小型装甲车，用于在基地附近活动；而另一辆罗孚系列装甲车则可以开到更远的地方（人们可以睡在罗孚车内），一般用于距离基地较远的地理勘探。此次登陆火星还有一个重要的任务，即寻找一个老朋友："海盗 2 号"（Viking-2）火星探测器。该探测器于 1976 年在火星表面着陆，距今已有半个世纪之久！"海盗 2 号"火星探测器是人们最早制造的用于研究火星表面的两个探测器之一。宇航员们的任务是确认一个问题：长时间暴露在火星表面恶劣的生存环境下，探测器材料的老化程度如何。另外，人们还特意为此次大规模的火星探险计划了一场露营。全世界的电视频道都将不间断地转播宇航员们在红色星球上、美丽星空下的首个夜晚……感觉上就好像 25 年前红遍全球的电视真人秀一样。仅是想到这个，电视机前的您就已经迫不及待了吧！

资料来源：

1. 法国国家空间中心（CNES）
2. 欧洲航天局（ESA）
3. 美国国家航空和航天局（NASA）
4. 火星学会（Mars Society）
5. 英国星际协会

修复神经元，战胜阿尔茨海默病

等待多年之后，人们终于见识到了基因疗法和细胞疗法的强强联手，所迸发出的火花堪称奇迹！这一最新疗法的核心在于：通过干细胞制造神经元，拯救神经系统受感染的患者。人类针对阿尔茨海默病与帕金森综合征的反击从此正式拉开了序幕。

丧失记忆的前美国总统、自动下台的教皇、被迫告别舞台的男高音、因出现语无伦次而被革职的跨国公司老总，还有其他数以百万计不得不停止工作的人们，他们都是阿尔茨海默病和帕金森综合征的受害者。患上这类疾病，意味着患者的神经系统受到损伤，病情将逐渐恶化并最终导致残疾。大多数患者正当壮年，这对他们的生活而言无疑是一场晴空霹雳，就像一列原本平稳行进的火车，突然不得不紧急刹车，戛然而止的悲剧确实令人扼腕叹息。2000 年的调查数据显示，有脑组织受损迹象的病患占全球总人口的十分之一。在法国，有 80 万人患有阿尔茨海默病，10 万人患有帕金森综合征，6 万人患有多发性硬化症，如果再算上癫痫症，整个法国患有脑疾的人数超过 150 万。而且，这个数字在 30 年内翻了 1 倍！

不论是在法国还是在世界范围内，神经系统疾病已成为人类最重要的死因之一。法国卫生部某官员曾在 21 世纪初预言，神经系统疾病将无可避免。这一预言不幸应验，直到现在，人们都没有找到任何能克服此类疾病的治疗方法。局部或全部大脑一旦受感染，病毒会侵入骨髓，破坏患者体内的神经元，使其逐渐丧失运动机能。科学家们最近尝试的新治疗方法，其核心是在大脑中植入新的神经元。

这一研究是以 2004 年的一项重大科学进步为基础的，即利用人体胚胎的干细胞培育神经元。实现这一突破的功臣是以劳伦斯·斯多德为首的研究小组，小组成员由生物学家组成。在纽约的实验室里，他们率先进行了这样的试验，试验对象是仅存在 10 天的胚胎。生物学家们从胚胎内提取干细胞，随后把干细胞安置在实验室内，并最终成功将其培育成了可植入大脑的神经元。更为可喜的是，如今，生物学家们有能力培育多巴胺细胞，该细胞在传递大脑内部信息方面有举足轻重的作用。正是通过多巴胺不断地传达信息，神经元被一个一个连接起来，得以取代原先大脑中的坏死部分。以帕金森综合征为例，患上该疾病后，患者大脑内含有多巴胺细胞的神经元逐渐死去，结果是患者最终丧失控制自身肌肉的能力。因此，培育神经元的研究工作，对于人类战胜上述疾病具有莫大的意义。当然，此项研究还有另一个前无古人的特点，即这样的方法能同时培育出大量的神经元。法国国家健康医学研究院的一位著名学者曾断言，一个胚胎细胞可以产生多达 1 万个神经元，在一个直径为 6 厘米的培养箱内则可以存活上百万神经元！可能就是出于这个原因，研究者们为神经元取了一个响亮的名字："希望的细胞"。

还有好消息呢。根据患者所患疾病的不同，研究者们能对细胞做出相应调整，以培育出满足不同需求的神经元。比如，一些细胞将专门用于促进胰岛素分泌以对抗糖尿病，另一些细胞则将被用于心血管疾病的治疗。其实，科学家们在宣布这一突破性技术时也是犹豫再三、有所保留。毕竟，能否实现该突破在很大程度上取决于细胞疗法是成功还是失败，其中存在的不确定因素绝对不可忽略。所幸的是，多年来科学领域内前赴后继，一次又一次的试验，终于使生物学家们义无反顾地踏上了培育神经元之路。这一决定曾受到诸多伦理学上的质疑，比如有人认为这一技术是对干细胞的滥用。好在科学界的权威人物随即在各报章杂志上对此技术反复做了澄清和解释，终于扭转了局势，使大多数人愿意接受这个实际以细胞自我修复为基础的治疗方法。前国家伦理道德委员会成员贝纳尔·德柏教授是这一疗法的坚定拥护者。他曾这样说道：任何影响人类基因的技术都会引发恐慌，但只有它才是拯救人类明天的良药。

今天，国际社会终于意识到了细胞疗法所能带来的可喜突破。经历了长期的质疑和考验，细胞疗法终于有了用武之地去实现它的使命：拯救数以百万计受神经功能丧失之苦的患者们。与此同时，法国阿尔茨海默病协会在前任主席让·杜德士的领导下，组织了多场大规模活动，旨在引起人们对阿尔茨海默病的重视。20世纪末开始，每年都有一天被定为世界阿尔茨海默病防治日，目的是呼吁更多人参与到对抗阿尔茨海默病的运动中来。活动筹集到的资金将被分成两个部分：一部分用于支持学者们的研究工作；另一部分则用来帮助受该疾病困扰的家庭，毕竟这样的家庭，现在越来越多了。如果说以上这些还不足以把对抗阿尔茨海默病的运动推上最高峰的话，那以下事件完全可以被视作一剂强心针：政界、艺术界、财经界内有头有脸的人物居然纷纷向媒体公布了他们的疾病。这样的情况在过去是闻所未闻的。之后，科学家们对某著名男高音演唱时发生意外的影像资料进行了细致的研究。就是这位著名的歌唱家，某次站在法国巴士底歌剧院的舞台上，在众目睽睽之下，出人意料地表现出神色恍惚，不知所措。事后，据这位歌唱家描述，他当时感觉到失去了空间意识，没有办法发声，甚至完全忘了要唱什么。整个采访过程中这位男高音需要其助手不断提醒帮忙，才终于艰难地表达了阿尔茨海默病给他带来的巨大灾难。这是演艺圈的第一则案例。可喜的是，通过接受有效的治疗，男高音的病情已经完全得到了控制。他虎口脱险般的经历随后为国际社会津津乐道。人们也渐渐认识到，对抗顽疾，必须快速果断地采取行动，大胆地尝试新的疗法。

人类社会对阿尔茨海默病最早的记录可以追溯到 1907 年。爱罗斯·阿尔茨海默是第一个投入研究此疾病的科学家。也是他，率先在人脑中发现了淀粉样蛋白斑块的存在。淀粉样蛋白斑块会导致神经细胞出现失调，直至最后完全丧失功能。根据爱罗斯·阿尔茨海默的研究报告，一旦淀粉样蛋白在人体的脑部内组成"斑块"，患者的记忆系统将是第一个受损的部位。患者的思维会越来越迟缓，直至死亡。当然，即使人们现在把越来越多的注意力转向以细胞疗法为出发点的治疗技术，他们也不会遗忘三十多年来世界各地实验室内被不断试验的疫苗疗法。其中，抗多发性硬化疗法已经得到了美国食品和药物管理局的批准。2001 年，第一批阿尔茨海默病疫苗投入试验。当时人们对它寄予了相当高的期望，然而该试验却遗憾地以失败告终，原因是在个别试验对象（动物和人）身上出现了脑炎的症状。该疫苗疗法的原理是，药物成分注入患者腹部后，在患者体内促进对抗淀粉样蛋白斑块的抗体生成。也有一些实验室试图研制出某种分子，用来破坏淀粉样蛋白斑块附着的神经纤维。还有一些实验室提出过移植神经元的想法。

　　最终的结果是，疫苗疗法和细胞疗法强强联手，帮助人类在与神经系统感染这场恶仗中取得胜利。另一个重大医学突破则与普粒子疾病相关（最著名的是库贾氏病）。该疾病的病理与阿尔茨海默病十分相近，也是由大脑的病变引起的。发病原因除了遗传，还包括生长荷尔蒙的丧失、饮食不当（如食用动物内脏或喷洒过农药的蔬菜）。该疾病的诊断十分复杂，一时半刻也难以攻克，因此它成了威胁人体健康的定时炸弹。现在医学工作者所能做的，是通过研究死于该疾病的患者的大脑进行诊断。这样一种"马后炮"式的诊断方式使得患者的痊愈机会几乎为零。直至新一代核磁共振技术出现，情况才有所扭转。该技术能呈现出更为清晰的大脑影像，如此这般，解决这个自 1984 年出现以来越来越猖獗的疾病也指日可待了。

感谢健康顾问弗朗索瓦·班杜先生对本文给予的协助。

资料来源：

1. 纽约斯隆-凯特琳癌症中心

2. 斯塔德实验室

3. 法国全国空间研究中心：www.doctissimo.fr

4. 法国阿尔茨海默病协会

印象巴黎：百分百虚拟车展

这是 2032 年最夺人眼球的事件之一：从汽车诞生以来，巴黎车展将首次摈弃现场展出真车的模式。所有的新款车型都将通过全息立体电影放映。当然，游客们不必担心，虽然具体的实物展览被虚拟影像所取代，但该影像的逼真程度是史无前例的。

虚拟车展的构想在 2022 年得到了初步认可。随即而来的任务是，说服汽车制造商接受这一新的展览方式，以及通过不断研究改进，保证展览在技术方面万无一失。完成这两个任务历时整整 10 年。10 年后的今天，终于水到渠成，这个构想被付诸实践。从今往后，法国巴黎世界汽车大展无须再展出真车，并得以告别长久以来困扰它的问题：拥堵。历年车展，凡尔赛宫大门旁的国际展览会议中心总是被里三层外三层的车辆包围得严严实实，在近乎窒息的状态下受尽摧残。来参观展览的游客，很多时候都难以专注于制造商的介绍或展出的车型，因为室内的人太多，地方不够，温度高得可怕，甚至常有展馆内的礼仪小姐因体力不支而不省人事。车展的主办方决定，不能再如此下去了。

同一年，在美国底特律也有一个类似的创新车展：美国福特汽车集团公司利用图像合成的方式展示了他们的新款车型。车展前的保密工作做得非常到位。福特汽车的总经理亲自参与，对整个展览秀进行了非常精心的策划。展出开始后，首先，展位四周的幕布缓缓升起，展览的主打轿车随即出现。接着，总经理走到车旁，并不停下脚步，上演了一幕"穿越轿车"，从车的一边走到了另一边。游客们原本都以为展出的是真车，刚才的一幕显然把他们惊得目瞪口呆。人群开始骚动了，赞叹声不绝于耳。看到展览达到了预期的效果，这位美国汽车制造业的领军人物意味深长地一笑，解释到，随着科技在逼真度方面的进步，人们从此可以以虚拟的方式来展示汽车。并且，这一创举不仅仅局限在美国，在世界各地的福特子公司，都将拿到展出车辆的数字拷贝，通过全息图像放映展示给公司的 VIP 会员观赏。

人们有所不知的是，其实虚拟展览的构想最早是由一个法国公司提出的。当然当时它只是将该构想应用于航空和电视领域，并未涉足汽车行业。随后，虚拟展览的设想引起了越来越多人的关注。比如，好莱坞也盯上了这一技术。过去，好莱坞曾求助各汽车制造商，希望得到他们的帮助，制作出电影中追车场景所必需的"概念汽车"。如今，这些制造商已经能通过合成图像生产出真正的数字轿车，其逼真度令人咋舌。这一奇迹般的技术随即得到了好莱坞的青睐。从外形上看，数字汽车与真车几乎没有什么不同。为了达到这样的效果，数字汽车的创作过程是非常复杂的，必须全方位考虑。从光线、车身的阴影到音响效果，以及电脑上仿制出的速度感。另外，为了进一步增强感官感受，数字汽车创作中使用了 360 度的旋转特效，能展示汽车的底部，却完全不会有摄影机的颤抖感。这些还不够，人们希望看到的是这样一场鸿篇巨制：巨型车辆的追逐、翻车、碰撞、失控后向各个方向滑行……数字汽车似乎将能满足电影观众对任何激烈场面最大胆的畅想。现在，这些场面都是靠电影制作者在暗室里，用纸板箱来模拟的。而以后，会有那样一部电影，名为《300 千米 / 秒》，其刺激程度，将远远把所谓的《警网铁金刚》《玩命快递》《黑客帝国》，甚至是《速度与激情》抛在后面。某些细心的观众还能注意到，电影中，车内的司机都是虚拟的！

了解了此项技术后，巴黎车展的策划者立即意识到他们也能从丰厚的利润中分得一杯羹。有史以来的第一次，游客们得以告别人挤人的环境，安安心心欣赏最新款的汽车。同样得益于这项技术，展出车辆的车身颜色也可以在一段时间后变换一次，甚至可以在放映完一个车型后放映另一个车型，以展示公司不同系列和档次的产品。众所周知，过去，展商们一般会应组织者的要求选择一种车型做主打。而在如今的虚拟车展上，其他的车型可以不必再坐冷板凳了。2032 年，几个主要参展商将至少展出 25 个新款车型，更新频率相当之快。比如通用汽车，每年会推出 68 款新的车型，在过去，把这 68 款新车通通展出是不现实的，起码找不到那么大的展台，而虚拟车展的出现使这一切成为可能。当然，也有公司拒绝向合成影像技术妥协，其中包括劳斯莱斯和法拉利，他们也因此成为惟一坚持展出真车的公司。其他公司都表示愿意接受这一崭新的尝试，他们的条件是车展的主办方愿意保证，一旦效果不佳，就提供赔偿。至于媒体方面，虽然对虚拟车展进行过诸多猜测，但具体的构想仍旧被主办方封锁得严严实实，定要到展览开幕那天才见分晓。

展览开始后，一切都紧张而有序地进行着。展览日从过去的 2 天延长至 4 天，其中一天专为独家经销商准备。每天展览结束，关于当天的展出情况小结就会被送到组织者和展商手中。过去那些质疑、讥讽不断的记者们，居然也用起了这些技术为自己服务。电视台可以说是首当其冲。在最初的几篇新闻报道中，节目制作人员通过电视荧幕展示了几个主要车型，制造出一种仿佛身在车内的错觉。无论车身内部或外部，整个影像的逼真度都是无可挑剔的。就这样，媒体记者们每天都兴冲冲地带着刻录有汽车全息图的DVD光盘满载而归。除此之外，观展的方式也更为多样。记者们可以不紧不慢地通过便携式播放器观赏新车，也可以选择在展位处观看。当然，反对的声音总是有的。拥护真车展览的游客们就会抱怨，在虚拟车展上，不能再像以前那样，触摸皮质的座椅，或者摆弄一下方向盘。惟一不变的是嗅觉上的感受吧。伴随着影像的播放，展览中心室内也会喷洒汽车香水，使人有仿佛置身于真车展览的感觉。

媒体的那一关算是过了，现在就由大众来裁决了。不要忘了，车展对很多人来说是非常重要的事，有些人甚至是从很远的地方千里迢迢赶来观展的。这些人，在过去你推我攘的真车展与不见一辆车的虚拟车展（不管多逼真，终究只是影像而已）这二者之间，会做怎样的选择呢？最终的答案是，他们愿意选择后者。过去，只为看一眼散热器护栅，或者在梦寐以求的驾驶座里坐上10秒（一般游客是不能坐进车内的），他们不得不傻等在前不见头、后不见尾的长队之中；现在，新的合成技术所带来的转变，反而显得更吸引人。孩子们则变得乐不思蜀。即便他们是在游戏机、手机的包围中长大，即便他们是对各种电子产品司空见惯的一代，也未必目睹过如此的逼真度吧。甚至还有一个工作室，提出可以根据人们的要求，创造出他们心中梦想的汽车……当然这些汽车都是虚拟的。

只是有一个问题。虚拟车展被越来越多的人认可后，原先的真车展，它们的未来又何去何从呢？巴黎这个一如既往喜欢扮演开路先锋的城市，举办2032年虚拟车展后，随即被载入史册。但是，有关的专家们不得不问，当合成影像技术越来越发达，当影像的逼真度不断提高，当设计软件能被越来越多的人使用，这是不是意味着，真车展的末日将近呢？不久之后，汽车制造商将能通过在网站上发布高清晰的宣传片，直接与他们的客户交流，尤其是在大城市里，这一方式将会越来越普遍。毕竟城市里寸土寸金，几乎已经不可能在橱窗里展示新款车型了。

虽然意识到自己打开了潘多拉之盒，这个世界上最大车展的主办方对未来仍持乐观的态度。无论如何，巴黎车展是一场盛典，是人们近距离接触汽车工业新产品的最好机会。2032 年，尽管虚拟车展与合成影像将大行其道，但谁又能保证，年过百岁的汽车工业不会再度另辟蹊径呢？

资料来源：

1. 达索系统（www.3ds.com）
2. 爱迪斯通（www.t-immersion.com）

个性助理，声音打造

　　最佳电话接线员近日新鲜出炉，被法国秘书业协会授予"年度理想助理"称号。令人啧啧称奇的是，这次勇夺桂冠的选手不是声音甜美的姑娘，而是一台不折不扣的机器人！众人称赞的好脾气与以客为先、无所不能的高素质使它在评选中脱颖而出。现在，就让我们一同来会会这位贴心高效的助理吧！

　　声音辨识技术的发展之快实在叫人瞠目结舌，我们早已经分不清楚是人在说话还是机器合成的声音。技术的飞跃使越来越多的企业痛下决心，引进几台辨声机器人以取代原来在接线中心工作的员工们。只是可怜了这些辛苦工作的接线员，到头来还是免不了被机器人取代的结局。事实上自2025年起，应征相关职位的人数就与日俱减。无理取闹的客人、飘忽不定的工作时间以及寥寥无几的薪酬都使人们对这份工作倒足了胃口。在这样的大背景下，机器接线员应运而生。8年时间里，这支队伍日益壮大，发展得风生水起。当某位客人已经对着电话接线员咆哮了十七八次，抱怨身边的设备不好使时，想想有什么比机器助理的声音更让人赏心悦目的呢？即便遭到再严厉的苛责，它也会打落牙齿和血吞，默默承受一切。实在不行，它顶多重复诸如"我不明白您的意思"这样的回答搪塞过去。现在你瞧见了，科技的进步就是这样叫人叹为观止！

　　全自动化技术的发展在各个领域均已开花结果，旅游业自然也不例外。旅行社的老板们纷纷瞄准辨声机器人的神通广大，坚信它能应对形形色色的客人并拿捏好最棘手的问题。尤其是它超凡的记忆力，对任何细枝末节都能如数家珍，比方说：旅客喜好的菜色、选择的房间、偏爱的飞机座位……正是在这个基础上，两位曾经在"平价旅行网"工作的员工创立了"生活助手"公司。他们的理念很简单，就是24小时全年无休地提供"辨声助理"出租业务，以解决人们日常生活中可能遇上的各种问题。公司的广告语也是振聋发聩："只有你想不到，没有我们办不到。"继世博预演中大放光彩之后，"数码仆人"就要走进普通人的生活中了！

现在，我们想知道的就是：机器助理的应用范围究竟有多广？这种技术还能走多远？我们可以把每天都有成千上万架飞机起落的机场当作例子。在那里，一名好的接线员往往需要同时参考几个网站的情况。除了时刻与各大信息中心保持联系、增强自身系统运算能力，他还必须借助于强大的搜索引擎，处理堆积如山的数据并及时对外公布结果。依靠强大的信息处理能力，机器助理能同时回应近10万条请求。在法国，由《七千万消费者》周刊发起的人机大赛也证明了机器人的不凡实力：面对经验老到的接线操作员，机器助理表现得游刃有余。不仅在时间上遥遥领先，在工作质量上也同样无懈可击。因此人们意识到，如此优质的服务已经成为日常生活中必不可少的东西，而虚拟接线员也开始将触角伸向其他不同的领域发挥本领。一方面，人们已经习惯了向机器助理求援，但凡遇到疑难杂症便呼叫它们，问题自然能够迎刃而解；另一方面，"助理们"也确实不负众望，总是保质保量完成任务。它们不仅能根据时间、交通、天气等情况灵活调节主人们的出行路线，还能24小时不眠不休地工作，为喜欢夜生活的"夜猫子"排除一切后顾之忧。除此之外，机器助理亲切温婉的声音仿佛顷刻间就能消除与主人之间的距离。如果你突发奇想要过把冬季运动的瘾，机器人在为你详细分析完天气情况后便会马上预定滑雪场地与设备。一些用户甚至真的把虚拟助理当作家人，与它们讨论如何将冰箱中的食材做成饕餮盛宴。这个时候，它们自然也不吝啬意见，会铆足了劲为主人搭配一桌令人食欲大增的美味佳肴。如果你认为虚拟助理们的本领仅限于此，那么真是大错特错了。眼下，法国人如此狂热钟爱它的原因是它能妥帖地安排好主人的出行问题。不论何时何地，机器人都会参照具体情况预定合适的交通工具：小汽车、出租飞机、公交车、铁轨甚至自行车，应有尽有。有了助理的精打细算，用户只要输入基本信息就能得到最佳路线方案，在预想的两地之间自由来去。更神奇的是，机器助理还是一位尽心尽责的环保大使。它的后台系统被编入了智能环保程序，时时提醒要在实际工作中注意改善空气质量，比如：减少温室空气的排放。因此，机器人会建议用户尽可能使用无污染的绿色交通工具。此外，由于机器助理常常要求主人在外出时适量步行，它也被看作是帮人减肥的行家里手。正是在它的大力倡导下，越来越多的法国人感受到了返璞归真的快乐。工作时，虚拟助手会利用多媒体手段增添趣味，比如：它会向主人的手机发送彩色动画、动感音乐来汇报当时的路面情况。一旦探测到前方路段发生事故，手机中的信息会立即被修改。无线远程网络的链接使机器助理工作起来更加得心应手。

为了取得今天的成绩，机器助理的研发人员倾注了无数精力。工程师们不但为它悉心打造了大型的数据库，还建立了多语言的服务系统。在全自动智能技术的开发上，工作人员同样呕心沥血：不仅要寻觅价格合理的供货商，还要和投资者详谈合作，制定市场需求分析。喜人的是，我们最终找到了潜在的消费群体——年轻一族。堪比人脑的机器助理一定会使追求生活品质的年轻人欢欣鼓舞。针对这一块特定的目标市场，机器人的功能得到进一步扩展完善。不论是作为护理药剂师、婴儿管家还是独树一帜的生日礼物，甚至是扮演法律顾问的角色，虚拟助理都看似惟妙惟肖。目前，拨打电话使用机器助理的费用是每次 15 欧元，但天价似乎并没有使消费者望而却步。经销商乘胜追击，推出了全年 1 500 欧元无限量畅打的高额预定套餐，同样门庭若市。然而，机器助理越火爆，暴露出的隐患也越多。目前的成功似乎正是该项业务未来发展的绊脚石。"生活助手"公司的高层不得不认清事实：企业已经无法满足日益膨胀的市场需求，而竞争对手的崛起也成为避无可避的事实。几个星期以来，印度多家公司纷纷添置新型的虚拟助理服务器，向客户提供类似服务，但收费却便宜得多。无计可施之下，"生活助手"的管理层决定改变原先的散户市场战略，将跨国公司及政府机构发展为自己新的目标客户。在他们众多如雷贯耳的客户姓名中，有一位就叫做"白宫"。这张 6 个月前签订的黄金契约简直叫人难以置信。连美国总统也情不自禁地投向了机器助理的怀抱——这也预示着我们的理想助理最终登堂入室，成为国家领导人的御用谋臣。无论涉及什么领域，这个全世界最有权势的男人都不得不请教他的辨声助理，以弥补其在天文地理、经济人文方面微不足道的知识。而学识渊博的助理会耐心地从头讲解，将一切有用的资料都娓娓道来。从某个角度来看，机器人已经成为华盛顿有史以来最优秀的国事顾问之一。在与它的接触中，总统甚至可能改变原先的处事态度。这位把握全局、以史为鉴的专家一定会引经据典，向总统力陈分歧争端将给世界和平及经济发展带来的危害。如此一来，山姆大叔兴许真的会抽身事外，甚至努力在国际关系中扮演积极的角色。继美国总统之后，许多国家的第一把交椅旁都多了一位贴心的虚拟助理。也许在未来的某一天，我们真的能够期盼强大的信息力量可以使世界更美好，提醒人们不要再犯曾经犯过的错误。

资料来源：

1. XML 声音论坛网：www.voicexml.org
2. 法国电信研发中心：www.rd.francetelecom.fr

自动清洁混凝土——粉刷时代终结者

20世纪50年代，在由奥古斯塔·佩雷设计的混凝土建筑物中，已有部分被重新改建，并启用了新型的材料。这种材料可以保证建筑物在未经保养和粉刷的情况下仍能洁白无瑕，光彩照人，真可以算得上是一件里程碑式的大事啊！有关的化学工作者允诺，有了这一材料，公共建筑物和私人建筑物的主体面将能够抵御污染物及黑色烟雾的侵袭，并且，该功能至少可以持续120年！

为了保证工程的顺利进行，法国赫赫有名的建筑师奥古斯塔·佩雷举家迁到了施工地，他的父亲十分有名，是世界上首批敢于尝试采用钢筋混凝土来建造房屋的先锋之一。要知道，钢筋混凝土在那个时代是十分不被看好的建筑材料，相应的，倡导使用钢筋混凝土来建造房屋的建筑师也同样不被看好，甚至成为众矢之的。如今奥古斯塔·佩雷无须改换他这个过去饱受质疑和批评的职业了，因为哈福尔城自2005年起已进入世界建筑遗产之列，与埃及的金字塔、伊斯坦布尔的圣索菲亚清真寺共享盛誉。混凝土不再是人们能够在戴高乐机场边上看到的那种灰不溜秋的破损材质，而是成为一种十分贵重、洁净的材料，让人眼前一亮，已经完全不同于20世纪50年代的材质属性。

今天早上，在勒哈弗尔新型大楼落成典礼仪式现场，受邀出席的建筑师们回忆道，自动清洁式混凝土不愧是对这 30 年来法国各类混凝土的继承与融合。在奥特·萨瓦，钱伯瑞城的记者们没有忘记着重强调该城是首个引用"TX"混凝土建造新式音乐美术馆的城市。那是在 2000 年 12 月（距今已有三十多年了），这种水泥促成的混凝土尽管尚不能自我清洁，却至少能够保证不易肮脏，可以说，正是这举足轻重的第一步造就了如今的自动清洁式混凝土。有人甚至认为该技术产品具有划时代的意义。人们将其冠名为"太平盛世"，可谓名副其实。

为了取悦科技杂志及大众，这一技术的发明者毫不吝惜地公开了自动清洁式混凝土的研发过程，在这些技术发明者看来，由于受到一系列专利的保护，公开该材料的组成成分不会存在任何的危险性。事实上，技术人员甚至是十分自豪地在向全世界透露制成自动清洁式混凝土的全过程。他们解释道，要成功地研发出自动清洁式混凝土，一切的玄机就在于其中精细的粒子添加物。这些粒子添加物是以钛氧化物为材料，掺入到沙子、沙砾、水泥的模具里（其中，沙子、沙砾、水泥是混凝土的传统组成成分）。结果就是，一旦拆掉模具，混凝土的表面就具有自动清洁的功能。化学家及化学工作者们则看得更真切，他们从更为专业的角度解释道，这种现象是因为太阳光导致了光子的传播，而后者通过氧化作用，将附着在建筑物表层的有机污垢清除了。这就是人们所说的催化过程，并且，这种催化过程不易控制，各种因素的变化都将导致不同的结果。

大楼的技术人员已经成功地将自动清洁式混凝土掺入建筑材料之中。这种新型建筑材料的另一大优势在于其色调。这种不会变质的混凝土的色调不仅有灰色的，还有白色的，如此一来，就可以为其打开高档建筑的广阔市场，而且无需额外支付任何费用，结果令人叹为观止：采用这种神奇的自动清洁式混凝土之后的墙壁无论是外侧、墩柱、支柱还是其他隔板都能够进行自我清洁而无需人为干涉。20 世纪那些经不起岁月折磨，墙面斑驳脱落，饱受柴油机滚滚黑烟摧残的城市建筑将从此能够看到它们自己焕发洁白无瑕的光芒，这种洁白就仿佛是从洗衣机里面漂白过的衣服一般。富含高科技的水泥还经得起时间的考验，它所体现出来的性能是如此的出色，以至于厂商敢于向世人保证，这种自动清洁式混凝土将持续使用 120 年而不变质。一些看好这一商品市场前景的广告商早已为这款混凝土取了一个昵称："白上白"混凝土。这个昵称简洁明了、深入人心。事实上，该昵称曾于 20 世纪 70 年代被人们用来赞叹那些经蛋白酶漂白过的衣服。

不久前，韩国首尔市对外公开宣布，该市已与自动清洁式混凝土生产厂商签订了一份具有历史性意义的合作合同。自动清洁式混凝土将被应用于 120 米长、无墩柱、无护栏的人行天桥建造之中，与此同时，其他的工程也在有条不紊地进行之中。预计巴西的许多居民楼房很快就将被翻修一新，这些楼房曾经饱受污染困扰。同时预计会通过将金属挡板置换成无需保养的混凝土元素来整修部分的公路桥。

关于为铺设能够抵御内部污染的地板而进行的研究也在紧锣密鼓地进行之中。从公共卫生的角度来看，这项被命名为"皮卡达（Picada）"的工程具有至关重要的地位。这次充当神奇材料的则是二氧化氮，正如石膏一样，它不仅能够掺入到水泥中，同时也能混入其他砖石材料里，起到抵御内部污染腐蚀的作用。在太阳光紫外线的辐射作用下，二氧化氮分子高效吸收紫外线光子，后者则通过一系列纷繁复杂的化学反应释放出自由电子。在石膏或是石头内部成分碳酸钙的作用下，空气中的污染气体会被分解中和。这里我们所说的污染气体基本上只是一些来自于外部的氮氧化物，以及一些有毒的芳香化合物，诸如我们所熟知的苯，它通常通过油画或从家具、机织地毯、墙面内部的胶水、漆皮之类的物质中挥发出来，对人类的眼睛有极强的刺激作用。

在意大利，一些实验将自动清洁式混凝土的这种抵御内部污染的属性拓展到了路面街道上。令人诧异的是，位于米兰的一块7 000平方米的空地被用作试验区，当这片空地被铺上半导体材质的水泥后，与未经处理的区域相比，竟然减少了60%的污染。这样看来，在微电子领域，已经得到广泛利用的半导体材料同样具有分解的功能特点，即能够分解从汽车排气管里排出的氮氧化物。臭氧亦是如此，主要适用于分解在热效应下产生的城市空气污染源。与其他方法一样，这种反应本身不会产生任何污染副产品，而只是分解出氧气与氮气这两种能够促进空气洁净的物质。

锦上添花的是，另一项成果马上将公布于众。在对自动清洁式混凝土及无污染混凝土的使用之后，有关厂家及科学工作者宣布，自动清洁式砂浆将于明年投入商业使用……无论出现什么裂缝缝隙，这一材料都可以自行填补！配有了富含碳纤维的神经系统，这种"高智能水泥"能够侦察到水泥内部的细微震动，并能将即时信息直接反映到建筑物的表层。一项初步实验已经在一片频繁发生地震的区域十分秘密地进行。人们发现地震导致了位于阿尔卑斯山区中一个小村庄的乡政府墙面上出现裂缝，但令人不可思议的是，地震过后仅几天，在没有任何人为干预的情况下，裂缝竟然全都消失不见了。同样令人感到不可思议的是，裂缝探测器能够随时通知工程师在建筑物的某一处可能会发生爆裂现象。建筑物所采用的材料十分精细,直径通常只有 10 微米(1/100 毫米)长,这些高精密度材料通常在水泥的生产过程中就已经被掺入。此外,人们还可以将电极置于建筑面上的任何一点,从而能够随时观察材料的变化情况。

有了这类水泥,人们打算利用它们建造一些充满智能纤维的智能水坝。在过去的预防检查中,经常是在没有任何预兆的情况下,水泥建筑物就轰然倒塌。而如今,这种建筑材料的发明对于水坝的建造而言无疑是一个意外的收获。附在建筑物之上的警报器会在裂缝还没有扩大并导致灾难性影响之前就会发出警报。此外,这项技术已被切尔诺贝利核电站的遗址所采用,该核电站的修复工程将于明年正式破土动工。

资料来源:

1. 加里西亚水泥制造公司

感谢空调设备——大城市清新一片

巴黎、上海、芝加哥，这3座世界闻名的超级火炉今后将不再受到三伏烈日的困扰，因为这些大城市已经决定对它们的建筑物进行重新粉饰改造，尽最大可能来降低烈日效应与地表温度。该降温方案将通过对绿化带的建设与白色墙面的粉刷来达到夏日清凉的最终目的。

在巴黎13区的环城大道边上，林立着座座大厦，它们可是所有巴黎市民的骄傲。这些足足有250米高、四面都配有钢筋玻璃的建筑物不同于塞纳河畔那些专供富人们居住享乐的建筑，它们的受益面是普通的小老百姓。虽然房间不是十分宽敞，但是巴黎市民却庆幸于自己能够欣赏到埃菲尔铁塔以及巴黎其他建筑物瑰丽多姿的景色。这片有如国家图书馆般静谧的地区，事实上当初没有人认为它会成为一个像拉德芳斯广场一样的繁荣商业区。而如今摇身一变，这里确确实实成了百姓的居住区。可以说这是当地政府所取得的一项十分瞩目的业绩。这5栋由巴黎市政府委派一个纽约建筑公司所建造的高楼与其他一般的大楼可不一样，它们不仅外壁洁白无瑕，而且在每一层都布置了小型花园。这些装修细节并不是大楼设计者们招摇卖弄的手笔，而是另有考ің。巴黎市市长在吸取了过去10年中酷暑导致死亡的教训，以及三十多年前亲眼目睹其他地区类似的酷暑灾难后做出了现在的决定。根据一些气象工作者以及气候学家（尤其是政府气候进化小组的专家）的推断，全球夏季气温的升高将有愈演愈烈的趋势。6 月到 8 月间，蓝色海岸的平均气温将达到 35 摄氏度，如此一来，游客们不得不忍痛割爱，离开曾经心爱的沿海家园，而前往布列塔尼地区避暑。该地区气候宜人，平均气温仅 27 摄氏度，适于游玩居住，因此备受青睐。有的人甚至前往法国的东部与南部欢度假期。

地球回暖的步伐越来越快，由此引发的一系列反常现象已经闹得人心惶惶：瑞典热浪、加利福尼亚暴风雪、瑞士大洪水……即使人们真的能够揭开这些灾难罪魁祸首的本来面目，仍然很难预测由于频繁的工业活动所导致的气候变化将会造成怎样严重的结果。兵来将挡、水来土掩，这些大城市想出了对策，他们借助于卫星图像以及模拟软件建立了气候监督系统。每当电视播放新闻时，天气预报便成了开场焦点，气候只要稍有异常变动，便立即会引起广泛的关注，相关警报会迅速通过电视屏幕、邮件、短信渠道传播给人们。对于老年人，电视机上的警报装置则会在第一时间通知到他们。

看来针对于热浪侵袭的预防工作还是比较到位的。在联合国的协助以及美国的牵头下（该国近年来频繁受到热浪侵扰，尤其在 2029 年，最高温度竟然飙升到 70 摄氏度），这些大城市的市长们决定要拿出对策，抗击酷暑。在考虑到既不能影响经济发展，又得环保至上的前提下，通过种植大批树木来拓宽绿化带的提议得到了采纳。在这点上，令巴黎市长引以为豪的是，他已经吩咐将亚马孙流域的树木移植到著名的蒙索公园里。从它们的高度以及覆盖范围来看，这些树木足以遮蔽烈日。正是有赖于这些参天大树，行人们可以在酷暑难耐的夏日中觅得一丝丝凉意。而对于香榭丽舍大街，则得另觅良方来解决烈日暴晒的问题。于是乎，就有了在街道两旁的高大建筑物顶部安装巨形帘子的壮观景象。其实，有关部门原本还计划在奢侈品商店前种植一排巨杉，就像人行道两边的梧桐一样，但是一经提出便遭到了商业协会的强烈反对，他们更倾向于使用巨形帘子。这样的话，只要一检测到气温加剧的迹象，帘子就能反应工作。在能源控制以及环境保护局的影响下，各类大企业以及商家都十分关注地球回暖后所造成的影响。一项利用塞纳河河水来影响空气调节系统的实验已经启动。

值得一提的是，巴黎现在成功地引入了空气调节系统，这在欧洲尚属首例。从今年起，人们开始尝试更好地利用自然资源。首当其冲的便是水资源。在公共场合可以通过喷雾罐将水喷出以达到降低温度的目的。汽车站有幸成为这项技术的首批受益场所。此外，一些新型能源，诸如可燃电池，它可以将氢能转化为电能，以此来保障密度高、消耗量小的空气调节系统及其内部运转。这类仪器首先在医院、中学以及敬老院中推广使用。其他一些公共场所，诸如图书馆、博物馆也已开始配备并进入调试阶段。不仅如此，建筑物的墙壁上都配置了特殊玻璃，这些玻璃是仿照汽车前部具有隔热功能的挡风玻璃而制成的。除了具有滤除热量的功效，还具有感应性：当阳光过于耀眼时，电流会自动接通，使玻璃壁板亮度降低。大街上的另外一些防晒装置，也在有条不紊地安排中。大部分的行人区域和房屋墙壁都镀有一层新款的白色颜料，这让巴黎看起来颇有几分西班牙的风情。众所周知，白色具有不吸热的特性，在最近建造的几栋公寓里，人们可以通过温度调节器来实现最适宜的温度。这是一种自动调节系统，它的操作原理十分简单，即通过墙壁上小孔内吹出的微风来实现气温调节。该系统与计算机服务器相连接，而后者则主要负责管理所有自动化技术的实际操作应用，一旦接收到最新的天气预报，这种自动调节系统便能预测出之后气温的发展势态，并相应地调整通风参数。对于那些居住在旧式公寓里的房东以及房客而言，他们享受不到这种福利，只能将就着买一台电扇或是一台空调凑合着抵御热浪了。

在地球的另一端，中国拥有着全球的空调垄断权。这种技术领先于世界上任何其他国家，包括20世纪在该领域占有绝对统治地位的日本。事实上，上海市政府已决定研制一个十分完善的模型装置：它实际上是一台大型空调，与城市战略区域的管道相连接。这种空调可通过通风口来提供新鲜空气，造福市民。一项非常重要的工作正在实行之中，它旨在确定管道的尺寸、必要能量以及所适宜的温度。接下来的任务便是要加入管道，以及设计出一套一箭双雕的系统，既要十分牢靠，又得性能良好，这是绝对有可能实现的……上海市民因此有幸居住在这个世界上最大并且有空气调节系统的城市里，有些人甚至还准备将传统的扇子束之高阁。但是这种设备价格十分昂贵，需要有一定经济实力的人才能购买。必须承认的是，上海市人口已近3 000万，这势必会导致该系统覆盖面的调整，但其优良的性能还是让世界上许多其他城市都蠢蠢欲动。

远在美国，五角大楼里的工程师们正致力于通过改变世界上某些地区的磁场，从而实现降水来改善干燥气候。这不可避免地造成了气候的反复无常。于是乎，美国社会上下怨声载道，对其口诛笔伐。因此一个相比之下看似较为实际的设想被提出：重新启用防御计划。该防御计划最初是为了抵御导弹袭击所设想出来的，即大名鼎鼎的"星球大战"计划。但历经一番脱胎换骨之后，新计划的主要内容是：在高海拔处建造一个硕大圆顶，实际上就是在许多饱受热浪侵袭的城市上空添加一个大大的圆罩，从而将城市笼罩于阴凉之中，达到降低温度的目的。这并非是异想天开、天马行空的想法。第一次试验已在亚利桑那州上空进行，并取得了成功。

　　一项更为长远的计划正在酝酿之中，它旨在通过将分散的云朵远程固化（即将液体云朵凝结为固体），从而使得云层内部的分子结构变得更为紧密，这项计划让人翘首以待。时下，阿联酋首都——迪拜被认为是世界上最适合居住的地方。在那里亿万富翁们可以为自己购买一座人工小岛，从而享受到岛内宜人的气候。岛内环境皆为虚拟化，可以有效抵御太阳光紫外线的直射。由于海水的不断蒸发，富翁们还可以体验到在沙子上踱步的惬意舒适之感。当然了，这些沙子也是受到空气调节的，你说神奇不神奇？

资料来源：

1. 学术网站（www.ademe.fr）

2. 科学之城（www.cite-sciences.fr）

3. 气候变化专题研究小组（www.ipcc.ch）

纽约的最后一场公映电影

由于DVD碟片的大行其道，还有网络上铺天盖地的录像带影音资料，大部分电影院早已经歇业关门了。如今电影爱好者们去影院看电影只是图个气氛，凑个热闹，而并非是冲着视觉或声音效果而去。

麦迪逊广场花园以及佩恩车站的对面人声鼎沸，原来今晚11点，在第34大街上，纽约最后一家电影院——老屋电影院（le Loews）即将关门歇业。作为最后一场公映，它的14个放映厅将会接待来搭末班车的近3 000名电影粉丝，届时呈现的都将是劲爆大片以及20世纪值得怀念的历史巨作。当影片放映结束后，在场的幸运影迷将能够得到向影星索要签名的宝贵机会，之后还可以免费享受饕餮大餐。此外，前美国加州州长阿诺德·施瓦辛格将不顾89岁的高龄，亲临现场，为最后的"大银幕之夜"加油助威。您瞧，正好赶上：今晚的压轴大戏就要开场了！

对于老屋电影院而言，属于它的历史页码即将翻过。这家电影院开业于2001年，是当时纽约地区最新的一家高科技休闲场所。它的座位舒适，可调节高度，而且能够上下倾斜，屏幕巨大，声音采用数码技术处理，凭借这些奢侈的条件，老屋电影院异军突起（在那个年代，没有任何一家电影院在硬件、软件方面能够与之相匹敌）。但自此以后，一传十，十传百，这些技术很快便得到普及。

家庭影院也由此诞生，并在千家万户中落地生根。人们无需出门，无需离开沙发，只要通过电脑音箱，便可享受无尽的快乐。与此同时，液晶显示屏、DVD 光驱大行其道，甚至是一些蹩脚的电脑，也必定配有这两个设备。因此我们必须承认，微软将个人电脑引入家庭之中是一项十分成功的举措，这种巨屏电脑既可以连接因特网，还可以播放电视录像带和音频文件，其中家庭影院就是众多杰出服务项目中的佼佼者。人们可以自行连接一个高档的音箱，或者只需戴上耳机，便可享受到杜比家庭影院的音质。坦率地说，置身于家庭影院中的感觉远胜于电影院，因为没有周遭环境的烦扰，也没有拥挤的忧虑。事实上，很多电影爱好者已经再也无法忍受他人在电影院里嚼瓜子、吞爆米花和用手机高声打电话的恼人场景。

电影业同样历经高速的变革。凭借过硬的画面质量，无可比拟的音质效果，以及很多额外的服务，高清晰 DVD 成为该行业最重要的获利手段。在过去，电影发行半年后才会有相应的 DVD 上市，而如今消费者需要等待的时间在不断减少。这种现象很正常，因为电影一经公映，便会马上被录制成 DVD。当第一批 DVD 样本制作完成之后，成品就会被交给家庭影院的经营者，这样便可以让众人在家里享受电影的乐趣了。此外，通过因特网免费下载电影的势头愈演愈烈，现在是时候回应这种威胁了。自 21 世纪初，三部曲大片《星球大战》因为盗版猖獗而亏损不断，为此，美国好莱坞与印度宝莱坞联手出击，共同推出了电影录像带这一载体：电影一经公映，人们便可以马上买到不可复制的一次性 DVD（使用期限：8 小时）。可以说这是一项历史性的举措。所谓一次性 DVD，它能够通过散发一种无毒物质，将录像带表面的铝层破坏，从而使之报废。这种录像带可进行生物降解，因此可以被丢入垃圾箱而不会产生任何环境污染的风险。为了尽可能将成本降低到 1 美元，录像带只可能容得下一部电影。如果人们对某部电影信不过，可以买此类录像带观看。倘若人们感到满意，可以进而购买一张制作更为精良、清晰度更高的 DVD。对于家庭影院经营者而言，他们发现这种经营模式绝对是一石二鸟的妙计。这不仅使得 DVD 质量更上一层楼，此外，它可以通过语音进行控制，如此一来可以为那些厌恶对着复杂菜单选择的人们提供方便。如果你说法语，电影就会使用法语对白（不附字幕）。这对于那些不喜欢原版英美片的观众而言，难道不是一件天大的好事么？

那些原本对电影院不离不弃的观众如今也改变了消费方式。一些电影院为了挽留顾客，推出了各种优惠措施，其中包括会员卡服务，即只要每月支付一定的费用，便可以欣赏任何电影，但这似乎还不能够满足顾客的需求。电影网站以及 DVD 菜单为人们提供经典大片，所有这些影片都进入数字化时代，正如当初电视连续剧标志电视时代到来一般。法国电视一台的节目策划者甚至还邀请最大牌的主持人来参加录制拍摄。此外，十分诱人的是，如今还能在网上观赏电影。高质量的画面以及巨大的流量可以让人尽情享受影片，这在过去可是可遇而不可求的。总而言之，在 2036 年，消费者们更倾向于不停地进行频道转换，而不是费心去看那些冗长无味的节目。相比之下，当电影播放过程中插播广告时，人们更愿意立即转换频道投入到下一部电影的观看中，即便让数不尽的影片一下子充斥头脑，也不愿无休止地把时间耗费在广告上。对于音乐欣赏，人们基本上采取同样的态度。

如今，电影院的不景气看来已是大势所趋。对于这种趋势，一些社会行为学家马上回应说：这是由市场营销的新手段导致的，以往每周上映 15—20 部电影的多产现象不复存在，取而代之的则是每月上映 1—2 部长剧电影。电影院越来越冷清，电影院经营者的积极性也不可避免地随之降低。尤其在巴黎及外省地区一带，艺术电影和改编电影已经长时间没有受到过这样的冷遇了。渐渐的，电影院闭门谢客了：这可真算得上是一件大事啊。问题在于，同样置身于繁华地段，如何解释餐馆商店顾客络绎不绝，而电影院上座率却还不到 20% 的窘境？为了增加客流量，电影院曾考虑过推出联票，提供电影餐饮一条龙服务，甚至还提供 VIP 座位，业绩却始终不见好转。很长的一段时间里，电影院还打过某些企业的主意。曾几何时，在巴黎，能够在林黛会所观看放映的电影或是播放的预告片是一件十分奢侈、有品位的事情，而如今，这里早就成为举办生日宴会和品尝下午点心的场所。电影院的衰落已是不争的事实，大部分发达国家都不得不承认这样一种趋势。电影院被改建成了接待场所，其中的一些成为专门为电动车服务的地下停车场。对于与这项运动抗争了好些年的电影院经营者而言无疑是当头一棒。而事实上，这一运动首先触犯到的是剧院的利益——波比诺（Bobino）剧院成为 20 世纪首个受害者。

毫不夸张地说，今晚在纽约上映的最后一场电影将是对影响了好几代人的电影事业所进行的一场回顾总结。1895 年 12 月 28 日吕米埃兄弟实现了在巴黎里内街的第一次付费电影的放映。这家电影院原本是一家旧式桌球房，建在一个小型咖啡馆的地下室里。那个时候人们拍的都是一些 1 分钟的小电影，片名开门见山，甚至有些滑稽，如：《工厂下班》《婴儿的午餐》《希尔塔火车进站录》等等。随着电影院越来越淡出人们的视野，电影将会独立于电影院而存在。这些动态的影像画面从此以后将会成为我们生活中必不可少的一部分，而且永不消逝。今晚注定是一个星光熠熠的盛会，众多昔日或今天仍然风光无限的影星都会感觉到置身于一个历史性的时刻。2036 年 6 月 30 日，今晚的这场电影早在 6 个月前就向世界预告，各地的人们专程赶来汇聚一堂，为了参加这最后的电影盛宴。

说到这里，告别影片已经落幕，片尾字幕出现在屏幕上。观众们报以经久不息的掌声。有的泣不成声，有的热泪盈眶。无论名人还是平民百姓都在位于老屋电影院入口处大厅的书上签上了自己的名字。一旁，一位啜泣的老者走近屏幕，他就是阿诺德·施瓦辛格。他声音颤抖地说着：再见，宝贝（Hasta la vista，baby）……尽管再也不能去电影院寻觅大屏幕上的百转千回，但可以肯定的是，它会继续在家庭影院中，绽放光芒，魅力无限！

资料来源：

1. 弹性放映厅（www.flexplay.com）
2. 奎德（www.quid.fr）
3. 银屏（www.silverscreens.com）
4. 艺人工作室（www.theactorstudio.com）

无线身份识别标签改变了消费模式

条形码历经 10 载才得到世人的认可，电子标签却更加夸张，需要整整 20 年！不过好在这一次总算成功了。人们发现电子标签无处不在，甚至还会出现在我们的衬衫领口及牛仔包装盒上。与此同时，为了防止有人利用无线身份识别标签窥探消费者的隐私，计算机法令也应运而生。

但凡伟大的技术革新都需要一定时间的适应期。对于如今的无线身份识别标签也是同样的道理。从 21 世纪初，这一技术就成为人们茶余饭后的话题，它的投入使用更是引发了全社会的大争论。值得一提的是，这种标签内部含有大量有用信息，由一些可以远距离感应的集成电路片组成。反对推出这一产品的人士强调，倘若使用了这类标签，今后消费者的一举一动都会被全程跟踪，可以说，没有任何隐私可言，这是无论如何都不能接受的。针对这一众说纷纭的问题，从 2003 年起，一场名为"电子产品密码网络"（Electronic product code network）的专题讨论会在芝加哥召开，许多知名人士与专家学者纷纷列席。会场上，争论十分激烈，火药味十足。反对者强烈要求出台一些相关法律或是一些保护措施来捍卫消费者的利益。在今天早上，这个提议终于修成正果：一项决议已经得到通过，即当顾客购物付款完毕通过商店收银处时，集成电路片可以在消费者的要求下失去功效。反之，倘若集成电路片仍然具有活性，那么消费者可以将其放置在家具及家用电器内部，使之继续发挥功效，比如冰箱、衣橱，这样可以为消费者的日常生活提供一系列的便利服务。

事实上，这种无线身份识别标签与我们所熟知的条形码差别很大。条形码一般只是负责管理存货储备，它的使命在激光阅读之后便完成了。而有了这种新式标签，商品的历史就全部记录在案。何为商品的历史？就是说，只要在货物柜台上安装了无线身份识别标签，商品从生产研发到销售过程的全部信息都可以被准确无误地提供给消费者，为其做出最后的决定提供参考依据。这对于想购买食品的消费者而言，无疑是一个天大的好消息！无线身份识别标签可以全程追踪食品的生产轨迹，它将显示商品的生产地址、制作流程，以及食品上柜日期。前不久，无线身份识别标签的功能已通过了国际质量体系认证，也就是说，无线身份识别标签可以在全世界范围内普及使用，它不仅有巨大的发行量，价格也十分公道，从某种意义上来说，甚至是十分低廉的，真可谓价廉物美啊。所有的生产厂商最终都没有抵制住诱惑，将集成电路片内置于他们的商品之中——无论是服饰、食品，还是日常消费品，诸如洗发水、一次性剃须刀、美容霜。自西门子公司将印刷塑料材质的集成电路片直接嵌入产品以后，这种方式便一下子风靡了起来。商品标签不再附着于食品包装表面了！这种技术建立在一种聚酯材料及导热聚合物材料之上，它使得无线身份识别标签的使用能够在大规模生产的商品之中得到普及。值得一提的是，它的操作与条形码一样简单。在法国，一名此项智能产品的发起者说道：“无线身份识别标签的出现，颠覆了传统的消费习惯。因为无线身份识别标签能够清晰记录产品的制作流程，而条形码却无法证明食品是否依然新鲜。”举个具体的例子吧，在大型超市中，一位购买牛奶的消费者将能够知晓每瓶牛奶的产地来源。同样的，无线身份识别标签也会为消费者提供每份熟食的制作过程。那么消费者如何获取这些信息呢？非常简单，在超市的购物手推车上都会安置有一个小型的屏幕，消费者们可以通过这一平台来获悉所购商品的具体信息。

更好的是，无线身份识别标签的推出将有可能使消费者的日常生活发生重大变革。收银台前排长队等候的现象将一去不复返。正如一位负责无线身份识别标签市场配给的德国工程师所说："因为所有的商品都内嵌有一枚集成电路片，顾客只需推着购物车穿过出口处的两排安检通道便可。此时屏幕上会显示出货品的总金额。如果此金额数与手推车上所显示的金额数相吻合，那么消费者只要确认完毕，信用卡内就会出现这项消费记录。"另一个造福于超市顾客的服务是，一种自动引导装置。消费者只需事先在家中通过因特网列好一张购物清单，到时候这种装置便会向顾客指明商品所在的货架。一位家庭主妇评价道："当我得知我经常光顾的那家商店配备有自动引导装置时，我简直不敢相信。我立刻上了因特网，疯狂地点击物品，最终列了一大张清单。当我来到商店，只需要听从购物车屏幕上的指令，便可觅到我所需要的商品。"结论便是：消费者无需再将时间浪费在无聊的排队及冗长的购物之中。顾客在走出商店大门之前，必须通过安检通道，购物记录会自动反映到信用卡上，这样可以有效地防止偷窃事件。另外，由于购物付费程序的简化吸引了更多的顾客前来消费，商品价格也就有所下降。这对于消费者而言无疑是个好消息。当然这样的收费方式在某些程度上也受到限制，那就是无法用现金来支付款额。由于无线身份识别标签的普及，再也不会出现在收银处结账的现象，也不会看到工作人员在货架旁巡视的景象了。因为这些，服饰系列的销售额猛涨了 10 个百分点。

出了商店以后，集成电路片不会就此失效。相反，只要它活性尚存，便能够造福于人们的日常生活。内置有该集成电路片的新式电冰箱可以告知消费者牛奶制品的保质期；对于药品也是如此，它的保质期将会通过邮件的形式传送到个人电脑。更令人叹为观止的是，人们不用再担心早饭餐桌上会缺少黄油和果酱，为什么呢？因为无线身份识别标签能够将这些食物储备的情况告知安装在电冰箱上的光学设备。一位庆幸于能够使用这项新发明的家庭主妇说道："如果这种光学设备发出了 10 次警报信号，那就说明是时候添加储备了。"但是她也质疑道，这些集成电路片会不会泄露她的个人信息。事实上，这种担忧并不是空穴来风，早在无线身份识别标签的试用初期，一项针对这个问题的讨论就展开了。最后人们通过了信息自由法令，使得那些生产者无法随意获取消费者的个人信息。因此，也不可能为了实现商业性目的而通过远程控制集成电路片去干扰消费者的正常生活。另一项措施则是，集成电路片自身拥有一个与食品保质期相配套的保质期限，即当食品到达保质期限时，集成电路片也会随之失去功效。而对于服饰商品来说，在付款的一刹那，集成电路片即失去功效。这就是所谓的顾客至上吧。

在工业领域，无线身份识别标签也已经站稳了脚跟。20 年前，在一场以交通运输为主题的展览会上，有一大片展区就是为这个小小的智能标签开辟的。它能够全程跟踪商品的进货流程，无论从包裹、存储，还是运输方面，无线身份识别标签都能提供高质量的一条龙服务。这个在当时被称之为"未来条形码"的智能标签整整花了 20 年的时间才奠定了它在消费领域的地位。事实上，要将一个品牌打入市场并奠定一定地位，20 年时间并不算长。与此同时，航空业与铁路业为了确保行李的全程安全也已经引进了无线身份识别标签。一个生产商承认道："花 20 年时间推广这件产品看似有点长。"但是请不要忘了，条形码直到 20 世纪 90 年代才推广普及，而它的发明设想则要追溯到 1948 年，次年，也就是 1949 年便获得了发明专利权。之后，该发明于 1969 年的时候更新采用了激光技术，直到 1993 年才奠定了它在商业市场上的主导地位。这种智能标签是 IBM 领衔的计算机技术发展的结果，它标志着我们将与那个店老板用圆珠笔给商品标价的时代彻底说再见！

资料来源：

1. 杂志：《西门子探索未来景象》，2004

2.《计算机与网络》

3.《新工厂》，第 2908 期

4.《对手》

道路定位系统——盲人的眼睛

自从GPS（全球定位系统）被广泛应用于私人小汽车，人们的生活似乎已经离不开这种移动导航装置。今早，该技术再次成为各大媒体争相报道的焦点，因为它又取得了新的突破。这一次最大的受益者非双目失明的盲人莫属。在他们手杖的顶端将安上新型接发器，能与卫星直接连线从而选定正确的行走方向。当然，对于那些所谓的"路盲"来说，新产品也是不错的选择，至少他们以后再不用担心会迷路了。

在本届东京举行的科技成果展上，日本人再一次向世界证明了他们对于残障人士的特别关怀。其实早在21世纪初，日本城市里的大街小巷就已经陆续竖起了醒目的地标，以帮助行人确定方向、防止迷路。像名古屋，即便走进蜿蜒曲折的小径，你也不会转得头昏眼花，因为那里的标志十分详细。有的记号就像盲文一样凹凸有序、排列整齐，一直延伸至大型商场的门口，引导人们走向繁华的商业中心。这些路标符号由杠杠点点组成，为行人指明了正确的方向。每当来到红绿灯下，行人都会听到声音信号向他们告知路段名称。这样，即便是盲人也能清楚地知道自己所处位置以及应该选择向哪个方向继续前进。30年来，对于这项道路改革，欧洲人一直持观望态度。现在他们终于也把持不住，决定对该技术稍加修改之后将其搬上马路。

从今早开始，为盲人们量身定做的"魔杖"就要发挥神力了！在手杖的顶端藏着灵敏度极高的接收器，它能够捕捉几乎所有卫星发出的信号。不论是 GPS 还是伽利略卫星，不管是俄罗斯还是日本抑或中国制造的，总之，所有来自外太空的信息都逃不脱"魔杖"的掌心。即使有东西或人将手杖遮得严严实实，后者还是能揽获多达 80 颗卫星所发出的信号。这项卓越的技术于今早向公众及媒体展示，使得那些关爱盲人的慈善机构欢欣鼓舞。该产品的总设计师其实很早就想着要把方便出行的定位软件引入盲人的手杖之中。这种软件与 PDA（亦称"私人生活助理"）中所运用的移动导航装置一脉相承，已经率先在手表以及 MP3 中得到普及。一旦充满了电，引导定位软件就会马力全开投入工作。有了它，即便视力受损的残疾朋友也能行动如风！更令人难以置信的是，软件甚至可以成为主人与宠物之间无形的绳索。只要将一部微型接发器安置在宠物的项圈之内，纵然小家伙顽皮地东躲西藏，也逃不过卫星信号的法眼。主人还可以在爱犬的耳内植入迷你传呼器，那么到时候只要发出指令，小狗便会乖乖回来了。如果遇上宠物耍性子不愿回家或者不应答，软件用户还可以向专门的搜救中心发出求助信号，到时会有专人出动把"坏孩子"带回家。

讲了那么多，让我们再次将视线转向神奇的导盲手杖。从外形上来看，新手杖似乎比传统款式更小巧轻便，完全看不出那是汇集了尖端电子技术的高精产品。与之配合使用的还有一顶神气十足的鸭舌帽，帽檐中内置了两个高频扬声器。别看都是些貌不惊人的小玩意，组合起来的威力绝对不容小觑！事实上有了这些配件的帮忙，普通的手杖已摇身一变成了智能通信工具。盲人朋友可以直接朝拐杖说话并发号施令，声音会激活道路定位软件。接着，只要说出确切的地址或想去的地名，就可以等待"魔杖"显灵坐享其成了。运算系统会从数据库中找出沿线可能经过的十字路口及街区，飞快地安排出一条最理想的行进路线。当然，怎么走、走哪条路等指示也会由手杖转换成声音信号向使用者传递，保证每一步都走得踏实安心。此外，得益于强大的因特网覆盖技术，24 小时连线的手杖能定时更新数据库中的地图及路面信息。从现在开始，不论城市中的交通状况有多糟糕，盲人都可以在新技术的帮助下自由地出行。你再也不会看见戴着墨镜、挂着红白手杖的人颤颤巍巍，边数步子边摸进商场和面包房的辛酸场景。通信手杖拥有一个强大详细的数据库，会把使用者所有常用的商业区域、医院等地址都藏在肚中。有了新的技术，盲人朋友再也不会感觉到行动处处受阻。而且，新品也并非只对视力有缺陷的残疾人敞开大门。事实上，所有人都可以享受"魔杖"的神奇威力。

对于绝大多数的行人来说，移动导航系统的大范围普及必将为大城市中的交通运输注入新的活力。不论你是长年居住的市民还是短短几天的观光客，要穿越纽约、东京、巴黎这样的国际大都市都绝不是一件轻而易举的事。但只要拥有定位导航系统，你就不必愁眉深锁，只要在出发前下载相关软件，智能系统就会综合考量选择的景点和时间段从而制定一条最佳路线。贴心的导航助手还会根据博物馆、饭店、图书馆等的开放时间合理安排行程，并提醒主人尽量使用环保的交通工具，如：公车、地铁、电轨……事实上，导航软件一直与资料详尽的数据库连线，并高度警惕以防突发事件的发生。如果地铁忽然故障或者路面交通拥堵，软件会建议使用者停下脚步看一场电影稍事休息。经过不断改良，该产品越发人性化。现在的系统已经放弃了孤军奋战的工作模式，能同时与多个终端设备相连，这样一来就保证了运行的持久稳定。比如原先安装在车上的定位仪，现在可以按需要调节成"行走模式"，转移到手机或手表上继续使用。小小的通信仪器，威力却是无可估量：只要与服务器连接，小家伙就可以同步持续接收网上的各种信息，并找到符合使用者心意的行程路线。更难能可贵的是，相关的数据传输对载体毫不挑剔。用户可以随心选择电信网络、无线蓝牙、数字电视等多种手段。最后，电子信号会转换成声音信号通过无线耳机传入用户的耳朵，确保个人使用的私密性。高科技产品的发烧友还能拿出前两年风靡一时的 3D 眼镜，那么接收到的导航信息就会直接反映在镜片上。还有 MP3 解码器，同样在我们上网时充当着解读声音信息文件的助手。有的路人光听听 MP3 的讲解，就能比二十多年的老住户更了解当地的道路交通。

虽然听起来像是笑谈，不过从今往后要想在大城市中迷路确实是一件不太容易的事情。随便打个电话或按个电钮，我们便可以轻而易举地下载详尽的公交地图，甚至找到省时省力的最佳路线。同时，我们还可以与好朋友共享信息。无论是数码相机、MP3，还是移动电话，只要内置 GPS 天线，就是一款无敌的通信工具。还有更令你惊喜的功能：新技术能为你在茫茫人海中找到认识的朋友。工作上的同事、学校里的伙伴、亲戚家人或者只是在电子通信录上留过电话的朋友……他们在蓝牙或其他无线通信方式的搜寻下都会立现踪影。这样，你们就可以在附近的商场、饭店碰面，坐下来尽情地闲话家常。新的软件在各大商场早已卖到断货。由于它别出心裁的"寻人"功能，年轻一族们送给它"找朋友"的美名。目前市面上，除了"找朋友"以外，确实找不到各项性能都如此强大的好东西了。出于安全性的考虑，用户甚至不用留下真实的姓名，只要开通个人网站上的虚拟身份就能与他人的定位系统连线。类似的"寻人"功能正好解决了旅行团的燃眉之急。众所周知，导游们往往因为寻找个别贪玩的游客而心力交瘁。在这里，还想再讲一则关于定位系统的小趣闻：法国人在惊叹新技术的同时，设计出了一档名为《走路寻梦》的电视栏目。该栏目希望找到一位真正热衷于导航装置的使用者，并依靠装置步行走遍首都巴黎。最终完成任务的参与者将有机会获得大奖：免费乘坐航天飞机进入平流层观光！有趣的是，幸运女神最后眷顾了一位双目失明的盲人。他正是挂着神通广大的导航"魔杖"完成了任务。当他听到广播中该活动的宣传介绍，便毫不犹豫地赶去报名。虽然他登上了航天飞机也没法尽览壮丽的太空奇景，但这又有什么关系呢？"魔杖"会在旅行途中为他详细地介绍沿途景致。小家伙可是一刻也不得闲呢！

资料来源：

1. 法国国家自动化信息研究中心：www.inria.fr

2. 法国国家城市规划局：www.ville-en-mouvement.com

3. 里昂第一大学：http://handy.univ-lyon1.fr/projets/guidance/index.html

4. 超视觉研定项目小组：www.visuaide.com

人造器官，异军突起

> 欧洲在修复外科领域早已呈现出一马当先之势。近期，好几个欧盟国家纷纷签署了共同发展人造器官的合作条约。而且，他们分工明确，各有专攻。法国以制造人工心脏最为出色，英国以水凝关节扬名海外，而德国则致力于肝、肺等器官的研究。

8月的炎热阳光如利剑般洞穿大地，网球场上的比赛也像天气一样如火如荼地进行着。酷暑使运动员们筋疲力尽。突然，一名选手应声倒在球场中央，他需要紧急的恢复治疗。也许没有人敢相信自己的耳朵，这位驰骋在各大满贯赛上春风得意的硬汉竟一直饱受先天性心脏病的折磨。救治小组根据他的情况得出结论：眼下千钧一发，他很可能需要接受一场十分复杂的心脏外科手术，而且吉凶难料。当然还有另外一种选择，就是在巴黎圣心贝尔医院的专科手术室中进行人工心脏的移植。他的家人毫不犹豫地在后一种手术单上签下了名字。你可不要以为医生又会用心脏起搏器或别人捐献的心脏来滥竽充数。这一次，专家们会用几个小时的时间将一枚货真价实100%的机械心脏植入病患体内。如果手术顺利，他甚至可以在康复后重回绿茵场，继续从事心爱的网球运动。

为了成功研制出这枚医学技术领域的新贵，科学家们花费了整整40年时间。说是人造"心脏"，其实外表平平无奇，还不如说它更像一个普通的小匣子。不过这种盒子可是暗藏玄机，神通广大。不仅可以不眠不休地高效工作，而且还能容纳整个左心室并充当"液压泵"安全地加速血液流动。接受人工心脏移植的病患还会额外得到另一件宝贝，那就是与机械盒子配套工作的电池。只要每晚临睡前在皮肤表面贴上能量转换装置，后者会自动与腹中的电池对接，为心脏充电加油。要说这种新型产品的好处，就是用遍 10 个手指头也数不完：首先，小家伙轻巧安全，总重也不过七百来克；其次，全机械的构造免去了外科手术伤口感染的后顾之忧；最后，对医学知识一窍不通的患者也不必再费神照顾自己的心脏。还记得 2001 年诞生的首枚人工心脏吗？与它在患者体内短短 30 天的工作寿命比起来，新产品可以用神乎其神来形容。因为这一次，人类看到的将是一枚永不停顿的"拼命三郎"。拥有该项专利技术的法国在外科尖端领域开辟出了属于自己的疆土。从今往后，即使遭受重大伤害事故的病患也可以抱着玩拼图的心态轻松面对手术，因为他们随时能接受人工器官的移植。近期，法、德、英、意 4 个国家共同签订了外科人造器官移植的全欧合作章程。

当然，在嫁接外科手术中并非只有人造心脏这一个成功案例，水凝关节以及碳质手臂同样堪称佼佼者。要说这个研究领域的专家，非英国莫属。就拿今天发生在巴黎大街上的一起交通事故为例：一个乘坐摩托而发生撞车的年轻女孩被紧急送往索沙普敦的专业救治中心。她的同伴——摩托车主，因撞上十字路口的混凝土柱不幸当场毙命。经过会诊，刚刚死里逃生的女孩不得不面对更为残酷的现实——截肢手术。不过她也可以尝试另一条出路：立刻接受人工关节移植，那么过不了多久她就又能够行动自如了。她的父母当机立断，为女儿选择了高新科技。事实证明了后者的价值：女孩不仅重新树立起生活的信心，得益于插入其踝骨的灵活片状结构，她还找回了健步如飞的快感。无巧不成书，就在紧邻女孩手术室的另一间房里，医生们正马不停蹄地为另一名患者安装全电子手臂。该技术成熟于爱丁堡的一家医疗机构中。原理十分简单，就是通过能控制四肢神经的信号接收器将义肢与大脑相连。别小瞧了这机械手臂，它可是能够把每一个细枝末节的动作都模仿得惟妙惟肖。附有触觉系统的迷你控制器甚至可以根据手臂的负重分毫无差地调整动作幅度。这也是为了征服最难攻克的技术关卡——手腕的握力及灵活性而特别设计的。更令人难以置信的是：有了灵敏度极高的信号接收器，直接充电也成为可能。那个躺在手术台上的年轻人被残疾的阴影笼罩了20年，而现在他马上就会迎来属于自己的春天。至于机械手臂外的皮肤，同样也是用硅层精工细作，十分柔滑舒适。此外，利用硅层合成技术还能仿制人体肌肉，通上微电甚至可以产生大于人类本身10倍的力量，可谓巧夺天工。只不过最近新通过的一项法案似乎对这无穷的力量有点感冒，原因是它违背了人的本能。

"新的医学技术确实无所不能，电子生物之强大已经足以改变人体本身的构造。往大脑里灌上几百万个'跳蚤'，人的记忆就能得到改善；稍稍变更感官信号就能产生前所未有的新感觉；心灵感应、幻象术等更是如雨后春笋般直冒尖……"一位科学家充分肯定了医学领域的技术发展，但同时也对某些实验室正在进行的前沿科研深表忧虑，"我所提到的这一切都如假包换，它们确确实实触痛了人类的伦理道德。"比如上文提到的灌入大脑的"跳蚤"，它能刺激运动员的身体机能，使耐力达到前所未有的竞技水平。同样的，我们也可以通过几步简单的操作将人的思想感情、喜怒哀乐操纵于股掌之中。事实上，这个问题早在 21 世纪初时就已有人津津乐道。科学家约乐·德洛斯内在他的大作中发明出新词汇 "cybiontes"，特指由生物学与控制术共同打造的"新新人类"。他认为，肆意妄为地操控改造只会使整个地球走向灭亡，因为人类将不得不面对种族单一的瓶颈。长时间以来，外科修复手术都非常依赖器官捐献。然而，有限的捐献者数量常常在患病受伤的生命前亮起红灯。一位资深外科医生回忆说："30 年前的美国，平均每天都会有一条生命由于等不到脏器捐赠而撒手人寰。"

现在，是时候回顾一下历史了。自从 1967 年巴尔纳德教授成功完成首例心脏移植手术，引得世界为之震动以来，人类在外科修复术领域取得了斐然的成绩。紧接着，数以千计的病患在心脏外科的飞速发展中重新燃起生命的光芒，其中也不乏声名显赫的大人物。然而我们也不得不承认，对于绝大多数普通老百姓而言，缺少可与自身匹配的脏器仍使得"生"成为一种奢望。还记得世界上首例人造胰腺的移植手术吗？它可是人造器官研究领域中里程碑式的大突破！这场标志性的手术在蒙彼利埃吹响号角，使得肥胖症患者从此与臃肿挥手告别。说实话，手术原理并不复杂：一台远程遥控的胰岛素泵、一枚寿命长达 10 年的高能电池，以及能在心血管中工作、控制血液流动的监测器，只要将它们有机地融入病患体内就算大功告成。现在，把目光转向德国——这里的医学专家将所有心力都花在了人工肝及肺的研究上。两年来，德国的各大科研中心孜孜不倦。与其他人工脏器相比，肝与肺的工作原理略显不同。德国人并没有选择合成物质或机械马达做原材料，而是坚持走纯生物的路线。他们从胚胎母细胞中提取与器官相匹配的基因，在病患体内直接培养子体。在这种情况下，完全没有病变排异的后顾之忧。虽然整个操作旷日持久，但效果足以让人为之一振。还有肺，这个构造复杂、精密易碎的难题也从 2002 年起慢慢撩开神秘的面纱。一位著名外科医生这样说道："记得就在 30 年前，我们对肺移植连想都不敢想。当时的技术非常不成熟，医生只能在患者体内安插附件，以达到辅助心肺正常工作的目的。"

还记得 20 世纪大银幕上风靡一时的不死英雄吗?《黑客帝国》中塑造的"超人"被整整一代人奉为神明，也为地球编制了一个机械组装人的科幻梦。现在，随着器官移植术的成熟，我们有理由相信这样的"不死英雄"马上就会走进大家的生活!

资料来源:

1.《费加罗》报，2004 年 2 月 21 日

2. 医学门户网：www.doctissimo.fr

3. 科学家协会门户网：www.futura-sciences.com

4. 约乐·德洛斯内个人网站：http://csiweb2.cite-sciences.fr/derosnay

万里大坝防水患

随着全球气候变暖，海平面节节攀高，数千公里的地区在汹涌的潮水面前胆战心惊。继水城威尼斯及马尔代夫群岛被淹引得世界震动之后，一项10年前破土的浩大工程——卡马尔格沿岸全长440千米的雄伟堤坝即将投入使用。有了这道铜墙铁壁，整片阿尔勒地区又可以在清新的海浪声中畅快呼吸。

对于阿尔勒地区而言，新的堤坝绝对称得上是世纪工程，就算拿它与法老时代恢宏壮丽的金字塔相比也丝毫不显逊色。想想20世纪60年代在冬赞尔地区大兴土木的工程吧！为了疏导罗讷河、建造特里加斯汀核电站而全法总动员的巨作，今天看来也不过尔尔。这一次，为了在地中海三角洲沿岸嵌入"巨无霸"，附近的居民可谓全力支持，甚至做出了很大的牺牲。而该计划也作为守护地球的国际性项目被正式写入《京都议定书》的第三章。眼见过去的40年中全球海平面飙升30厘米，欧盟环境部长大声疾呼："我们还需要更多这样的杰作，以抗击日益糟糕的气候问题。"自从大坝开工以来，特别打造的翻斗车与运输车不分昼夜地奔忙在各个工地之间。谁都希望大坝能早日完成，肩负起守护神的职责，保卫卡马尔格自然公园免遭水患。10年的浩大工程总计完成全长42千米的巨形屏障，主要采用了与多吉城外相似的水利防护系统。新建成的铜墙铁壁将牢牢守住863平方公里的广袤土地，使之永远高枕无忧。

　　从埃格玛特到罗讷圣路易港，建造在起重机上的堤坝就如同一条金属蛇蜿蜒百里。它安静地守在那里，既不破坏环境也丝毫无损地平线的美丽。人们在墙体上开凿出几个闸道：一来方便往渔船的通行，二来则是希望罗讷河支流上的几处人工运河能顺利地汇入主干道。"它一点也不妨碍我们的生活。我们几乎看不见它，有时甚至会忘记它的存在。"一位牧民难掩兴奋之情，得益于建成的大坝，他才能继续留守家园，安心地从事农牧工作，"不过它确确实实让我们感到自在。从前天天做噩梦遇到大洪水，现在就不用再担心了，活得可舒坦了！"事实上，整个水坝的操控工作是通过远程信号指挥完成的，总监控中心就建在阿尔勒近郊的地底下。安装在地中海各处的信号监测仪每隔一分钟就会对海水位置进行评估，同时根据数据分析结果精确调整"钢铁长城"的起降。

　　说实话，现在筑起的这条人工防线也是不得已而为之。人们再也无法忍受暴雨、洪灾继续吞噬法兰西最美丽的土地。早在20世纪90年代，法国环境研究学院就曾向公众拉起警报，提醒人们由于洪涝灾害而带入河床的垃圾十分危险，尤其是东南省份，水体中垃圾数量直线上升。另外，皮埃尔-西蒙·拉普拉斯环境科学学院针对多年来收集到的信息也提出了一份2070年至2100年的地球环境预测报告，评估结果不容乐观。根据该报告的分析，如果环境问题持续恶化，那么在不久的未来，法国的版图上就将出现一片黑暗的泽地——卡马尔格地区。报告还指出，由于海平面急速上涨，长时间的洪涝灾情将成为整个法国需要面对的难题。然而早期的时候，人们普遍认为环境学家们的分析是在危言耸听。大家的生活只不过是由于暴雨后猛涨的罗讷河而略微受到影响。至于所谓的"地中海海平面上升"理论似乎勾不起民众的半分兴趣，更没有人会为此介怀。直到近 40 年来，气候变暖日益明显，高原极地的冰山雪水消融殆尽，人们才突然有了危机感：我们必须拯救自己的家园！继美国最终让步，同意在《京都议定书》上签字之后，该项国际公约也在内容上作了大量增补。确实，如果再不采取这样的有效措施，地球就真的快走向穷途末路了！

看看 2003 年 12 月那场血淋淋的教训吧！阿尔勒地区遭受了百年难遇的自然灾害。1 500 万立方米的洪水将城市的北面"洗劫"一空，十多人死于非命，6 000 居民被迫转移，而多家企业、工厂也不得不关门停业。受灾的农民更是不计其数，不但颗粒无收而且田地尽毁。稻谷、盐田、葡萄园统统在大自然与人类开的玩笑中付诸东流。虽然 1856 年（拿破仑三世在位期间）建成的大堤一直被认为是罗讷河流域的忠诚卫士，但是它也在强大的天灾面前败下阵来。尽管政府一直在开凿分洪运河的问题上下足力气，尽管沿岸的堤坝也有专人定期修护，可到了实战中，它们还是不堪一击。城市化的进程给人类的生活带来了便捷与文明，但这样的文明却建筑在大肆破坏草原、林地等植被的野蛮上。失去了绿色盔甲的城市同时也丧失了固定水土的能力，因此一旦洪涝光临，文明的城市将是第一个牺牲品。最鲜活的例子莫过于从前美丽富饶的马尔代夫群岛。由于海水恣意汪洋，整片群岛的陆上部分都承压在薄薄 2 米的珊瑚礁上，摇摇欲坠。3 万当地居民被迫离开心爱的家园，而曾经风光旖旎的黄金沙滩也淹没在茫茫海水中，奄奄一息。然而问题并没有彻底解决，失去家园的人们仍旧在附近的几个珊瑚岛上不停地辗转。大家希望在新的土地上建造城市——霍乎，来代替已经消失不见的首都——马累。但希望十分渺茫，因为海水依然汹涌，只要在海岛上寄居一天，就随时都有流离失所的危险。事实上，并非只有过着岛屿生活的居民才会担惊受怕，沿海城市同样不断地受到海患的滋扰。在荷兰，从前经由围海造田得到的土地慢慢地尝到了洪水的苦涩。美国人也不得不为了在长岛周围建造人工大坝而疲于奔命。近几年，这片纬度极高的沿海地区眼见着海面上的浮冰慢慢消融（蓄冰量骤减20%），早已经是寝食难安。一位早在21世纪初时就致力于气候环境研究的资深科学家讲道："虽然目前的实际情况比我几十年前的预测要好，但是地球的变暖问题已经深入人类社会的各条经脉，要想根治简直是千头万绪，无从着手。"还记得2003年的美国灾难科幻片《后天》吗？无独有偶，它描述的正是由于地球气候突变将整个纽约城冻结在冰天雪地中的浩劫。至今回想起来，那样的结局仍旧使人毛骨悚然。

好在人类的神经也不是那么迟钝。森林火灾、洪水、雪崩、泥石流……经历了一次又一次的惨痛代价后，我们决定不再无谓地向大自然交学费。根据科学家们的记录，过去40年中，地球平均气温攀升4摄氏度。专家预测，到2063年这个数值会再上升2个单位，而2100年将完成4摄氏度的又一个轮回。人类决心不再坐以待毙，各地都献出了锦囊妙计。比如夏季高温超过45摄氏度的芝加哥：市政府决定重新对城市进行规划，新开凿道路，降低热岛效应；繁华的商业区内，原本反射太阳光而使大气闷热的玻璃将被统一撤换成吸热除尘的高科技材料。此外，高污染的工业垃圾一直被认为是导致全球气候变暖的罪魁祸首，因此，《京都议定书》中明确表示了要加大防治污染的工作力度。从今往后，航空航天设备要全面使用无污染的氢气动力系统；各个国家要严格控制温室气体——二氧化碳的排放量；民用汽车的性能应以清洁度为主要标准，并尽量使用可燃电池；太阳能电板与"风车"计划以自然能源为主，所以各国都必须大力扶持；至于一直颇有争议的核能，议定书中也作了规定，应以可持续发展为指导方针，加强安全把关……总之，一幅绿色环保蓝图已经展现在我们眼前。只要大家共同努力，相信到了 2050 年，我们就能亲眼见到初步的成果。

地球在太阳系中已经平平静静地渡过了 45 亿年，即便是在工业革命前的那 8 000 年人类文明中，蓝色星球也是一片秀丽祥和。短短两个世纪的科技发展，竟然完全打破了 45 亿年才建立起来的和谐！人类究竟是在前进还是在后退？环境学家们常常痛心疾首地告诉我们："如果再让 4 摄氏度的增长势头蔓延下去，那么不久的将来，4 摄氏度就会变成 40 摄氏度！"现在的北国白雪将化成热带雨林，而极地以外的地区则通通被灼烧成戈壁荒滩。异域风光的夏威夷？甲天下的桂林山水？美丽难忘的卡马尔格？恐怕全都会淹没在四大洋的海水中，成了海底精灵们的乐园！

资料来源：

1.《即将消失的卡马尔格国家公园》，阿烈特·德波嘉，《费加罗》报马赛分社，2004 年 8 月 3 日

2.《论海平面上涨的危险》，缪尔勒·弗拉，《费加罗》报，2004 年 7 月 21 日

3.《科学》杂志，2004 年 8 月 13 日

4.《地球之痛》，Seuil 出版社，里夫·赫布，2005 年

5. 法国环境研究学院：www.ifen.fr

6. 皮埃尔-西蒙·拉普拉斯环境科学学院：www.ipsl.jussieu.fr

7. 国家大气实验研究中心：www.ncar.ucar.edu

波赛冬之眼——海之雷达

　　地球出汗了，海水涨潮了！由于气候问题噩耗频传，如今的科学界已经将有关海洋的各项研究视为重中之重。今早，一台全新的测高雷达正式投入使用，除了能使深不见底的海洋现出原形，还能用来预警重大的海事灾难，比如叫人闻风丧胆的海啸。

　　夜静风清，星空澄澈。对于"波赛冬"号卫星而言，这样的气候条件是它发射升空的绝佳机会。这枚由法国航天研究中心与美国国家航空航天局共同打造的精品可谓出手不凡。之所以被美誉为海神"波赛冬"，原因十分简单：它那锐利的双眼将目光灼灼地注视着蓝色星球，并分毫无差地洞察海洋的细微变化。除此之外，这颗卫星还将肩负确保环境安全的重大责任。精确到平方米为计算单位，海平面上的任何异动都将在万米之外的"波赛冬"眼中一览无遗，毫不容情。负责该项计划的领头人严肃地说："这是监控全球海洋系统的警察。"

　　事实上，"波赛冬"号的工作原理并不复杂。这颗卫星最主要的工作就是通过内部装载的雷达24小时无间断向全球各海域、洋面发出高频震荡波。得益于优越的高海拔位置再加上海陆之间雷达信号的交替辅助，"波赛冬"号的工作效率可以说令人叹为观止。相信我不说，你也能想象它的神通广大：不论运行到哪里，它都能目光锐利地穿透地球上任何深海，而且精确度达到了千分之一以上。海神之眼收集到的宝贵数据将用于绘制高清晰的海底地图，这样，科学家们就能仔细分析海沟的布局与演变并预报由海底运动而引发的地震等自然灾害。新卫星还有一个不容忽视的用途：根据它所提供的信息而整合编撰的电子海底地图将于 2042 年圣诞前后与世人见面。届时，人们将看见一本有史以来最为详细、权威的深海百科全书。海底高低不平的地势差、海水含盐浓度、平均水温以及水足动物群落分布……所有这一切饶有趣味的话题、新鲜出炉的数据都将为你一网打尽。特别是对于那些划船爱好者，从今往后，船底下的蓝色世界将不再藏有秘密！还有，喜欢潜水的探险家们也算得到宝贝了，当清楚地知道鲨鱼等水族猛兽的出没习性后，只要周密地安排潜水路线及时间，就再也不用担惊受怕成为巨兽的腹中美食了！一位参与 IGM 712 数字海底地图编写工作的地形学家兴奋地说："一个世纪以来，虽然陆上地图的绘制发展得蓬蓬勃勃，精确度也叫人赞赏有加，但是对于海底世界的探究工作却始终举步维艰。现在总算使人感到欣慰，'波赛冬睁开的眼睛'不仅能让生物学家尽情研究在海底繁衍生长的动物及植物群落，也许还能帮助人类找到尘封已久的无尽宝藏！"事实上，在对各大海域、洋面的探测中，工作人员确实发现了许多船体的残骸，有的甚至是坠入海底的飞机部件！讲到这里，你也许不禁会联想到那片幽深神秘的百慕大三角区，这片曾经上演了无数灵异失踪事件的大舞台终于向世人揭开了它掩藏数千年的神秘面纱。几个星期以来，通过卫星雷达对这块区域的地毯式扫荡，科学家们在三角洲的深海发现了极其不规则的磁性干扰现象，也许这正是无数船只有去无回的真正原因吧。更令人意想不到的是，雷达在附近海域找到了不少沉没巨轮的桅杆，据观察，这批船很可能建造于 20 世纪 70 年代。

要说谁对这些观察结果最热衷，除了一心向学的科研人员们，恐怕就是大大小小的传媒机构了。不断涌现的所谓"海底之谜"、"深海宝藏"都是记者们津津乐道的话题，同时也足以成为普通老百姓茶余饭后的谈资。只不过，传媒挖掘的新闻题材总是带着些黑色的悲观成分，比如由"波赛冬"号新探测得到的海平面高度就使大众感到人心惶惶。尤其是根据它所带回的数据，科学家们得出结论：格陵兰岛正以前所未有的速度迅速消融。这片被美誉为"绿色家园"的巨大冰岛隶属于丹麦王国，总面积达到了 200 万平方千米，是法国国土面积的整整 4 倍！东南面与加拿大毗邻，绝大部分地区的纬度高于北极圈，格陵兰岛上 85% 的土地被厚实的冰层、冰帽所覆盖。据保守估计，岛上冰层的平均厚度一般维持在 3 000 米左右。然而，随着全球气候的异常升温，这片土地上蓄有的冰层总量也在节节减退，速度更是使地质学家忧心不已。大块大块的冰体融化，掉进了一望无际的北冰洋。本来就十分稀少的土著民——爱斯基摩人竟在广袤的岛屿上日夜担心找不到合适的住处。他们不再关心雪橇，也无心留恋其他俗事，当务之急是如何让他们赖以生活的雪屋不再"流泪"。现在，25% 的白色格陵兰岛已经消失不见，专家学者们铆足了力气也想对这场新灾难可能带来的后果一探究竟。你也许已经想到了，对！"波赛冬"睁开眼睛大显神威的时候来到了。即便它所带来的结果可能使整个科学界翻天覆地，但"诚实"似乎正是其受到学者们青睐的最大原因。

虽然大家都试图闭口不谈，但地球上某些常受海啸滋扰的地区还是十分牵动人心。还记得 2004 年那场吞没东南亚无数鲜活生命的大海啸吗？震天动地的惊涛、滚滚而来的潮水、流离失所的悲泣、家破人亡的哭诉……一切的一切仿佛还历历在目，记忆犹新。自东南亚大海啸之后，人类真的感受到了切肤之痛，以警报为主的探测系统在海啸易发地纷纷建立。尤其是在太平洋板块沿线，如：日本及美国海域，相关的国际委员会都筹建起了世界性的监测网络，以防万一。大大小小的无线电信标更是肩负着保卫陆地的责任散布在五大洋内，24 小时履行使命。它们不仅能够精确测算当时的海平面高度以及海水深度，还可以通过内置的全球定位系统（GPS）与卫星或其他信号接收装置连线通信。事实上，这些无线电信标本身就是一个微型雷达，一旦它们敏锐的触角察觉到海底的异动，信号发射装置就会有所行动。当然，要布置这样一个全球性的大网络并不是一件容易的事，首先要克服的难题就是如何说服各个国家无偿提供相关领域各自的尖端技术。这可不是一蹴而就的事情。好在，全人类的大义胜过了个人的得失，世界联网的海域警报系统终于在 2007 年调试完成——这比原先计划的 2015 年可是神速了许多！就在该网络运行不久之后，它的作用便清晰地显现出来。多亏了它的及时提醒，政府与民众才有时间做充分的疏散、逃离准备：2023 年在希腊南部发生的小型地震总算有惊无险，除了震塌了几处危房之外，并无人员损伤。这些无线电信标的灵敏度其实远远超出我们的想象，除了准确预报海啸、地震之外，普通的海汛也逃不过它的法眼。不论是伯罗奔尼撒半岛边上的小海潮还是克里特岛附近掀起的 10 米巨浪，信标都能至少提前 2 个小时向当地居民发出警报。虽然短短 2 个小时的时间看起来并不长，但应付这些小事件所要做的疏散工作已经绰绰有余了。当然，以"波赛冬"号为核心的海洋监控网络，其本领可远不止于小小的海洋天气预报。预警海啸、地震、台风，探测水族生物群落，揭秘海底奇珍异宝……所有的工作可都是"波赛冬之眼"麾下的拿手好戏呢！

正像当初全自动的雷达系统在私人汽车上生根发芽一样，今天，它又以其和缓的波形抚平了海洋世界的不安定。看着风平浪静的蔚蓝海面，人们仿佛吃到了一颗定心丸。在不久的将来，一支由专家学者组成的科研队伍会长时间对各海域中来往的船只进行观测调查。你完全不用太过忧虑航海的安全问题，因为天上的"波赛冬之眼"会为你牢牢监视海域的一举一动。只要你有兴趣，大可以组建一支高速航海队扬帆尽兴。搞不好，你还会被外太空的这只眼睛盯上，不时为你的超炫速度与高超驾船技巧来一张照片留念。要知道，这可是名副其实从"天"而降的照片：一望无垠的蓝色绸布上划过了一道如珍珠般的白浪，而在浪的前方，不正是你矫健的身姿吗？

资料来源：

1. 大西洋之门：www.arcatlantique.org

2. 英国BBC广播电台：http://www.bbc.co.uk/science/horizon/2000/mega-tsunami.shtml

3. 班·菲尔德研究中心：http://www.benfieldhrc.org

4. 国家航天研究中心：www.cnes.fr

5. 海事经济高等研究学院：www.isemar.asso.fr

去上班？来睡觉？——地铁告诉你

快看！100%全自动的巴黎地铁正向我们全速驶来！在为人们勤勤恳恳工作了135年之后，这条1900年就竣工使用的"老树"即将"开出新花"，真正步入无人驾驶的新纪元。贯穿拉德芳斯广场与樊尚两地的地铁14号线会继续担负起历史景观线路的重责大任，将永不停歇的地下公交进行到底。

要是换作从前，谁能够相信乘坐地铁竟成了一件赏心悦事。不论白天还是黑夜，舒适度与豪华度通通堪称一流的列车将24小时一刻不停地为您服务。喋喋不休的站台检票员？由于大罢工而不得不挤在混乱的人群中傻等遥遥无期的高峰车？还有，地铁里盛气凌人的驾驶员？从今往后，这些叫人不愉快的回忆将真正地成为"回忆"，因为没有司机的地铁在今天正式开通了！这一次，大显神通的是一种全新的远程控制技术。以之为核心的操作管理系统十分复杂，能全程高效地为所有地铁列车引航开路。更值得称道的是，该系统能在短短1秒之内精确检索出巴黎地铁网中任何一条线路的位置。有了这项技术的鼎力相助，繁复的地下网络仿佛被安上了一个无所不知的脑袋，从列车启动、加速、刹车到最后的停站，通通由全自动的智能远程向导发号施令。另外，安装在列车上的光学信号接收器能准确与站台上的安全门对接，使车上的各个出口都可以不偏不倚地对准安全门。一些上了年纪的老巴黎也许至今还记忆犹新，20 世纪末时政府也曾经尝试全自动的公交运输系统。该计划在 14 号线试验的时候还一度引起全国震动，只可惜当时的技术尚未成熟，因此全面实行无人驾驶的计划也无疾而终。现在好了，研究人员们终于为大家呈现出一份满意的答卷。厌倦了老式地铁无休无止的延误与故障，公众们发起了牢骚："如此好的技术，怎么在实验室里藏了那么久？"

事实上，自动化地铁早就以风驰电掣的速度席卷全球。就拿美国的博彩之都——拉斯维加斯为例吧：从 2005 年开始，赌城就拿出了大量的美金投资此类公交设施。在那里，人们亲切地将其称作"轨道小巴士"。有了它在城市中的活跃身影，即便是繁忙的周末，拉斯维加斯人也不用再排长龙傻等出租车了。对于那些痴迷于夜生活的"沙龙"一族，全自动的轨道交通可比磨磨叽叽的出租车来得省心。在法国，相关的技术更是一路高奏凯歌。原本就是源于高卢的杰作，现在的全自动地铁已经俨然成为世界范围内受人追捧的明星，说它"颠覆了我们的生活方式"似乎也毫不为过。没有人可以否认，它的出现彻底革新了陈旧的硬件设施，也改变了民众对于传统地铁的印象。从今往后，我们将会看到一张真正意义上的全自动交通运输网络在巴黎崛起，而为市民们服务了几十个春秋的旧网也将同时退出历史的舞台。当然，这一过程可不是轻松的活计，既要调整规划多条线路又要同时测试新上马的软硬件设备，没有几个昼夜的通宵加班可啃不下这块硬骨头！不过辛勤的工作总算有了回报，新年之夜，崭新的地铁在盛大的庆祝排场中全线开通运营。欢声笑语中，人们为它取了一个别致的新名字——Luteco，也预示着一个新的开始：24 小时全年无休的自动地铁已经真正走入了大家的日常生活。

下面就跟着我去看一看全自动地铁的王者之风吧！对于初次走进站台的乘客而言，不论是焕然一新的列车车厢还是设计新颖的特制轨道，一定都会让人新奇不已。尤其要向您介绍一下后者，它可是世界上首条镀银轨道，不但坚固耐用而且还有抗菌的优点。至于站台与列车内的座位，同样是请专人打造，完美兼顾了人体工学与空间结构，为乘客提供最大化的舒适与宽敞。上面提到的这些都还只是皮毛，整个站台的设计理念可以归纳为"人性化"3个字。比如：所有列车信息的播报工作都将全权交给前些年发明的声音合成系统，后者将配合运行的基本情况，用世界通行的四大语言（法语、英语、西班牙语以及中文）向乘客第一时间传递信息。当然为确保万无一失，风靡一时的液晶屏幕会滚动播出画面信息，做到双保险。单单考虑一些基本硬件是远远无法满足越来越挑剔的乘客们的，因此新地铁线的设计师们费尽心思，就是为了向民众提供更多新奇有趣的服务项目。举个最简单的例子，只要你一走进地铁站台，就会看见最新款的等离子屏幕（虽然是时新货，但实际上比普通电脑使用的纯平屏幕贵不了多少）循环放送着首都戏院当下正在热映的作品剪辑以及相关票务信息。多亏了这种新引进的多媒体设备，从前一直被大众恶评为"气氛最差、最呆板"的地铁运输有了脱胎换骨的转变。从今往后，乘客们可以像在出租车后排观看电视一样，享受地铁中独有的视觉盛宴。有了可看的，当然更少不了可听的。不少乘客们都赞赏地说，舒缓宜人的音乐选段十分应景，昔日卖唱歌手鱼龙混杂讨生活的地铁站终于清幽了下来。事实上，要做到这一切，前些年诞生的可直接植入耳道的手机信号接收器绝对是功不可没。随着这种耳机的普及，人们享受到了音乐、通信两不误的乐趣。连电信局也乘着这股东风，将网络信号推行到了地下。

你会惊喜地发现，从前信号不畅的地铁站摇身一变成了卫星接收站！电话、短信、收发电子邮件、无线上网等简直随心所欲。还记得从前，人手一份报纸，肩并着肩认真阅读的车厢吗？和这样的场景挥手告别吧！

说起新地铁的变化，并非只在站台或列车内才看得到，外面的世界也处处显示着交通运输领域的改革浪潮。从今往后，你可以通过手机或任何其他电子信息接收设备，无线下载多语言的地铁图纸，这样一来，就再也不会看着站台走廊上五花八门的指路牌而转得无所适从了。强大的网络信号覆盖给乘客们提供了"临时抱佛脚"的可能：从你走进地铁站台的那一瞬间起，短短几秒钟内就能完成从地图下载到路线查询的全部过程。对于初来乍到的外国游客而言，这样的服务简直堪称完美。实用固然是新地铁的主打牌，但是美观也是必不可少的组成部分。说起各大地铁站的外观设计，才华横溢的建筑师们完全以"历史文化遗产"为设计理念，遵循法国民众复古怀旧的传统审美。视觉上的尽善尽美也对嗅觉提出了考验：从今往后，巴黎地铁不再是臭不可闻的密室，而是弥漫着熏衣草馥郁芬芳的世外桃源。根据专家学者们提供的一份传染病调查研究报告，地下空气中的有毒成分远远高于地上，因此也是病毒细菌滋生传播的温床。针对这一点，新地铁的规划小组痛下决心，铲除这一危害大众健康的毒瘤。放眼展望现在的地铁线，虽不敢夸口气味如何沁人心脾，但卫生是绝对有保证的。全新的空气循环过滤设备为我们打造了一个地下的"生态区"。还有不得不提的地下照明系统，它的本领可是不容小觑，你见过白天黑夜根据时辰转换颜色的灯具吗？全新的地铁线里就有哦！清晨以蓝色为基调，制造静谧的氛围；中午以黄色为主打，振作乘客们的精神；晚上则散发出绿色的柔和，舒缓人们紧张工作一天后的情绪。这三种颜色的调配可不是信手拈来的随意之作，整个方案都是请教了大批专家学者才最后确定的。当然，全自动的地铁站里还是会有工作人员的身影，毕竟人的热情比起机器的冷冰冰可受用得多！一般来说，我们把地铁站里的工作人员亲切地称为"顾问"，后者主要帮助迷路的客人指明方向，并回答有关城市交通的各种问题。人性化的地铁站里还为疲劳的乘客们专门辟出了一块"休闲区"，并配有职业按摩师免费服务。此外，残障人士、老年人、孕妇是地铁运输服务的重点照顾对象，不但有特别准备的舒适电梯，必要时还配专人确保他们的出行安全……

一百多年前，曾有一位叫做夏尔·特里内的歌手尽情赞美铁路："雅维站台是个多么神奇的地方！每天，都有列车来来往往于其中；歌声与鲜花映衬着蔚蓝的天空；巨龙呼啸而过，飞驰向林中！"100 年后的今天，就让全新的地铁续写这一神奇吧！

资料来源：

1. 国家高科技高等学院：www.ensta.fr
2. 国家全自动信息研究学院：www.inria.fr
3. 西门子运输交通系统：www.siemens.fr
4. 夏尔·特里内原创歌词，1937 年

射出最后一枚子弹，向传统武器开火

随着军火武器不扩散公约的深入人心，国际社会纷纷拿出实际行动力挺《停战大宪章》。许多国家都表示会采用最新式的无杀伤性武器投入军备。从今往后，民用手枪将成为禁品，连军队也会启用全新的 Vortex。这是一款无弹药的防御系统，已于今早在法国巴黎的国庆大阅兵中与大家见面。

Vortex 系统在第 31 届军事展览会上闪亮登场，被美誉为能彻底革新军事防御界的领军者，它绝对有能力把"杀人不眨眼"的杀伤性武器赶出人们的视线。即便不考虑军火走私等恶性犯罪案件，城市中的治安隐患也是愈演愈烈。如何打造高效稳定的自我防御系统已成为全球关注的焦点。虽然 20 年来有志之士奔走呼吁，但禁用杀伤性武器协议的进展似乎还是收效甚微。而现在大家终于痛下决心，推出《停战大宪章》，把传统的杀人武器扔进垃圾桶！最近，为了新式武器而特别筹划的军事演习取得了重大胜利。这也解释了为什么法国政府不惜血本，一定要在 7 月 14 号的国庆阅兵仪式中向世人展示他们的得意之作。那无比壮观的场景似乎就在眼前。庆典从总统官邸开始，在绵延至协和广场的几里路上，Vortex 都毫无疑问是最耀眼的明星。部分参与国庆游行的观众还有幸被抽中，现场虚拟体验新式武器的厉害，当然，这一切可都得在指导下才能完成。我们就以一个 35 岁的年轻人为例子吧，他做"小白鼠"可是当得不亦乐乎呢！在被 Vortex 瞄准并射击之后，正值壮年的硬汉却一屁股赖在了地上，仿佛刚刚跑完了马拉松气喘吁吁。还有一个"试验品"反应更夸张，由于游行时情绪过于激动越过了警戒线，他被警察开了一"枪"。可是据肇事者后来的描述，当时现场并没有血溅三尺的恐怖场面，只不过在一小段时间里，他暂时失去了行动力，自己也说不清楚究竟干了些什么。

虽然拥有与传统转轮手枪一模一样的外貌，但事实上，Vortex 系列可是如假包换的特殊雷达发射器。按照专家们的学术术语，这种发射器能制造出一种名为"形状波"的特殊波段。换句普通人都听得懂的话来说，新式武器的原理简单得很：在 Vortex 内部，机械工程师们安装了次声波发射器，后者能稳定地制造出频率为 16 赫兹的波段（一般来说，这种波是人耳接收不到的）。更为有趣的是，新式武器就像是主人肚子里的蛔虫，能根据目标物体的位移、速度等一系列参数的变化感应波频振荡，并适当做出调整。在这里绝对需要强调的一点是：虽然 Vortex 针对的射击目标是人体内部器官，如心肺、肝脏、胃、脑等，但民用系列产品绝对没有杀伤力，副作用充其量不过是让目标人物失去行动力，不能动弹。一定要找一个与其相似的东西，那么 20 世纪末发明的"卸电"防御系统倒是异曲同工。当然，武器生产商为了避免引起恐慌，并没有向公众说明，Vortex 系列其实并非全部都是"沉默的羔羊"。部分应用于军事领域的产品还是有致命威力的：通过调节武器上的旋钮，Vortex 足以引起内脏损伤，甚至爆裂，中枪者会由于体内大量出血而当场毙命。在目前的实战军队中，能配备这种新型武器的士兵并不多见。即便有幸尝试新鲜货，怎么用、用哪一个程度的，这些也都必须遵照上级军官的指示执行，因为通常来说，后者是惟一晓得启动

Vortex 系统密码的知情者。这种严格的控制体系，是不是使你联想到只有国家元首才知道的原子弹启动密码呢？这无疑为新式武器涂抹了一层神秘的色彩！

除了上文中详细介绍的普通型 Vortex 之外，其他种类的雷达波也是技术人员们重点研究的对象。比如说电磁微波，它就与一般的低频声波大相径庭，其波段主要由以"10亿"为计数单位的赫兹序列波排定。被这种波瞄准射击的个人首先会感到冲击，其次可能会伴有不同程度的耳鸣现象，就像有口哨或狂风在耳边呼啸而过一样。更为神奇的是，不论"武器"的发射位置在哪里，射击目标如何移动，声波或电磁波都能最终奇迹般地侵入人的神经，使"被害人"高亢的情绪不由自主地冷静下来。整个过程可都是看不见、摸不着的！事实上，如果 Vortex 射出的单位能量以平方厘米计算的话，数值不过区区几个微瓦。这样的强度决不会引起任何身体机能的劳损，但却可以有效阻止外来的暴力侵害。尤其是对于现代化、人性化的军队而言，说新型 Vortex 系列武器是将士们必不可少的装备似乎也毫不为过。

在花了大量的笔墨初步了解了 Vortex 系列之后，我想告诉您，这只是"非杀伤性"武器大家族中的沧海一粟。如果您留心过最近市场上的热销商品，那么这些新式自卫产品铺天盖地的销售攻势对您而言，恐怕就不会是什么陌生的事情。说实话，现在市面上能接触到的"新武器"几乎都"杀不了人"，但这并不表示它们都是等闲之辈。恰恰相反，在自卫防御的领域里，"非杀伤性"武器所表现出来的卓越性能任谁都无法媲美！不论是军人也好，老百姓也好，大家关心的问题只有一个：新鲜出炉的武器是否能真正做到在任何环境下都可以誓死效忠主人，确保后者的生命安全。在这里，我就不再浪费口舌赘述此类问题的答案了，相信您早就心知肚明了。眼下更重要的，应该是带您去了解一下夺人眼球的"非杀伤性"武器大家族！

　　首先，家族中最引人关注也是最常见的莫过于一种被人们称作"动力驱动"的射击武器。不需要任何触碰或子弹发射，攻击目标就已经完全在你的掌控之下了。当然，有些国家更加偏爱以镭射激光为核心攻击源的武器，后者能在转瞬之间打得敌人动弹不得。除了提到的这两种类型之外，还有其他的，比如同质辐射装置。这种新的技术主要依赖于惰性气体（常见的有氖气等）的混合爆炸，该反应能发射出极强大的光能，普通人根本无力抵抗。有时候，你不得不佩服人类的足智多谋，几种毫不相关的能量竟然能互相配合产生神奇的化学反应。光能与热能的交相辉映甚至可以使心律失常、语言功能失调……在某些情况下，连能量都不需要亲自出马，只要劳烦高频波段来回振荡几次，敌人的耳膜恐怕就要土崩瓦解了！

　　之所以倾力打造非杀伤性的武器，是因为全世界都渴望和平美好的生活。但这并不意味着要完全舍弃攻击性的武器，你不得不承认当遇到严重冲突时——当然谁都希望避免这种事情的发生——高强度的武器装备还是必不可少的保护伞。下面要向您介绍的是仍处于研发阶段的"心理武器"：显然，这也是非杀伤性武器的一种，甚至对身体没有任何机械性的影响。截至目前，相关工作人员对该项目的研发工作都三缄其口，原因很简单：这个话题可远比用几种波来遏制人的行为敏感得多。要知道，这一次涉及的可是"操控人类思想"的严肃问题，甚至在某些人看来是绝对禁忌的底线。根据推测，"心理武器"的原理很可能是在敌人的神经系统内部灌输某种干扰信息。如果该推测成立，那也就意味着，新式武器将以一种特殊方式令对手在完全无自主意识的情况下做出不应有的行为，比如缴械投降。这种模式让不少人兴奋不已，他们急切地盼望着看见科学家们能成功地远程控制人类的思维以及行动。一些研究人员透露说，"心理武器"的研究将以"电子心理"为核心技术。很多热爱和平的人士忧心忡忡，他们认为一旦该技术成熟并得到发展，很可能被居心叵测的不法分子利用，以远程遥控方式在幕后为患人间。

虽然要真正消灭杀伤性武器，人类还有一段很长的路要走，但以 Vortex 为代表的和平自卫产品已经为我们带来了希望。有了它，再也不用担心校园枪击案会造成血流成河的恐怖场面；有了它，猎杀野生珍稀动物的势头也会有所减缓……总之，让我们一起企盼和平鸽衔着橄榄枝在蔚蓝天空中展翅翱翔的美景吧！

资料来源：

1. 国际比较犯罪学研究中心，加拿大蒙特利尔大学，2001 年 3 月

2.《美国科学家》杂志，2003 年 2 月 18 日

3.《战争与和平的文化演变》，梅德·利尔出版社，2001 年

4. 那曼·毛里斯，《美国人为 21 世纪准备的武器》，《世界报》（外交版），1998 年 2 月

5. 比萨宁·弗朗斯，《对射击战的思考》，《世界报》（外交版），1998 年 2 月、1999 年 8 月

6.《新式武器》，《世界报》（外交版），1997 年 4 月

世界屋脊上的滑雪场

对于阿尔卑斯以及比利牛斯山脉这两座闻名遐迩的滑雪胜地而言，全球气候系统的紊乱确实使它们的生意萧条不少。所幸，人们又在南美、亚洲等更高海拔的山区修建了许多新的滑雪场。其中，最值得一提的莫过于耸立在世界屋脊——喜马拉雅山上的高原滑雪场。得益于这些"双高"（高海拔、高科技）场地的迅速发展，中国的房产交易又一次蓬蓬勃勃地兴旺起来。

近20年来，去中国走一趟已经成为一件十分方便的事情。正如中国政府积极鼓励外国企业家在大陆投资置业一样，他们对于旅游业也倾注了极大的心血。因此，爱好游山玩水的朋友都达成了一个共识："不到中国非好汉！"交通运输税直线下降，飞机也改用保护环境的新型氢气助推系统——这些都大大改善了人们的出行条件。现在，以文化景观和体育运动为卖点的两大项目各自撑起了中国旅游产业的一片天。在那些早就对长城、古庙、亭园等人文遗产了如指掌的欧洲人眼里，现在最让他们惬意舒心的选择莫过于壮丽的自然风光。

在位于喜马拉雅中段的库布国家公园中，提格日、那什和阔哲这三大滑雪场正发生着翻天覆地的巨变。虽然高原上的寒冷气候冻得直刺筋骨，但工作人员们的干劲却是热火朝天，早就打破了平日里宁静的气氛。原来，他们正在为各个场地安装最新的技术设备，以方便游人们前来滑雪运动。我们可以看看提格日滑雪场：它位于海拔超过 4 000 米的高山之上，对于冬季运动而言，那里是再理想不过的休闲场所。这一次，中国旅游业界的巨头们联手斥巨资，精心打造出一个又一个晶莹剔透的雪世界，并不惜血本在全球各地发布广告。由于气候变暖，阿尔卑斯山顶的积雪量早已不能满足刺激的滑雪运动。因此，对于那些冬季运动的发烧友们而言，中国滑雪场的崛起绝对是一则天大的喜讯。可以说沾了喜马拉雅旅游热潮的光，尼泊尔境内的加德满都晋升为新的日光机场！人们在那里适时地发展起商业贸易。您几乎能够买到所有见过的东西，而且价钱也算公道。当然中国境内也有日喀则机场，事实上比起加德满都，它离目的地更近，只不过目前仍在装修翻新。眼见如此巨变，一位法国的高层公职人员说："我记得 2010 年时，在中国滑雪可不是一段令人愉快的经历。差劲的滑雪装备、简陋的硬件设施、有钱难求的氧气瓶……我们被冻得瑟瑟发抖，毫无乐趣可言。"不过现在可不一样了，这位先生前不久才在山区附近购置了一栋能欣赏雪山奇景的公寓。通常来说，初到西藏的游客都需要一整天的时间去克服高原反应。在半增压舱的帮助下，一旦走出了水土不服的魔障，那么恭喜你，你就可以在世界屋脊上安营扎寨，尽情欢畅了！

要说中国最著名的滑雪胜地，除了大西部地区的喜马拉雅，与首都北京相距约 1 000 千米的东北重镇——哈尔滨同样不可忽视。在那里，毫不夸张地说，大型滑雪场就像雨后春笋般拔地而起。其中，最负盛名的莫过于 1980 年建成的雅布里滑雪场，它在 20 世纪末还主办过亚洲冬季运动会呢！不过那个时候，它的装备可远远比不上现在，整个场地满打满算也只有可怜的 9 台机械设备。雅布里之所以从创建之初就游人如织，还得感谢它深厚的历史底蕴。你也许还不知道吧，这座小小的滑雪场可曾经是清王朝的大本营，是从1644年到1911年统治了中华民族近300年的清朝王室的发源地！这也是为什么亚洲奥委会最终将主办权交给了这座名不见经传的城市的缘故。通过引进一系列的高新技术并对硬件设施进行大幅改造，现在的雅布里滑雪场当之无愧成为最受外国游客青睐的冬季运动天堂。一时之间，美国人、日本人、欧洲人纷至沓来，争当这里最忠实的客人。在滑雪场11月到次年4月短短半年的营业时间里，竟有整整70天是满客的负荷状态。放眼望去，白茫茫的山头上挤满了黑压压的人群，人们都戏称这是"黑点白金"。你可能会有疑问，这么多人次的造访会不会使那里寒冷的气候发生异常变化？在这一点上，你大可以放心，因为强大的温控系统即使在室外也能够高效工作，将露天温度控制在零下44 ℃左右。更值得一提的是，近期，雅布里滑雪场与省会飞机场之间架起了一条高速磁悬浮列车，这个计划主要是受到了上海两座机场之间交通运输方式的启发。原本长达200千米的超长距离被神奇的磁悬浮缩短到仅仅1个小时的时间，十分方便。而另一方面，滑雪场周围的商业网点也得到了飞速的发展：尤其是体育用品商店更是遍地开花，使雅布里成为真正的运动王国。

全球气候无节制的上升是一则令人痛心疾首的噩耗。与此同时，阿尔卑斯山上的多座滑雪场也惨遭牵连，曾经是风光无限、受人追捧的香饽饽，现在倒成了老太婆的臭裹脚布，无人问津。即便是在冬季，蓄雪量也逐年狂跌的山峰惨不忍睹，逼得开发商们不得不转移阵地，另觅出路。虽然不少人仍然试图力挽狂澜，但滑雪运动在欧洲的颓势似乎已成定局。尤其是法国人，许多曾经是冬季运动的狂热粉丝现在竟毫无眷恋地抛弃了高山白雪，在万顷碧波中冲浪寻求刺激。要知道，后者可是与前者截然相反的夏季运动呀！一位几年前频繁出没于阿尔卑斯山各大滑雪场的冬运爱好者无限感慨地说："之所以会对滑雪运动如此热爱，就是因为长距离的风驰电掣能让我身心舒爽。而现在，这种快感消失了，每滑几米就不得不担心下一段路程是否还有雪，完全失去了冬季运动刺激兴奋的特点。这样的话，我还不如去夏威夷的海滩玩个痛快呢！"由于适合滑雪的季节越来越短，蓄雪量也捉襟见肘，阿尔卑斯山和比利牛斯山上的大部分冬季滑雪场都转业做起了夏季旅游的生意。现在，艳阳高照的8月竟然成为两座山脉游客数量最多的季节，许多家庭都举家出游，在欧洲的中心一饱秀色可餐的自然风光。再见了，白雪皑皑的阿尔卑斯！

告别了曾经的阿尔卑斯与比利牛斯，娱乐前沿阵地的激烈竞争依旧硝烟弥漫。中国滑雪场——作为冬季运动的领军标志，可谓一马当先，锐不可当。正是得益于它不断地发展壮大，才又使世界各国对冬季运动重新燃起了希望。尤其是一批以山为荣的国家，似乎在这场变革中收到了淘金的信号。比如在印度，一座崭新的综合性高山游览基地就在建设之中。虽然还没有竣工，但强大的宣传攻势早已经如火如荼地展开，目的也就是尽可能多地吸引西方人前来观光。在一本精美的宣传册中，有这样一句话："美丽的印度天堂，让你释放火一般的热情！"由此可见，印度人对于本国的旖旎风光可是自信满满。当然，光是嘴上说说的甜言蜜语可迷不倒精明的西方人，开发商还必须拿出真材实料打动消费者。首当其冲的自然是交通问题，现在，从巴黎到印度已经开通了直线航班，因此飞行时间猛降为短短几个小时；喜欢自然风光的游客不会失望，印度人在几座具有代表性的山脉上开辟了"花径",看着满山遍野馥郁芬芳的鲜花,心情自然舒畅;当然,人文景观的崇拜者也能心满意足,印度人在这方面可是下足了功夫:不仅有本国颇具特色的佛教宝殿,他们还打造了一条缅怀"甲壳虫乐队"的音乐之旅,以迎合西方人的审美情趣。

许多年前,欧洲人亲眼看着阿尔卑斯与比利牛斯为了争夺滑雪客源而大打出手。现在,又轮到了印度和中国好戏重演。不论怎样,对于游客而言,良性竞争是一件好事,价格、服务品质、软硬件设施都是他们坐收渔人之利的保障。所以,管你是高山白雪还是佛教仙境,我只要能一饱眼福也就余愿足矣啦!

资料来源:

1.《中国、印度、玻利维亚旅游宣传手册》

2. 阿尔卑斯旅游总办事处

3.《世界高山总览》

真空隧道里的 5 分钟

> 贯穿直布罗陀海峡的南北高速铁路已于近日全线开通。人类再一次向自己的极限发起冲击，并最终跨越了横在欧、非两洲之间的天堑。从今往后，我们可以搭乘铁路自由往返于伦敦与摩洛哥。这可是世界上第一条真空隧道哦！

今早，在靠近摩洛哥首都丹吉尔的开普马拉巴塔车站中，一拨又一拨人流所发出的欢呼声震耳欲聋，大家都在真空隧道的列车首发仪式上载歌载舞以示庆祝。新的列车可谓风驰电掣，能以平均 500 千米的时速在短短 5 分钟内穿越直布罗陀海峡。而如果换做普通铁轨，即使将冗长的海关程序以及无休无止的排队等待忽略不计，恐怕也至少需要 25 分钟才能抵达终点。另外，坚持要南北高速铁路（TGV）上线还有一个重要的原因，那就是出于安全考虑。随着海上事故的发生率持续走高，人们掉转头来寻求铁路运输的帮助是一件再自然不过的事了。

早在 21 世纪初，打造一条通途以连接欧、非大陆的念头便在欧盟各成员国之间蠢蠢欲动。但是自然地理所构成的障碍却使计划寸步难行：深度接近 900 米的直布罗陀海峡无疑会使建造成本变成天价。经过进一步勘探与多方协调，工作人员最终选定在西班牙南部的蓬塔马洛基以及靠近丹吉尔的开普马拉巴塔两地破土动工。这样一来，开凿出的深度便只有 300 米；而在全长 38 千米的工程中，海底距离也被缩短到 27 千米。根据最初的项目设计，工程师们原本打算照搬英吉利海底隧道的经验，铺设传统且造价更为经济的普通铁轨。但是西班牙高速铁路分公司（在伊比利亚半岛上被统称为 AVE）坚决反对，他们希望在直布罗陀海峡打造一条超高速的黄金干道。

10 年来夜以继日的辛苦工作终于换来了今天的美梦成真。从法国、意大利或是其他北欧国家出发的乘客不用再坐传统的 TGV（即高速铁轨），现在不是有了更方便快捷的 NGV（"高速水下艇"，是人们对于海底隧道的昵称）吗？来来往往的旅客们走下堤岸，登上"水下艇"，映入眼帘的是完全由透明玻璃打造的密室舱以及充满未来主义神秘色彩的沿线布景。虽然是跨国旅线，但出入境、票检的程序却一点也不费时。得益于前几年安装使用的智能光学辨识安全匝口，进进出出的一切过程都井然有序地进行着。当然光在硬件上下苦功还不够，软条款也必须跟着到位。由于摩洛哥国内严重的偷渡问题，导致西班牙等欧洲近邻对其不太感兴趣。为了博得后者政府的欢心并改善一直以来紧绷着的两国关系，摩洛哥使出了浑身解数，重点治理安全问题，不惜一掷千金，引进了世界上最高端的隧道"过滤出入口"，该设备以生物形态学为核心，能严密监控每一位过往乘客，准确核对身份等各项信息，从而彻底杜绝现有的不法偷渡现象。

迅速通过验票口与海关检验处，现在是去体验疾速黄金干道的时候了！一旦所有乘客都确认登上了车厢，车门便会在语音提示下缓缓关闭。激动人心的时刻终于到来了：整条隧道在巨形抽气系统的启动下瞬间降压，这是为了减小列车行驶阻力、提高速度而采取的"真空运行"法。当然，车上的旅客完全察觉不到这一重要的过程，因为他们已经舒舒服服地安坐了下来。所有的人都被要求顺着列车的行进方向就座，因为这样才不会由于行驶速度过快而导致气血逆行。更神奇的是，后知后觉的乘客们也许连列车已经开动都无法察觉，因为它实在是太轻巧了。就这样，列车逐渐上升，直到与铁轨保持10厘米的距离（众人皆知，这是磁悬浮列车的基本原理），然后稳定前行。速度是在不知不觉中渐进式提高的，短短几秒钟之后，高速火车就会展现其电光火石般的实力，头也不回地向前风驰电掣。在每节车厢的末尾，都贴有一块超薄的数码显示计算屏，它的主要作用是提示乘客们当下的行驶速度。想象一下，稳如泰山地坐在舒服的位置上，看着显示屏上不断跳动变化着的数字，心中该有多么的激动啊！事实上，速度并不是海底隧道惟一值得称道的地方，人性化的服务也是投资商们大肆宣传的卖点。最吸引人的莫过于每节车厢上都特别处理过的听觉保护装备，这是为了避免高速运行下，对流气体对耳膜造成压力，从而导致耳鸣等不适症状的产生。车厢内的设施已经遥遥领先，车厢外当然同样不甘示弱。海底隧道的铁轨，其稳定性在世界范围内也堪称典范。你想，要不是稳如磐石，又怎么能承受最高每小时500千米的速度呢？

　　说时迟，那时快。短短5分钟之后，扬声器里就传出了轻缓柔和的女声："旅客们，本次列车已抵达终点站，请带好您的随身行李依次下车。感谢您的乘坐，欢迎下次再来。"有的乘客也许想一睹播音员的芳容，不过很遗憾地告诉你，那只是"机器接线员"的合成声音。看吧，高科技已经渗透到海底隧道的各条脉络，协调配合，发挥着不容小觑的作用。就这样，列车缓缓放慢了脚步，乘客们也井然有序地排队下车。你不用担心停车的过程中，海底隧道会像我们平时乘坐的地铁那样发出令人难以忍受的噪声，用新式混凝土精雕细琢的轨道绝对无懈可击！全自动的车门与站台上的安全闸门同步打开。你敢相信吗？5 分钟前还在欧洲大陆上徘徊，现在已经踏上了摩洛哥的国土。抵达的车站名为"拉博"，出站后，你能继续搭乘铁路前往北非的其他城市。虽然小国摩洛哥里并没有一条能像法国城际快车那样拉风的高速干线，但是这又有什么关系呢？只要从今往后，我们都能够享用海底隧道并自由往返于伦敦—拉博两地也就足够了。谁都不会忘记曾经名噪一时的"欧洲之星"吧！这条贯穿英吉利海峡的通途，多年来一直是英、法两国往来的必经之路。但由于施工年代久远，因此并没有启用真空的行驶环境，导致了今天无法利用电磁悬浮技术改造的尴尬。所以，即便现在有人说"欧洲之星"已风光不再也并非什么失实之词，它的光彩确实已经被欧-非海底隧道彻彻底底地掩盖了！

说实话，海底隧道能全线贯通，最喜笑颜开的莫过于摩洛哥人了。他们没有掏多少钱，却拿下了一笔稳赚不赔的大买卖。对于他们而言，隧道简直就是一只会下金蛋的鸡！得益于这项大型工程的启动，摩洛哥不费吹灰之力就解决了原本严峻的国内就业形势。此外，打通了的欧-非交通线使该国的经济更有活力，贸易额也持续增长，GDP 产值一路飘红。原本就是欧洲前往非洲的门户，现在摩洛哥更是当之无愧成为世界经济、贸易、旅游等各项产业都无法忽略的重镇。

第一条海底真空隧道的诞生自然会吸引全世界的目光，许多国家都按捺不住跃跃欲试的兴奋。毕竟，能拥有一条属于自己的高速干线是多么令人自豪的事情，而且便捷的交通对于经济、文化的发展也会起到极大的推动作用。比如在浪漫之都——巴黎，三大机场之间就已经成功架起了相互连通的真空地下隧道。许多法国人都高喊着要在马赛也打造同样的地下彩虹，不过鉴于地中海沿岸城市疏松的土壤质地，这个计划仍在研究之中。

不管怎么说，横跨欧-非两洲之间的海底隧道是成功的。有了前者的经验教训，许多游离在欧洲大陆之外的岛国也看到了交通便捷的希望：斯堪的纳维亚半岛到德国、爱尔兰到英格兰、法国到英国……所有曾经被海水阻断的土地似乎都找到了重新聚在一起的力量。连不可一世的直布罗陀海峡都败在高速铁路的手下，还有什么鸿沟是不能逾越的呢？总之，结合所有的高新科技来一场交通运输的革命吧！告诉地球，来势汹汹的真空隧道可不是省油的灯！

资料来源：

1. NRP 41 号计划，瑞士交通运输调研报告：www.nfp41.ch
2. 摩洛哥基础设施门户网：www.bladi.net
3. 公共建设承包公司：www.tpi.setec.fr

为商场装点新门面

喜欢望着橱窗流连忘返的时尚族又出现了？如果你仍然相信一家家时尚小店招牌橱窗的诱惑力，如果你依旧憧憬巴黎郝斯曼大街上五光十色的玻璃长廊，那么即便真的在商场橱窗前驻足停留也并非什么不可思议的事情。融合了高科技的新式橱窗对于传统商业来说绝对是天大的喜讯。虽然网络销售的势头如日中天，但相信新装点的门面一定会招徕不少回头客，刺激中心城区的商业发展。

对于一代又一代追逐美丽的人们而言，巴黎郝斯曼大街的春天百货以及其富有传奇色彩的橱窗都毫无疑问是世界上最令人向往的地方。尤其是圣诞前后，说每一扇玻璃后面都上演着一幕华丽的演出也毫不为过。只是近几年来，受到了网络与通信直销的两面夹击，传统商场及其童话橱窗的地位已不复存在。为了摆脱颓势，人们精心打造了以全动态影像技术为基础的新型电子橱窗。后者所采用的全息摄影技术能向驻足的顾客提供一个完美的180度广角视野。这样，店内琳琅满目的商品就可一网打尽了！当然，新产品的优点远不止于此：在橱窗的底部，每隔几米便会安装一只小型键盘。就算你没有进入商场逛得天昏地暗，也能对当季的新款了如指掌。更使你喜出望外的是：即便半夜里偶然路过商场，对橱窗中的某件衣服心动不已，也不必担心一觉醒来后心爱之物已掉进了他人口袋。你只要通过键盘发出订单，几天之后便能货到付款了。这简直是一场神圣的革命！"以全息摄影术为基础的动态虚拟橱窗使顾客们身临其境地来到了一个崭新的世界。不用再气喘吁吁地满场飞奔，也无须担心漏过了哪个死角，你绝对可以找到自己所好并将其带回家。"一位商场经理高度赞扬了新引进的技术。他可是第一个敢于拆除老式橱窗的管理人员，同时也为持续了近 200 年的传统画上了休止符。

　　1865 年，橱窗在巴黎的剧院街区开始了自己的历史，春天百货的创始人儒尔·雅佐以一块招牌大玻璃艳惊法兰西。另外，那个陈列着华装美服的透明柜还是整个首都第一批用上电灯泡的地方。自此之后，再也没有什么比商场的时装橱窗更能吸引公众眼球的了。春天百货的成功引得竞争对手，包括老佛爷、美媛、圣马力丁以及BHV 商场等纷纷效仿。这些百货业的泰山北斗们总是倾尽全力，丝毫不吝惜其门面的装点功夫。他们知道，只有美艳奢侈的高档货才能牢牢抓住顾客的心，让他们一掷千金。很快的，时尚界就达成了共识：各大商场和他们的橱窗将是下一季流行的风向标。每天中午，塑料模特身上的真金白银总能惹得剧院街区的年轻女孩们惊羡不已，于是"血拼"的欲望也如滚滚波涛，一发难收。有的时候，为了省出几个钱买漂亮衣服，她们甚至勒紧了腰带不吃不喝，把自己饿到头昏眼花。当然也有一些自制力稍强的，会傻傻地站在花花橱窗前可怜地凑合一顿热狗香肠以达到望梅止渴的效果，如果足够幸运的话兴许还能博个"纯情美少女"的雅号。巴黎的橱窗文化在20 世纪末达到了顶峰：每逢圣诞节或郝斯曼大街一年一度的购物盛典，就算真正的焰火与满天的繁星恐怕也亮不过地上五光十色的橱窗。

　　然而，随着动态虚拟影像技术的成熟，一成不变甚至略显呆板的大玻璃似乎也预感到了末日来临。路人们艳羡的神情没有了，取而代之的是匆匆而过的漠不关心。现在，大家更为偏爱的，毫无疑问是应用了全息照相术的新式橱窗。这项神奇的技术耗费了研究人员整整 20 年的心血，它能打造出比原物更自然逼真的画面效果。你看见了：人们在新技术面前再一次驻足停留，称赞、惊叹之声不绝于耳！一家青少年时尚剧院的舞台总监兴奋地说："这种新式橱窗就像大银幕，顾客在它的引导下走进了虚拟剧院，而影片的主角正是商场中形形色色的诱人商品。"橱窗中鲜艳欲滴的虚拟模特每隔 3 分钟进行一场表演，接着便会邀请感兴趣的路人通过数码键盘将自己的三围尺寸输入计算机处理系统；配套的摄像机会牢牢记住客人的样貌，短短几秒，分析系统便会给这位潜在消费者列出适合他年龄、尺寸的购物清单。商场经理告诉我们："没有什么比这更能刺激消费了，因为它是通过趣味游戏使顾客亲身参与进来。"事实也确实如此，自从安装了新式虚拟橱窗后，百货公司的营业额飙升 20%。下面的这则场景是眼下巴黎街头最司空见惯的：一位小姐在电子橱窗中见到了自己多年来梦寐以求的牛仔衣，在路人的鼓励下她毫不犹豫地将之抱回了家。她兴奋地说："聚集在虚拟屏幕周围的路人们不停鼓掌，我对自己说——就是它！所以，我立刻买了下来。"也许她并不知道，路人们在橱窗前的一举一动早就被摄影机记录下来，传到了相关柜台中。那里的售货员会目不转睛地观察人群的反应。结果是什么呢？但凡被虚拟橱窗吸引而进入春天百货的客人，你就休想空手而归。知己知彼的策略与热情周到的服务一定会让你的荷包大出血。一位深谙销售技巧的业内人士这样说道："网络上的交易越来越成熟，它的完美无缺与来势汹汹实在让我们有些束手无策。我们不得不撩起袖子，冲上最前线——也就是橱窗前，去抢占客户。"

还有更让你瞠目结舌的呢：很快，售货员也都将被撤换成虚拟的电子智能系统！事实上，这是几星期前就已经开始的试验项目，百货公司在橱窗中安排了一位 24 小时工作的购物"顾问"。显然，向你夸夸其谈新模式在年轻人中如何受到追捧是毫无意义的，因为事实就是如此。如果你看中了某件商品，只要在手指根部套上一个类似于顶针一样的玩意儿并指出与该商品对应的图片就万事大吉了。这个小小的动作会让系统清楚知道你的意图，并列出全部你可能有的疑问及其对应的回答。完成选择之后，橱窗会自动放大商品图片，而透过全息立体技术，顾客就好像真的在试用新品。尤其是当顾客选定了某个角度，两台摄像机会同时启动，以三角定位法精确定位方向并朝电脑传输信息。也许你最关心的还是价格。事实上，只要轻轻转动手腕，价格就会出现在你的正前方。此类激光技术能保证信息的私密性，即便你的身边有其他人在场，以他的角度也无法看清那个关键数字。至于其他的琐碎信息，如尺寸、原产地等，你都可以在橱窗上找到同类菜单，点击进入就一目了然了。男士们是否想过要为心仪的女孩挑选一款精致的项链？新型的橱窗可以把所有当季最热卖的首饰盒呈现在你的眼前，就像从天而降的礼物一样为两人制造甜蜜与浪漫。当然，巧克力、高级时装、家具甚至是汽车都可以以这样的方式挑选并订购。这也就意味着，一旦你拿准了主意，便能够立刻向橱窗要求试用产品。所以，坐着的你还在等什么呢？赶快去商场血拼吧！

还有还有，虚拟橱窗的运行性能稳定，能保证常年持续工作。只要及时更新数据库，消费者即便一天三过大门也能有常见常新的兴奋感。因为大屏幕所连接的信息系统能准确地向顾客提供各种各样的信息：最热销的商品、最时髦的款式、最流行的颜色。此外，你也能根据喜好灵活地修改订单……

最后，告诉你一件惊人的事情。我们一直提到的全息照相并非昨天才完成的技术成果。早在 1947 年，相关专利就已经颁给一位名为丹尼斯·盖博的物理学家。这个了不起的科学家于 1971 年捧走了诺贝尔物理学奖，可谓实至名归。该技术之所以超凡卓绝是因为它能打造出连 3D 动画也无法比拟的高保真三维效果，而迟迟没有得到普及的原因则是因为它无法在电视或网络上成像。不过现在，一切的难题都迎刃而解了。得益于新型虚拟橱窗的崛起，全息摄影又回到了我们的日常生活中。在接下来的每分每秒里，去橱窗前换套行头，变身时尚达人吧！

资料来源：

1. 西门子公司杂志，9 号刊（2002 年 9 月）

把环保专家请进门

　　最近，一位房产经纪人突发奇想，决定在销售楼盘的时候顺便向业主们推荐一款全自动的垃圾处理系统。这可不是一件平平无奇的事情，因为它预示着人们很快就要从不停收拾、处理垃圾的苦役中解放出来！你可要当心了，如果再死抱着原来的垃圾桶不放，大家会笑话你土包子呢！

坐落在里昂罗讷河边的绿廊生活园区真可谓名副其实！这片住宅区的设计者在规划之初便决定启用所有最新最好的环保技术来打造一块真正的绿色净土。小区的地下车库旁修建了一个硕大的氢气能源库，随时准备为无污染的节能车补给养料；浪漫的风车随处耸立，优雅地转动着为每家每户送去电能；还有安装在屋顶的太阳能收集板，它可是业主们中无可替代的温暖源泉。不过，在那么多新奇有趣的环保设施中，最令人惊喜的还要数全自动垃圾处理系统。作为第一次走进民用居室的新产品，该系统当之无愧地引领起废品回收处理领域的又一次革命。也许你对某些大楼里的垃圾管道还记忆犹新，作为家庭厨房与废品回收站的连接枢纽，这种方式确实风靡过一小段时间。可惜好景不长，考虑到卫生上存在的隐患，2003年7月2日通过的管理条例正式对垃圾管道喊停。说实话，这个20世纪诞生的古董发明带给使用者的麻烦远远胜过舒适便捷。单单由它引起的微生物病菌泛滥问题就已经叫人头疼不已。事实上，把所有的废品布料、食物残渣都扔进垃圾管道并不是什么明智的做法，因为混在地下的各种垃圾会腐烂变质从而变本加厉地破坏环境。再加上丢弃废品时所发出的刺耳噪声与垃圾太多而导致的管道堵塞都使它的淘汰成为一种必然。

现在，全自动的垃圾处理技术诞生了，虽不敢说它能掀起暴风骤雨般的狂潮，但至少有一点可以确定，你将彻底从麻烦的倒垃圾苦役中解脱出来！作为 21 世纪的人类，怎能被小小一袋垃圾搞得晕头转向呢！说句玩笑话，不论你属于什么社会阶层，不论你的生活水平如何，在垃圾处理面前，我们务必做到"人人平等"！谁都不会忘记以下这个场景：你心不甘情不愿地提着一捆昨天没有处理掉的垃圾，懒懒散散地走向垃圾桶，由于塑料袋破了口，恶心的馊水淌了一地，时不时还会溅到你的脚踝上，总算踉踉跄跄走到了垃圾站，刚一揭开盖子，一股呛人的恶臭便扑面而来，搞不好还有几只大头苍蝇在你脑袋周围跳舞……原谅我描绘了一个令人反胃的场面，但我向你保证，事实上你也心知肚明，这里的字字句句都是实话。正是因为受够了倒垃圾这份苦差事，所以即便是做惯了家务的家庭主妇们也对它颇有微词。这个现象被一家细心的建筑师事务所逮了个正着，于是也才有了后来所谓的"抛弃垃圾桶，扔掉垃圾袋"的建筑创意。当然，由于是初步的设想，因此新的计划没有能广泛运用于所有的居民住宅，只有几个试验性的单元房尝试了相关的设备。不试不知道，一试吓一跳：所有使用过的消费者都纷纷表示，一项能使居家生活发生重大变革的技术成果为什么迟迟不能上市？为什么一拖再拖，走不出试验阶段？

下面，我就详细地向你介绍一下广受好评的全自动垃圾处理系统。首先要告诉你的是，新型系统的来头可不小，它最初的设计灵感来自于宇宙空间站上的一批高端设备，后者只有在空间站里生活了几个月的宇航员们才有资格享用。说实话，这种设备也不是什么天上有地下无的神秘玩意儿，说到底，它的核心原理与传统粉碎机也差不了多少。针对家用电器的特殊要求，设计师们把大型设备的"身材"一改再改，直到与普通洗碗机一般大小。就这样，原本在外太空兢兢业业的垃圾处理系统走进了寻常老百姓的家中，改头换面后小巧的身材使它迅速与其他厨房用具打成了一片。

单从外表上来看，垃圾处理机十分的简单。如果放在地上，那么它的按钮正好处于人的手肘边上，设计尽可能地做到人性化。它的正面有3扇小窗，分别用3种不同的颜色标志：这样既能明确地告诉使用者，不同种类的垃圾应该如何分门别类，又同时增加了厨房的美观度。第一扇小窗是亮丽的红色，主要用来收集过剩的食物、饮料等等；第二扇被涂上了沉稳的蓝色，各种材质、尺寸的纸张是它的囊中之物；最后一扇的门面由清新自然的绿色来装点，它的使用范围较前两者更广，塑料、化纤制品、食物包装袋、玻璃以及各种日常生活中多余的小部件都能交给它来处理。当然在日常生活中，你可能会遇到无法分清垃圾究竟是属于哪一种类别的时候。毕竟，不是所有人都是知识渊博的化学家，要如此这般精细地区分着实为难了不少家庭妇女。不过你也不用太担心，所谓的人性化机器怎么可能不为你考虑到这一点呢？在每一台垃圾处理机的正面，都有一个简单易操作的编程菜单，你只要询问它，那么搞混垃圾分类的尴尬就不会发生在你身上了！举一个简单的例子好了：晚上一家人吃过晚餐之后，就是处理残羹剩饭的时间了。你只要打开自动处理系统的红色小门，将盘子里的垃圾、骨头等一股脑地塞进去，第一步就已经顺利完成了；接着，机器表面的菜单会跳出确认对话框，关上门并点击确认，一切就万事大吉了！至于机器是怎样消化垃圾的，似乎没有哪一个使用者对此感兴趣，因为他们早就围坐在一起，全家共度晚餐后的欢聚时光了。更令人惊喜的是，全新的垃圾处理系统在工作过程中完全不会发出噪声，这与运转时像打雷一般的洗衣机可是截然不同的。最新推出上市的垃圾处理系统还与洗碗机做了完美的融合，它的工作步骤也很简单：在处理完垃圾之后，系统会自动对餐具进行清洗、消毒，整个过程完全由智能内核控制，不劳你费半点神，绝对堪称家居生活中的经典之作。至于食物的残渣，处理系统会自动将其压缩风干，打包后的固体垃圾随着管道自动被填埋入地下，整个流程就是这样，即便你想插手也没有余地。

专业的垃圾回收处理公司每星期出动一次，到各个居民区所在的地下回收场作业。正像上文提到过的一样，由于地下回收空间是完全密闭的，因此绝不会有半点古怪的气味弥漫开来，当然也不会对环境造成任何负担。至于废旧纸张的处理，蓝色小门后的空间里同样别有洞天。考虑到能源节约问题，只有当废旧报纸与纸板箱占满了整个容器之后，处理系统才会统一运转一次。众所周知，纸张是眼下极为珍贵的资源，因此蓝色容器内的垃圾会被统一安排整理，最后直接送往专业回收站，进行二手加工。至于玻璃、塑料等放置于绿色门后的废弃物，处理上可能略微复杂一点。细心的你也许已经发现了，一般来说，化工产品以及有机物都是直接放在这个容器当中的。因此，家庭中的垃圾处理系统只是作初步分类，比如大致分成合金、化纤、塑料、玻璃等。之后，分门别类的杂物会被依次送往垃圾回收公司。当然，在这期间，不排除家用垃圾处理器发生分类错误的可能性。不过这无伤大雅，因为回收公司更为高端的扫描系统会把一个一个的瑕疵给揪出来,然后结合环保准则回收再利用。当然,这都是后话,公司要怎么处理与普通老百姓都没有关系,我们只要有轻松便捷的生活就心满意足了!

在这个忙碌的年代里,"快而简单"是每一个现代人所追求的生活准则,因此有时候,我们一不小心就忘记了留心保护周围的自然环境。全自动垃圾处理系统的出现,无疑为我们找到了平衡这两点的完美方法。不过,现在还远不是人类高奏凯歌的时候,生活垃圾的问题确实得到了圆满的解决,但是工业垃圾呢?作为全球污染源的罪魁祸首,它又该何去何从?希望在不久的将来,工业专用的垃圾处理系统能为我们找到出路。

资料来源:

1. 巴黎社区垃圾处理工会:www.syctom-paris.fr

2. 国家能源环境研究委员会:www.ademe.fr

3. 卡特琳娜·德·希尔居,《人类发展的气味》,Cherche-Midi出版社,1996 年

4.《2002 年巴黎环境索引》,Robert Jauze 出版社,2001 年第 4季度

永远熄灭的电灯泡

今天是个值得纪念的日子，因为大大小小商城内的照明工具柜台都不约而同地撤走了最后一批钨丝电灯泡。要知道，这个小家伙的诞生最早可以追溯到1879年！之所以停止灯泡的销售，是因为欧盟发出了最后通牒，要求各国减少能耗，使用更经济环保的电光源二极管。后者现已成功抢占90%的市场份额，前景一片光明。可怜的小灯泡，永别了！

"拉闸！"随着物业管理负责人的一声令下，埃菲尔铁塔——这座法兰西最雄伟的地标建筑正式与传统照明灯泡划清界限。取而代之的将是工作寿命长达10年并不分昼夜放射光芒的二极管。大家都在庆祝这个令人兴奋的瞬间。48年来的每一个夜晚，埃菲尔铁塔上空总是被映染得灯火辉煌，那是因为它穿着一件由2万个白炽灯泡编成的华服。而现在，这件衣裳已被换下，永远走入了历史。由于与托马斯·爱迪生的杰作——电灯泡几乎同时代诞生，埃菲尔铁塔见证了19世纪末整个人类社会从蜡烛、煤油灯到电源照明的进步。170年来，灯泡的工作原理几乎没有发生过改变，而现在终于到了它功成身退的时候。其继任者——二极管可谓表现不俗，虽然只有针尖粗细却当之无愧是高科技的结晶。短短几年内，已经以它超强的耐力与卓越的性能征服了来自方方面面的考验，尤其得到了家庭主妇们的青睐。

虽然新型二极管的外观时尚小巧，但它的名字却十分朴实，人们通常把它称为 LED。这种新式照明工具的技术改进工作历时近半个世纪，因为要使它的性能真正稳定，并为大众所广泛应用并不是一件简单的事情。今天，一支二极管的价格与传统灯泡并没有很大的差别，可它刚刚推出上市的时候，却比灯泡整整贵出了 20 倍！最早针对小家伙而进行的研发工作始于 20 世纪末，主要是受到了信息与电子技术飞速发展的推动。摄像监控仪、警报装置、安全出口、调音台以及汽车上的仪表盘都在第一时间毫不犹豫地选择了LED。新技术不仅开创了照明领域轻便小巧的实用新纪元，更谱写了迷你光源的不败神话。2004 年，在弗朗福公司开办的"灯光与居室"主题沙龙中，人们就已经预见了这种新技术无可限量的未来。虽然那时二极管才刚刚进入初级研发阶段，但已有力压被大范围使用的灯泡之势。呈现在专业人士面前的不过是尚未成熟的试验品，但却能使大家感觉到电灯泡的垂垂老矣。还记得第一块电光源照明广告牌吗？那块由上万个发光二极管做成的屏幕，刚在纽约的时代广场揭幕就惊艳全场。现在，对于 LED 的应用已不计其数，我们甚至已经无法想象新技术究竟能带给我们多少可能性。明明是红色的发光二极管，却能神奇地合成白光并在调整后放射出各种想要的颜色。技术人员很快便把 LED 运用到十字路口的交通信号灯上。有了小家伙的稳定发挥，司机朋友们再也不用担心由于交通灯灯泡烧坏而引发车祸的惨剧了。好东西自然抢手，汽车制造商们可不会客气！LED 技术刚一问世，他们便在自己的新款车上试起了牛刀。驾车者只要轻轻踩动刹车，由二极管做成的尾灯便会迅速亮起，警示后面车辆的同时也最大限度保证了乘客的生命安全。

虽然二极管在其他行业都以迅雷不及掩耳之势快速统治市场，

但面对传统灯泡多年来独霸民用市场的有力竞争，说实话，前者的发展确实颇费周章。尤其是每年电灯泡也在技术革新上下足功夫，顽强抵抗 LED 的入侵。比如：西门子照明公司就凭借着一种全新的技术，成功地延长了传统灯泡的市场寿命。由它出品的改良版产品——"哈雷星"至今使人记忆犹新。在无损原有照明质量的情况下，这款产品能使室内亮度提升整整 30 个百分点并同时节省 30% 的能耗。还有性能卓越的卤素灯同样令人难忘，它能制造出与剧场照明相媲美的灯光效果却不刺激使用者的眼睛。不过，任凭各种新老灯泡铆足了劲使出看家本领，还是没能逃过二极管的来势汹汹。在剑拔弩张了几年之后，家用二极管最终挤走了白炽灯，坐上了销售市场的头把交椅。"亲爱的，你能不能换一下灯泡？"诸如此类从前司空见惯的话似乎突然在我们的日常生活中销声匿迹。为什么呢？因为二极管不会由于过热而烧坏，能稳定地持续工作长达 10 万小时，也就是 11 年零 6 个月不眠不休！再加上大批量生产后的价格走低，更使得小家伙成了大众喜闻乐见的宝贝。现在，大街小巷的 LED 直销柜台都打出广告："节省 20% 的能耗"。能够出售这样高品质又不损耗热能的产品，商家也觉得脸上有光。因此，即便不向你描述人们是怎样争先恐后地跑去 LED 专柜，你也应该能想象那股抢购的热潮吧。这种散发出耀眼白光，挤走了由爱迪生 1878 年发明的灯泡，并且能调节居室氛围的新技术，谁又敢说它不是好东西呢？

众所周知，灯泡是由美国人爱迪生与英国人思凡共同打造的技术结晶。之前没有任何交集，这两位相隔重洋的伟大发明家却在同一时间拿出了令世界为之震动的发明。要知道在那个年代，离开了蜡烛、汽油灯，人们在黑夜里就毫无光明可言！说到这里，我忍不住想告诉各位读者爱迪生想到发明灯泡的前因后果。事实上，这个新泽西州的天才之所以会被灵感撞上，纯粹要感谢一次偶然事件：在一次垂钓爱好者派对上，他不小心折断了自己的竹竿。当他无奈地把断竿扔进火炉，却意外地发现竹质纤维燃烧得特别快（这与后来的白炽灯丝可谓异曲同工）。由此，想要在真空玻璃容器中制造出这样的光芒成了爱迪生发明灯泡的原动力。他将制作出来的第一个灯泡通上电流，但可惜的是，光线在持续了48个小时之后便偃旗息鼓了。美国人立即意识到，问题可能出在灯丝材料的选取上。之后，他在五千多种植物中寻寻觅觅却总是屡战屡败。所幸他拿到了留声机的专利证书并因此而获得了一笔相当可观的收入，可以供他继续在白炽灯丝的世界中孜孜不倦。无数次的尝试再加上白花花的美金投入，才最终让爱迪生找到了合适的材料——碳质棉纤维。而与此同时，大西洋另一头的英国人思凡也在历经挫折之后选定了碳丝。就这样，最早的灯泡诞生了。纽约有幸成为世界上第一个架起400座路灯的大都市。全世界都惊讶地发现，只要轻轻地扭转开关就能拥有光明。从前由于蜡烛、汽油灯的不当使用而引发的爆炸、火灾越来越少；乙炔那恼人的气味也逐渐被淡忘。晚上看书更方便了，连做家务也变得省心舒适起来。

当然，如果你以为爱迪生的才智仅限于摆弄出几个小灯泡，那么你就大错特错了！他可是世界上首批极力倡导建立电网，普及光电照明的科学家之一！这样的高瞻远瞩可绝不亚于一个世纪后发明信息技术的斯蒂夫·若布和玩转全球软件业的比尔·盖茨。早在美国通用电气任职的时候，爱迪生就嗅出了向顾客推荐全电系统的丰厚利润。1881年，他更是带着自己的得意之作来到巴黎世博会，向世界展示灯泡的神奇。1931年爱迪生逝世，当年由他亲手点亮的自由女神像也关闸熄灯，以表达全美对这位天才的追思。在他死后的这许多年里，自由女神像一直身披由灯泡打造的华衣将纽约港映得灯火通明。

现在，万众瞩目的二极管终于登场了。汽车、高速公路、飞机场……LED 还真是无孔不入！水滴般的外观新颖时尚、耀眼的光芒璀璨夺目、稳定的性能安全无忧……总之，让这支小小的二极管来点亮你生活的每一个角落吧！

资料来源：

1. 奥斯朗照明公司

2.《"灯光与居室"的媒体报道》，弗朗福公司 2004 年刊

3.《托马斯·爱迪生传》，EDF 出版社

4.《新工厂报》，2004 年 4 月 29 日

细菌病毒的世界末日

有没有想过漂白水到了 21 世纪中期会变成什么样子？不再是刺鼻有毒的次氯酸，而是 100% 纯天然的消毒制剂，能有效杀灭病毒真菌。经过新型抗毒喷雾的处理，织品衣物不仅干净卫生还能持久留香！有了这些好东西，流感和其他病毒性传染疾病就再也不敢嚣张了。

近几年来，人类在对抗有害细菌病毒的战役中捷报频传。不久前，法国科学委员会又研制出一种全新的纯生物消毒液。作为多用途的强效药水，它在传染病高发的公共场所可是能大显神威的呢！很快，卡洛加地铁站就将荣幸地成为新产品的首个工作点：我们会看见配套使用的病毒探测器、空气净化仪以及能把各种细菌赶尽杀绝的新型消毒液。当然，纯天然生物制剂的惊人之处绝非只有上述几条。比起同类化学产品一路杀菌一路伤人的通吃做法，纯生物消毒液的亦刚亦柔——对待有害菌如秋风扫落叶，对待人类则绝对安全无害——确实叫人叹为观止。就目前来看，这种最新的全效消毒水已经能完美地解决医疗领域中的恶性病菌传染问题。比如：曾经在大大小小的医院中肆虐的葡萄球菌，在遇到纯生物消毒液之后竟差一点全部灭绝！事实上，这款产品的专利技术在 21 世纪初时就已经新鲜出炉。只可惜化工行业的老大哥们对 100% 的纯天然技术十分排斥，小弟弟也只能在前辈的负隅顽抗下忍气吞声到现在。不过也有让人高兴的事：该产品同发明者的大名已经与 1987 年研制出总疫苗的路易·巴斯德以及发现抗生素——盘尼西林的亚历山大·弗莱明一同被载入了医学辞典。

作为备受推崇的消毒新品，该产品不仅是细菌、病毒的天敌，还能有效防霉防蛀，功能强大。更值得一提的是，它已经被消费者们奉为回归自然的"绿色健康"产品。得益于它的存在，任何化学合成药剂都没了脾气，因为前者可是独一无二，由纯天然矿植物提炼得到的制剂。听到"纯天然"的提法，你是不是会马上联想到医疗专用的丁香花瓶或者药剂师为你配置的水柳叶？告诉你，这可不是我们讨论的对象！毕竟，大家都已经进入了一个高科技的年代，粗制滥造的偏方绝不可能入专家学者们的法眼！新型消毒液的两位发明者都是眼下学术界赫赫有名的大人物：电子物理博士让·安吉里第斯以及气候生物学专家艾基玛·贝尔巴彻。抱着最严谨的治学态度，两位"全能消毒剂之父"几乎分析、研究了所有容易滋生繁衍病菌的环境。首当其冲的病菌温床自然是医院、飞机场以及公交站点。对于不同的场所，两位专家还做了仔细区分，他们认为，地铁站的门把手、汽车里的方向盘、公寓中的化纤地毯、外科手术台上的仪器设备还有大大小小饭店里的各式餐具都是主要的病菌感染源。在确定了主要的研究对象之后，两位就将目标物体的采样带回了实验室，通过高度发达的软件记录并破解各种细菌的特性。当然，静物只是他们分析的一小部分，真正占有主导地位的还是对于人本身的研究。比如：人体体表的皮肤是否健康就是他们下手的第一个课题。通过在这方面的探索，可以清楚地知道究竟病菌是怎样渗透皮肤侵占人体，找到了容身之所之后又是怎样发展壮大从而进一步侵害其他各项机能的。研究后期，两位科学家甚至在课题中引入了气候学的相关概念，将大气压强、湿度、空气流动速度以及灰尘辐射也作为对比参数。得出的结论是：闷热、潮湿的气候更加容易助长细菌、病毒嚣张的气焰。

感谢两位专家详尽权威的研究分析报告，学术界因此得到了大量的有用信息，对之前不甚了解的病菌特征也有了初步的概念。现在，惟一要做的就是寻找大自然提供的现成绿色解毒剂，真正做到抑制细菌或微生物的生长，并根据不同的环境见招拆招，瓦解一切可能的病菌攻击。截至目前，已经有超过150种的天然植物接受了学术界的考验。以"迎合环境"为第一准则，安吉里第斯和贝尔巴彻教授耐心地逐个分析每一种候选植物的特性。一直到最后，仅剩下三十几种最为靠谱，其中包括形如薄荷的罗勒、野香菜、百里香、香草等。它们都被公认为是阻止细菌繁衍的铜墙铁壁，当然，前提是与合适的矿物质，比如高岭土、盐或小苏打混合使用。如果可以正确搭配，矿、植物合璧的威力是超乎想象的，许多原本看似危险的场景也许就这样被轻而易举地化解了。各种简单的配比有时候能将横行无忌的流行病毒一网打尽，昔日还威风八面的细菌也许要不了几分钟的时间就一命呜呼了。

最早引起研究人员关注的公共疾病易发地当属人流如织的机场，那里的空气质量一直是公众怨声载道的大问题。为了根除这一顽症，航空公司不惜血本请专人打造了以气候学为基础的空气过滤系统，当然主角也少不了新型消毒剂的身影。就目前而言，初步的效果已经显现出来，但要达到完美境界，相关部门还要再接再厉啊！说实话，由于公共场所细菌传播而导致的大范围流行病事件近年来确实不怎么多见，这其中新型消毒液可以说是居功至伟。现在，民用汽车的方向盘上通常都会附一层纤巧如纸的植物消毒膜，以杜绝各种病菌肆虐的可能。而从前最令人担心的门把手、公厕抽水开关在全能消毒产品的帮助下也摆脱了"摸不得"的恶名。在这些零部件的生产过程中，厂商注入了持久保鲜的抗生药水，所以，不管谁来摸、摸过多少次，你都无需顾虑传染问题。因为在强大安全的消毒剂面前，这些通通不是问题！最后来看一看曾经有"白色恐怖"之称的医院，究竟发生了怎样的变化。谁都无法忘记颇具医院特色、那一股呛人的老式消毒药水味道，即便这样的气味弥漫四周，病毒细菌照样活跃在病房的每一个角落中。现在可好了，科学家们把新型消毒剂制成各种不同的形式，运用在医院的不同地方。比如墙壁，新的粉刷涂料中掺入了荧光消毒剂，因此能 24 小时散发柔和的光线，抑制并杀死有害细菌。当然，由于是纯天然矿、植物合成的产品，你完全不用担心患者及家属会受到有毒物质的侵害。还有，病房里的床单、窗帘，患者穿着的贴身衣物，受到了消毒墙壁的成功启发，现在的医院竟然成了新型消毒剂独占鳌头的展示柜台。再也没有令人窒息的药水味道，再也没有白色恐怖的阴沉气氛，这里成了光线柔和、气味芬芳，洋溢着自然健康的天堂！

这里要告诉你一点，新型消毒剂不仅仅拿"自然、无毒无害"作为卖点，它的高效杀菌能力同样得到了医疗界的认可。还记得 21 世纪初那场剥夺了无数人性命的"非典灾难"吗？就在几年前，世界卫生组织以"新型消毒剂对抗 SARS 病毒"为研究主题开展了一次史无前例的实验。后者可是被视为杀人不眨眼的"非典型性肺炎病毒"，在它的面前，新型消毒剂还有胜算吗？事实胜于雄辩，得益于其非比寻常的杀毒能力，99.97% 的 SARS 病毒竟在短短 10 分钟之内全面崩溃！在惊人的数字面前，说什么都是多余的了。

人类与病毒作战的日子可以称得上是旷日持久：从 20 世纪开

始，相关领域的新产品就一直是消费市场的宠儿。特别是后来匠心独具的抗菌循环空调（也有人把它称为"负离子"环保冷气机）更是多次卖到脱销，成了商家们的心头宝。在这方面的技术进步十分喜人：今天，全球多家著名的工业巨头们坐在一起，共同签署了使用智能抗生设备，制造 100% 杀菌消毒冷藏柜的协议。不过也有人提出，要是把世界上的细菌通通灭完了，会不会削弱人体本身的免疫系统呢？生物学家坚定地告诉你：不会！原因连十几岁的小学生都可以说出来：既然细菌、病毒都消失了，敌人也就没有了，那哪里还需要什么免疫系统呀！

资料来源：

1. HBA 委员会，抗生防感染专业组织
2. 国家农艺学研究学院（INRA）
3.《行之有效的包装术》,《新工业》,2004 年 3 月

最后的汽车加油站

第一辆使用汽油的汽车诞生至今已有150年了，在150年后的今天传统碳氢燃料的时代即将终结。大型石油公司决定从今天起至子夜，关闭法国所有曾在20世纪身担重任且盈利性极高的汽车加油站，连马路口的自助油泵也一个不留。我们要优先使用氢燃料啦！

在位于法国A6高速公路上的"博纳大岩石"加油站内，最后一座汽油泵停止了运作。又称巴黎—马赛高速公路的A6国道是由法国总统乔治·蓬皮杜授意建造的。它建成后，沿线的加油站便自然而然地成为1970年最早运营的一批民用站点，曾有成千上万的驾驶员前来为爱车加油。而现在，这一切都已经成为历史。在那个时代，人们动身去中部主要是通过公路这个载体才得以实现的。但随着汽油消耗量的减少以及氢燃料的发展，这些加油站也就不再有继续存在的理由了。燃料不再通过自助泵进行交易。自埃德温·德雷克于1859年在宾夕法尼亚州台塔斯维尔附近首次发现石油井开始，历史翻开了新的一页，黑色黄金带来无数财富的时代已宣告结束。一个分析家回忆道："石油时代衰落的预兆早在21世纪初就已出现了。"而壳牌，作为世界著名的石油开采巨头，更是一语中的："石油总量其实比预期消耗得更快。"业内人士的评论犹如一颗炸弹，引起了轩然大波，那时某些美国协会的专家们保证："我们将不再开发石油，我们从此不再使用石油。"

　　2004 年，壳牌差点由于它在石油储备上的欺骗行为而支付一笔高额罚金。事实上从 21 世纪初开始，石油公司就高估了 20% 地球上的石油总储量，而美国更是消耗了世界石油总产量的四分之一，中国的石油需求量也超过了日本。伊拉克战争并没有使山姆大叔如愿以偿，因为掠得的黑色黄金远没有达到美国人的预期目标，究其原因，主要是由于近几年来的紧张局势使得伊拉克无法投入大量的精力来开发石油，以至于开发并不完全。到了 2020 年，全球石油的消耗量又增加了 50%。桶装原油的价格持续上扬，而人们对能够发掘出新石油矿井的希望也日渐破灭，其中包括在里海的多次勘查毫无成果。最终导致的结果，要么是有些国家通过石油而积累起来的财富烟消云散，要么是另一些国家重新开始新的投资。比如，那些阿拉伯人转向了房地产业，做起了地皮生意，他们建造具有法老时代风格特征的皇室宫廷以及像迪拜那样精心打造的地下城池。不过沙特阿拉伯的王子们却另辟蹊径，选择生产太阳能。现在沙特阿拉伯地区掌握着世界上最先进的太阳能电池板技术，那些太阳能电池板在沙漠上井然有序地排列成一行，场面十分壮观！也多亏了这样一个将电池板线路埋于沙中的方案，这些电池板目前的发电量占全世界总量的 12%。从黑色的黄金到黄色的阳光，沙漠始终致力于能量的制造。

　　虽然名为法国阳光高速公路，但 A6 国道的路边还没有装上太阳能电池板。不过人们的习惯已经有了很大的改变：人们开车行驶于高速公路上的目的不再是为了外出旅游，而是因为工作的需要在不同的城市间来回。因此，交通主要是地区性的。另外，车辆的最大行程越来越远，也不再需要加油站：现在的车都使用氢气发动机。其最大行程超过了 1 000 千米，通过位于旷野的氢 -24 来进行燃料的补足，这是一种经由流动的小型油槽卡车实现的永久性燃料补足措施。这些生活习惯及人们的接受度是经过半个世纪的努力才得以改变的。一般来说，跟驾驶员们讨论氢燃料是一件很困难的事，因为他们只见过在航天飞机上使用这个词。所以我们发明了各种可能的发动机让汽油和它的衍生物能在一段时间内共存，然后再逐步取代汽油。

"我们有替换燃料的技术。方案已经定好，只是我们接到命令不能透露。有太多的人关注着这一事件的进程：如果我们加快步伐，那么全球的经济秩序将受到威胁。"一个发动机生产商断言。由于燃料的价格一直居高不下，生产商们制造了新的更加实惠、污染更少的发动机来弥补。柴油机享有免税的政策，且配备了消除污染的方案，因此，它带动了新的潮流：在所有最近交易成功的汽车中，超过 50% 的产品都是使用的这种柴油机。此外，燃料的消耗量也有了大幅度的下降。要知道在 2000 年，一辆配备柴油机的小汽车每行驶 100 千米可足足消耗 4 升汽油呢！更为值得一提的是，以油菜为原料或是以甜菜中的乙醇为原料的植物燃料也开始兴起。在这方面，福特汽车公司已经制造出了以木材乙醇为燃料的汽车。尽管它有欧洲委员会的担保，但欧洲国家对此却反响平平。他们很难接受汽油时代结束的事实！"绿色"运动的普及以及中国的快速发展都表明了氢燃料应成为未来主流的这一趋势。"早在 2004 年，中国的汽油消耗量就已经超过了 2010 年的预计量。"一个气候学家忆及。这个古老的自行车国家每年要销售四百多万辆的新汽车！

现在的氢气发动机宣告了过去汽油时代的终结，而科学家们则质疑为什么在过去的 50 年中，这两种截然相反的系统（即汽油与它的替代品的共同使用）能够共存？自 2000 年起，雨贝·席夫成了首先拉响警钟的科学家。他斥责政府没有及时采取相关的措施。我们应当还记得在 21 世纪初，美国总统乔治·W. 布什拒绝了《京都议定书》的第一份协议，其中明确规定了每个国家都要减少引起温室效应并导致地球变暖的气体排放量。

尽管气候失常越来越明显，如大冰雹、洪水和酷热屡见不鲜，但极少有国家意识到了地球所面临的威胁。日本是其中对此最为上心的国家。2005 年，第一辆名为丰田普里尤斯的独用电力汽车投入市场。它依靠电力启动，只要轻轻按一下按钮，它的汽油热机就会在原来的速度上加大马力。而且在汽油箱里还储备了燃料，因此用户根本不必再给电池充电。

即便汽油的价格飙升，人们对它仍旧钟爱有加。很长一段时间内，美国无泵汽油的售价在每 3.78 升 1.5 美元左右，却在 21 世纪的头 10 年中上升到每 3.78 升 4 美元，令全国人民感到担忧。在欧洲，短短几个月内每升汽油的售价就从 1.2 欧元涨至 2 欧元。美国的《时代》周刊在 2004 年 5 月号上发表文章认为这个现象是种潜伏病，是个危险的信号，并发出了汽车不应该再使用汽油的紧急呼吁。

随着 2010 年氢气发动机的发明，名副其实的燃料革命来临了。一辆舒适的汽车由 90 千瓦的大块燃料电池来维持运作，电池完全有能力提供 100% 的能量。为了加快汽车本身的发展，各国财团包括戴姆乐-克莱斯勒、福特、通用、丰田、雷诺、宝马、埃克森美孚、道达尔石油公司和其他的汽车电子制造商强强联合。其他企业则逐渐进入太阳能、风力发动机或可持续发展领域。拿壳牌来说，壳牌就加入了世界可持续发展工商理事会（WBCSD），还成功开发了燃料电池。

第一座氢反应站在慕尼黑建成距今已有 50 年了。在那个时期，宝马展示了它的第一个汽车原型，它能在零下 253 摄氏度的环境下存储 140 升的液态氢。产品的最大行程为 300 千米，并且还可以达到 266 千米/时的惊人速度！所以，我们希望在 2050 年能普及这种能源，稍稍地松一口气。从今往后，我们"宝贵的汽车"和它其他的零部件将只排放水蒸气，而不再有废渣废气！一块树立在法国南部高速公路入口的告示牌叙述着法国公路基础设施的悠久历史，其中一张照片引发了一群路过此地的年轻人的评论，照片上是地处巴黎南郊的儒维赛的美丽泉水桥。1724 年该桥破土动工前，在连接巴黎—里昂—罗马三地的公路上，建筑师加布里尔就想到要建一个专为马匹服务的饮水槽，这样辛苦的马匹就能在此解渴，而骑马者也可稍作休息以便继续赶路：这样的一个饮水槽就像是法国第一座具有象征意义的加油站，难道不是吗？

资料来源：

1. 石油峰值和汽油研究协会（www.peakoil.net）
2. 能源信息机构（www.eia.doe.gov）
3.《汽车的明天》，劳伦·米约尔德，序言

保护动物新方法：虚拟动物园

　　随着新《国际动物保护法》出台，在非洲各大城市中心的动物园也将改头换面。动物园内会安装虚拟大屏幕，用逼真的动物三维画面来替代原本那些动物，从而继续动物园所担负的教学任务。至于原先的生物保护区，它们将被升级为受到高度保护的动物自然保护区，得到更大的关注。

　　对于"在市中心禁止开放动物园"这一决定，动物园的经营者们并未做出很大抗议，毕竟，自1978年联合国教科文组织发表《全球动物权利宣言》以来，各国法律在动物保护方面的力度持续加大，以保护濒临灭绝的物种为目的的法规也相继出台，这一禁令的出现，似乎在意料之中。想当初，人们还纷纷猜测，在不久的将来，对于关在动物园牢笼里的动物，将有怎样的保护措施呢？答案是，随着大屏幕技术的发展，我们将能够用"虚拟动物园"来代替现在的动物园。在"虚拟动物园"里，我们将提供超逼真的动物三维画面，游客们绝对可以如身临其境一般，与动物们来一次亲密接触。

　　在政府做出"关闭大鸟笼""拆除捕熊陷阱"和"取消大象亭园"的强制性决定前，非洲某国的"万森那动物园"似乎未卜先知，早已有了应对之策。现在，在"万森那动物园"内，原本动物专用的场地摇身一变成了观赏厅，自然景色栩栩如生，和真实的非洲大草原无二。通过虚拟大屏幕，人们可以走近那些最凶猛的猫科动物（如老虎），可以近距离地与凶猛的大蟒蛇一起在热带草原玩耍……这些现实世界中的天方夜谭，因为三维影像的出现而有了实现的可能。就是这样的灵机一动，该动物园的游客量并没有因为同行的竞争而减少，相关动物保护令的发布，反而让它有机会为自己重新定位、以虚拟动物园的新面孔再度出现在世人面前。依靠这独一无二的新颖手法，"万森那动物园"吸引了无数的游客，获得了史无前例的成功和影响力。

政府颁布法律后，所有位于市中心的动物园都必须服从。按照规定，"有生命的"动物必须要生活在生物保护区内。因此，所有的动物园都不得不"打开"牢笼，"释放"它的所有物——动物，并把它们分散到各个生物保护区。与此同时，原先的动物园都会被改建成"虚拟动物园"，通过投射三维影像，向游客们分别介绍 12 000 种由世界自然协会编目的濒危物种。除此之外，各地还将建立具有教育意义的兽医中心，主要面向时下的年轻人，旨在让他们对动物有更多的了解。更让野生动物迷们雀跃不已的是，WWF（世界自然基金会）提议，通过现场报名的方式，他们将有机会参观一些最精彩的国际动物站点，虽然有一定的人数限制，但人人都有报名的机会，机会均等。还值得一提的是，"送走"动物的动物园将主要以植物园的姿态出现，继续扮演其教学公园的角色。公园的工作人员将专门安排一位学者，给游客们介绍一些物种的诞生和成长史。这些园区整体感觉更像是一座花园，以小径、树丛为主，给人"鸟语花香、曲径通幽"之感。

自 21 世纪以来，出于对动物的喜爱，人们对动物园的态度可以说是发生了 360 度大转弯。20 世纪末，欧洲民意调查显示，居民对关押动物持强烈的反对态度。81% 的英国人声明他们再也不会去动物园。这一危机促使动物园发起了以环保为核心的应对措施。在乡村，我们可以看到新建成的大型生物保护区、海豚水上娱乐中心，以及其他各式各样的农场。动物园本身也表明了它们的关注要点，即向人们传达濒临灭绝的物种所面临的威胁。很多年来，世界自然保护协会不断地努力，希望动物园的经营者们能采取一些行动来维持动物群落，并试图对一些濒临灭绝的动物进行再引进。可惜的是，到了 21 世纪初，为了保证非洲的经济发展，人们开始积极开发非洲大陆的自然保护区，这个计划也相应被搁浅。作为计划的主要负责人，联合国教科文组织此时不得不站出来。它呼吁，非洲的未来，取决于它的可持续发展，而非"反贫穷斗争"等所谓的"当务之急"。直至 2010 年，非洲国家的环境部长依然苦苦纠缠于两大问题：环境的日渐衰败（尤其是在被偷猎地区，因荆棘焚烧和不节制狩猎而受害的地区）和生活水平的下降。

　　一项耗资 600 万美元的计划已经启动。它的主要任务是：给非洲大陆上的动物编制名目清册、创立科学实验室以及发展生态旅游。终于，在三十多个非洲国家的大地上出现了 60 个生物保护区。2030 年，世界上最大的动物园建立了。它以濒危物种的再引进和植物的保护为重点，由当地社团进行管理。人们已经接受了这一观点，即想要在自然环境中观赏野生动物，惟一的方法就是参观非洲的生物保护区。为了避免过多的参观人数，当地政府在周边交通设施、动物园参观制度方面都做了相应改进。焕然一新的动物园吸引了大批量的游客，这些地区的经济也得到不同程度的发展。《世界公民》的作者菲利普·英吉尔哈德曾在 1997 年预言，生物保护区决定非洲的未来。事实果然如此。在贝宁，因为一开始生态旅游开发得比较少，所以它就投向热带稀树草原和小村庄，定向于棉花的生产和饲养大量重要的鸟群。在布基那法索，马勒河马保护区现在已是它的一大亮点。科特迪瓦开发了热带森林，使得游客可以在平原上欣赏象群和羚羊群。世界上第一个跨省的公园地处尼日尔、贝宁和布基那法索的交界处，它占地上百平方公里。公园的主题是环保：抵抗沙漠化，控制人口。这个生物保护区现今已是世界遗产的一部分。

经过几个世纪的不稳定局势，非洲大陆寻找到了新的平衡点。虽然最早的生物保护区计划可以追溯至 1971 年，但直到 1995 年的塞维里亚议会上才有了经由官方认同和承认的生物保护区。21 世纪初，我们已在世界范围内建立了四十多个生物保护区，它们不仅保护了生态环境和其自身的生态系统，同时也给受到环境恶化威胁的国家带来了重大的经济社会发展。动物们来到这些新的生物保护区后，仿佛重归故里，回到了它们原来的生活，这难道不是个天大的好消息么！举例来说，在 21 世纪初，老虎只剩下不到 5 000 只；爪哇岛的犀牛也只剩十几只；在塞内加尔，猩猩的数量不到 200 只，在贝宁、多哥和冈比亚，猩猩已经绝种。"猩猩是人类的祖先，它们的消失将会是人类文明的一大损失。"正如环保节目《国家》的负责人在 2000 年说的那样，我们有责任保护这些濒临灭绝的动物。现在，令人欣慰的是，在欧洲太空社的帮助下，我们可以通过它的卫星来远距离监视那些偏远地区。非洲大陆已完全停止了对动物的利用和偷猎，并把它原来的那些动物园和保护区改成了野生动物群的庇护所。刚果的图拉斯公园就是一个很好的例子，该公园的大型露天兽医诊所里收容了所有被围猎的动物。

全球的动物终于能够继续存活下去了。发达国家也纷纷效仿非洲的做法，比如法国。身为整个保护环境全球计划的一员，法国在布雷斯特建立了伊瓦兹国家海洋公园。该海洋公园集结了欧洲最大的海洋动物，给受污染威胁的藻类和地衣提供了一个舒适的自然生长环境，濒危的信天翁也在这个地区扎了根。自然保护重新受到人们的重视。人们已经意识到，对我们的未来而言，势不可挡的工业化才是一个真正的威胁。

资料来源：

1. 欧洲动物园史 http：//www.leszoodanslemonde.com/html/index/histoire_zoos.htm

2. 世界自然联盟（www.iucn.org/fr）

3. WWF（www.wwf.fr）

4. 加拿大环境（www.ec.gc.ca）

5. 联合国教科文组织（www.unesco.org/fr）

6. 非洲文化（www.africultures.com）

7. 图拉斯朋友俱乐部

瑞典，交通事故零死亡人数的达标者

今天早晨，我们获悉在最近的 12 个月里，瑞典是世界上第一个没有交通事故罹难者的国家，其交通事故的死亡人数为零。我们都知道交通事故的死亡率是世界上最高的，甚至超过了艾滋病，成为最恐怖的"吸血鬼"。但是今天，瑞典的这一数字确实使人为之一振，难以置信啊！

史无前例，绝无仅有！一位瑞典的交通部长不用等到老得牙齿格格作响就已经实现了他的梦想，他即将获得于 10 月 10 日颁发的诺贝尔和平奖。由瑞典科学家诺贝尔设立、著名的瑞典皇家科学院颁发的诺贝尔奖旨在奖励那些在化学、物理、医学、文学和经济领域取得显著成果或者是为世界和平做出了巨大贡献的人。这一次，瑞典的交通部长因为交通方面的成果而获得诺贝尔奖，应该说，它完全体现了评判者对人性的高度重视。瑞典交通部长奥洛夫·居斯塔松最大的功劳就是那令人出乎意料的交通事故零死亡人数的记录，这是一个超乎寻常的结果，简直是不可想象。早在 1997 年，瑞典国家公路局道路交通的负责人就定下了这个目标。当时，所有的国际团体都认为这是一个不可能完成的任务：就算没有超速，没有酒后驾车，我们怎么可能完全避免交通事故呢？而瑞典只是简单地执行那些较严格的法规，如高速公路上限速 110 千米／时、城区外限速 70 千米／时、重型摩托车限速 80 千米／时，路上的行人要做到零酒精度，可 0.2 克 / 升的酒精度在欧洲就已经算是处于最低行列了，由此可见瑞典的规定是如何的严格了。另外，瑞典的老年人每年还要接受全面的系统检查来检验他们的驾驶能力。结果是：各国最高决策机构层分享了这个神奇的点子，开始相继效仿。

"是的。但是我们还需要 50 年的努力。"瑞典道路安全部的发言人明确指出，他在新闻发布会上公布了这个数字。因为瑞典人一直不懈地努力执行着那些道路法规，瑞典的交通事故伤亡人数一年比一年低。自 2010 年起，我们可以看到死亡人数已经下降了一半，从原来的 500 人减到 250 人。这些数字还在持续下降中。照这种情况，到了 2020 年就只有 100 个伤亡者了，2030 年是 50 个，2040 年就只有 10 个（这 10 个伤亡者因为一辆小巴士着火才受的伤）。最后，也就是 50 年后的今天，瑞典成功地消灭了交通事故伤亡数这个祸患，即达到了零死亡人数的目标，但是与此同时，其他国家的情况却越来越严重。世界卫生组织 2020 年的统计表明交通事故已成为继艾滋病和结核病后第三个高死亡率的原因。在经济高速发展的发展中国家，由于道路交通状况的每况愈下，情况愈加恶化。中国在成为私人汽车大国的同时，也造成了这些数字的上涨。这个年度性的灾难也因此赶超了艾滋病成了世界上造成高死亡率的罪魁祸首，因为艾滋病自有了疫苗后死亡率已经下降了。

面对这样一种情况，为了把道路安全提升到国际层面，加强全世界的关注，联合国要求安全理事会召开相关的会议来制定相应的措施，解决这个棘手的世界性的大难题。这就解释了为什么那位瑞典部长能够获得诺贝尔和平奖。实际上发生在公路交通上的"大屠杀"在世界范围内继续进行着，交通事故死亡人数已经达到了 300 万（2004 年 120 万）——一个堪比战争时期死亡人数的数字。单单中国就有 150 万的死亡人数，即使中国是一个人口大国，但它也不能认为这是微不足道的。

瑞典的这一成果不仅仅归功于它独一无二、类似强制的道路交通政策。技术的并融与发展无可争议地是这场对抗"不安全"之战中胜利的关键因素。瑞典高瞻远瞩，完全明白发展电子驾驶辅助系统的重要性。法国在 21 世纪初放弃了这个珍贵的想法，但与法国相反的是，瑞典大力投资并开发紧急报警系统，万一发生车祸，安装在车内的电话有遇难信号装置，它能立即通知急救中心派出救护车。同时，瑞典还改进了由欧洲委员会创始的电子安全系统（E-Safety），该系统自 21 世纪初促进了安全设备的发展：轮胎的压力传感器终止了轮胎气不足和有爆裂危险的情况；随着对障碍物的侦查能力的增强以及道路信息转发并轻轻地叠印在挡风玻璃上，汽车的装备日益完善。结果是今天，不论是在瑞典还是在其他国家，我们都找不到这样一辆新车：没有车轮防爆刹车系统，没有轮胎防滑装置，没有按导航系统计算的速度调节器，没有氙灯，没有红外线装置，没有反碰撞雷达系统。最尖端的车型可以"识别"道路并且选择最方便的路线，省去了很多时间和精力。红外线传感器不仅能够探测高速公路上的穿越线，而且还能在马路上对其进行反射然后确定马路的附着度。比如说，它能确定前方几百米处的路面上的一块薄冰或是一摊泥浆的确切位置，从而自动绕开，避免了发生车祸的危险。这种新型的红外线传感器与可变热轮胎（其外观是根据道路剖面图设计的）结合使用后不仅提高了道路使用的耐久度，而且驾驶者也能够即时预测到危险并做出反应。

同样地，信息高速公路的发展大大加强了出行的安全，法国第一条信息高速公路建于 2021 年。近几年来，汽车在道路上找到了自己的"声音"，也就是说，汽车变得更智能了，具有了更多的自主性。城市里交通指示牌上的无线电标签、贴在马路上的磁带都保证了汽车和道路之间的"对话"，增强了安全性。发射器发射有关速度的指令、一些可行性建议和与当地天气预报相关的有用信息。另外，汽车之间也能相互对话。自"车对车"的计划创立以来，欧洲的汽车开发商们就发明了一种能使车辆之间互相交换信息的结构，信息也可以通过一个无线电交流平台中转。一辆出了事故的车辆信息能够被方圆几百米内的其他所有的车辆获知。不过只有两辆距离相近的车子才能建立虚拟网进行对话，交换有关附近其他车辆的信息，如交通方向等。我们知道在高速公路上这种系统通过避免额外的事故从而能够拯救几十个人的性命。汽车之间的这种互相交流还能减少在十字路口的碰撞。因为事先能确定各自车辆所处的位置，那么车辆之间就能通过发送信号、调整速度来互相避开了。值得注意的是车子的形状在导航系统上进行了更好的编目，增加了当天汽车信息更新，因此每辆车都能发送有关危险弯道或湿滑路面的信息。

　　驾驶者的驾驶方式也同样有所改变。汽车的模拟测试是必需的，这不仅是为了考验压力环境下驾驶者的能力（紧急刹车，雨天、夜晚或高速公路驾驶，冬季驾驶的状态），也是为了衡量他们的警觉性。合成图像模拟系统取得的进展为初学者们提供了更好的服务，后者在由千斤顶撑起的斗形座上，面对一个大屏幕，手握方向盘，从容不迫地开始一系列测试。要知道，这与电子游戏是完全不同的……电脑不停地重复实际的交通情况，而相应的软件则如实地重现。更人性化的是，参考者通过了测试后，软盘会记录新驾驶员在头几个月里的驾驶情况，只有通过了这前期的考察，他的官方文件才能生效。重复模式能使参考者再次看到考试过程中所犯的错误并加以修改。最后就是老年驾驶者的问题了。这是一个长期以来政治家们都未敢提及的话题。不过，这 10 年来，先进的技术可以精确地衡量不同年代驾驶者的能力；另外再加上每年一次必需的身体检查，老年驾驶者的问题也得到了改善。听力方面，通过一些反射性练习，特定的测验会立即做出相关的判断。有时候也需要动一些手术以便使驾驶者们能继续驾驶。瑞典在实施了所有的这些措施后，达到了"零死亡人数"的目标。奥洛夫·居斯塔松对于自己的名字能加入长长的诺贝尔奖的伟人名单一定感到很自豪，这些名人，如居里夫妇、艾伯特·爱因斯坦等等，他们各自以自己的方式来进行研究或思考，为人类带来绵延无尽的福泽。

资料来源：

1. 车对车（www.car2car.org）

2. 世界卫生组织（www.who.org）

3. 诺贝尔奖（www.nobelprize.org）

4. 瑞典道路安全部（www.vv.se）

5. VTI（www.vti.se）

6. 零事故协会（www.zeroaccident.net）

倒向频率，击垮噪声危害

　　经过了一系列的科学测试，结果都使我们确信：噪声污染一直以来都是 21 世纪最大的灾难之一。无论是汽车、飞机还是两轮机动车产生的高分贝噪声，这些都严重侵扰了居民们的正常生活。幸运的是，如今，首套特别设计的防噪声公寓已经建成，寓所内安装了具有抗噪声功能的反向频率系统。有了这样的设备，即便居民们搬回嘈杂的市区也能享有平静和谐的氛围了。

　　在马赛西部，距马里尼亚讷小镇几百米的地方，噪声问题一直被大家认为是挥之不去的梦魇。因为多年来，这里的机场每隔几分钟都有航班往来，飞机总是接踵降落在跑道上，引起阵阵轰鸣。特别是随着巨型超音速飞机（其技术核心为一台冲压式喷气发动机）的投入使用，这种情况恐怕一时还不可能改变。而现在，马赛又以其优越的地理位置和发达的交通网络，被评为欧洲航空港。这原本应该是地区经济发展的意外之喜，但却成为方圆 50 千米内沿岸居民共同的噩梦。更糟的是，由于噪声导致生活环境恶化，居民纷纷外迁，弗凯亚（马赛老城）已经变得空空落落，居住者寥寥无几。黑摩托的喧嚣、汽车喇叭的齐鸣，以及时而为了庆祝马赛运动会上自行车比赛的胜利而燃放的爆竹，这些永无止境的噪声让居民们疲惫不堪，难以承受。总而言之，那些充满着资产阶级气派，曾经使无数人艳羡的富人住宅区大多已经被闲置或封闭了。25 年来，这样的颓势似乎丝毫没有要改善的趋势。然而就在今天早上，变革的号角吹响了：当人们来到第一所安装了"抗噪声"技术的样板公寓，大家终于在此感受到了久违的安静。一位房产中介人提起一段出人意料的经历："瞧，看到那辆摩托车吗？因为没装排气消音器，它产生的噪声可以在深更半夜吵醒全市 1 万居民。不过今后，有了反向频率系统，我们就可以不受噪声的干扰，安心地入睡了。"一位声学工程师作了一番技术性的解释："声音其实是一种波段，也就是在空气中以不同频率传播的振荡效应。如果这种振荡每分钟重复10 000 次以上，就会被认为是尖音（专家称之为 10 000 赫兹）；如果其低于 100 赫兹，则被认为是低音。人类听觉感知的承受能力大约在两者之间，因此在这一范围内的声音干扰是可以接受的。"

抗噪声技术的原理很简单：当声音以某种频率被发出时，我们在声源附近放置一台扬声器，它会发出一种反噪声。这一反噪声应尽可能地接近原噪声在声谱波段上的频率值，但稍稍延时发送，这样做是为了让扬声器发出的声波与那些不合时宜的噪声声波形成对立。换句话说，就是让两种相差半个波长发出的声波重叠起来。我们同样可以举这样一个例子——石头被投入水中时形成的涟漪：如果一个波峰与一个波谷重合，那么两者就会互相抵消。这样在声波的传送过程中，就不会有振荡，噪声也自然而然地随之消失了！

然而，原理虽简单，实际应用却远不如大家想象的容易。事实上，控制技术只对低频率的噪声有效，即那种在摩托车启动时，或是卡车经过时能使玻璃晃动所产生的噪声频率，而高频率的噪声则较难消除。这种抗噪声系统带来的其他不便还有：最终的效果取决于听者所在地点的房间配置与听者自身的位置情况。为了使系统有效地运行，就必须知道听者的所在方位，计算需要发射的反噪声频率，生成反噪声并发送，使之与需要消除的噪声同时被传入耳中。这就对技术提出了更高的要求，因为技术人员必须确保反噪声比声音的传播速度更快！显然，这是不可能完成的任务，所以必须另谋出路。目前，工作人员的主要切入点并不是要计算实际声音，而是获得其"数据"图像。等今后有了即时电子计算机，一切就会变得可行了。鉴于声音来源的多样性和声音级别的不同，那些我们在社区里听到的，由喊叫和人类活动产生的普通噪声仍将难以消除。但是不管怎样说，完全删除这些噪声似乎也没必要，因为人耳对于声音清晰度的接收能力本身有一个限度，大约在 20 分贝左右。故而只要努力控制在这个范围之内也就绰绰有余了。

这一有效声控的原理并不是当今时代出现的新发明，事实上早在 1930 年该技术就获得了专利。这种技术第一次被使用，是为了保护二战时期轰炸机飞行员的耳鼓膜不受损伤，之后一次是为了抵御美军直升机螺旋桨发出的震耳欲聋的响声。

但是在民用生活领域，要从根本上消除对健康有害的噪声，相关计划还缺乏政治合作的意愿和经济方面的资助。在里约热内卢全球会议之后，有关致力于维护听觉环境的问题逐渐被重视起来。工地上的机械操作工被要求戴上防噪声的耳机；体育活动和露天音乐会的搭台布置，已被要求安装防噪声的扬声器。至于机动车、卡车和两轮动力车，从明年起，它们也将被配备抗噪声设备，该系统将被统一安装在排气消音器里的声源中心，用以排除噪声危害。毫无疑问，该技术最与众不同的地方就在于如何对一个"危害消除装置"进行测试。近来，它已经显示出了超凡的商业价值：在法国马赛，与该技术有关的新型产品一直牢牢占据着市场销售的头把交椅。

需要补充说明的是，相关研究还在陆续进行中……因为，绝对的安静也并非是我们想要的完美生活。有些评论文章以此发文，题为《死一般的寂静》——这有可能就是今后我们的城市所面临的境况！因此，研究者试着将声谱层层剥离和筛选，为的是创造一种系统，能分辨出人们喜欢和不喜欢的声音之间的区别，并有选择地消除某些噪声，使人们听到想听的东西。这样就能保留那些自然和谐的声音：如风吹落叶的簌簌声，水流的汩汩声，又或是鸟啭莺啼。相反的，只要人耳无力承受，像酒吧餐馆的喧哗吵闹就会被屏蔽，而人们的谈话将被完整地保留下来不受任何打搅。

如何降低城市噪声的措施都是如今社会的执政者们所应当履行的第一要务。城市化在不断地深入发展，而对于如何防止噪声的日常危害，他们却从未着手进行过。况且，因为法律还没有颁布实施，好像这还构不成真正的污染。尽管在乡村、高山和沙漠中确实还存在一些宁静的绿洲，但是，在城市，由于20世纪末起开始人口爆炸，加之持续不断的噪声，使得生活质量日益糟糕。大城市的几千万居民承受着不低于90分贝的声响，纵然在夜间也不例外。我们知道，分贝等级不是作算术相加的，而是呈对数增长的——每累积10分贝，噪声强度就会翻一番。这意味着，大城市中的噪声比农郊地区高了10倍！即使当事人没感觉，人体还是会吸收这些噪声；它们最终在人们不知不觉的情况下，会造成生理的紊乱。我们可以看到，因患上与噪声有关的疾病而前往就医的患者已经增加了很多。

当然，为了掩盖现有的噪声，声音隔离的标准也已大大加强。但任何时候，公众不会想到要从声音来源上解决问题。结果就是，巨大的金额被投入到制造隔音墙来分隔空间，以达到隔音的目的，为此，我们只看到这些空间几何的设计图案被无限地重复。我们已经向高速公路和铁路沿岸居民介绍过这一抗噪声的最后解决方案了；对于整个社会来说，它们成了砸钱的无底洞，却无法从根本上解决问题。

里约热内卢会议通过了新的国际法，根据规定，要统计地球上噪声危害最严重的地区，以及因此而难以居住的地方，比如旅游地区的露天咖啡馆，车站大厅和机场到达站，还有展览中心。所有这些都将被列为优先安装防噪声技术的区域。可以预见，沿交通枢纽建造的居民区和旅馆将重新找回宁静，即使这种宁静要花费巨大的代价。而如果这样做还不够，那我们就只能永远摆脱所生存的大气环境了，因为声音不会在真空中传播……

资料来源：

1.《科学与未来》，2004 年 1 月刊

2.《自然》杂志主任 John Maddox 采访稿

星光动力反应器启动

在比最初行程计划表的预计时间整整晚了 4 年后，今天上午，星光动力反应器（Stellar Power）终于向世人撩起了它神秘的面纱，于法国南部正式开动，投入工作。这一科学技术史上伟大的进步，绝对称得上是一个崭新的开端，标志着在核聚变的基础上，人类走入了一种新能源系列的时代。

"4，3，2，1，0！……"在位于罗讷河口省巨大的干达哈什地下基地内，大家兴奋地一起倒计时，神经都被绷紧到了极点，如同这是要征服宇宙空间的伟大时刻。这里，没有发射助推的坡道，也没有要起飞升空的火箭，有的只是大量被密密麻麻的数字、信息数据覆盖的图表，以及一批兢兢业业的技术人员。他们负责向全世界启动第一个能自主生成太阳能和星能的发电站。

一大早，相关的工作人员就因焦躁和迫切而显得有些坐立不安。控制系统指示，磁场中有一股巨大的上升趋势。上午 11 时，启动软件被初始化。星光动力反应器在一片带有庄严神圣色彩的安静中，进入启动阶段。全场 2 500 名受邀嘉宾都露出了赞许的表情，面对这难以置信的能源革命第一步，他们紧张得好像嗓子都被打了结。

"能量反应器的启用，至少将使人类受益 10 亿年"，干达哈什基地的负责人骄傲地向嘉宾们介绍道。10 亿年，这实际上就是通过核聚变所产生能量的潜在寿命。总的来看，300 升海水才勉强能提炼出 1 克氚。而氚作为燃料的基本元素，能供应 1 亿摄氏度的热量，这相当于一颗恒星或者是太阳释放出来的能量。因此可以得出这样的结论，海水资源至少尚能维持人类的需求 1 亿年！这样一来，我们的子孙后代就不必为取暖或照明的能源问题而发愁了。

当这一项目在 2003 年被纳入研究阶段时，人们对无污染能源以及可再生能源的前景展望似乎是一片迷茫，仿佛那是无法达到的梦幻。随着化石能源的消失，悲观的科学家们纷纷表示人类将生活在能源短缺中，而同时，污染必定盛行，加之气候变暖严重威胁着我们的星球，过去认为不可能的灾害就会变成可能。当今时代，原子能的生成是建立在核裂变的基础上的，其反应过程会产生体积庞大的废弃物。从长远角度看，先不考虑安全的问题，光是管理成本就已经相当高昂了。没有人会忘记在 1986 年 4 月 26 日，发生在苏联切尔诺贝利核电站的爆炸。根据官方数据的公布情况，有 30 人在这一灾难性的事件中丧生，另有几千人受到核辐射的放射性危害，而落下后遗症。老式裂变反应器已经在 2020 年结束其使用寿命，同时我们成功研制出新的一代，名为 EPR，可以在水压下运作的新式替代品。其中两个最值得肯定的样板来自于法德两国的倾情合作，它被认为是这一技术的展示窗口：一个安装在芬兰，另一个在法国佛拉芒市。当时的法国总理坚定地宣称，这项技术一定会比传统核能更加可靠，其安全性能高出 10 倍。在法国的 19 座核电站的投资金额已经达到 30 亿欧元，主要用于核电站的现代化改造。随着 EPR 的应用，电能的生产成本降低了 10%，而铀的消耗量也减少了 17%。但是如何处理发电过程中所产生的废弃物呢？这一问题困扰着所有技术人员。芬兰人在这方面早已开始着手进行一项大型的工程了：始于 2004 年，2010 年完成。该工程的计划主要是，将核电站产生的放射性物质填埋入一条长 8 000 米的隧道，再覆上 500 米厚的花岗岩。所有的物质都将被封闭在特制的铜舱内！这只是一个短暂的过渡阶段，它将引领我们进入一个新的时代——使用更清洁、更有效的反应器的时代，这一定会满足新一代人的期望。我们的下一代不仅在为生存环境担忧，也渴望着能不用为未来的能源危机而却步，并且继续发展和前进。如今，星光动力反应器可以证实，通过核聚变而不再靠核裂变产生能源，在技术上是可行的，故而也将帮助解决由废弃物带来的污染问题。

"当您看到一颗恒星在发光，万有引力的作用足以使它本身达到一个能引起热核反应的温度，"一位工程师解释道，"现在，我们也可以在地球上，通过使用我们新发明的反应器，来生产出这种被释放的巨大能量。"

天体物理学家们为了破解恒星能源的奥秘，为之花费了足足 50 年的时间；他们已经实现了氢、氘、氚原子核的裂变，并发明了可以在强磁场环绕的星轨中抵制绝对高温的材料。他们最主要的障碍就在于万有引力的反复生成。渐渐地，他们发现，在短时间内，并在绝对温度下把物质暴露于高压，就能发生核聚变反应。

自 1986 年以来，美国、欧洲和日本都密切关注着热核聚变技术的发展，并与国际原子能机构合作，该研究项目之后又得到了俄罗斯和中国等科技大国的支持。法国 1989 年在干达哈什安装了一台新奇的机器，叫"超级多睿"（Tore Supra），用来测试和研究清洁反应器的前景。人们还时常想起由 2007 年油价飞涨带来的焦虑情绪：油价每桶突破 70 美元，而要知道大约 5 年前，相同产品的价格已经猛跌到仅为 20 美元。石油储备的减少（这与波斯湾地区的生产国政治不稳定亦有关联）让 G8 集团国家的首脑们聚集起来，商讨一项应对未来能源问题的解决方案——一套有关新一代核能的方案。法国已经成为这项研究的先导者，其 75% 的电能都靠核能发送。小国立陶宛做得更好，核能发电率达到 88%，而美国只有 20% 的电能来自核发电。法国的发电站有一套相当完善的管理制度：EDF，即法国电力公司，输出大量千瓦的电能，而把处理废弃物的工作转移到科唐坦半岛的哈格小镇。虽然一开始的创意不错，但结果还是发生了意想不到的争执事件：从欧洲发出的铁路运输发生阻塞、绿色和平环境保护组织的示威者紧跟在运送放射元素的车厢后进行抗议……上诺曼底大区的小城，把日积月累的废弃物埋在了封闭的地窖中。五千五百多个这样的容器可能今天就在我们的脚下，而且有好些年了。这是那些在 20 世纪中叶就决定采取"全核能"供应的国家所要付出的代价。

"我要把法国带入核时代，"菲利普·戴高乐将军对他的儿子说道，"但实际上，法国有没有追随我的热情呢？"这一选择可以追溯到 1945 年，戴高乐政府提出要设立原子能特派署，当时距 1939 年发现铀原子裂变才过了仅仅 6 年！因此，法国没有在时间上落后，而且使自己成为 20 世纪中期在欧洲率先建造核反应堆的先锋，之后又进行了一系列发电试验。1963 年希农核电站成了世界上第一个用于商业用途的核电站。

1973 年，石油危机促使大家转变路线，以适应日益增长的能源需求，但研究进展却相当缓慢。当时发电率只有可怜的 2%，1988 年达到 18%，之后就停下了发展的脚步。1979 年美国拥有了自己的核电站，但却发生了宾夕法尼亚州的三英里岛反应器事故，不得不撤出几千户居民。尽管辐射云已经被遗忘，公众对此也保持了缄默，但沉重的代价至今令人唏嘘不已。后来，美国总统乔治·W. 布什继续推动核电站的开发和安装废物处理中心。

这些核能站是用风力带动的吗？在 21 世纪初，大约需要 50 000 架风车才能比得上 440 个反应器的工作效率，其中 58% 都在法国。尽管遭到公众的强烈抗议，但核能确实已经迈出了坚定的步伐。1994 年以前，由于技术原因，政府在核能上的花销已经达到 100 亿欧元。但既然法国成了世界上相关领域毫无争议的王者，这些研究成果就是值得的。从此，干达哈什声名远播。大功率机器从最初发电几千瓦到几百万度，而今天核能的发展更是翻开了新的篇章，宣告了一个新能源时代的到来。

（由物理学家吉乐·科恩-塔努第（Gilles Cohen-Tannoudji）校阅。）

资料来源：

1. 来自 EDF（www.edf.fr）和 Areva（www.arevagroup.com）公司的档案资料

2. 原子能专员特派署发布的资料（机构网址：www.Cea.fr）

3. 西门子能量发送竞赛的相关信息（网址：www.Powergeneration.siemens.com）

4. 国际原子能机构发布的信息（网址：www.iaea.org）

防震系统拯救尼斯：多谢了，德墨特尔

　　1个月前，一场特大地震惊动了整片蔚蓝海岸，掀起波涛万顷。现在，地震的余波已消失殆尽。更加幸运的是，没有人在这次剧烈的大地震中受伤，大部分的居民住宅都成功抵挡住了这波来势汹汹的地壳运动。事实上，尼斯人早在40年前起就开始静候这场地震。

2055年7月12日，这一天因"大地震"的来袭而被载入年鉴。尼斯的警报拉响时，所有居民立即沉着冷静地采取应急措施。街道、广播、因特网、卫星电视上安装的警报系统向人们反复播送着同一条信息："预计10分钟后会发生7级大地震。所有人员请留在家中或办公室，或立即聚集到防震中心大厅。"

　　由于救援服务部门好几年前就组织过相关演习，当地报刊和市政府公告栏也已广泛告知居民：按照最新抗震标准实施的大楼修缮和重建计划已经完成，所以，几十年前预告的这场大地震并未引发人们一丝一毫的慌乱。当局对几世纪以来记录在案的最高震级心中有数，很快了解到这里的居民住宅完全能够经受住此次地震的考验。为了避免人们由于惊慌而大量蜂拥逃窜，由此造成比地震本身更危险的灾难，政府引导居民留在家中，这一做法与过去几年来日本人每次在警报拉响时的做法一样。

　　此外，值得注意的是，得益于地震学研究的进展，人们这次提前两天预报了地震。在预计会发生大事的这一天，城市安全部门拉响警报，以在敏感时期提高人们的警惕性。

这次事件中有两个"第一"值得称道：首次地震预告及首次灾难零破坏。这场持续了 30 秒的剧烈震动和 6 小时后的余震虽然影响到了这座城市最热闹的地区之一——海港区，但据广场上的目击者称，害怕惊慌等情绪并未蔓延到邻近市场上的商人。一名被迫放弃自己摊位的花商描述说："客人们从早上起就一直在谈论这个……警报拉响时，我们都聚集到了防震中心。"

要是说没有人感到害怕，那是夸大其词了。不过当人们在第一波震动结束后从避难处走出来，查看地震造成的破坏程度时，所有人脸上都浮现出松了一口气的表情：谢天谢地！没有任何一样东西遭到破坏！一切完好无损！只有旧街区老房子的墙上出现了几道裂缝，仅此而已。一名消防员证实说："感谢上帝，城里的人在 30 分钟内疏散完毕。地震发生时，街上甚至连一只猫都没有。"

国内外新闻媒体对成功预报此次地震的科学队伍赞不绝口。一年前，正是这支完全由法国研究人员组成的队伍，预测了可能发生在意大利和日本这两个深受地壳运动影响的国家的一次灾难。日本人对于科技进步尤为感恩戴德，因为自 21 世纪初以来，科学技术已拯救了成千上万日本人的性命。一名地震学家说："如果我们早点掌握这项技术，也许就能挽救 1995 年 1 月受地震袭击的神户，也许就能避免 1923 年 9 月发生在东京和横滨那场造成 15 万人死亡的浩劫。"

应媒体之邀，法国国家科学研究中心下属国家地球科学研究所的一名研究人员向公众详细解释了这项地震预报方法的原理：在地壳"释放压力"，也就是发生地震前，地壳所受到的最后的压力会导致地质断层处释放出高频电磁波，而预报地震的原则正是以探测高频电磁波为基础的。

长期以来，地震学家已注意到岩石的电导率会在地震前几小时发生明显变化。但若要根据这一发现研究出一种可靠的预测方法，需要在地球上所有敏感地区安装几十亿个传感器，然后通过这些传感器收集信息、集中处理，最后再公布结果……这是一个根本不可能完成的任务。

法国研究人员的秘诀在于：寻找一种能从外部通过卫星探测到的信号释放源，再适时处理接收到的信息。2005 年，法国国家空间研究中心一颗被命名为"德墨特尔"的卫星发现，在地壳承受压力的最后阶段，地震断层也会释放出电磁波，这种电磁波可通过卫星轨道上的探测器网捕捉到。这一发现意义重大，新开发的地震预报方法正是建立在这一发现的基础上。但是，这一方法有一定局限性：它仅仅适用于距离地球表面很近、相对较长的断层。这次的尼斯大地震就属于这种情况。不过话说回来，如果人们在 2004 年 12 月 26 日就掌握这一方法的话，完全有能力事先预报在那一天发生的苏门答腊大地震。当时，长达 1 200 千米的断层突然断裂，释放出几乎比尼斯大地震多出 100 万倍的能量。半个世纪前这场突如其来的苏门答腊大地震引发了历史上规模最大的海啸。

所以，虽然说法国的这一项地震预报方法诞生得不免有些迟了，但却完全能够取代传统地震预报技术。传统的地震预报或多或少依赖经验，这些方法使用至今，并没有取得大的成功。它们有时似乎让人看到了希望的曙光，但不久之后又会令人大失所望。

在世界上受地震影响最严重的国家之一中国，人们过去是通过观察自然界的异常现象预测地震的，例如地磁场的波动、井水水位的变化、啮齿动物在地震前几小时逃离洞穴的反常行为等等。这些异常现象被人们视作是地震的前兆。1975 年，这种经验式的观察帮助人们及时疏散了海城的居民。但第二年，却没有什么能使人预测出唐山大地震。这场震级 8 级的大地震夺去了超过 25 万的生命。

当然，法国与其他欧洲国家如希腊、意大利相比，地震活动并没有那么活跃。但是在法国的年鉴中，依然可以发现几处对于毁灭性地震的记载：1909 年 6 月，兰贝斯村（鲁伯隆山区南部一座小村庄）发生地震，造成四十多人伤亡。这是 20 世纪惟一一次震级大于 6 级的地震。最近的一次地震则发生在 2001 年 2 月 25 日。这场地震震级 4.6，震源来自大海。它袭击了整个尼斯地区，所幸没有造成破坏。

有鉴于此，人们意识到在法国地震易发区（如最易遭受毁灭性地震的比利牛斯山、孚日山）建立永久监控系统相当重要。博学之士不会不知道，1227 年，一场地震袭击普罗旺斯，大量的岩石如洪水般从山上滚滚倾泻而下，造成约 5 000 人葬身石底。1494、1564、1612、1618、1887 这几年，维苏比山谷也有无数村庄纷纷因地震袭击而毁于一旦。

因此，能够掌握地震预测技术对法国地震学家来说不啻为一个巨大的成功。当然，这一成功也离不开那些建筑学家和研究人员，他们开发出防震建筑，同样功不可没。加利福尼亚曾长期是材料力学领域的领头羊，这点不难理解，因为这个美国的大州地处世界上最脆弱的地壳带之一，拥有著名的圣安地列斯断层。这个断层长达 1 000 千米，从旧金山一直延伸到圣地亚哥。

自 1906 年 4 月发生震级 8.2 的大地震以来，有关抗震的规定变得更为严格，一些受到地震威胁的工业国家也开始采用这项规定。

在一些敏感地区，建筑物的设计要考虑到如何应对地震带来的晃动。楼层间的连接必须设计得相当富有韧性，这样才能确保地震发生时大楼虽然不免摇晃，却不会坍塌。现行标准自 1998 年开始实施，适用于所有新建的大楼。

与大楼的建造相比，现存建筑物的修缮工作则更为讲究，代价也更为高昂。不过在地震易发区，这项工作在过去 50 年期间就已陆续完成。人们在老旧的房子和脆弱的楼层连接处灌注聚四氟乙烯，使其更加坚实稳固。为了这项浩大的工程，欧洲给尼斯市发放津贴，这座城市现在已经成为世界防震的典范。紧跟其后的是伊斯坦布尔。在那里，于 21 世纪初启动的工程也即将完工。这项工程目前已持续了 50 年，一旦大功告成，伊斯坦布尔这座欧洲受地震威胁最严重的城市就将从悬在头上的达摩克里斯之剑下被解放出来，成为欧盟最坚不可摧的大都市。

资料来源：

1. 法国国家空间研究中心（"德墨特尔"计划）http://www.cnes.fr

2. 书籍：《科学与生活》和《科学与未来》

3. 期刊：《航天周刊》和《空间技术》

汽车机修工人上哪去了

亲爱的机修工大叔们很快就要成为过去式了。随着无线网络以及电子设备的爆炸式发展，手工机械修理这份行当也和21世纪初时的玻璃商贩一样，最终逃不脱消亡的命运。尽管有人依依不舍，但也挡不住大势所趋！新型的远程修理技术使得从前浑身脏兮兮的机械工摇身变成了斯斯文文的信息专家。看吧，高性能的U盘可比活络扳手好用多了！

天啊！那些全身上下挂满了工具、不修边幅的机修工们上哪去了？没有机油味的生活还真是少见啊！还记得吗？就在几年前，当追求刺激的司机在6号国道上狂飙速度而导致引擎罢工之后，他们要做的第一件事就是灰溜溜地跑去路口找汽车修理工求救。可是现在，汽车修理铺早已经不务正业，充当起了传统机械老爷车的展览馆，为来来往往的车迷详细介绍各个系列的品牌故事。今早，最新款的氢动能凯迪拉克进行了盛大的首航会。香车刚被拉上勃艮第大街就惊艳全场。最重要的是，新车再也不会劳烦主人时不时跑到加油站小坐。驾驶者可以潇洒地开着车去打一场高尔夫，也可以随着性子一口气飞奔到遥远的博恩地区。今天的试车路线以巴黎为起点，一路顺风顺水，等到车主想小憩片刻时，他离终点的距离只剩下短短十几千米。正在这时，驾驶室里缓缓响起一段悦耳动听的旋律。事实上，这段音乐是为了提醒车主挡风屏上即将有视频信号接人。确实，眨眼的工夫链接便成功了，屏幕上出现了一张亲切的笑脸，向驾车者问候："您好，先生！很抱歉打扰您宝贵的时间。我们的系统在您的车上探测到发生故障的可能性，因此建议您在附近的检修站停靠。我们最近的网点离您现在的位置仅有几千米。"如果你是司机，最想知道的莫过于检修会花去多少时间。这个时候，善解人意的工作人员会继续通过视频与你进行沟通："您不必担心，我们的信息专员会在几分钟之内更新故障软件。如果您实在很急，我们可以在接下去的几个小时内为您配备换用车辆。"有如此贴心的服务，尤其是在得到保证无须蹲在修车厂里傻耗一天，几乎所有的司机都乐意听从导航系统的指挥。而这项服务，正是由凯迪拉克总公司中的大型服务器全权操控的。要知道，这家伙离故障发生地可有十万八千里远呢！

当然，本地专业技师的指导也是必不可少的。靠近博恩的这家检修站远远望去，其建筑风格颇有未来主义的味道。整幢大楼与 IT 硅谷的研发中心仅一步之遥，环境优美，周围种满青松劲柏。即使进入硕大的园区，车主也不会迷路，因为身穿蓝色衬衣、佩戴无线耳机的技术顾问会一对一提供服务。这些年轻的专业技师可是拥有十八般武艺，能解决包括软件、运算器、多路传输设备等各种疑难杂症。有了他们，操作检修时间大大缩短，缆线传输数据的安全性能提升，小汽车真正被打上了数字信息时代的烙印。当然，一个好汉三个帮。技师们之所以如此神通广大，还要感谢坐在幕后始终与其连线通信的汽车制造工程师们。后者对汽车可谓了如指掌，从新产品下线到最近 5 万千米的行车保养记录统统牢记在心，就连刚换上的橡胶轮胎也逃不过他们的法眼。因此，故障与问题出在哪儿立马能被揪出来。不出意外的话，我们这辆车的症结在于重装系统不能有效运行，因此导致了纯植物的环保碳氢燃料无法直接转化成氢气。幸运的是，这也算不上什么了不得的大问题，专家们在对症下药方面可是行家里手。只要下载一个名为"Patch"的软件再换上一个小零件，香车就又可以整装待发了。技术顾问再一次强调："整个过程花不了车主几分钟时间。"客人们正好可以利用这个间歇到专门的休息室里放松放松。宽大的液晶屏、种类齐全的报纸以及高速宽带网络，车主们甚至能舒舒服服地享受电子按摩来打发时间。

凯迪拉克的消费者是幸运的，因为他们可以轻而易举地初始化车上的所有系统软件。不管怎么说，让汽车停在修车厂里磨蹭半天都是一个不切实际的想法。因此，更换软件势必将成为新的潮流。从今往后，各大品牌都会追踪有潜在问题的车辆并发出相关信号数据，以做好更新系统的准备。事实上这十几年来，早就已经有公司开始尝试类似的服务。制造商在产品下线前安装能重新编码的运算器，以方便技术人员对出故障的汽车随时进行调整。说实话，这的确要比原来的螺丝扳手、拆拆装装来得便捷。当然，由于近年来该业务需求量的猛增，相关系统也一直在完善调试。还记得2020年的那一次汽车大换血吗？先后有5 000万辆小汽车浩浩荡荡地来到车厂，要求调整。对于汽车制造商而言，这绝对是一件稳赚不赔的买卖。汽车行驶千米数、引擎使用率、产品配件折损情况……工程师们从顾客那里套到了不少有用的信息。那些宝贵的第一手资料可是公司重组数据模型的重要参照指标，就连最周密的电话市场调研也无法收集到如此多的讯息。与其花钱找前途未卜的咨询公司，还不如直接与消费者来一次亲密接触呢！欧盟也开出条件，只要上述信息的私密性完好，它就鼎力支持数据系统的开发。目前最新的技术可以说十分了得，在司机启动座驾的刹那，车上的调制解调器就开始双向接收电子信号。各大汽车制造商的公司总部都拥有超强的服务器，会对信号收集并处理。当然，相关的数据解码后还是要等待专家小组的过目，以做到万无一失。

近几年来，无线电通信从未放慢过发展的脚步。全球各大汽车制造商都曾聚首，为了共同打造世界通用的汽车通信标准而不懈努力。对于无线网络信息传输而言，最重要的任务莫过于在各大厂商之间传送技术数据。这样，才有可能高效地远距离解决汽车机械故障并帮助车主接收由技术人员发出的最终评估报告。得益于这项业务的成熟，长期租车市场也变得欣欣向荣。近两年来，真正给自己买车的顾客越来越少，反而租车之风倒是盛行不衰。一方面，租来的车可以放心地交给制造商快速检修；另一方面，消费者自己使用也感到特别方便。此外，受不了打开车盖的那一股铅油味儿也是该业务不断发展壮大的原因。尤其是那些对于金属机械敏感的车主来说，摸一下引擎都会让他们感到毛骨悚然。所有的这些情况看似平平无奇，但对于制造商而言确是极具商业价值的黄金信息。他们不但能借此机会测试其产品 24 小时不停工作的耐力，还可以拉近与消费者之间的距离，可谓一举两得。

除了上述的基本检修服务，消费者还能免费得到一本与之配套的衍生服务目录，详细介绍其他方便优质的新业务。比如：如何正确安全地提高汽车发动力？怎样找到全自动停车点？又或者怎样激活车上的虚拟键盘来发短信、写邮件？说这是为私车雇佣的五星级保姆也毫不过分。即便车主不在车内，他也可以通过手机清楚地知道油箱里的存油量、车头灯是否已熄灭、车门是否安全地锁上等等。

虽然新兴的技术如此诱人，可还是有一些怀旧的老顽固拼死拖着汽油箱奔驰在 6 号国道上。说话客气的人仍然把汽油箱赞为传统的风景线。只不过为了维持这道风景，老坦克的司机们不得不背着大大小小的工具到处跑。为什么呢？因为汽车修理工早就不和油污打交道了，他们现在正在家里美美地啃着馅饼呢！

资料来源：

1. IBM 公司：www.ibm.com/fr
2. 甲骨文（Oracle）有限公司：www.oracle.fr

环法大赛——飞一般的体验

人们常说兴奋剂丑闻是环法大赛中最吸引人的话题。不过，那可是 21 世纪初才有的落后观点。从现在起，改进了齿轮转动比的新"战车"将成为举世瞩目的焦点。它使运动员们的成绩日新月异：如果参加首届 1903 年环法大赛的车手们依然在世，他们恐怕根本无法相信由中国选手李喻恩刚刚创造的赛会新纪录：后者以平均每小时 80 千米的速度力压群雄，摘得桂冠。要知道，1999 年该赛事总冠军的平均时速还不到 40 千米！

你也许会问，在高科技铺天盖地的 21 世纪中叶，难道还会有人对自行车感兴趣吗？答案显然是肯定的。非但有，一些疯狂热爱自行车运动的超级粉丝还打出了"FC 方程式"的旗号。顾名思义，C 指的就是英文单词 cycle（即自行车），而 FC 则是完全借鉴了 F1 赛车的名称，以制造出一种风驰电掣的快感。确实，"两轮坦克"近几年来的突出表现足以让世人叹为观止。虽然 2004 年时，美国人兰斯·阿姆斯特朗以平均每小时 40.94 千米的新纪录曾在世界体坛掀起过轩然巨波，但事实上，之后的每一年，后起之秀们都在新机械技术的推动下，勇敢将前辈们的辉煌战绩挑落马下。2020 年，平均时速 53 千米；2040 年达到 65 千米；2047 年突破 70 大关；而今天，新的世界纪录是 80 km/h！我们曾经无比赞赏地目送车神舒马赫登上 F1 的王座，而从今往后，更为原始的自行车也许才是最能紧扣我们心弦的运动。正如李喻恩，他已经成为无数人心目中的英雄。

很显然，科学技术的大环境在几十年中发生了翻天覆地的变化。得益于同航空、航天等高尖端领域的携手合作，自行车本身也从未停止过发展的步伐。新型自行车，其驱动装置所采用的材料往往十分高端，比如：超级抗挤压的碳合金、金属钛以及精密铝材。车架上的所有链条铆钉都采用了空心设计，这样可以减轻车身的重量。我们举一个最简单的例子——坐垫：这种赛车用配件的重量不会超过 30 克，而相比于 21 世纪初，它的分量足足有 200 克，那可等同于一个超级 MP3！还有与坐垫相连的支架，采用了悬空的方法使其尽量减负。如果技术人员能够不受限制，那么一辆比赛用车满打满算也不会超过 3 千克。只可惜国际自行车运动委员会发出一纸批文，要求所有参赛自行车至少增肥至 6.98 千克。为了获得比赛资格，相信没有谁再敢越雷池半步了吧！

相关研究表明，一名自行车运动员骑完 100 千米平均踩踏板的次数高达 15 000 至 20 000 次。对于人体而言，这可绝对不是一个无关紧要的数字。也正是出于这个原因，科学家们对赛车手们的姿势、位置产生了极其浓厚的兴趣。得益于信息分析系统的高效工作，研究人员可以精确模仿运动员的各项参数，并根据其特有的体质调整出最适合他的比赛用车。这样的做法有没有使你联想到 F1 比赛中为驾驶员们量身打造模拟驾座的训练方法？坐姿、手或脚摆放的位置——没有任何东西是能够任意妄为的。同样，有资格被摆到环法大赛出发点上的自行车也一定是高新技术精工细作的极品。三维立体的方向车把能快速适应路面情况，27 档可变调速器则以声控的方式灵活变动。最神奇的还要数内置于头盔脸甲上的卫星仪表盘。它借鉴了军用驱逐飞机上的技术，能准确探测并显示当时的路面及轮胎温度。这样一来，选手便能对自己装备的情况了如指掌并及时做出调整。除此之外，车上还配有能预报障碍物的电子卡片，就像我们常在汽车拉力赛中见到的一样。最后，着重讲一讲固定在车手们运动衫上的无线卫星接收器。虽然几乎无人知晓它的存在，但它的作用却绝对不容小觑！小家伙的身上同时安有全球定位系统（GPS）以及电话调制解调器。在比赛全过程中，这两样设备都能把探测到的选手心跳情况向外发布。有了这些珍贵的数据再加上原有的基本材料，体育评论员们马上就能向观众讲解比赛情况。想要知道黄色领骑衫是否在爬坡时遇上了麻烦？抑或是否有选手已甩开大部队遥遥领先？这些通通都易如反掌。当然，在激烈比赛的同时，运动员们的安全也是大家关心的焦点。车轮内圈由陶瓷打磨而外胎则启用了防爆材料，这样做的原因很简单：生命第一，比赛第二。

高科技的装备是必不可少的，因为2057年的自行车竞技已经足以与迷你F1实况赛相媲美。空气动力学与助推原理的引进使运动员们完全跨过了耐力的障碍，因此成绩也跟着直线飞升。在阿尔卑斯山赛段，那些最勇敢的骑士们能以180 km/h的速度与跑车一较高下。一位法国电视台的摄影师回忆说："我永远也忘不了那个名叫科尔查夫的乌克兰选手，他在下坡赛段的表现足以让一旁的摩托车汗颜。虽然他不停地挥手示意要求工作人员们让开，但事实上，大家还没有反应过来，他已经进入了下一段区域。真是叫人不可思议！"

由于世界自行车运动委员会禁止参赛选手使用任何辅助设备，因此普通的润滑油也被看作是一种奢侈品。在整个赛程中，你更加不可能看见电子助推或氢动力自行车，即便后者已经是日常生活中司空见惯的东西。在瑞士赛段中，曾有人提议运动员使用一种时速高达 242 千米的氢氧混合助动车。这款名为"愉悦"的新车绝对称得上是时兴货，不但车身填充氢气，更以性能卓越的液压气体作为动力。虽然该车对驾驶者技术要求颇高，但其速度的确无与伦比，能大大节省使用者的体力。不论对于城市交通还是日常健身都算得上首选。只可惜，这样的上乘之作似乎不入国际自行车运动委员会的法眼。

撇开车辆技术问题，下面让我们来关心一下环法本身的变化发展。从前 3 500 千米的标准赛段被延长至 5 000 千米，范围更是拓展到欧洲多个国家。比方说今年的比赛，起点将设在匈牙利，而终点则一如既往地放在香榭丽舍大街上。虽然行程路线有点变更，但环法的规模、风格仍将坚持不懈地传承下去：届时，沿途将有数以万计的市民热情捧场；13 000 名保安、9 000 名警察以及 3 000 名技术维修人员也将全体总动员；2 000 家媒体会如约而至，向全球数亿观众直播这场令人热血沸腾的赛事。

在比赛的时间安排上也可能有重大调整：原先为期 3 周的比赛也许会被缩短为 8 天。对于那些有其他比赛任务的车手而言，这无疑是个天大的喜讯。此外，环法组委会还有意在迪拜、香港、桑吉巴尔等地设立分部，因为许多国家地区都提出了主办自行车赛的意愿。不过今年恐怕还无法着手这些改革，因为赛事的组织者们太忙了，而运动员们则更忙。厌倦了搭高速铁路穿梭于各个赛点，私人出租飞机似乎更合他们的心意。借着交通便捷的东风，有的选手甚至每晚都回自己家里休息。组织者们也没闲着，环法赛道上大大小小的广告牌就出自他们之手，收益可不少呢！

也许你还想问问关于兴奋剂的控制问题。虽然外界的怀疑声仍不绝于耳，但近几年来，环法赛场内确实没有发现选手服用兴奋剂的丑闻。这不仅应归功于主办方监督得力，也要感谢神奇的科学技术让运动员们再也找不到冒险使用禁药的理由。2057 年的体坛新星——中国人李喻恩已经整装待发，向下一个大满贯赛事昂首进发。对于年轻的中国小伙子而言，1 个月后在家门口举行的"环中华自行车赛"将是他再攀职业高峰的好机会。

今天，在技术大跃进的带动下，体坛新星们争相登上王者的宝座，以傲人的成绩在史册上留下了他们的名字。我们必须承认，他们的光芒无与伦比，正像科学之光会永远指引人类前进！

资料来源：

1. 全球人力咨询网：www.gsc.fr
2. 环法大赛官方网站：www.letour.fr
3. 国际自行车运动联盟：www.uci.ch

神秘的地下城池

　　曾经是神秘富饶的石油之都，可是在开采完最后一滴黑色黄金之后，真主还能赐予它些什么呢？阿联酋的首都——迪拜以一次惊天豪赌向世人作出了回答：建造世界上最深的地下塔楼。事实上，这栋前无古人的杰作已于日前竣工完成。它以海湾战争时对付美国兵的防空洞为主体，进一步拓展加固转变成民用住宅。塔楼揭幕的同时，也一并摘得了世界最深地下建筑的桂冠。

　　城市中的居民究竟能否摆脱大都市那令人窒息的狭小空间？目前的回答是肯定的。国土面积仅为3 885平方千米的阿联酋就以一幢倒嵌入无垠沙漠的巨塔交出了创意无限的完美答卷。只要敢想，一切皆有可能。在这则成功案例的鼓舞下，不少有钱国家都打起了地下城的主意。他们提出了许多类似的项目计划，希望将本国最著名、最高大的地标性建筑通通埋入地下。这样一来，建筑师们可就不用担心会失业了：随着新概念"摩地大楼"的出现，他们的天马行空也将攀越巅峰。

　　对于首都迪拜而言，新的标志性大楼并非只为博个"世界第一"的虚名，更重要的是向世人证明阿联酋敢于与石油一刀两断的勇气与决心。虽然石油曾为这个国家带来过源源不断的财富，但自从10年前矿井干涸，其经济就开始一蹶不振。当地人把新建筑称为深塔（Deep Tower），它 400 米直插地壳的气势确实叫人叹为观止。在建筑顶层——也就是地表，建筑师们选择以波浪形大玻璃覆盖并栽种一片人工的沙漠绿洲，一方面可以抵挡烈日骄阳，另一方面则为周围带来了绿茵与清凉。为了使这一切更加超凡脱俗，人们另外打造了一座高 400 米，貌似钻油塔的桅杆直插云霄。50 千米开外，那高高飘扬在天际的阿联酋国旗就能将游客们的视线牢牢锁定。这座拥有超豪华大门的建筑甚至堪与埃菲尔铁塔比肩。当太阳落下地平线，高塔就像整片西亚沙漠的旭日照亮大地。当然，这不过都是些表面功夫，地底的景色其实更为壮丽。之所以称它是世界上最疯狂的建筑，也许正是因为它的内部别有洞天吧！

如果你想进入塔楼内部，那么第一步要做的是穿过一片棕榈树林。这些人工树的树洞里可是内藏玄机，因为它们的"肚子"里共有 105 部电梯。不论你选择的是哪一部，都会享受到一条与别人不同的参观路线。别看它们都低调地藏在树洞里，其实个个都是打破世界纪录的大明星呢！拥有 55 km/h 的超级运送速度，连芝加哥城内风光无限的希尔斯塔也被比了下去。在实际运作中，想要到达地底 400 米的最深处，树洞电梯花不了你一分钟的时间。还有一点要说明的是，深塔中并没有楼层之分。建筑师们受到了煤矿中标识体系的启发，用具体的高度来区分每一个房间。这样，游客就会被送到具体的深度开始旅程。比如一位想去放映厅的客人，只要轻轻按下"236"这个按钮并默数几秒钟，大门就已经在他眼前敞开了。阿拉伯人将建筑中最深的那一层完全留给了石油博物馆，以此来纪念为了勘探、开采黑色黄金而终生奋斗的人们。在这个海平面 400 米以下的博物馆中，人们特意开凿了好几个舷窗，目的是使游人们能够清楚地看到一片已经干涸的石油矿井。一座废弃的钻油塔也被特意搬了进来，导游会适时地向大家讲解从前油田开采工作的主要原理与步骤。当然，除了博物馆之外，深塔中还有将近 15 万平方米的办公区域，主要出租给致力于太阳能普及的新兴技术公司，这些公司都十分乐意将总部设立在非同凡响的地下世界中。可见，迪拜在招商引资这方面绝对称得上是行家里手。

不仅是办公楼，深塔也同样是商业化的公寓住宅楼。只不过有一点需要申明，普通人对于那样的天价可是望尘莫及！但仔细想一想，这些 21 世纪的精品楼盘倒也确实物有所值，毕竟它们是结合了最新前沿科技的杰作，能给住户带去一份宁静又和谐的舒适生活。还有坐落在 350 米深处的豪华酒店，也算得上是喧嚣城市生活中的一处避风港。是否时常会萌生逃到地底的念头？是否想不理世事倒头大睡？那么地下酒店绝对是不二选择。在这里，没有使人厌烦的噪声；加上地底几乎没有温差，温度十分宜人舒爽。西非荒滩中的飞沙、烈日根本无法滋扰到你，因此你可以躲在深塔中好好休息。整栋建筑的墙体上贴满了 OLED 照明屏幕，之前也说过，它是能产生自然光的神奇设备。当然，也有不想与世隔绝的旅客。建筑中有专门为他们而安装的网络设备，能 24 小时洞察地面上的情况。与外部连线的摄像机会一五一十地传回画面资料，而此时，OLED 又变身为再理想不过的显示屏。打造深塔的建筑师们心思细密，为了应对可能出现的任何突发状况，塔楼中的每一个房间内都配备有足够的氧气储存（这与我们在飞机上见到的应急氧气是一模一样的）。此外，物业的各个部门全年无休，始终保持通畅的联系。如果遇上火警等事故，工作人员会疏散游客、业主到氧气充足的避难通道，并由此离开深塔。并非自吹自擂，这栋地下城池的安全措施可谓固若金汤。比起 2001 年曼哈顿那幢被飞机一碰就倒的双子楼，深塔是绝对有底气的。

　　事实上，在建造深塔以前，许多工程师就已经对美国高原上独有的地下住宅饶有兴致。五十多年中，美国人在幅员辽阔的土地上开凿了大大小小 1 000 个防空洞以用于洲际弹道导弹的研发。不过现在，它们中的绝大多数已经被改为民用住宅，并在网上出售。这些防空洞的来头不小，20 世纪 60 年代还曾经储藏过准备攻打古巴的最新重型导弹呢！现在，它们完全变成了居民区，还有一扇足足 600 吨的大门站岗放哨。防空洞内，住户们的生活无比幸福，你完全无法想象这是在寒风凛冽、零下 18 摄氏度的高原地区。虽然室内没有取暖设备，但是特殊的镜面玻璃材料能采光采热，使地底一年四季都温暖如春。居民们甚至别出心裁地在小区中建造了一座天主教堂，即便身处海平面下 300 米，也要感谢上帝赐予他们最好的生活。正是看到了美国人的成功经验，建筑师们才得出结论：深塔确实是值得一试的百年工程。尤其是这样的开拓能为日益狭小的城市空间找到出路，同时也为未来的城市规划指明了方向，绝对是有百利而无一害。再加上摩天大楼高昂的造价越来越让人无法忍受，其不尽如人意的安全防护措施也一直看似隐患重重。总之，考虑到各种因素，阿联酋政府下定决心，要将地下城池的计划进行到底。事实证明，这个决策英明无比：深塔的造价远比高耸入云的大楼来得便宜。前者不但不需要大量的门窗，连建筑材料的使用也十分节省。想想芝加哥城中的希尔斯大厦吧！单单是合金材料，就耗去了整整 74 000 吨！还有马来西亚吉隆坡的姐妹楼，32 000 扇窗户就算召集高效的清洁公司也要花两个月才能洗刷干净！

　　不管从什么角度来看，地下建筑业都将是前景大好的新兴市场。现在，世界上的主要发达国家都盘算着在这个领域大展拳脚。

在巴黎，拉德芳斯广场上扫除陈旧塔楼的计划已经蠢蠢欲动，首当其冲的也许就是 1960 年建成的诺贝尔塔。纽约城里的情况似乎如出一辙，20 世纪 30 年代落成的帝国大厦老态毕现，在安检中屡屡出错。激流中懂得勇退是个聪明的选择，在不久的将来，这栋世界上最早的摩天高楼也许会被改造成怀旧博物馆。意大利人似乎并不甘心落在其他欧美国家的后面。1958 年竣工的皮洛利大厦很快就会卸下历史的使命，让位于埋入地下 200 米的绿色环保建筑。至于阿联酋的首都——迪拜，它已经在地下建筑领域拔得头筹，现在更是雄心壮志，希望以规划中的阿拉伯布哲大酒店巩固其王者的地位。新的地下塔楼深约 321 米，将建造在 21 世纪初完成的一座人工小岛上。但是不管怎么说，到目前为止，仍没有哪一幢在建中的地下城池能够跨越深塔的"高度"。以它独一无二的大胆与天才创意，这座最深的地下城池必将是永留史册的建筑奇迹！

资料来源：

1.《世界高楼传之帝国大厦的传奇》：http：//www.cyberarchi.com

2. 参考网站：美国人的地下生活：http：//www.seed.slb.com/fr/scictr/watch/silo/history.htm.

3.《舒伦贝榭英才发展教育计划（SEED）》卷宗

激素调节减肥法——肥妈新宠

自从美国研究人员成功发现与饥饿有关的人体激素之后，医学界在抗击肥胖病症的道路上又迈出了坚实的一步。这种自 20 世纪开始就在发达国家横行无忌的怪病终于遇到了克星。啊！我们终于可以松一口气了，因为圆鼓鼓的地球人都要开始减肥了！

"想要治好肥胖症？先要知道你的脑子出了什么问题！"一位诊疗室前总是门庭若市的营养学家一针见血地指出了症结所在。虽然他总是半开玩笑地说他的患者脑子出了问题，但字字句句听来都颇有道理。尤其是对那些被汉堡王、麦当劳等快餐塞大的美国人而言，这些话并不怎么讨厌，因为如何解决他们身上 150 千克的肥肉才是关键所在！前不久，科学界传出已经正确破解大脑发出的指令程序，这对如何克服肥胖症可能具有决定性的意义。作为人体摄取食物的总司令部，大脑不仅决定摄入量、严格控制就餐时间，还对储存与消耗的卡路里含量起着至关重要的影响。随着此次对大脑工作的完整解码，人们再也不会屈服于咕咕乱叫的肚子。因为即便想变胖，也要先问问大脑愿不愿意发出指令呢！

说得更具体一点，究竟新的研究成果能给肥胖患者带来怎样的影响？事实上从今往后，那些总是抱怨吃不饱、喝不足的人可以选择激素调节减肥法。只要遵循医嘱，根据各人情况服用适量的胶囊，药物成分就会向大脑发出讯息，要求其调节激素分泌量，减轻饥饿感。当然，医生也可以选择注射法，向患者髋骨注射软针同样是一种不错的选择。也许你有时候还会遇到不少一看见肥腻甜食就食指大动的"大胃王"，要他们自觉自愿地在美食面前罢手恐怕难如登天。不过，这些馋鬼可难不倒我们的专家。后者为他们量身打造了一种能抑制胆固醇沉淀的药物，并且已经在各大药房正式发售。它的工作原理并不复杂，主要用来克制饼干、软饮料、薯片、乳制品等向大脑发出的引诱信号。只要服用了这种新药，即便饕餮盛宴摆在食客面前，恐怕也毫无胃口。这种药方在 21 世纪初时即投入临床试验，25% 的试用者在短短 8 周内安全减肥 3 千克。而现在，这种方法的成功率已经高达 100%！究竟科学家们是怎样做到的？事实上，这一切都得归功于近半个世纪以来人类对于激素的深入研究，尤其是专家对于各种病例的举一反三才使得调节疗法能够发展得顺风顺水。在这里，想和各位读者分享一则最典型的康复病例：病患来自美国的一个普通家庭，从少女时代起，体重便如黄河泛滥，一发不可收拾。科学家们在她体内发现了一种奇怪的现象，即一旦进入夜晚睡眠状态，其体内控制饥饿感的激素就会分泌紊乱。这种由胃产生的激素（亦称"赫若林"），其含量一般会在饭前增加。但血液检查结果显示，这位女士体内的赫若林一直保持不变。缺乏正常的激素调节功能，大脑便会不断提醒身体各机制进食，以填补周而复始的饥饿感。虽然美国科学院在相关领域有五十多年的研究经验，但却始终未能找到一种有效的人工激素调节法来阻止体重异常的恶性循环。还好，现在终于由欧洲学者完美画上句号。在营养学家的帮助下，那位女士积极参与激素调节减肥法，以每月 4 千克的速度练就火辣曲线。现在的她，已经从过去那个足足

120 千克的超级肥妈摇身成为 70 千克的窈窕辣妈。

　　除了解密激素在人体中的重要地位，相关研究还揪出了症结的根源——基因。事实上，后者才是制造激素并调节体重的关键所在。刨根见底之后，科学家们才有可能对症下药，根据各人特征，开出储存或分解多余脂肪的药方。也许大家都知道，蛋白质在饭后多余能量的转移中也扮演着不容小觑的角色，因为这关系着可怕的卡路里是否能顺利转出体外。在有些人身上，蛋白质将绝大部分能量转变成运动所要消耗的热，而有些人的身体则成了脂肪堆积的安乐窝。因此，现在市面上所出售的新型减肥药不仅能调节激素，还必须有效引导蛋白质积极工作，避免脂肪作祟。

　　要说公众有多么期待有效的减肥药能快点面世，那简直就是废话！虽然人们等到花儿也谢了，但相关的研究就是止步不前，让人好不心焦！50 年来，药房、专柜、美容院，品种繁多的减肥产品鱼龙混杂，但似乎总是找不到一款效果持久的好东西。至于所谓的"抑制食欲含片""修身胶囊"也只有在广告里看着还像那么回事，买回家来完全是一堆垃圾！要说首个真正在减肥药品的开发上受到学术领域肯定的，莫过于 21 世纪初由瑞士罗氏制药推出上市的 Xenical。当时，只有重度肥胖患者才有可能"享用"新品，而且还必须持医嘱定量购买。服用者能通过结肠与体内 30% 的脂肪挥手告别。虽然该药在铲除脂肪时铁面无私，但对身体健康似乎也毫不留情。意大利的一位试用患者竟在服药几天后一命呜呼，药品的副作用使刚刚燃起的希望之火又突然熄灭。不过学术研究的可贵之处就在于百折不挠，尽管抗击肥胖病症的道路并不好走，尽管引起肥胖症的原因千差万别，但不论什么困难，都无法让坚定的科研人员动摇半分。遗传性肥胖、激素分泌紊乱还是缺乏体育运动？学术界誓将这些难题通通斩于马下。2000 年，鉴于全球已有超过 1 000 万的人口受到肥胖以及其附属疾病的困扰，世界卫生组织正式将肥胖症提到了"大流行病"的高度。一时之间，作家、歌星、艺术工作者都投入到抵制肥胖的滚滚洪流之中。其中，最触目惊心的莫过于一部名为《垃圾食品王国》的写实作品。作者拿自己的身体作为试验品，大量摄取苏打水、汉堡包等快餐。在连续吞食了一个月的"垃圾"之后，作者髋关节堆积了 13 千克的脂肪，不但体内胆固醇含量激增，忽然肥大的肝脏甚至与常年酗酒的醉鬼有得一拼。

虽然近年来，西方国家采取了严格的措施控制肥胖症蔓延，但大魔头的势力却有增无减。快餐店曾被要求以蔬菜、水果等"轻量级"菜单为主打产品，并且停止出售薯条等油炸食品，然而结果却是连锁店全线倒闭。消费者似乎并没有做好勒紧裤带、全民减肥的思想准备，也许他们并不那么讨厌脂肪！ 2020 年，每两个 10 岁儿童之中就有一个属于肥胖症患者（同类数据在 2004 年仅为十分之一）。"太多甜食腻死你！""过量膨化食品致命"等类似标语贴得满街都是。连各大媒体都不遗余力地向民众倡议，选择绿色健康食品。油炸快餐、焦糖饮料先是被赶出了学校大门，继而被政府勒令全线停产。虽然国家打击肥胖病症的决心有目共睹，但每年超过 10 万由于肥胖症直接或间接致死的人数还是让人触目惊心。相比于 21 世纪初，这个数字整整翻了两番！ 社会对于大块头们的分量早已经不堪重负：航空公司明确表示拒绝体重超过 120 千克的乘客登机、私人汽车也不得不为了胖子们加长加宽、高楼大厦中的电梯使用寿命明显折减，就连大酒店也必须为 XXXL 码的客人追加服务。而对那些被肥胖症困扰的人们而言，他们的心里也不见得有多好受。工作求学处处碰壁、爱情家庭遥遥无期，就算是身边的亲朋好友也并不以他们为荣。

渐渐地，人们意识到该是采取行动的时候了。除了外在的激素调节减肥法，清淡朴素的饮食习惯、热爱运动的生活态度都算得上是赶走肥胖的不二法门。人类竟能将 5 万年来保持不变的好身材扭曲成今天这般大腹便便，实在也不太容易。科学家们预言，要想回到 1960 年以前的轻快步伐，至少还需要两代人的不懈努力。因此从今天起，扔掉薯条可乐，藐视快餐连锁，忘记电脑游戏，学会与大自然亲密接触，学着以步代车的轻松，让苗条健美的地球人回来吧！

资料来源：

1. 世界卫生组织：www.who.int/fr
2. 世界心脏研究协会：www.worldheart.org
3.《时代》杂志，2004 年 8 月 9 日
4.《科学与未来》杂志
5.《新观察者》杂志
6. 美国肥胖症研究协会：www.naaso.org

快快交钱！政府要收"呼吸税"

　　高昂的污染治理费用已经让法国越来越感到不堪重负。为了充盈国库，近日政府竟提出向民众征收"呼吸税"。也就是说从今往后，吸一口空气也要向国家交钱了！尽管民众反应强烈，大规模的示威游行已经使法国社会瘫痪近半年，但这条匪夷所思的法案还是于昨天经国会一致表决通过。

　　怎样才可以搞到钞票装进国库？这个问题让法国领导人伤透了脑筋。由于这几年来法国人对碳氢燃料失去了兴趣，原先高昂的石油产品消费税（TIPP）也突然没有了主心骨。至于另一大主要财政收入来源——烟草、酒精消费税，似乎同样在越来越注重绿色健康饮食的大环境下销声匿迹。百般无奈之中，经济部长不得不在一年前组织召开大型研讨会，期望借众人之力共商"筹钱"大计。总的来说，会议算是收获颇丰，共募集到75条不错的建议：从家养宠物税到生活环境税应有尽有。"抢钱"的名目繁多，涉及法国社会生活的方方面面，但凡你踏足法兰西的土地，这75条大计似乎就有办法将你的钱袋搜刮一遍。当然照顾到普遍民众的情绪，也不可能75计通通实行。最后，部长的目光落在了一条最简单也最大胆的提议上。你猜得没错，正是"呼吸税"！从明年1月1日起，人人都要为看不见、摸不着的空气付钱。为了使"整钱计划"看起来更有理有据，政府甚至找出了1996年起草的法案以证明其合法性。这个连大律师也未必有印象的条例中竟明确规定"任何公民都有权利呼吸无损健康的新鲜空气"。这下财政官员可得偷笑了，就算没有绞尽脑汁胡诌理由，"呼吸税"照样能名正言顺地通过立法。只是可怜了无辜的老百姓，也许他们还没有意识到这究竟意味着什么。这意味着从此以后，深吸一口气的代价会贵到让人心痛。那些住在空气质量甲等地区的居民首当其冲，而其支付的税款也最高，据说原因是他们有幸呼吸到更纯净更稀少的健康空气。呼吸税的计算将严格参照 ATMO 网络测得的客观标准，这个网络体系中的 39 个分支机构遍布全法，负责测控各地的空气质量。一时之间，"呼吸税"成了人人谈之色变的毒蛇猛兽。虽然因特网上提供相关税额的具体计算方法，但民众似乎并不关心，或者准确地说，他们不愿也不敢去关心。

说得更详细点，那些长期住在山林地区的法国人会为他们一直引以为傲的高纬度付出代价，因为通常来讲，呼吸税会随着海拔高度水涨船高。而在另一方面，国家财政部门始终与各检测中心保持联系，严格记录下所有地区的污染指数。在巴黎，某些靠近高速公路的街区内，空气质量显然差强人意，因此与居住在花园国家——卢森堡附近的人们相比，前者消费的空气可就便宜得多了。沿海地区，呼吸税的计算标准如出一辙：那些受尽了污染海域折磨的法国人终于在交税时找到了平衡点。还有广袤的农村，常年惨遭生产公社农药毒害以及周边生活垃圾滋扰的农民朋友，总算可以让自己的荷包少出一点血。通过对各个地区空气质量的抽样调查，工作人员惊奇地发现，金黄麦田周围的空气远不如人们想象中那样纯净清爽。逃离城市来到农村的游人们，本以为可以与大自然来一次亲密接触，却失望地看到郊野大气的污染程度更为严重，某些成分甚至带有毒性。对于专门研究环境问题的科学家而言，这并不是一个反常的现象。事实上，在强风的推波助澜下，那些有毒有害的空气常常会肆无忌惮地到处蔓延。比如，来自英格兰及北欧各国的浓烟迷雾就隔三差五地登陆法兰西做客。遇到这样的不幸，地势低洼的农村便成为首当其冲的受害者——这与我们的常识，即农村应该有自然清新的空气恰好相反。话说回来，推行新的财税政策似乎为另一件新产品打开了市场销路。近些日子，便携式空气质量测试仪突然登上了各大商场的畅销排行榜。这种仪器能够轻松地扣在手腕上，并有 1 至 10 共 10 档空气测试评估结果。小家伙一上市便牢牢拴住了法国人的心，大家都急切地想知道究竟每天吸进肚子里的空气是好是坏。

法国的"抢钱"计划似乎在欧盟其他成员国中引起了广泛的共鸣，大家纷纷表示力挺邻居到底，并且自己也开始蠢蠢欲动。几年前成功完成全国禁烟计划的意大利可能成为继法国之后的第二个"刮钱"政府。空气质量已经影响到了国民生活的方方面面：在咖啡馆，老板们甚至会为了露天茶座周围的清爽空气向顾客们加收一定的服务费；在大大小小的公司里，职员们对于大气层的保护意识也成为考核工作绩效的重要标准之一，确实令人匪夷所思。总之一句话，从今往后，所谓的"可持续发展"不再是领导人会议上高谈阔论的响亮口号，所有人都必须为了切实贯彻这一概念而努力。比如在私人汽车内，司机们被要求安装一种附加的信号接收器，能同步在仪表盘上显示车内、外的空气质量差。行人们也许很少有这个意识，他们吸入的汽车废气事实上高达车内司机的 8 倍！继科学家披露了这条骇人听闻的实验结果之后，公众强烈要求汽车制造商改进产品的环保性能，通过对尾气的过滤、回收确保非机动车驾驶者以及行人的生命健康安全。

说实话，要所有民众都为了无形的空气掏钱确实很难让人接受，有的媒体甚至公开抗议，称此为"贻笑大方"的怪谈。政府对此的回应是，优质清新的空气越来越稀少，是时候让所有人都意识到呼吸也有其实际的价值与成本。面对城市化的大举入侵与工业基地漫山遍野地开花结果，成片的森林节节败退，甚至消失了踪影。比起 21 世纪初，有毒有害空气对臭氧层的侵害竟足足翻了 50 倍！地球用来抵抗紫外线的惟一防护衣，现在就犹如一层薄纸，一捅就破。当然，对此科学界也并非毫无反应。最近，一项名为"好空气，添幸福"（neo bo-bo）的换气计划便在实验当中。研究人员利用洁净的合成燃料尝试重新改变空气中的构成成分，以便让大家呼吸到喜马拉雅山上才有的高原氧。如果实验成功，这项专利技术不但能被汽车采用，而且极有可能被引进人们的住房、浴室等等，谁又知道呢？

虽然法国政府的"呼吸税"计划惹得舆论口诛笔伐，讽刺讥笑之声不绝于耳，但你又不能说它一无是处。事实上，若非法国在空气环境保护上的严格征税措施，它的邻居——英国也许到今天还处在懵然不知的混沌状态下，因为后者的环保政策最近才真正启动。针对汽车尾气害人不浅的事实，英政府决定采纳法国国家能源环境理事会（ADEME）的年度报告，根据尾气二氧化碳的排放量，将市面上所出售的汽车划档分类，从而有针对性地管理、征税。这款新的条例让许多环境学家拍手称快，他们认为，只有这样才能促使公众尽快投向环保节能车的怀抱。2010 年时，法国也曾尝试着这样管理，可惜的是职能部门谨小慎微，因此收效也不尽如人意。事实上，政府完全可以大胆地放手一搏，只要是有益于环保事业，民众最终会审时度势，全力配合的。就现在欧洲汽车工业的技术水平而言，新产品每行驶一千米所排放的二氧化碳含量一般稳定在 100 克左右。虽然仍有待提高，但比起 21 世纪初时的粗制滥造，取得的成绩确实令人倍感欣慰。而且更值得一提的是，这许多年来，凭借着二氧化碳而得来的税银对国库而言可是一笔不小的数目呢！

由于"二氧化碳"税的重磅出击，我们似乎已经看到了喜人的结果：污染空气排放量持续下降，法国从原来的污染大国一下升至欧洲环保国家的中上游水平。要知道 21 世纪初时，浩浩荡荡的污染大军中，法国还总是榜上有名，甚至时而能与老坦克——德国一较高下呢！现在，污染排放问题是解决了，但从今以后，摆在人们面前的将是一个更为巨大的课题：要呼吸新鲜空气，到国库门口排队交钱去吧！

资料来源：

1. 国家能源环境理事会：www.ademe.fr

100 亿！我们都是地球人

欢腾不息的人群、此起彼伏的汽车喇叭、绵延数里的仪仗队列……难道人类都疯了吗？你猜对了！人类疯了，地球也疯了，所有的一切都在为蓝色星球上第 100 亿个小宝宝的诞生而疯狂。

格林尼治时间 23 时 04 分整，联合国人口统计署的门口高高显示出 "10 000 000 000" 这个硕大的数字。与此同时，世界各国的首都广场上空也被电子显示屏中的 n 个 "0" 照得亮如白昼。纽约时代广场、北京天安门、莫斯科红场、巴黎协和广场……即便是世纪更替的 2000 年，我们也从没有见到过如此壮观的景象。

说实话，若非电子统计普查技术的诞生，也许我们谁也无法准确地知晓谁才是地球的第 100 亿位客人。那数字悬而未决，却一刻也不肯消停：9 999 999 998、9 999 999 999，接着就在刹那间达到了 10 000 000 000！2061 年 1 月 6 日，这是个值得被载入史册的日子，因为全世界都在这一天屏息凝神。一串 "0" 整齐划一地出现在大屏幕上，告诉人们这一历史性的时刻终于来临。尤其是当人口学家们预估的期限悄悄走近时，计算机的统计系统也更为紧锣密鼓地工作起来。就在前夜，所有平时行色匆匆的路人们都在其首都广场的屏幕前驻足停留。不断向上翻腾的出生人口数确实让人欣喜若狂，然而与此同时，系统还能精确地统计到出生与死亡人数差则更加叫人叹为观止。按照那块大屏幕的显示，地球上每秒钟的自然人口增长数都维持在三个左右。换句话说，每一天都有 25 万的"新"地球人光临这个世界，那么每个月就是 8 百万……这样的增长速度确实令人瞠目结舌，但遗憾的是，除了少数几位人口学家，绝大多数的地球人对自己同族的增加或减少似乎并不关心。那么他们自然也不会知道，人口爆炸究竟到了怎样严重的地步。事实上，自从人类步入 20 世纪下半叶以来，每年地球新增人口的数量都能和日本整个国家一较高下。

借着第 100 亿个地球人诞生的东风，全世界大大小小的媒体都不约而同地在 1 月 6 日这一天回顾蓝色星球上的人口变迁。说实话，近一个世纪以来那直线上扬的人口数确实叫人目瞪口呆。35 000 年前，地球上满打满算也不过一百来万人，绝大多数的平原都是无人开垦的处女地。随着游牧民族渐渐转向定居生活并且得益于农业的大发展，人类在约一万年前经历了第一次大规模的人口增长。套用一个现代人常用的词，那是地球有史以来的第一次"婴儿潮"。原本按照这样的发展趋势，到了基督元年，全世界人口总数应该早已逼近 2 000 万。然而事实上，那个时候的人口数不过区区 800 万。造成这种现象的原因有很多：首先，以罗马、中国为主的大帝国内纷扰不断，人民无法休养生息，壮丁也几乎在残酷的战争中折损殆尽；其次，落后地区频频暴发的瘟疫、传染病也是人口发展迟缓的罪魁祸首。要知道，单单中世纪的一场黑死病，就让四分之一的欧洲人命丧黄泉！当然，走出中世纪进入工业革命之后，地球人口以怎样的速度高歌猛进，相信我不说你也能知道。昨晚 23 点，第 100 亿个地球人的诞生不正是自 18 世纪以来，世界人口数激增的最好证明吗？由于各主要发达国家的卫生医疗体系不断完善，国民的人均寿命大幅度上升，这也是当今世界人口数飙升的重要原因之一。电视里不断回放着一个又一个 10 亿人口的增长节点，频率越来越快，势头越来越无法控制：1860 年，人类跨过了第一个 10 亿大关；而仅仅一个世纪之后，全世界的人口数就翻了一倍。两相比较之下，情况已经一目了然——第一个 10 亿花去了我们几千年的时间，而第二个 10 亿在短短 100 年之内就完成了。

对于有限的地球资源而言，人口大爆炸显然不是什么利好消息。20 世纪 70 年代，不少专家就向我们发出了警告："人口爆炸将给地球带来毁灭性的灾难。"然而即便如此，地球人依旧以欣欣向荣的姿态生生不息。1987 年 7 月，第 50 亿个小宝宝呱呱坠地。从此，人类便以每年 8 000 万的增长速度大步向前迈进。根据人类学家的保守估计，今后地球上每多出 10 亿人口的时间将缩短为 13 年。因此，在迈入 21 世纪门槛的时候，全世界共有六十多亿同胞兄弟姐妹齐头并进。事实上，早在 1999 年 10 月 12 日，当时的联合国秘书长——安南就在萨拉热窝为第 60 亿个光临地球的小宝宝颁发了纪念徽章。

2000 年，60 亿；2061 年，100 亿！这样的增长速度确实使人忧心忡忡。一位在联合国任职的人口学家问道："在这种不正常的发展道路上，我们究竟还要走多远？"没有人能否认此类问题的严肃性，因为地球已经无力再承担没有尽头的人口爆炸了。从 21 世纪初开始，各方针对未来人口发展的猜测就各执一词。起初，人口学家们坚定地认为，2050 年的地球人口数将突破 120 亿大关。后来随着一些国家的人口控制改革卓有成效地开展，他们又纷纷转了口风，认为 80 亿到 100 亿比较靠谱。综合各家意见来看，大多数悲观派学者认为到 2080 年，地球上的人口总数估计在 140 亿到 160

亿之间；而乐观派则坚持 2060 年，地球总人数最多为 77 亿。不论怎样，普通老百姓可不会关心这些乱七八糟的数字，对他们而言，最重要的问题只有一个：地球究竟能否养活那么多的人口？这个问题早已是老生常谈，1789 年时，英国经济学家托马斯·罗伯特·马尔杜斯就在其学术研究《论人口发展规律》中有所涉及。他认为，急速的人口增长对于整个世界的发展都是一个危险的讯号，人们必须有意识自觉自愿地控制超生问题。即便这样的限制可能会触痛各大宗教的伦理道义，政府也必须拿出强有力的政策解决困境。保证地球上的自然资源能够源源不断地提供人类的繁衍生息才是当前的第一要务。也许有的人会反驳说，只要我们齐心协力发展农业生产，那么也许资源有限的问题就不会那么突出。诚然，农业技术的进步确实可以缓解人类一时的矛盾，但我们往往是以破坏环境为代价而取得成绩，可以说这样做根本得不偿失。过度地开垦土地、发展农业，却意外地造成了水土流失，甚至是严重的荒漠化问题。还有，有机化肥、杀虫剂所带来的一系列连锁反应同样让环保学家叫苦不迭：空气质量每况愈下、饮用水储备日渐稀少，连原先肥沃的土壤也贫瘠不堪。眼见情势一天天地恶化，各国终于达成了共识，要在控制人口增长问题上有一番作为。事实上，发展中国家的贡献尤其重大，妇女的平均生育率都有了明显下降。伊朗从每位妇女平均生育 6.2 个孩子猛降到 2.5，南非从 4.5 跌至 2.8，阿尔及利亚从 5.4 下调为 2.8。只要地球上的各种资源能被合理安排并利用，再加上各国对于计划生育政策的大力支持，许多专家学者对于未来还是充满了信心的。

所以现在，摆在我们面前的问题只剩下一个：怎样在城市化进程中合理规划并公平地分派资源？根据最近的人口普查显示，城市居民数已有超越农村人口的趋势。在全球最主要的 30 个大城市中，常住人口都无一例外地超过了 1 000 万（基本上都在 1 000 万到 2 500 万之间）。此外，七大洲的人口分布也呈现出极不均衡的态势。世界上超过一半的人口都集中在亚洲（主要国家有：中国、印度、日本、印度尼西亚以及孟加拉国），使其成为全球人口密度最高的地区。拥堵的人潮成为城市化文明发展过程中的最大绊脚石，给人民的生活质量、健康保障体系以及环境气候都造成了极为不利的影响。当然，最值得关注的还是由此引发的社会问题，如：交通、住房、垃圾处理、污水排放……

只能这样说，科技的进步让我们每个人都有了底气，以一种乐观积极的态度去面对明天。在人口问题上，我们同样应该如此。也许在不久的将来，过剩的地球人口可以到外太空淘金探险也尚未可知呢！

资料来源：

1.《人口学》，维兰·雅克，《探索》杂志，2002 年

2.《令人震惊的人口演变》，《法国档案》杂志，2002 年

3.《人口大爆炸》，雅克·阿尔伯特，Flammarion 出版社，1994 年

4.《蓝色星球的现状》，Economica 出版社，1998 年

5. 世界人口大会（1974 年于布加勒斯特、1984 年于墨西哥城、1994 年于开罗）

纳米碳风光的年代

随着新材料——纳米碳的蓬勃发展，传统的塑料制造业感受到了前所未有的压力，甚至有人大胆放言："再过不久，塑料就要成为博物馆里的老古董了！"20世纪60年代，得益于石油化工技术大发展而兴起的塑料在这一百多年的时间里牢牢把持着材料市场的王座。可惜的是，在性能卓越的新材料登陆人们的日常生活之后，它的王朝也逃不过土崩瓦解的结局。

"石器时代、青铜时代、钢铁时代、化工时代……这些通通是昨日黄花，我们现在即将要开创的是属于纳米碳的新纪元！"在数百家媒体此起彼伏的闪光灯前，纳诺公司董事长立下了豪言壮语。作为全球最早的纳米碳材料生产商，这位老总似乎正在向世界宣告：塑料的末日来临了，因为新技术将使我们的生活日新月异！你可以说它性能卓越，说它坚硬如铁，但这都不足以表达纳米碳的神奇。事实上，"无所不能"才是概括其精髓的恰当词语。为了向世人展示"无所不能的奇迹"是如何达成的，相关技术的研发人员被聚集在一起召开了盛大的新闻发布会，席间更向传媒大秀他们出众的商业推广才能。因此，普通人在最简单易懂的讲解方式下初步了解了新材料的内部构造特点。说穿了，纳米碳的核心部件是一种被称为"纳米管"的小东西，其纤细如尘。即便50 000个纳米管聚拢成一束纤维，其厚度与我们的头发也难分伯仲。一位接受采访的化学家自豪地说："这种聚拢的纳米碳材料，其强度胜过钢铁百倍，但重量却只有后者的六分之一。"随后为了证明所言非虚，科研人员当场进行了多种比较实验，看得在场媒体惊叹不已：由纳米碳制造的杂物袋即使装入了 5 吨的重量仍岿然不动，而同厚度的塑料袋仅仅吞了 50 千克的东西便缴械投降了。

要使新材料拥有如此高的承重能力，科研人员花费了整整 60 年的时间。而对于这项新技术的初步探究则能追溯到 1991 年。那一年，一位名叫织岛隅的日本科学家最早探讨了纳米碳材料的优点并对其今后的应用作了设计规划。可惜的是，他的成果并没有赢得主流学术的认可，因为围绕着碳而引发的话题实在是太平凡了。连初中生都知道碳是最基本的化学元素之一，是构成有机物分子必不可少的原子，同时也主宰着整个生命世界。化学家们更是常常叨念：虽然宝贵的石油与煤矿都是由埋在地下的动、植物尸体演变而来，但它们终究是以碳为核心元素的。科学家们进一步向我们解释道，与其他元素喜欢与同伴构成牢固的化学键不同，碳元素即便是孤军奋战也能保持极强的稳定性。根据前人们的研究成果，长期以来，学术界都确信碳只有两种形态结构：石墨与金刚石（亦称"钻石"）。但是 1985 年在流星陨石中发现的由 60 个碳原子组成的单质分子结构却彻底推翻了老学究们的执念，在寂静的研究领域打响了惊雷。这些从天而降的"礼物"可以说是上天赐予人类最难忘的恩惠。研究人员把新发现的分子结构取名为"碳 -60"（即 C_{60}）。通过电子显微镜可以清楚地看见该分子形似足球，60 个原子整齐有序地在各条棱角上排列。由于分子中空，所以也有人说 C_{60} 像一个精致的鸟笼。为了纪念曾在中空分子结构研究中做出杰出贡献的美国科学家贝克敏斯特·福勒，学术界一致默契地将"鸟笼"命名为"福勒睿"（即 fullerenes）。说实话在早些时候，别说是普通人，就连鼎鼎大名的科学家们也没有料想到这种毫不起眼、既非石墨又非钻石的"四不像"竟能以碳纳米管的形式挤走塑料，顺利坐上材料领域的头把交椅。如果现在有人问你：属于 21 世纪的理想材料找到没有，你大可以自信满满地点头说是。只不过也许你还不知道，这项技术从最初实验室里的萌芽阶段到最后大规模工业生产可是历经数十个春秋！单单要研制出既可用又耐用的纳米碳就费了不少周折。如果硬要列一张时间进程表，那么有整整半个世纪（也就是 50 年的时间），研究人员泡在实验室中马不停蹄地寻找高纯度、形状统一的纳米管。当然这还只是第一阶段，其次是历时 15 年的第二阶段！期间，科研人员主要将精力用于开发成熟高效的大规模生产制造技术，以期望新型产品能尽早与广大消费者见面。

现在，小身材的纳米管已经毋庸置疑地成为万众瞩目的明星产品。虽然它的直径不足百万分之一毫米，却当之无愧地戴上了"21世纪无敌材料"的王冠，连世界化工行业委员会也为它验明了正身。短短几个月的时间里，纳米材料竟无处不在地侵入到各行各业当中。从今往后，似乎再也没有塑料什么事了，它在纳米技术迅雷不及掩耳的攻势下溃不成军，彻底退出历史舞台。你看看大街小巷，哪里没有纳米材料的身影？微电子、机械、信息、能源、通信、医疗、交通、农业、纺织……我们再也离不开这个肉眼看不见的小家伙了！就连前不久还坚持使用轻质铝合金的汽车引擎也招架不住纳米碳的滚滚攻势而束手就擒。由于 C_{60} 分子还能引导极其微弱的电流（当然，前提是该电流低于百万分之一安培），因此技术人员想出了利用新材料来制造微型电子引擎的创意。借助大气中的微量电子流动，纳米碳可以在无电池的情况下导电并发动引擎！此外，纳米管内部中空的独特造型也启发了工程师们的奇思妙想，比如：有人就提出在C_{60}中空部分填充镍、钴等金属粒子，以互相作用产生磁效应。这样一来，新材料就可以被用于制造电脑硬盘，在IT领域继续发光发热。随着一个又一个的创意接踵而来，纳米碳的无限潜能也被慢慢激发出来：将长达12卷的百科全书装在针尖似的纳米管中？也许你被这样的想法惊得瞠目结舌，但事实上它已成为现实。还有，创造完全无污染、无毒害的生产过程也是纳米碳材料的看家本领之一，对于蓝色星球的环境而言，这绝对是一个天大的好消息。最后，能够鲸吞上亿信息量的微型晶体管同样是纳米材料的衍生产品，更重要的是，这种水滴大小的半导体还用不掉百万分之一瓦特的电量，胃口甚小！就目前而言，纳米碳可以说满足了全球工业体系对于新技术产品的所有期待，同时也将一直沉迷于科幻小说不可自拔的人们从所谓的幻想、预言中解救了出来。纳诺公司董事长不无自豪地说："从前在好莱坞的科幻大片中才有幸见到的玩意儿现在终于来到了普通老百姓的身边。"连科学家们都纷纷表示，新型的纳米碳当之无愧是新世纪的奇迹材料，因此这位老总更有底气坚信，他引以为豪的产品绝对会像20世纪的尼龙那样掀起材料领域的新浪潮。

从20世纪后半叶到21世纪初，坦白说，我们的地球确实是被塑料制品牢牢控制的。不论是建筑业、汽车制造、航空航天、运动纺织或其他任何领域，即便是在最贫困的地区，塑料制品的身影都无处不在。作为大众消费品，不可否认，塑料具有价格低廉、生产便捷等许多重要的优点，但是它令人担忧的质量却也是不争的事实。尤其发生了后来引人注目的"白色污染"事件，使民众们注意到化工合成的塑料不但有毒有害，而且长时间不易降解，是导致淡水系统失衡的罪魁祸首。很显然,纵然塑料千好万好,但只要胆敢破坏我们赖以生存的家园,它就不会被接受!

继塑料之后,相关领域的材料专家们便马不停蹄地寻找其替代品,研究的结果就是数上三天三夜也未必能说完:金属基化合物、特制超强弹性体、工业陶瓷、有机合成金属、记忆性材料、高新超导体……不论是它们中的谁,其出现都一度使得学术界精神振奋,以为找到了真正独当一面的未来材料。只不过现在有了全新的纳米碳,恐怕这些材料界的前辈们也只能自叹不如了。毕竟,有了更好更有活力的"小家伙",谁还会靠着垂垂老矣的东西过日子呢?

资料来源:

1. 国家材料研究委员会,亦称"法国创新协会":www.anvar.fr
2. 《科学与技术》,12 号刊,1989 年 1—2 月
3. 《智者的材料》,2000 年 CNAM 材料年会之大学论坛

世界 500 强，谁坐第一把交椅

根据美国《财富》杂志最新一轮的调查报告显示，世界500 强企业的座次已于日前重新排定。这一次，Amazon 公司以雄厚的财力逐鹿中原，一举夺魁可谓众望所归。创立于60 年前的 Amazon 是全球网络销售业的擎天柱，今年不仅垄断了2 600 亿美金的销售业绩，更以整整 100 亿美元的巨额利润傲视群雄。

作为电子网络销售行业的王者，Amazon 早就把沃尔玛甩在了身后，前者世界零售业霸主的光环已经顶在头上足足半个世纪之久，牢固的地位无人能够撼动！昨夜刚刚揭晓的世界 500 强名单更使得竞争激烈的商业战场硝烟弥漫。昔日都曾攀上王位的埃克森美孚、通用汽车、福特、通用电气等现已风光不再。原因其实很简单：全球石油资源干涸，导致原油集团矿尽财枯；汽车制造业的巨头也在重组、兼并的大环境下亦步亦趋，谨小慎微；至于曾经呼风唤雨的电子业财阀则处境更危险，因为行业的尖端技术都被转移到了中国、印度等后起之秀的囊中。结果是什么呢？世界贸易准则发生了翻天覆地的大变革，与人们日常生活息息相关的零售业趁势一举夺得 500 强的霸主地位。

当然，这其中互联网络居功至伟，因为在线交易已经成为社会上普遍的消费现象。人们似乎变懒了，不愿意出门到处闲逛了。既然在办公桌前就能完成交易，为什么还要劳师动众出门不可呢？更何况在网上购物，可以多方位全面地比较价格、质量等重要因素，一旦发现实物与商家信息有出入，还能当场要求退换，手续也十分简单便捷。更值得一提的是，由于遍布全球的大型连锁卖场实行"推荐入会优待"的促销模式，每一个老会员都可以推荐新顾客加入，成功以后可是有一笔可观的奖金呢！你一定能够想象这样的传销形式有多么的成功，作为网络零售业的老大，Amazon 的网站访客量与它的营业额一样一飞冲天。当然，除了精明的运作系统，可靠安全的保障措施也要跟着到位才行。事实上，得益于家庭电脑中已经十分成熟的数码指纹辨识软件，某种意义上，网上划账甚至比支付现金更加靠谱。再加上公司特别提供的"电动快艇"（一种快速环保的代步工具，这项发明是首次被运用于零售公司的送货服务中）送货上门服务，你不得不惊叹，原来购物可以这样省心省力。

仔细回想一下，Amazon 公司是世界上第一个全面发起在线大宗交易的零售企业。它不仅在互联网上打造了超大规模的商业卖场，还来势汹汹地将已经比较成熟的传统零售方式打压得苦不堪言。比如 20 世纪赫赫有名的美国玛茜、布鲁明顿卖场，还有法国本土的亚利布嘉公司，都受到了不同程度的冲击。还记得 1852 年在巴黎建成的"经济卖场"吗？它就是典型传统零售方式的代表。说实话，在那个年代里，可没有人敢说这是过时的赔本买卖，许多人甚至把"经济卖场"看作社会的进步！1900 年，该卖场雇用的员工多达 5 000 人，而且是少数几家为雇员提供免费午餐并依法缴纳养老退休保险的明星企业。可惜时间总是无情地将一切记忆通通冲淡，现在的学生要是手里没有一本左拉写的《太太们的幸福生活》，恐怕根本无法想象所谓的"19 世纪的卖场"究竟是什么样的。要年轻人去追寻那个年代零售业的细枝末节真的难如登天！

视线前进到 20 世纪 60 年代，随着一批巨型连锁超市的出现，零售业似乎走入了一个新的时代。这一切都得感谢走在商业前沿的财阀家族们，如缪里耶、德福瑞、弗尼尔等，他们分别是欧尚、家乐福以及沃尔玛超市的创始人。

在 100 年后的今天，曾经属于巨型超市的王朝也开始摇摇欲坠。同样的购物，我们完全可以在自己的家中，足不出户轻松搞定。你甚至可以在小小的厨房里，通过嵌入冰箱门的小型屏幕直接与网络连线，设置订单。对于年轻一族来说，出门逛半天才能买到东西的情景简直是不可思议的。当然，要改变根深蒂固的传统购物模式并非一蹴而就的轻松活，单单观念上的转变就不是一朝一夕能够办到的。一位社会学家回忆道：“2005 年时，在线购物的消费形式似乎并不讨好。虽然比起传统零售，前者确实更加方便也更加时尚，但没有亲身接触过商品就要将它领回家，确实有些强人所难。疑虑的声音不断，因此当时，新消费形式的发展也遇到了前所未有的瓶颈。”

我们再次将目光转回到世界 500 强的排行榜上来。你会惊奇地发现软件业巨头——微软已经攀升至世界第二的宝座，排名仅次于财大气粗的 Amazon。要知道 2004 年时，它还只在第 46 的位置上徘徊不定呢！这家以“为地球人设计软件程序”为经营理念的美国公司在排行榜上一步一个脚印地踏实迈进，最终取得了今天傲视群雄的不俗战绩。从今往后，美国大叔将移民到印度，从明年开始，连公司总部也会迁往孟买。之所以背井离乡，是因为在过去的 50 年时间里，印度已经一跃成为全世界最具竞争力的软件发展基地。早在 21 世纪初，法国的《世界报》就曾预测西天佛教的故乡——

印度将会在 2050 年之前成为新崛起的地球硅谷。现在，事实已经胜于雄辩了。

接下去向你介绍另一个在计算机领域攀至巅峰的公司。对于它，你一定不会感到陌生——IBM，20 世纪创立于美国，经历了无数大风大浪仍屹立不倒的商场常青树。在很长的一段时间里，由于面临家庭个人电脑的大换血，IBM 曾一蹶不振。但得益于 2020 年研发成功的超强运算器（它能同时处理几十亿单位的信息量），公司又焕发出新的活力。在今年最新一届的榜单评选中，IBM 凭借其产品在商务电脑市场中 70% 的占有率一举摘得探花头衔，可谓实至名归。

你猜一猜 500 强排名中位列第四的是哪个幸运儿呢？跌破所有人的眼镜，占据四甲席位的竟然是雀巢公司。这个在瑞士白手起家的快速消费品公司原本只经营与婴孩有关的巧克力等食品生产业务。而今天，与时俱进的它十分懂得变通，早就将触角伸向了市场潜力巨大的健康食品领域。它的研发概念十分简单，就是科学合理地将药品与膳食有机融为一体。比如：在饭后饮用能有效促进消化的营养水；添加了微量元素、能改善记忆的巧克力棒……最值得一提的是与法国欧莱雅（全球最大的护肤品公司）合作推出的药用润肤霜，添加了纯天然的 DHEA 成分，能使肌肤健康年轻。雀巢公司的锐意创新当之无愧是同行业中的佼佼者，因此它的销售额与利润也让人十分眼红：去年已经突破了 2 000 亿美元大关。

榜上第五名的是日本丰田株式会社，它的成功完全要感谢中国与印度两国巨大的汽车消费市场。根据不完全统计，两国去年至少有 1 亿左右的汽车消费者。由于在可燃性电池的研发上取得了重大突破，丰田成功吸引了大量关注环保的汽车购买群体。尤其是在发展中国家，恶劣的环境问题使大家对于清洁汽车顿生好感。正是凭借着在这方面的突出表现，日本丰田甩开了美国的通用公司，一跃成为世界汽车业的新霸主。至于后者，也只能将重心撤回南美市场，争着与福特共分一杯羹。

其他的 500 强这里就不一一赘述了。总之，从《财富》杂志历年来的评选结果来看，我们不难发现从 2000 年开始，全球商业结构正在逐步调整。许多排名靠后的公司争先恐后向前挤，而曾经称霸的财团也不敢掉以轻心，生怕到嘴的肥肉给对手叼了去。不少跨国企业瞅准时机互相联营兼并，目的也就是要壮大声势，在残酷的市场竞争中保有一席之地。比如：2003 年排名第 15 的国际能源就与法国电力总公司（EDF）合作开拓市场；从 2012 年起，欧洲两大汽车巨头——标志、雪铁龙，也选择了合作共营，创建了新的 PSA 公司；还有医药领域，阿芬帝斯与萨诺菲的联姻成功使合并后的集团公司坐上世界制药企业的第一把交椅。我们已经可以得出结论了：在新的时代里，"人有多大胆，公司就有多大产"！

资料来源：

1.《2004 年世界 500 强公司排名调查报告》，《财富》杂志，2004 年 4 月 12 日

呼叫地球总部，外太空有生命

从 1969 年人类征服月球开始，地球人围绕着外太空的憧憬与幻想就从没有停止过。2030 年成功在火星上建造了植物培育基地之后，我们用双手证明了生命是可以在极限环境下生根发芽的。而现在，随着阿尔法（Alpha-Ocean）星球出现在大家的视线里，人类终于在离地球 3 光年远的地方找到了生命的存在。

原本以为会永远成为谜团的问题终于在 21 世纪的后半叶找到了盼望已久的答案：是的，除了地球之外，太空中还存在别的自然生命体！在哪里呢？就在半人马星座（俗称"射手座"）的附近，一颗被称作阿尔法的行星为我们展开了激动人心的画卷。这颗行星上的景色可谓丰富多彩：一望无际的海洋、层层叠叠的高山、变幻莫测的云雾、高高耸立的植被以及最引人注目的奇怪水生动物。感谢一批性能卓越的星际卫星三十多年来勤勤恳恳地工作，人类才有可能跨越整整 3 光年的距离，得到这些清晰的高像素照片。虽然长得其貌不扬，连体重也不过轻飘飘的百来斤，但这些行星探测设备却在此次探空计划中居功至伟，实现了宇宙物理学家们盼望数十载的梦想。它们游荡在茫茫的太空，与地球赤道上的多组悬空望远镜一直保持着密切的联系。不论是前者还是后者，两者可都不是省油的灯。几年来，它们都保持着 24 小时不停歇的高速运转状态，每天至少联系 10 次。一方面，带有镭射激光装置的悬空望远镜会精确瞄准远方的探空卫星，定期实施对接；另一方面，卫星也有拨云散雾的通天本领，能将已经抓拍到的图像资料通过无线信号送回地球。不过 3 光年的距离意味着，地球接收到的所谓新鲜照片事实上是拍摄于 3 年以前的。

说实话，直到科学家们意识到外太空有生命存在之前，这些无声的图像、照片并没有引起学术界普遍的关注，顶多是作为走过场的资料收集罢了。要是没有探空技术翻天覆地的大发展，人类也许永远也没有办法收到这些来自太空的"明信片"。特别是对于 21 世纪初的学术界而言，今天获得的成就只能用 4 个字来形容：难以想象。我们常把 1957 年作为人类迈出探空第一步的标志性年份，因为大家一致认为，正是从那一年开始地球将目光转向了征服空间的宏伟大计。在此后的 1 个世纪里，几乎每一天都见证着研究人员在该领域取得的巨大进步。

今天，出手不凡的照片修整技术也被运用到了高深的探空计划之中。虽然阿尔法星球根本不在我们的太阳系中，虽然它离我们的距离远不止十万八千里，但是卫星传回的高清晰照片却把大家都带入了身临其境的真实世界里，纵然在蓝色星球上也能用肉眼把它看个透彻。由于掌握了比较完整的数据资料，因此在分析阿尔法星球情况的时候，科学家们也是底气十足。据称，该星球的外部环境与地球十分相似，也有属于自己的恒星，进行着天体都会做的公转、自转。不过有一点特殊：由于自转的速度不同，阿尔法行星上的白昼足足抵得上我们这里的 3 天。就正常生活的地球人而言，那里的气温可不怎么舒服，超过 80 摄氏度的地表温度恐怕会烫得人面目全非吧！但是，对于那些土生土长的水体动、植物而言，这样的极限温度反而能够让它们自由自在，如鱼得水。在阿尔法星球上，将近一半的表面积被海洋覆盖，而水体的普遍深度也都达到了万米以上。根据捆绑在观测卫星上的摄谱仪所传回的资料显示，外太空的有机生物正是以广袤的海域为家。绝大多数的大型水生动物都在相对较深的海域中活动，因为那里的水温更适合生命的繁衍。更令科学家们大呼惊奇的是，原本据推测应该十分低等的阿尔法水族生物竟然过着十分严密、有组织的群居生活。这让人们不禁联想到了地球上的蚂蚁：虽然是小得可怜的昆虫，虽然巢穴建筑在暗无天日的地下，但这些恶劣的条件丝毫没有影响它们井然有序的生活。惟一且至高无上的群族领袖、术业有专攻的工作小组以及整个团队明确的共同目标都使它们成为令人类都肃然起敬的种群。现在，惟一还困扰科学家的问题在于，这些阿尔法星球上的水生动物群落，它们的共同目标依旧是一个未解之谜。根据现有的图片资料来分析，这些外太空的水生动物有着与一般群落完全相反的生活习性。你看着它们的生活方式，就好像看着地球上的人类在努力适应水底生活，重新进入深海海域组织活动一样。这些海底的精灵们，它们能理性地意识到自己的生命吗？又或许，它们也会思考、会理论、会在不破坏生存环境的前提下打造属于自己的理想国？虽然外界对此都议论纷纷，但学术界的专家们却很有默契地通通三缄其口。没有人作出零星半点的评论，也许他们认为现在所掌握的资料还不足以得到任何推论，所以也懒得抛出什么观点，以免遭到其他人的口诛笔伐。

2002年，宇宙探空学取得了重大的发展，因为在那一年，科学家们通过实验证实了只要将放射性气体与紫外线混合反应，空间中就会自然而然地产生有机化合物。化学家们进一步指出，这些珍贵的化合物正是与生命息息相关的氨基酸，后者能够组成生命体的基本单位——活性蛋白质。但是这其中有一个核心环节，研究人员始终无法攻陷：如何将有机化合物分子真正转化成活性细胞呢？苦苦探索了 18 年后，也就是 2020 年，这个难题终于得到了完满的解决。看起来只是简单的一步，但意义绝不亚于当年人类踏上月球！因为它能证明，茫茫宇宙中除了我们生活的地球之外，别的星球也有培育生命的可能性。现在，事实胜于雄辩：阿尔法星球终于为我们的推论提供了强而有力的证据。这颗行星上的生命正是诞生于茫茫云雾和滚滚烟尘之中。在这里，氨基酸变成了蛋白质，而蛋白质又慢慢演变成神奇的活性细胞，细胞长成了低等生物，最后，低等生物发展壮大成较高等的生命。我们的蓝色星球不也经历了这段不寻常的旅程吗？当然，阿尔法星球上不仅有动物，还有各式各样的植物争奇斗艳。它们的形状千姿百态，与地球上常见的品种大相径庭，株株都怒放在云雾之中。有些较为低等的植物仍然处于单性繁殖阶段，因此每隔一段时间，它们都会散落不少已经成熟的种子，这是它们繁衍子孙的秘密噢！

对于人类而言，我们从来没有停止过探索太空的脚步。2036年，有的科学家声称地球上现有的生命其实来自于火星散落的一颗陨石。这也就意味着，地球人的真正祖先应该是红色星球上的主人。这个想法真是大胆至极，从前只有某些科幻小说或电影才敢挑战的题材竟然由科学家说了出来。为了验证这一说法，科学家还建立起十分复杂的专业数学模型，当然这可不是一般人能够破解得了的天书。在这里，我们也只能为勤勤恳恳的众多宇宙学家们鼓掌加油了！

要彻底破解火星之谜，光困在地球上纸上谈兵是不会有出路的。因此，在宇宙飞船的研发领域，人类也倾注了极大的心血。2020 年，研究人员抛弃了传统的化学反应推动引擎，改用更为环保、功率也更为强大的放射核能助推系统。结果自然大获成功，竟将原本速度为每秒 8 千米的宇宙飞船推上了 100 千米的巅峰。仔细算一下的话，这就意味着从今往后，人类跨越 36 万千米的时间骤减为 1 个小时！那么从地球到火星的行程也从原来的 11 个月缩短为 3 个月。正是有了这些高新技术的帮忙，学术界才有资本一次又一次地去创造奇迹。目前，有关负责人向媒体表示，已经有 127 颗行星被列入了即将要探测的名单之中。在未来的几年里，科学家们恐怕不能消停了！许多乐观的探空学者都认为，也许外太空的生命也向我们地球人一样对外界充满着好奇心，那么等到他们造访地球的时候，我们不就可以省下力气获得现成的资料了吗？

资料来源：

1. 国家航空研究中心，弗朗西斯·罗卡尔德（宇宙物理学家兼作者）：www.cnes.fr

2.《科学与生活》杂志，2004 年 10 月

3.《自然》，2002 年 3 月

4.《天空与太空》

5. 美国航空航天局（Nasa）：www.nasa.gov

6. 世界宇宙联合学会：www.iau.org

冬天到了，快快睡吧

就在不久前，一家著名的瑞士实验室向外宣称，他们已经成功使一男子冬眠数十载后再次苏醒。短短一星期之后，相关研究报告带着新鲜出炉的分析数据向世人证明了瑞士人所言非虚，他们确实创造了前无古人的科学奇迹：接受冬眠术的志愿者当初是为了续命才不得已铤而走险的，当他再次睁开眼睛看世界时，连自己都感到震惊！

你听说过 ERC（法语 Espace de Recherche Cryogèe 的缩写）吗？它的中文解释是"低温制冷研究区域"。在瑞士瓦莱州的一座温泉疗养站里，我们也许就能找到 ERC 的身影。虽然疗养站四周用螺钉钉得严严实实的铜板墙并不怎么显眼，但隐藏在墙后面遍地开花的各种专业诊疗室却着实吸引眼球。这些诊疗室麻雀虽小，可是五脏俱全：严格消毒的房间、幽静整洁的走廊、专业权威的医务护理人员等应有尽有。后者每天都穿着干净的白大褂来来往往，为诊疗室的客人提供最贴心的服务。当然，不用说你也猜得到，来这里光顾的客人一般都是年近七旬、财大气粗的超级富豪。事实上，这座所谓的温泉疗养站与传统意义上的海水治疗浴场有很大的不同。即便是已经光顾的极少数客人也不过是抱着试一试的玩票心态，这家号称"致力于改善生命品质"的科研中心就这样突然走进人们的生活。

为什么要向你介绍这样一座让人摸不着头脑的温泉疗养站呢？因为就在前不久，一位赫赫有名的科学家在这里向整个学术界投掷了一枚重磅炸弹。据称，他成功地完成了人类历史上首例冬眠试验，在使志愿者"休息"数十载寒暑之后，又令其毫发无伤地醒了过来。整个研究实验计划被命名为"无尽的岁月"，在整整10年时间里，该项目都处于与世隔绝的真空状态，不为外人所知。报名参加试验的志愿者沉睡在零下196℃（相当于氮气的沸点温度）的极限空间：整个过程中，身体与大脑都用稀释过的特制丙三醇（俗称"甘油"）浸泡并用外力施以稳定的压力，从而让各功能、器官保持良好状态。"冬眠"期间，志愿者受到了相关科研人员的悉心照料，从他苏醒到现在，还没有发现任何后遗症或健康衰退等不良反应。

也许你会有一个疑问，究竟是谁竟然如此勇敢、毫无畏惧地志愿参与前所未有的"人类冬眠"计划？事实上，接受试验的主人公是一位快到40岁的巴西科学家，巧合的是，后者与"人类冬眠"计划有着千丝万缕的联系。2050年时，他中止了手头正在进行的多个科研项目，全力投身于制冷环境下的人体功能研究。由于该课题牵涉到"生死一线"的道德伦理，因此最初，研究人员只是谨慎地在某些动物身上寻找突破口。试验出人意料地大获成功——甚至远远超过了所有人的预期，一切都表明：冬眠完全有可能在人类身上实现。只要能够妥当处理一些行政或法律条款上的问题，所有的障碍就会迎刃而解。

现在来详细讲一讲这位勇敢的巴西人。说实话，若不是试验之前进行了周密的安排，10年的时间恐怕会冲淡所有人对他的记忆，而他也会完完全全地退出原来的生活轨迹。幸运的是，这一切都没有发生。巴西人所在的工作单位特许他一个无限期的长假，而他原来生活的居民区也承诺为他永久保留户籍，所有的优待都使他能够安心地完成前无古人的创举。翻开历史的长卷，"人类冬眠"的想法最早可以追溯到 18 世纪。根据 1745 年发现的某部匿名手稿，科学家们最早提出"冬眠"的概念，其初衷是为了延年益寿；1753年，一位名叫约翰·亨特的研究人员出版相关著作，主要讨论人体冬眠与延缓神经运动的关系；20 世纪 50 年代，生物学家亨利·拉博利特针对"低温对人体的影响"这一主题撰写了研究报告，称得上是学术界在这一领域的关键性突破。

受到了理论著作的启发，实践性的活动也取得了不俗的成绩。同样是 20 世纪中叶，科学家让·乔雅通过降低啮齿类动物的体温，为其他专家学者铺设了通往"低温人体学"与"昏睡症"关系研究的康庄大道。根据当时的记载，由让·乔雅带领的科研小组已经将所谓的"低温"成功降到了零下 15 ℃。同时期，一直在研究领域遥遥领先的法国巴斯德学院自然也不甘示弱。后者在相关课题上取得的成绩同样不容小觑：他们通过对某些人体组织、器官的低温培养，成功做到了许多科学家预期的"延缓衰老"。别看这两个实验与真正意义上的"人类冬眠"扯不上大关系，它们对现在已经顺利完成的"无尽的岁月"项目影响深远，之所以巴西人在沉睡 10 年之后仍能够"生还"并被奉为科学发展史上的教科书，正是要感谢前人做出的不懈努力与各种尝试。

目光转回到现在，2065 年 12 月 22 日正午 12 时 20 分，我们终于盼到了这个令人激动万分的时刻。来自世界各地的知名专家、学者受邀来到瑞士，大家齐聚在瓦莱州温泉疗养站的阶梯教室中，共同见证"冬眠人"的苏醒。事实上，接受试验的主人公仍然躺在高科技的巨型试管中，他的心脏、大脑依旧与智能检测仪紧紧相连。

10年来，他过着完全没有意识的平静生活，和一条"冬眠的蛇"无异。从巴西人选择参与"冬眠计划"并进入大试管的那一刻起，他的世界便彻底变成了比南极大陆更冰冷、更静谧的天地。有的人也许会问，在这10年的时间里，他的心脏究竟有没有在跳动？答案是肯定的，但有一个前提，他的心脏必须有辅助设备的帮忙才能维持正常的生命运转。另外，他的大脑也必须受到高精度电脑的严密监控，以防不测。

正像所有新出现的科学技术都需要时间让世人慢慢了解、慢慢消化，"人类冬眠"也一样，后者的突然出现将平静了许久的学术界搅得天翻地覆。由于受到了严密的保护而与外界没有过多接触的巴西人对周围的风平浪静甚至表示惊讶："外面的世界都没有传出风言风语吗？真的吗？"事实上，这只是研究人员为了使他能有良好的恢复环境而故意制造的假象，公众、媒体的问题和非难早就如洪水般排山倒海地涌来：为什么志愿者会愿意用自己的生命开玩笑接受试验？他目前的年龄究竟算40岁还是50岁？诸如此类的问题并不是没有根据的瞎扯淡，就最新的研究报告显示，接受试验的巴西人，其身体主要器官、神经系统、功能等在这10年中确实没有丝毫衰老的迹象，因此很难界定他的实际年龄。

当然，针对一浪高过一浪的声讨，正方也有话要说。你没有办法否认的是，这个前所未有的人体试验确实为整个科学研究打开了新的思路。在不久的将来，我们也许可以充分利用"冷冻技术"的神奇力量延长甚至拯救人类的生命。只不过有一点要强调，那就是说到底，"人类冬眠"是一场赌博。在这场博弈游戏中，你可能以暂时的一点时间为筹码最后换到了更长的生命；相反的，也可能输掉了最重要的生命，只换回了少许的时间。总之，参不参加这场游戏，用多少筹码都是由你说了算的。我们还是以第一例"无尽的岁月"志愿者为例，那位巴西人走进巨型试管时才 40 岁，当时他的儿子才刚刚进入高中。而现在整整 10 年过去了，当接受冬眠的他再次睁开眼睛，管中方一梦，世上已千年！他的儿子已经出落成 25 岁的帅小伙，眼看马上就要成家立室，而他竟仍然保有 40 岁才有的面容。如果一定要为他的赌局判个胜负，那么结果是显而易见的。

今天，站在前人成功的经验面前，所谓的"人类冬眠"再也不是什么痴人说梦，也不是胡诌的天方夜谭。醒来的巴西科学家对他的孩子语重心长地说："你的爸爸是世界上第一个有机会接受'人体冬眠'技术的幸运儿。2055 年时，我患上了晚期肝癌，要知道那个时候，市面上所有的抗癌药品都不是癌症之王的对手。得益于我的职业，我很确定在未来的 10 年之中，100% 治愈晚期癌症的良药将会问世。因此，我选择了以冬眠的方式避世。结果证明，我成功了！现在，我醒了，而原来身患的绝症也在等待了 10 年之后得到了解决。"在听说了巴西人的神奇经历之后，一家法国电子媒体评论道："长睡一觉醒来，赶走了身上的癌症！"是啊，一切都能在睡梦中找到出路呢！

资料来源：

1. 安德鲁·马兰，低温冬眠研究专家
2. 路易·巴斯德大学，斯特拉斯堡分校
3. 相关网站：www.cnrs.fr

风车顺风而转，氢气成为全球第一大能源

　　法国作为一个沿海国家，与那些同样靠近海岸而建有风车发电站的国家一起，已经成功地跨过了标志性的一道坎：通过风力发电满足国家 50% 的电力需求。这是一项非常了不起的成就，位于世界第一。鉴于太阳能和氢能利用技术的不断进步，而全球石油贮量日益减少，可再生能源的地位已经达到了与传统能源平起平坐的地位。

　　如果要责备人类恬不知耻地挥霍大自然几百万年积蓄起来的碳氢能源，从而导致地球环境和气候条件恶化；那么，从另一方面来说，我们势必也要承认，近几十年来，人类已重新定位了对能源使用的发展方向。据估计，2020 年，发展中国家的能源消耗将翻一番；2050 年，甚至能达到现在使用量的两倍。为此，国际社会呼吁各国，从现在到 2050 年的这段时间内，争取将二氧化碳排放量减少三倍，否则，未来的能源消耗将超过地球的负荷，状况令人非常不安。幸而，全球各国的决策者们汇聚达沃斯（Davos，达沃斯论坛，即世界经济论坛，是瑞士一个独立的非官方机构。其前身是 1971 年由现任论坛主席、瑞士日内瓦大学教授克劳斯·施瓦布创建的欧洲管理论坛。1987 年，欧洲管理论坛更名为世界经济论坛。因为年会在瑞士风光旖旎的小城达沃斯举行，故又称达沃斯论坛。年会每年 1 月底至 2 月初在达沃斯举行，为期一周，迄今已举

办了三十多届），年会主要核心议题都围绕替代能源，诸如天然气、生物能、核能、太阳能、地热能和风能。一些初始的工作已逐渐完成，并为市场启动做好了准备。

得益于年会的举行，在已经建有风车发电站的国家中，风力发电已能满足 50% 以上的电力消费。这样的成就在 21 世纪初还是全然不可想象的。此外，为这些可再生能源发电站的资金和发展开路的是全球各石油巨头。然而，合作的过程及结果并非皆大欢喜——这些巨头有时不得不与发电公司和一些急于投资此类清洁能源的新进独立厂商分享这块大蛋糕。大约在 30 年前，为鼓励开发风能所开展的大型财政激励项目，许多小型企业纷纷投入市场，作为回报，还有可能将发出的电卖给一些市镇。由于这些交易，使得当初投资的小型企业成为实质上的能源生产商，如同 20 世纪的法国国家电力公司。

从小型企业成长为巨型能源生产商，整个投资过程其实并不能说是一种革命，而更应该称之为进化。到 2010 年的时候，风车发展也日见兴旺，如马赛自动港于 2007 年配置了 100 架风车（属欧派乐（Opale）计划的框架之内），这些风车的发电量相当于一座人口 8 万的城市一年的用电量。自投入使用到现在，风车的地位日渐稳固，但也不乏诸多争议。在马赛的加尼毕耶大道（Canebière，正对马赛老港，附近鱼市比较有名），据说那里风车成阵，竟导致遮天蔽日，港口也望不见了。风车投入使用所带来的弊端是为了达到我们祖父辈们所称的"可持续发展"所要付出的代价。作为时代的象征，摩纳哥公主近期又在蒙特卡罗周围建起一个风车村。巨大的杆身好似赌场的轮盘，盘上的数字被漆成白色，随风而转；有些还充当了棋牌室的广告牌。

不知大家是否知道丹麦才是风车王国呢？在这个由 400 个岛屿组成的北欧国家里，人们从 21 世纪初就开始用风力来发电了。到了 2004 年，北海和波罗的海巨大的风车站已经能够解决丹麦全国用电的 20%。之后，此理念又启发了德英两国。丹麦一直控制着 50% 的涡轮机市场，位居美国与西班牙之前。丹麦的技术也进入了电力需求巨大的中国。为了增强技术发展，丹麦还邀请了印度和荷兰的一些公司。但就这一前景颇佳的市场而言，我们还需将加拿大考虑在内，其阿尔伯达省南部的 Mcbride 湖公园，拥有 114 架风车，是世上最壮观的风车发电站。

那风能呢？人人都在谈论风能，也并非只是嘴上说说。国民教育已将此话题占了先，将环境课程纳入学校教育的安排中，从而让学生对大自然有进一步的认识。组织参观风车村，人们可以了解到工程师们是怎样利用风来发电的；因为地球上每天所接受到的能量可达 1.74×10^{17} 瓦，而只有 1% 到 2% 的能量转换成风能。若能抓取这部分能量，用转片直径 54 米的涡轮机，就可以产生电流；空气密度越高，获得的能量也就越多。正常气压下，15 摄氏度时的空气密度为每立方米 1 225 千克。不得不提的是，风速是产生能源的重要因素：风速越快，产生能量就越多，呈指数级增长。在每秒 8 米（每小时 28 千米）的风速下，1 平方米的接触面积每秒可产生 314 瓦电流；若风速为每秒 16 米（每小时 57 千米），则产生的电流量为前者的 8 倍（2 509 瓦）。因为产生的能量巨大，合恩角的风车如今还在高速地运转。

虽然人类制服了风能这个可再生能源，却也不能掩盖太阳能取得的巨大成功。2015 年起，太阳能将在与大楼相连的装置上投入使用。不要忘了，住房可以反射 25% 的温室气体。太阳的寿命是 50

亿年，是取之不尽的能量来源。据估计，一般光照的发电功率为单位平方米每日 4 000 瓦 / 小时。里尔达到了 3 000 瓦 / 小时，在尼斯则是 5 000 瓦 / 小时。根据 ADEME——环境与控制能源消耗署，由环境部和工业研究部共同管理，属于工商性质的公共机构。它的使命涉及保护环境和控制能源消耗的所有行为的促进、协调项目实施工作，主要的工作领域有：能源、空气、噪声、垃圾、土壤污染、环境治理。ADEME 总部有 3 个地点，分别在昂热、巴黎和瓦尔博纳，下设 26 个地区代表处，3 个海外省代表处和在布鲁塞尔的办公室；2007 年的预算为 3.34 亿欧元（2.6 亿的项目预算，0.83 亿欧元的行政开支）——太阳能可提供的卫生热水和取暖将达到总共用电所需的 40% 到 70%。

长久以来，鉴于夜晚和阴天时没有光照，人们一直认为太阳能只会成为其他生产方式的一种补充。而且过去光能发电的代价也非常昂贵：一旦联网，1 000 瓦 / 小时的费用便是天然气与核能的两倍。但人们不曾想到研究人员凭他们丰富的想象力，竟成功优化了能量转化（硅电管）的效率，降低了全套系统（有机材料管）的价格，并找到了储热和储电（锂材料技术）的新方法。其结果是：今天，通过太阳能为一幢大楼发出的电力，已经超出了大楼自身所需要的电量——只是在投入使用之前，需要为大楼装配隔热材料、新式玻璃和匹配照明。不要忘记，还有高效锅炉，使用的是只释放少量温室气体的制冷剂。

这场可再生能源赛跑的第三大赢家是氢能，它已成为全球第一大能源。这一领域在 21 世纪初还不存在，而在世界面临石油短缺的恐慌时，它却悄悄登堂入室。同样，我们不无惊讶地看到，21 世纪初获得利润最多、为燃料电池研究投资最多的，是埃克森美孚公司（ExxonMobil，埃克森美孚公司是世界领先的石油和石化公司，总部设在美国得克萨斯州爱文市。埃克森美孚始于约翰·洛克菲勒 1882 年在美国创建的标准石油公司）。在法国，这些工程曾由PACO 网领导，赞助者为 ADEME 和 CEA（原子能委员署）。欧洲则提出研发计划大纲（PCRD），著名的有 Hyway 项目，以此大力推动氢能源发展。不过今天，遥遥领先占据市场地位的是美国和日本。它们曾承担风险，资助了一些实验工作，比如车辆通行和加油站的试运用。在那之后，燃料电池便随处可见。移动电话、便携式电脑，甚至住宅都要靠它来供电！实际生活中，氢能主要用于住宅和大楼的取暖供电。加拿大也是燃料电池技术领先的国家之一，在大北方，爱斯基摩人的雪屋和木棚靠它供暖。

自今年起，可再生能源已将世界能源地图全盘改写。全球生产分配更加合理，有效减少了不均现象。有些国家从前能源缺乏，如今也不用再依赖进口了。从 2030 年起，某些国家，像冰岛，就已经全部转向氢能源。然而，最大的变化发生在美国，它已经承认全球变暖所带来的危险，并像中国一样，开始采用清洁能源和可再生能源技术。石油时代已经全然成为历史了。

资料来源：

1. 钱伯勒·西里和梅奥·佛罗伦萨《关于能源新技术的报告》（经济部，财政部，工业部，技术研究部，生态环境部，可持续发展部，2004），详情可查询 www.ladocumentationfrançaise.fr

2. 原子能警署（www.cea.fr）

3. 马赛自治港（www.marseille-port.fr）

4. 风能（www.windpower.org）

太空旅行天价不再，高天游览低价上场

　　心弦紧绷，"飞船7号"的6名乘客加入了太空大众旅行的首批旅客行列。自"低价"票在网上开售以来，人们对太空飞行的迷恋已达顶峰。

　　不错，近30年来，太空飞行已不是什么新鲜事了。可价格呢？从前，人们秘而不宣，也只有若干富翁才接受得起那市场强加的天文数字般的价格。自新一代迷你宇宙飞船投入使用，价格便一路下滑：是飞机头等舱3倍的价格。宇宙的大门从此向全世界的男士女士们敞开。无需职业宇航员的素质便可登上"飞船7号"。看一下首航乘客的名单就够了：医生、公务员、电视剧演员、考古学家和烤面包匠——他们均携伴侣而往，预备度一回全新的蜜月。

　　太空旅游首次被提出是在20世纪末。当时（今天看来已十分遥远了），探险地点在俄罗斯，传说中的"星空之城"，计划是一次米格-27战斗机飞行，超音速漫步，飞行高度24 000米。这已然引来巨大轰动！在这个高度，地平线后退一百多米，人们可以看见地球的曲线，还可在装垫有埃利沃去齐宁-76的真空座舱内体味20秒钟眩晕的失重感。该计划还安排旋转机旋转7分钟，以感受宇航员经受的加速度——5G的峰值，手脚如绑上铅块般沉重……

　　为使此举成为真正意义上的"太空"旅行，飞行器接下来又被升至10倍于班机的高度，直到100千米之界，这个高度有个标志性的名称——太空边界。因为正是在这个高度上，陨石燃烧成为耀眼的流星；飞船开始加热，准备重回地球。传统宇宙飞船迎来了第一批游客。首先是美国参议员杰克·加恩，于 1985 年 3 月"发现"号飞船的一次任务期间，受美国航天航空局之邀，因为他在参议院中负责太空事务委员会……在人们看来，要在纳税人面前为太空事务预算辩护，政界人士应该亲自去体验一下失重的乐趣。第一批里的其他乘客还有秋山丰弘，一位日本记者。国际空间站是人类在太空领域的最大规模的科技合作项目，是美国航空航天局在 20 世纪 80 年代初期为抗衡苏联的"和平"号轨道空间站而提出来的。随着冷战的结束，世界上一些投资大、风险高，并且一个国家又无力承担的大科学研究项目逐渐走向国际合作。在这一背景下，继承了苏联航天科学成果的俄罗斯转而成为这个大型科学项目的重要伙伴。国际空间站由美国、俄罗斯、日本、加拿大、欧洲航天局等共同建造，计划耗资将超过 630 亿美元。国际空间站计划最早是由美国提出的，当时名为"国际'自由'号空间站计划"，并于 1984 年得到时任美国总统里根的批准，但是随着时间的推移和数十亿美元的耗费，这项计划没有取得进展。1993 年，克林顿入主白宫，提出将"自由"号空间站计划由美国独自建造改为国际合作建设，使这一计划得以生存下来。1993 年 11 月 1 日，美国航空航天局与俄罗斯宇航局签署协议，决定在"和平"号轨道站的基础上建造一座国际空间站，命名为"阿尔法"（俄罗斯加入空间站计划后，反对使用这个有"创始"和"第一"之意的名字，因为俄罗斯 1971 年发射的"礼炮 1"号才是世界上第一座空间站。故现在国际空间站没有名字）。1998 年 1 月 29 日，来自 15 个国家的代表在美国华盛顿签署了关于建设国际空间站的一系列协定和 3 个双边谅解备忘录。

美国、俄罗斯、日本、加拿大以及欧洲航天局11个成员国（比利时、丹麦、法国、德国、意大利、荷兰、挪威、西班牙、瑞典、瑞士和英国）的科研部长或大使在文件上签字。这些文件的签署标志着国际空间站计划正式启动。1998年3月7日，俄罗斯与美国就合作建设空间站达成协议，并签署了有关的一系列基本文件。根据协议，国际空间站80%的建设资金由美国负担，工作语言为英语，并由美国航空航天局牵头，负责从总体上领导和协调计划的实施以及在空间站运行期间发生紧急情况时进行具体指挥。英国人海伦·沙蔓，她费了好大劲才找到此行的赞助商。而对前宇航员约翰·格兰来讲，这事就好办多了。这位"太空爷爷"在1999年以77岁高龄坐飞船免费重回太空，而在36年前，他成为第一位上天的美国人……还有美国人丹尼斯·迪托和南非人马克·沙特勒沃思，他们则必须掏出2 000万美元，才能在国际空间站上待上1周，此前，他们已在星空之城训练了6个多月。

太空旅游真正发展起来，是在21世纪初，启动之举乃是1996年5月"X奖"的设立，灵感来自于奥特基奖，该奖起初是为大型飞行竞赛而设立。后者创办于20世纪20年代，目的是鼓励商业空运。1927年，8名飞行员同台竞技，从纽约到巴黎，中途不着陆，第一名可获得25 000美元。时年5月，查理斯·琳德伯格获胜。这是世界商业航空的开端。30年后，大西洋两岸已有载客一百多人的班机定期来往。同样，圣路易斯州一家基金会，为实现太空入场券的民主化，创办了奥萨利奖，奖金1 000美元。同时又成立了15家小社团（半数以上在美国），希望夺得此奖。

仅仅8年后（加加林首次轨道飞行和阿姆斯特朗首次登月之间也相隔8年），人们便进行了挑战。2004年夏的一天，麦克·梅尔利，一位 62 岁的试飞飞行员，坐进了"飞船 1 号"的驾驶舱。这是一家栓剂形翼式飞行器，由传奇航空工程师伯特·瑞坦设计，资助者为维京航空公司创始人，亿万富翁理查德·布莱森。这家经专门设计的飞机在 14 000 米的高空显出了优势，在那里，将一台火箭发动机点火约一分半钟，直到速度达到三倍音速，乘势前进，急速跃升，壮观之极，飞至十万米高空。对美国民航老总玛荣·布瑞特来说，此举事实上标志了商业太空运输之始。然而，要赢得该奖项，则必须完成两次飞行，中间间隔不到 1 个月。4 个月不到，"飞船 1 号"完成了这项壮举。接下来的 1 个星期内，报名旅游的人数便超过了 100 位。

于是，建立一家商业机构来经营此类业务便显得尤为必要。把一名试飞飞行员放在"飞船 1 号"里送上天是一回事，定期将游客送至宇航员的游乐场是另一回事。这不仅需要从当局获得授权，还要和公司商谈保险问题，另外还要安装接待游客的基础设施，里边要配有小型门诊和心理咨询室……这还不过是第一步。因为自 2020 年起，每年估计要接待一万五千多名亚轨道飞行旅客，而真正轨道之旅的需求则更是紧张。率先提供该服务的是日本集团 Shimizu，距离人们开始研究此概念正好是 20 年。2017 年，第一家太空宾馆开张，位于 45 万米的高空，60 间房，供眺望人类所能想象的最佳美景。而两年后，著名连锁宾馆希尔顿也紧随其后，推出失重状态下的蜜月度假旅行。房间里为正常重力环境。只要你愿意，当然可以在大楼中其他任何处所体验完全失重。必须承认，第一批太空房可绝不是最舒适的，只不过是一些用坚硬的塑料做成的圆柱体，像乐高塑料积木那样拼接起来。不过它们也会被更好的材料逐步替代。同时，这些宾馆还配有补充设施，以满足那些很快就对透过玻璃看地球一事失去兴趣的顾客的其他要求。一次旅行费时约一个半小时，很少有能够绕2圈以上的。与此同时，还为游客增设了一些专门组件，如职业研讨会、太空花园暖房、健身房（供零重力状态下的锻炼），甚至还有游泳池（更确切地讲是水族馆），在里边人们可以一直周旋于两水之间，因为太空中没有重力。最棘手的问题，是如何将上千吨的水运入轨道！

从构思开始，太空宾馆的大部分游客都是为了圆梦，或只为体验一些新奇的感受。但人们很快发现失重状态对脊椎和肌肉大有好处，首先是对心脏大有裨益。于是又出现了一批新顾客，前来充分利用这些可以和海水疗法相媲美的疗效。

最近一个项目是地月之旅，是太空旅游策划人将在21世纪末前启动的。这个想法不算新鲜，因为其首次提出是1997年在德国不来梅州举办的一场太空旅游国际座谈会上。该提议来自世界登月第二人布茨·阿尔德瑞恩（显然，他已经合法地换了名字），故也不显得怎么荒诞。当然，这不是说要我们露宿卫星（因为这就意味着所需基础设施将超出能力所及范围），只不过是一次简单的星空之旅。布吉特连锁的业主刚刚成立比格洛航空公司，并为"地月之旅太空飞船"的研究投资5亿美元：此乃回馈"传统月亮迷"的方式之一！

资料来源：

1. 考勒·皮埃尔，《最后使命：米尔，人类奇遇》（卡尔门-雷维出版社），2000年

电子眼为失明者寻回希望

昨晚 7 时：新成立的眼科研究所（位于巴黎 1520 医院旧址）的医疗小组着手为一名失明者取下 1 个月前缠在电子眼上的黑布条。他是在芝加哥医院做的手术。患者希望第一眼看到的是巴黎……奇迹发生了！

此次美法间的眼科手术合作是历史性的。此前，没有人能想象，一位失明者有朝一日能够重见光明。为庆祝此事，外科小组同意向全世界实况转播即将重获视力的患者画面。这除了是一次医学与技术上的壮举外，还是一次非凡的幸福感受，让 20 亿观众在关注这位 1 个月前在芝加哥接受手术的法国人重见光明的历程时，内心充满喜悦。悬念一直保留到最后一秒。"从未看见过的世界像什么呢？"患者朝着幕后问道，他是全球第一位装上电子眼的盲人。这位患者充满感情地回忆道，残疾并未阻碍他通过其他特别发达的感官（听觉和触觉）来看见这个世界，但此刻这个伟大的日子还是可以让他最终看清亲朋的面容。

手术在芝加哥最大的医院进行，费时很长，且极为精细。2001 年 8 月阿兰·周及其小组成功完成的第一次手术，也归功于同一个组织。他们当时完成的是一桩了不起的外科壮举：将直径 3 毫米的硅元件植入视网膜后，与尚能通过视神经将电信号传至大脑的细胞相接触。67 年前，只有两种失明是能够治疗的：视网膜色素病变和老年性肌肉变性，均为先天性疾病，每5个盲人中只有1个是患这两种病症的。

2068年标志着失明治疗进入了一个崭新阶段。芝加哥手术的第二天，第一位重见光明的盲人出院了。他必须耐心对待自己的病症，并忍受眼睛上缠着的厚厚的黑布条。回法途中，他知道只需经过1个月的调节期（这非常必要，伤口在这一时期内得以完全愈合），就可以看见外面的世界了。就在拆布条不久之前，他时时想象着那一刻的到来，平生第一次，光子刺激视网膜表面4—5万个视锥细胞和1 100万根杆形物（视细胞层：包括视杆细胞和视锥细胞，具有感光能力，又称光感受细胞。每个视细胞可分为外段、内段、胞体与终足四部分。外段及内段相当于树突，胞体为含核的膨大部分，终足相当于轴突。视杆细胞的外段与内段呈细杆状，称视杆；视锥细胞为圆锥状，称视锥。它们是感光的特殊结构。外段为视细胞的感光部分。电镜下观察，外段是由细胞膜内陷折叠而成的片层（或圆盘）结构，为一种脂类双分子膜，其中镶嵌有特殊的感光色素。内段稍粗，含大量线粒体，密集成团，为椭圆体，是产能装置。内段和外段之间有一连续膜，其中约含9对小纤毛伸入外段，起传递兴奋和传递物质的作用。所有夜间生活的动物，如鼠、鸮等，其视网膜均以视杆细胞为主，而白昼活动的动物，如鸡，则几乎全为视锥毛细胞。人眼视网膜在中央凹则只有视锥细胞而无视杆细胞。在神经元联系上，此处一个视锥细胞仅与一个双极细胞联系，而后者又只和一个神经节细胞相接，形成了视锥细胞到大脑视区的专线，这种联系与中央凹具有高分辨力的功能是相适应的。在中央凹以外的视网膜上，可见越到边缘处视杆细胞越多，视锥细胞则越为稀少。此处许多视杆细胞或视锥细胞可与一个双极细胞相连，而若干双极细胞又仅与一个神经节细胞相接触。有时，一个神经节细胞可与约 250 个感光细胞间接联系，形成兴奋汇合的回路。人的视网膜内约含有 600—800 万个视锥细胞和 12 000 万个视杆细胞，而神经节细胞只约有 100 万个，足以证明这后一种聚合式联系更为广泛存在，引起化学反应，生成电子信号，通过视神经传送到大脑的视觉皮层。就在这次最为精细的手术之前，医疗小组已很详细地向他讲解了进入光明世界的每一步。但技术并不重要："他耐心等待的是通过听觉和嗅觉以外的途径来感知这个世界，"负责患者心理协助的护士如是说，"他知道他会成为这个幸运儿。他之前的许多盲人也怀有同样的期望，但那时的科学尚无法提供一个技术性的答复。"

晚上 7 时整，全世界屏住了呼吸，紧随屏幕上的画面，直至定格在患者的双眼上。"他第一眼看到的是他妈妈。"一位外科医生明确地说，他没有表现出任何反应，因为震撼太强烈了。"此次重见光明，患者还希望亲眼见识一下绘画名作。我们给他看了一些名画的复制品，其中有《蒙娜丽莎》。他肯定地说，这和他想象中的完全吻合。"

取得此次胜利之前，科学家必须跨过若干中间步骤，动用想象来寻找约束尽可能少的技术替代品，以试着让盲人和弱视者重见光明。理论上是做得到的：只要将有缺陷的光感细胞代之以极小的光电管（代替所换细胞将光能转化为电流）。然而实际操作起来就难多了。

而在 21 世纪的最初 10 年里，取得突破性的进展之一是，日本与荷兰同时开发出了一颗电子眼，该系统被命名为特沃思。可以说，它改变了上百万失明者的生活。戴上一副眼镜，就可以找到人行道，辨认交通灯的颜色，知道房间的灯是关着的还是开着的，还能找到掉在地上的东西。眼镜架上装有微型摄像机，拍下风景，将一系列的图片传送至眼睛上的迷你电脑中，电脑则负责将这些图像编译成一幅"声音风景"，通过一副微型耳塞送入耳中。用者需事先辨读此类声音，以便大脑构建出周围景物的图像，比如要知道与光线对应的是尖音，与物体对应的声音则较为沉闷，声音的强弱由远近决定。这套系统不能使人阅读，但有了它，人们还是可以对外部世界形成实质物体的概念，只不过用的是耳朵。

此后又出现了一批多多少少相类似的系统（有的配有全球导航定位标和便携式数字地图），以便于盲人更好地认路。不过最终目标仍然是直接在眼睛上做文章；真正的革命只能是植入人工视网膜，这是一次重大的技术挑战。为做到这一点，需要数十年的研究与实验，其中还遭遇一次次失败。

直到芝加哥医院向全世界展示其成就的那一天，一切才得以改变：研究小组成功地将一块视网膜移植连接到了视神经上。在视网膜表面移植一块厚1/40毫米的薄片也获得了成功。借助60个紧贴神经组织植入的微型电极，这块箔片就可接收到眼镜架内的录像机发出的信号。像素大小尚十分有限，因此获得的图像画面也自然较粗，像一张数码相机拍出来的低分辨率照片。除此之外，这种技术只应用于若干类失明，这些失明者的光感细胞已损坏，但细胞表面的神经组织尚完好。但若要让世界上其他医院里的患者今后也能享受这项技术之福，则图像分辨率还需改进，换言之，要让画面更加精细。因为一块内有数千个传感器的集成电路片是没法和视网膜相比的，后者上面的光感器（视锥细胞与杆形物）多达数百万。我们还可以放心一点，即眼睛对此类物质的植入是不会排异的。所有的生物相容性测试均成功了，但也不能确定 10 年 20 年以后又会变成什么样子。另一个悬而未决的问题是，这些电极会不会刺激其他细胞？如果会，那又将引起怎样的副作用呢？

对眼科研究者来讲，工作仍在继续。他们并非惟一的有关人员，因为人工视力已经成为一门独立的新学科，跨医学和工程学两大领域，融合了神经生理学、神经外科学、眼科学、电子照相术及信息处理。该领域的终极目标是移植来自人体的由真正细胞形成的视网膜。于是走完了之前一步后，人们的目光又投向了知者甚众的胚胎"干细胞"，这些细胞单独即可生成生物体的所有组织，包括视网膜。但伦理问题又冒出来了，人们不安地问：这些细胞来自何方？有些可能抽取自流产的胎儿……

资料来源：

1.《制药信息》，2002 年 3 月

2.《维来特的科技工业城》，2001 年 11 月

3. 法国雷蒂纳社团（www.retina-france.asso.fr）

4. 瑞士《雷蒂纳》报，2003 年 2 月至 3 月（www.retina.ch）

5.《柳叶刀》杂志

6. 美国社会及人造内部器官（www.asaio.com）

冲压式喷气发动机，氢能推动

第一架氢能飞机的起飞日期挑得是有讲究的，正好是 1969 年协和超音速飞机首飞的百年纪念日。由于石油方面的问题，2016 年"协和 2 号"的问世最终以失败告终。这一次，氢能让飞机飞得更高更远，且既无噪声，也无污染……

2015 年，《布尔热沙龙》中的一篇文章报道了一架为了迎接 2069 年到来的氢能飞机的诞生。这架飞机大受欢迎，且对于今日毫无阻碍就飞到了洛杉矶的乘客来说，迎来新时代是一种极为真切的感受。早三个小时从巴黎出发，他们即能漫步于罗德奥大道，九十点钟即可回到戴高乐机场。这次经历是他们的老板为他们安排的，以奖励他们完成了商业目标。如果没有新的"超级冲压式喷气发动机"，这次旅行是无法完成的！这款新的商用飞机在不到 30 分钟内时速即达 5 500 千米／小时，这要归功于其身上的马达，利用了空气来充当流体推动剂，补充飞行途中充入的氢气，以达到超音速的时速。从诺曼底海岸"蹭"地腾空，飞机便以马赫数飞行（马赫数，也称"马氏数"、"M—数"，因奥地利物理学家马赫而得名）。飞行器在空气中的运动速度与该高度前方未受扰动的空气中的音速的比值，称飞行马赫数。气流速度与音速的比值，称气流马赫数。如果流场中的各点速度不同，那么某一点的流速与该点音速的比值称为当地马赫数（局部马赫数）。马赫数是一个无量纲的数。马赫数越大，介质压缩性的影响越显著。当飞行器当地马赫数 M 达到 1 时，形成激波，造成所谓"音障"。当地马赫数 M 小于 1 而接近 1 称"亚音速"，当地马赫数 M 大于 1 称"超音速"。音速，也称"声速"，是声波在介质中的传播速度。它同介质的性质和状态（如温度）有关。在 0 ℃时，海平面空气中音速为每小时 1 192.9 千米，每升高 1 ℃音速约增加每小时 2.16 千米。水中音速约为每小时 5 184 千米。钢铁中音速约为每小时 1.8 万千米。由此可见，马赫数和音速不能混为一谈，马赫数也不能简单地换算成"每小时 ×× 千米"，因为在不同气象高度条件下，音速是不同的，所以同一速度在不同气象高度条件下，马赫数是不同的。从马赫数可以十分清楚地了解飞行器速度的状况——是亚音速，还是超音速，甚至是高超音速。因此，有时用马赫数表示速度的大小是很合适的。应该指出的是，现在不少报刊说"这种飞机的速度可达到 × 马赫"或"这种飞机的速度可达到 ×M"。这种表述是不正确的，因为马赫数是无量纲的。正确的表述是"这种飞机可达到马赫数 ×"或"这种飞机可达到 M—数 ×"，或者干脆写作"这种飞机可达到 M×"为 5 的时速上升，1 小时不到即飞越大西洋，然后是美国大陆，费时不到 60 分钟，之后才是减速和降陆期，这些大概需要 30 分钟。

这项 AGV（高速飞机）计划的设计总共只花了 10 年。该计划的灵感直接来源于太空飞行器。这架飞机的载客量为 50 人，只比著名的"飞船 1 号"（娱乐性旅行用宇宙飞船，21 世纪初取得巨大成功）大一点点。研究显示，"高空旅行"这一顾客群数量庞大。而这架飞机不仅是全球最快的飞机，提供的感受也是独一无二的。这也是第一次有一家航空公司为大众提供宇宙飞船上少数人才能享受的环境。传统飞机上，商人可以享受商务舱所有的服务，而 AGV

的布置则极为朴素。乘客经常没法坐下，只能躺着，但这依然不减乘坐的非凡感受。飞机像其他任何飞机一样起飞，但乘客会感到一阵巨大的推力。飞机几乎是垂直升空，为的是达到 60 千米的高空极限（此乃正常班机的 6 倍高度）。在此高度，云层显得很低，太空几乎伸手可及。天空变成深蓝色，让人得以窥见大气层之界。飞机稳稳飞行了一会儿，便以令人眩晕的速度开始下降。"有个把时候，人觉得自己像块石头一样在下沉，"一位乘客说道，"所以不得不系好安全带，让身子固定在椅子上。""有那么几秒钟，觉得像是坐在高速飞转的旋转木马上"，一位从前的"协和 2 号"常客接着说。接下来的旅程则显得平淡无奇：飞机逐步降落，最后重回万米高空的飞行时速。此外，飞行的最后 1 小时中，空中小姐送来了最简约的电信。若票价不在"低价"之列，那服务可的确是与飞行高度成反比的！

不过这架氢能飞机上还是有许多令人惬意之处的：有了内部视频系统，人们显然可以直接观察飞机的着陆。这是旅行中最为精彩的部分。屏幕上还可以看到在三维地图上点状画出的飞行轨道，不过速度太快了！也不用叫飞行员来协助着陆：他一个人指挥，座位固定在有限的空间里，好似蜂房上凿穿的小室，飞机各处甚至座舱下面都一览无余。飞行员指尖握住操纵杆，飞行全程中一直都是躺着的姿势，腰身束紧，犹如 F1 驾驶员，头戴飞行帽，看上去又像宇航员。到达拉阿科斯 2 基地（洛杉矶）的那一刻实在壮观，仅此一点便不虚此行。"感觉又回到了那时载人客机飞回爱德华基地的美好日子。"一位爱好者如是说，他是守候在机场公用台阶上的无数观众之一。

于是，航空史上又写下了新的一页，由此开启了"空中快车"

时代，且对环境无污染，这一点很有必要，因为由于空中交通增加迅速，飞机对气候变化的影响在 2050 年达到了 17%（2004 年 2% 到 3%）。近 10 年来，陆地上安装了一些超灵敏传感器，供测量机场里的污染程度。精确地说，起飞基地周围，大气的污染程度大多数时候都和烟雾弥漫的大城市不相上下！氢能飞机还带来了另一大进展：几乎去除所有声音排放，这要归功于飞行器表面新问世的无声材料。

而若没有鼓励发展氢能源的全球计划的实施，这些进展并非均能实现。自从石油储备减少，致使石油市价上涨以来，所有 CPE（经济高速增长的发展中国家共同体）中的工业国家成员都赞成大量投资清洁能源。近 10 年来，欧盟已投入数十亿欧元，以建立起名副其实的分配网络。这些措施今日成为运输领域中的理想选择：继汽车和公共交通之后，空中交通也开始使用氢能源。波音显然先前已研究了在其飞机中安装可燃性电池的可能性了。目标不是为马达提供氢能，而是装配一块"超级电池"为机上众多的电子设备供能。飞机制造者长久以来都忠诚于传统马达，如今燃烧手段经改进，可以从源头上去除最有害的气体，即未完全燃烧的烃基氮氧化合物。美国空军在 1957 年到 1958 年间研究氢能飞机，实际飞行却一次也没有过。不过这些研究还是诞生了第一台氢能推动的火箭发动机。

很自然，人类对太空的征程又使得液态氢得以作为碳氢材料被测试及采用。20 世纪中，美国人发射了数枚火箭，后于 1981 年，将一艘可再利用的宇宙飞船送上了天；除了由于密封垫的故障，1980 年"挑战者"号飞船于起飞时爆炸外，氢能从未遭遇过失败，它最终表现得比人们先前想的要稳定得多。

不过，还是要等到太空旅游的到来，亿万富翁参与 1 000 万美元之首航，然后斯卡尔德·康珀斯特公司发射了"飞船 1 号"。这架飞行器可谓是革命性的，首飞即达到 64 000 米的高度，这多亏了它身上一台在 16 000 米高空点燃的火箭发动机。试验继续进行，直到引擎突破 10 万米的高度，因此成为 FAA（美国联邦飞行管理部门）认证的客机。维京创始人理查德·布瑞森利用此机会与该客机的发明人员签下了一份协议，从而保留了第一家太空旅游飞机的专有权。2008 年试飞上天，旗号为"维京银河"。5 年后，已有 3 000 名太空旅客。2040 年，这个数字翻了一番，接着增至三番，差不多要创百万乘客的历史新高了。维京，还有其他公司，又将此技术用到商业公共运输。目的很简单，就是要重振协和。不过要造一架更快的飞机，欲实现飞行时数小时的续航时间，还需重新改进发动机的结构。尽管价格尚属昂贵，超音速氢能飞机依然前景不凡。石油日渐稀少，各大公司也不得不更新机群了。

资料来源：

1. 阿迪特，全国战略智能公司（www.adit.fr）

2. 洛杉矶机场（www.lawa.org）

3. 格日诺波尔电力工程师高级技术学校（www.ensieg.inpg.fr）

4. 全国航天研究办公室（www.onera.fr）

5.《混合物》（www.scaled.com）

6.《银河系》virgin galactic（www.virgingalactic.com）

7. X 奖基金会（www.xpize.org）

虽遭混乱开局，云管家依然改善欧洲气候

最近，一些与"欧洲阳关"计划有关的气象事件引出了几桩影响颇大的官司。但云管家却未就此止步：是它使得降雨受到了更好的掌控，并保证了5月到10月间充足的阳光。于是，过去30年来热而潮湿的夏天即将归于季节的本来面目，不禁使人精神为之一振！

掌控气候，人们挂在嘴边已70年了。今天的八旬老人还记得21世纪初电视上播出的天气"估"报。"只要报晴天，便会下雨；甚至连暴风雨也预报不出。"一位退休老人回忆道。自从云管家问世以来，坏天气的问题可终于得到管理了！让诺曼底海岸既热且湿的5月周末结束吧，从尼斯到圣拉斐尔8月整月的暴雨也一样……气象控制保护了度假者，尤其使他们能够对损失惨重的自然灾害做好预防措施。随着全球气候变暖，盛夏之时，山间气象站再也不会遇到特大洪水和突然大幅度降温的情况了。夏蒙尼镇的年鉴里有这样一个令人目瞪口呆的数字：8月1日，15℃！目前的系统显然有待改进，但这也是百年来气候研究与分析的成果。

科学家们爱回忆他们计划实施初期的平淡之景，计划是导引威胁罗讷河谷珍贵果园和勃艮第葡萄园的冰雹云偏离方向。在20世纪60年代，一次久旱之后，研究人员曾试图进行人工降雨。他们的方法是在云中撒下片状碘化银或氯化钙，由飞机或此次任务专用

的烟火火箭进行空投。但结果并无保证，且从来就没有获得任何具有说服力的证据。甚至云管家还令一处大气扰动改向，致使邻近数镇水漫金山，惹来抗议声声，抱怨不断……简言之，气象工程师的精力集中于治理严重扰乱道路交通和海空航行的大雾上。回暖技术的使用也获得了成功，先是化学方法，再是电磁方法，使事故数量大大减少。另一方面研究是对抗冰冻，研究人员经过 10 年，终于成功做到了增厚云层，减少寒患，从而保护了受此威胁的农作物。

这几次对冰雹、冰冻或是大雾的行动尚在大自然可承受范围之内。失控真正到来，是在气象控制系统推广至全球之时。这些更为咄咄逼人的技术酝酿于一场"气象战"中。关于其蛛丝马迹，今天我们还可在 20 世纪 80 年代的报道里和 Haarp 计划（高频活跃极光计划，美国发起，以极光研究为名义）中略窥一二。这次气象交锋可追溯至冷战时，对立的美苏两大国各自研究如何掌控气候，但什么都没有得到过证实。不过在 1977 年，苏联被指控操控急流，从拉脱维亚的里加和白俄罗斯的 Gomel 发射低频波。1976 年，美国国防部一位战略问题专家甚至用假名出版了一本书，介绍苏联是如何计划改变其辽阔国土上的气候以增加农作物收入的。有人甚至正式指控苏联于 1982 到 1983 年间厄尔尼诺现象最盛之时，干预电离层（大气层中的带电层，60—600 千米高空之间），加剧了这一太平洋上臭名昭著的气候现象，但依旧未提供任何证据。

相反，可以确信的是，Haarp 计划之中的美国军事人员对这层电离层也非常感兴趣。于是，美国一些大学用国防部的贷款，在阿拉斯加的冰冻荒原上的 Gakona 建起了一座秘密基地，但同时又向大众开放。从外面来看，这只不过是一片巨大的无害天线群。后来，欧洲议会任命调查委员会来确定这一完全从事气象战活动基地的真实性质，研究才最终中断。当时，这一事件给国际关系带来了一些恶劣影响，尤其是美国和其盟国之间的关系。但这十年来所进行的研究并非就此付之东流，人们将其改造成民用用途，为国际社会所用。

由此，气象控制站开始在全世界遍地开花，这些控制站能够在灾害发生之前就设法在空间和时间上同时对其进行稀释，从而使之平息。最大的成功乃是平息了预计 2068 年发生于布列塔尼海岸的风暴。原本要在数小时之内倾泻而下的暴雨被转化至几天内降下，而且从有害变成有益，因为落下的雨水都储存进了地下水库，大风的强度也降至一半。海岸周围的风车发电站仅在暴风雨期间，就储存了 3 天的能量，而非 3 小时。今天，通过美军为之着迷的高频电磁场将大量能量射入电离层，我们就可以改变高空风向，这样即可"掌控"下面的空气团。不过此类行动只在若干精密任务中才使用，如平息风暴或是气旋，或是给持续的反气旋"放气"，这类气旋会导致伏天和干旱。

今年启动的就是这个名叫"欧洲阳光"的系统，不过功用还十分有限，且受到控制。一个简单的原由，就使得几星期来发生了数桩憾事。因为气象学和气候学是非常复杂的。一些气象工程师不假思索地说他们低估了"蝴蝶效应"。为什么这样说呢？因为单单改变一片云的运动轨迹，便可能引起数千米之外一系列难以控制的气象事件。且因为控制天气的设备要同时涉及许多因素，若不进行协调，结果自然会产生一些意料之外的气候现象。人们都还记得博斯一个村庄的村民最近经历的一次恐慌经历吧：一日方始，晴雾摇曳，春意正浓，突然，不知从哪里冒出一片巨大的乌云，遮天蔽日，温度骤降许多，邻近公路上的司机不得不打开车头灯。同时，闪电也阵阵而起，而乌云之下则出现了一个大而可怕的漏斗状物，颜色更加黑沉，渐尖的那端向地面逼近。毫无疑问，这是一场龙卷风，强度最大的那种，藤田Fujita5级（藤田级数是一个用来度量龙卷风强度的标准，由芝加哥大学的美籍日裔气象学家藤田哲也于1971年所提出。等级F0：风速 <73 mi/h<32 m/s，出现概率29%；受害状况：轻微。表现为：烟囱、树枝折断，根系浅的树木倾斜、路标损坏等。等级F1：风速73—112 mi/h、33—49 m/s，出现概率40%；受害状况：中等。表现为：房顶被掀走，可移动式房车被掀翻，行驶中的汽车被刮出路面等。等级F2：风速113—157 mi/h、50—69 m/s，出现概率24%；受害状况：较大。表现为：木板房的房顶墙壁被吹跑，可移动式房车被破坏，货车脱轨或掀翻，大树拦腰折断或整棵吹倒。轻的物体刮起来后像导弹一般，汽车翻滚。等级F3：风速158—206 mi/h、70—92 m/s，出现概率6%；受害状况：严重。表现为：较结实的房屋的房顶墙壁刮跑，列车脱轨或被掀翻，森林中大半的树木被连根拔起。重型汽车被刮离地面或刮跑。等级F4：风速207—260 mi/h、93—116 m/s，出现概率2%；受害状况：破坏性灾害。表现为：结实的房屋如果地基不十分坚固将被刮出一定距离，汽车像导弹一般被刮飞。等级F5：风速261—318 mi/h、117—141 m/s，出现概率小于1%；受害状况：毁灭性灾难。表现为：坚固的建筑物也能被刮起，大型汽车如导弹喷射般被掀出超过百米。树木被刮飞，是让人难以想象的大灾难。电影《龙卷风》（Twister）中将F5级龙卷风称为"上帝之指"，意指上帝用其手指翻弄地球。总之，其横扫之处无所幸免。（等级F6：风速319—379 mi/h、142—169 m/s，出现概率小于0.001%）……可这龙卷风到这个此前从未发生过龙卷风的地方究竟来干什么呢？第二天，显

然，这场少见的灾难上了电子与视听媒体的头版。不到 1 小时的时间内，这场龙卷风便摧毁了全法国的谷仓。气象工程师们是在知道原因的情况下让这一切发生的，还是低估了蝴蝶效应呢？媒体断言，这次低压风暴原本是要降临于卢瓦尔的城堡上空的，有关部门决定将这场风暴转移到一处次要之地。据说，此事将付诸官司，以做出责任定夺。

明年预计又会有一些新的改进，我们拭目以待。今年的欧洲，4 月至 10 月间将是阳光灿烂。如果没有意外情况，海上将不再会有坏天气到来。

资料来源：

1. 雷奥卡姆·雷奥纳德和伯斯尼克·保尔，《打响气象之战》，特海维斯出版社，1981

2. 安全和平信息调研署，布鲁塞尔（www.grip.org）

3. B. 伊伦，《微波新闻》，5、6 月刊，1994（英国杂志，双月刊，主编是路易·斯兰森）

4. 考夫曼·W. 和拉史耶·C.，《地球物理研究来信》，第 11 期，1158—1161 页，1987 年 11 月

时间，尽在掌握

      眼看着科学研究领域又将掀起一股改革的巨浪，这一次，闪亮登场的主角是全新的时间计算单位。虽然短短 1 秒钟在我们看来不过是转瞬即逝，但科学家们就是有办法将它一分再分。今天，人类肉眼根本无法捕捉的化学反应，其全过程也再不是天书中的奇谈！更何况是小小的时间划分，纵然难以想象，但我们的的确确已经做到了。

从很早以前我们就知道了"光年"这个概念，它是宇宙学家们用来描述地球与浩瀚太空中其他星球之间相隔距离的长度单位。顾名思义，所谓的"光年"就是光在一年当中所走过的距离，它能形象地描绘出由一颗恒星散发的光芒，其旅行的路程是无穷无尽的。当然，与无限远相对立的就是无穷短。后者作为一个新提出的科学概念将人类又带入了另一个神奇的世界：在这里，我们有用肉眼根本无法测量的极限。因此，科学家们不得不求助于神通广大的电子显微镜，因为后者总是能轻而易举地将短暂的瞬间尽收囊中。得益于它的出色表现，研究人员们终于实现了把短暂的时间单位——秒，一分再分。继成功定义"千万亿分之一秒"的概念之后，科学家们又马不停蹄地将视线转向了"百亿亿分之一秒"，后者的正式学名为"微微微秒"（法文名 attoseconde）。作为微观世界的时间单位，很显然，"微微微秒"在日常生活中的现实意义并不明显。但是谁都无法否认，它的出现彻底颠覆了科学界长期以来的研究习惯，尤其是活性细胞观察领域更是被搅得天翻地覆。对于人类而言，"秒"已经是极为短暂的瞬间，但新单位的出现似乎挑战了所有人的常识。

我们可以回顾一下，在"切分时间"的这条路上，人类究竟迈过了几道门槛。首先是 1970 年，科学家们第一次提出了"万亿分之一秒"的说法，用来定义活性细胞分裂繁殖变化过程所需要的时间。紧接着 1990 年，学术界又将时间单位再一次浓缩为"千万亿分之一秒"。这一次，主要的目的是为了看清遗传基因密码的组建，并确定生命诞生前后，分子的定位移动规律。有了上面的简单介绍，你应该很清楚"百亿亿分之一秒"是比上述两者都更为精细的时间单位。站在生物学家的角度，新概念的提出对于打开生命起源的奥秘大门有着极其深远的影响。"微微微秒"帮助我们更好地理解，生命从孕育到诞生，其间各个不同阶段的形态、特征。打个最形象的比方，精确的时间切分就好像我们在看高速电影的慢动作回放，虽然有些不可思议，但它就是能拔丝抽茧，一层一层将原来黏结的真实状态清晰切割成多个部分，使人们看到原来根本就无法辨识的真相。再高端的电子显微镜遇到了"百亿亿分之一秒"恐怕也只能甘拜下风。

众所周知，生命的诞生、基因的演化、活性分子的裂变以及我们体内正在发生着的千千万万种化学反应，每一项都是以电光火石般的速度飞快进行的。在这种前提下，如果还是坚持以小时、分钟或是秒来分析人体内的各项变化就未免强人所难了。当你安安静静地站在人群中一动不动时，你可知道身体里的各个器官、功能正发生着多少变化？如果有其他生命体不小心闯进了你的运作系统，它的生存周期又有多长？这些有趣的问题至今仍困扰着科学家们，因此学术界也一直坚信我们的身体之中还有尚未被发掘的秘密。说实话，现有的生物技术只不过处在最初的起步阶段，所以发现的现象、取得的成绩也算不上成熟。特别是夹在两个截然不同的世界之间——这头是无限长的"光年"而另一头则是极其短的"微微微秒"——人类更应懂得如何摆好位置，伸缩自如。

在成功把时间浓缩成现在的"百亿亿分之一秒"之前，人类在这个特殊的单位面前可是踏踏实实地走了许久。直到最近，科学家们才将喜讯公布于天下。1 600 年以前，没有人知道"0.1 秒"是什么玩意儿。而"0.01 秒"则是足足到了 19 世纪才被众人认可，第一次出现在竞技体育的成绩评判中。至于大家常常挂在嘴边的"微秒"——"百万分之一秒"，是 1950 年左右才得以进入我们的视线的。许多年来，科学家们一直有一个疑问：究竟这样的"时间切分"有没有尽头？不过对于普通人来说，这个问题的答案似乎并不重要，只要了解越来越短暂的时间单位能使我们的生活更加精确也就足够了。现在，大家的生活中竟然又多了"微微微秒"的身影，和几千年前的祖先们计算时间的方法比起来，新的测量单位不知先进了多少！当然，前人中也不乏先知先哲，虽然没有所谓的"微微微秒"，但他们对于时间的天才掌控能力有时也会叫我们这些后辈们叹为观止。就拿古埃及的法老们为例，他们可是高瞻远瞩的典范呢！首先，对于一天 24 小时的划分，法老们就十分敏感，夏季的白天长于冬季是埃及人尽皆知的常识；还有，夜晚各个时段也会随着星辰的变化斗转星移……所幸在那个年代里，挂钟还没有出现，沙漏也不怎么受人重视，否则，还不知道埃及人要怎么折腾呢！当然，在其他各大文明古国中，关于时间测量所记载或流传的方法也是纷繁复杂，各有不同，在这里，作者就不一一赘述了。

世纪更迭，转眼人类从古代来到了中世纪。随着文明的发展，越来越多的有识之士意识到发明一种可行且通用的时间计算方法成迫在眉睫的大课题。大约在 1 500 年左右，彼得·赫莱因在德国纽伦堡发明了世界上第一块怀表。这个圆头圆脑的小家伙被当地人美誉为"纽伦堡之星"，可是在上流社会名震一时的奢侈品！后来，细心的工匠配以银饰以及珠宝精雕细琢，使得"纽伦堡之星"登堂入室，成了皇家的专宠。象征着时间的手表不仅与贵族们有着千丝万缕的联系，与文豪大家同样息息相关。也许你还不知道吧，大名鼎鼎的法国文坛巨匠——让·雅克·卢梭可是钟表工人的后裔。在小卢梭 10 岁以前，他听父亲最常说的一句话便是："让·雅克，时间到了！"西方人对于时间的严谨可是世界闻名的，这与交织在他们灵魂深处的"钟表文化"恐怕脱不了关系。每当茜茜公主沉醉于某件事情而忘记了时间，她的贴身女仆就会毫不留情地指出："公主殿下，您还有 30 分钟的时间。请快点！"你瞧，连堂堂公主在时间面前都没有优待，更何况是普通老百姓呢？

2050 年，绝大多数国家都通过了减少劳动工作时间的法律条款。自那以后，手表不再扮演替老板催促员工赶快上班的恶霸角色，而是以丰富多彩的功能调节着每一天的各个时间段，可谓妙趣横生。比如：深夜寂静，手表也会黯然变身黑色；朝阳灿烂，它又转为玫红；办公时间，幽蓝是使心情平静的最好色调。如果你想彻底休息，表面会折射出淡雅的紫罗兰；黄昏晚霞，它又以葱翠的绿色作为一天的结尾。除了千变万化的变色手表，"健康手表"也是市场上大卖的热销品。只要佩戴着它，你能 24 小时对自己的体温、血压以及其他身体情况了如指掌。还有装上了全球定位系统（GPS）

的智能表，能与轨道卫星远距离对接，扫除地理位置可能设置的任何障碍。最后还要介绍一下被称为"原子喷泉"的高端技术，这种于今年刚刚被引入手表的时新货来头可不小！1997 年，物理学家克劳德·科恩-塔努基正是凭借着这项发明成功问鼎诺贝尔奖。而"原子喷泉"也正是"时间切分"能达到"微微微秒"精确度的首要功臣。

虽然我们也提到过，"微微微秒"在人们的日常生活中并没有实际的作用，但自从克里斯多夫·萨罗蒙将该技术与原子手表有机融合在一起之后，精确的"时间切分"就悄悄地爬上了大众的手腕。谁说我们不能赶一把时髦？看这里，看那里，到处都是"百亿亿分之一秒"呢！

资料来源：

1. 亨利·德·斯塔德尔霍芬的研究成果

2. 高丹·切里，《2100 年，宇宙的奥德萨》，Payot 出版社，1993 年

3.《时间的故事》，IUFM 宇宙研究网，相关网址：

http：//media4.obspm.fr/public/IUFM/chapitre1/souschapitre6/section2/page2/section1_6_2.html

看烟草王国的没落

不知道你有没有注意过，从21世纪初开始，"老烟枪"的队伍正在逐渐萎缩。现在，烟草王国更是走到了土崩瓦解的绝境，它即将被全新的脑力模仿软件所取代，要知道后者对健康可是完全无毒副作用的！一个半世纪以来都财大气粗的烟草店老板恐怕不久之后就要关门歇业了，因为他们的宝贝再也卖不动啦！

仔细想想在最近的几十年里，为了让法国人停下手中的这杆"烟枪"，有什么是没有发明过的？从活血膏药到特制口香糖，还有以植物为原料的烟草，以及各种各样用来代替尼古丁的物质……总之花样百出，层出不穷。可惜的是，这千百种尝试竟没有一个是达到预期目标的！之所以有一些老烟民愿意金盘洗手，并不是因为烟草的代替品功效有多神奇，完全是因为看到了每年6万烟枪死于非命的数字才幡然醒悟的。事实上，每年6万的死亡人数只不过是20世纪末的保守统计。根据2025年的调查报告显示，相关的数字已经飙升到了整整16万之多！不得不说这是一个令所有人都痛心疾首的消息，同时也向我们拉响了警报：是时候面对杀人于无形的烟草了。公众与政府都发起了一系列抵制烟草的活动，其中就包括大幅度提升相关商品价格以及禁止在所有公共场合吸烟等强势的法律条款。大家的目标都很明确：要把熏黑社会的这颗毒瘤连根拔起！

不得不承认，通过上述的活动之后，烟草从畅销商品的排行榜上跌了出来。除了少数几个执迷不悟，誓死拜倒在香烟门下的食客，绝大多数的烟民都选择了回头是岸。其中，最重要的原因就是因为烟草那令人难以承受的天价，它俨然已经成为普通工薪阶层望尘莫及的奢侈品。

谁都知道，烟草之所以能够聚集如此众多的门客，主要是凭借着它所谓的"缓解压力"的神奇功效。针对这一现象，有关学者特意打造了一种全新的网络通信系统，后者能远距离传送用户的所思所想。这应该就是我们一直说的"心灵感应"吧，事实上，它也具有良好的"舒压"效果。说起这种新型的网络通信模式，由于它善解人意的智能感应，人们都送给它一个别致的名号——"解意人"。这个在网络中被频繁使用的小系统算得上价廉物美，它的设计灵感主要源自我们祖辈发明的电话，当然还要有更高新的技术作为后台支持。你可能很好奇，"解意人"究竟有怎样通天的本领？说来也不复杂，这种通信系统能够使用户产生美好的幻觉，而整个过程对人体健康是没有任何负面影响的。就效果而言，新型技术丝毫不逊色于使人窒息的烟草，有的科学家甚至把它所制造的海市蜃楼与毒品相比较。当然，你一定很清楚，两者根本不是同道中人：后者可是杀人不见血的恶魔而前者则是舒展身心的灵丹妙药。在 21 世纪初曾经制造过许多社会问题的毒品，在"解意人"的冲击之下似乎也没有什么招架之力。从今往后，毒枭们经营的也不过是碌碌无为的小本买卖，能让他们每月卖出 3 克白粉或几小瓶摇头丸恐怕就能让其偷笑不已了！

真正围绕着"解意人"系统所掀起的热潮，最早是从中国大陆逐步蔓延开来的。40 岁左右的职场精英们都渴望有一种全新的虚拟通信网络，可以让他们舒展工作中所累积的压力。自然而然的，新技术在千呼万唤中闪亮登场。就像之前的烟民点燃烟斗是为了舒压一样，使用"解意人"的用户也是出于同样的目的。每晚，当辛苦的白领们拖着疲惫不堪的步伐踏进家门，他们第一件想到的事情就是打开电脑，登陆虚拟感应通信系统。尤其是在你能与几个网络好友互通有无，分享一天工作生活的心情时，"解意人"就像是饕餮盛宴前的一杯开胃美酒帮助你舒筋活络、愉悦心情。

根据不久前完成的一项抽样调查，虚拟网络感应系统的用户数量正以飞快的速度直线上升。要说这种技术的优点，恐怕 10 个手指头都数不过来。最值得一提的就是，该系统完全顺应人的心理需求，对健康无任何毒害作用。惟一比较令公众担心的问题：从前令人头痛的"烟瘾"很可能转变成现在流行的"感应瘾"。事实上，不少科学家已经开始关注这个隐忧。有的人甚至担心，也许"解意人"系统的使用者会像从前一直依赖尼古丁的"老烟枪"那样离不开虚拟感应模式。这样的观点并不是杞人忧天！一部分提前试用的顾客纷纷表示，一旦尝到了"解意人"给你带来的甜头，也许一辈子都无法中断这种神奇的"感应舒压"模式。

下面，简单地来介绍一下该系统的运作原理。在整套虚拟感应系统中有一块被称为"思想转移"的部分，它主要的作用是将微粒电子溶解在与头皮接近的发根中。在整个过程中，拥有极高灵敏度的探测系统会清晰捕捉来自眼、耳、鼻、脑等各个人体器官所发出的波动流。只收不发显然是行不通的，完成信息收集之后，就是将数据传回电脑终端的工作了。你可能会问，究竟这套系统是怎样完成与用户之间的"心灵感应"的呢？这里，不得不说一套内置在个人电脑中的神奇软件，它的高速运转实现了计算机对于人体各功能

"波动流"的密码破译。最后要介绍的主要部件是无线电转接器，其实早些时候，它就已经被广泛运用于无线因特网的信号传送了。现在，它又重操旧业，只不过这一次它转接的不再是两台冷冰冰的终端服务设备，而分别是充满了感性情绪的人脑与理性逻辑的电脑。使用虚拟感应系统的用户就像走入了一张布满神经元的大网，即便没有文字或声音也能自如地收发短消息。电脑会自动感应你当时的所思所感，并通过网络向外传递以达到舒缓压力的目的。整个过程中，你无须多费唇舌就能与虚拟世界中的朋友畅所欲言！扔掉办公室中伪装了一天的面具吧，忘记职场中为了自保而不得不说的谎言吧，脑袋里想什么，电脑都会帮你毫无保留地统统释放出来。哪怕你想大骂"上司是个混蛋"，也是轻而易举就能做到的事情！惟一需要注意的就是，千万别太沉湎于这个感应系统，做任何事情"适度"都是最重要的。

现在你可以理解为什么说"烟草已经走到穷途末路"了吧！有了性能如此卓越的"解意人"，似乎真的找不到任何让烟草继续存在的理由了。也许，我们也只能在重温它谜一般的历史中向其大声说"再见"了。这种拥有三千多年悠久历史的物品最早源自于美洲大陆，在弗朗斯瓦一世在位期间，法国人甚至将烟草奉为"神仙药"。再强烈的词语恐怕也无法形容当时的人们对于烟草的喜爱。随着医药理论的发展与进步，科学家们在烟草中发现了一种名为"尼古丁"的物质。然而一直到了 500 年之后，大家才意识到"神仙药"中含有的主要成分其实是一种毒药。17 世纪出版的医学著作中就明确指出了尼古丁的危害性，纠正了普通民众长期以来对烟草的认识误区。1821 年，权威的《医药学大辞典》中收录了这样一句话："烟草中含有的毒害成分对绝大多数的人体组织都有腐蚀性"。

1950 年，病理学家们又分别从遗传、流行病等多个角度阐述了吸烟对于人体健康的危害。

可惜的是，专家学者们的话对普通民众的警示作用似乎不大，一盒一盒的卷烟在整个欧洲市场仍然大行其道。烟草甚至成了大银幕上的明星，凡是风流倜傥的男一号，其嘴里必定烟雾弥漫！这样的宣传直接导致了烟草在法国如洪水般泛滥的趋势。很长的一段时间里，全法境内竟有烟民 1 500 万之众，每年吸尽 930 亿支卷烟！还好，这一切都已经成为过去，烟草也只能在历史中缅怀曾经的辉煌。今天，再也没有烟雾缭绕的窒息，取而代之的是萦绕在我们生活之中的虚拟感应！

资料来源：

1. 嘉里克·丹尼尔，《未来档案》，Olivier Orban 出版社，1980 年

2.《医药学大辞典》，1821 年版

3.《健康综合指南》，信息系统与烟草管理局：www.sante.gouv.fr

4. 国家烟草管理委员会：www.buralistes.fr

5. 相关网址：http：//tabac-net.apha.fr/tab-connaitre/tc-article/tc-art-histoire.html

一球不漏——绿茵场上犀利的双眼

　　要是你问最近巴黎北部的圣·丹尼斯有什么爆炸性新闻，那么昨天在法兰西体育场内上演的足球大战一定当仁不让地坐上头版位置。为了保证向观众奉献一场绝对无暴力、无内幕交易的干净足球，昨晚的比赛启用了史无前例的国际新规则。更值得一提的是，裁判是一个名为Cybertron的机器人，全场飞奔的他确实尽忠职守，维护了比赛的公平公正。

对于国际足联的众多头头们来说，昨晚绝对称得上是一个不眠之夜，因为由他们精心策划了多年的全新足球比赛终于拉开了战幕。"法国对阵巴西"的巨幅宣传海报贴满了巴黎的大街小巷，确实引来了不少驻足观看的人群。这场比赛的吸引力毋庸置疑，事实上，两国的交锋历来都能赢得座无虚席的出票率。没有人会忘记1998年那场惊心动魄的世界杯决赛：红、白、蓝三色彩旗高高飘扬在法兰西的上空，这也是法国历史上第一次夺冠世界杯。还记得那一天的晚上，齐鸣的礼花响彻天空，人们载歌载舞的疯狂似乎都快把法兰西体育场给震塌了！而昨天晚上开战的新式足球赛将一切都改变了，人满为患、水泄不通的场面消失不见了。这一次，两国代表队在没有观众的环境下进行比赛，立誓要将没有假球、没有暴力的竞技运动完美呈现在世人面前。看！两国的足球大腕们正缓缓进入场地。你不用担心比赛场地因为没有现场观众而冷清，运动员们能通过特设的无线网络听到粉丝疯狂的尖叫，同时也感受到他们对自己的支持。

事实上，"没有观众的现场"并不是此次比赛最大的亮点，Cybertron——这位机器人裁判才是真正风靡全场的超级明星！与普通人外貌几乎无异的 Cybertron 以银色为主要基调，一身运动短打闪亮登场，十分耀眼。就连驰骋在绿茵场上多年的足球大腕们，遇到了机器人裁判，星光度似乎也大打折扣。在这场令人耳目一新的足球大战中，Cybertron 将是全场惟一的主裁，掌控法兰西体育场上的一举一动。没有人会质疑这位机器裁判的能力，因为在此之前，它已经积累了足够的比赛经验，同时也证明了自己敏锐的判断力。虽然国际足联内部不时有反对的声音冒出，球迷中也有对人工裁判依依不舍的情感，但 Cybertron 最终还是成功登上了国际比赛的大舞台。

说时迟，那时快。随着机器主裁的一声哨响，比赛正式开始了。双方的攻坚战异常激烈，没过多久，场上便出现了一阵骚动。只见巴西队的几名球员表情十分懊丧，原来主裁判送给法国队一粒点球。两强相争，这粒金球很可能将是锁定胜局的法宝！虽然巴西队的球员不断上前与 Cybertron 理论、求情，但大局已定，"点球"的裁决不容置疑。由于比赛速度过快，坐在屏幕前收看战局的观众也许还没有看清那一瞬间。没有关系，在录像倒带与慢镜头的帮助下，所有人都最终意识到主裁判的判决是无比英明的。在离球门大约 16 米的小禁区内，巴西后防队员故意犯规，铲倒了法国前锋，同时恶意阻断了法国队一次颇有威胁的进攻。要说专业性、权威性，那么这世界上几乎无人能与机器裁判相媲美。它们统统都在最顶尖的体育学校接受训练，身体内置的软件也由世界上最著名的裁判倾囊相授，可以算得上博采众长。尤其是它那如雄鹰般锐利的目光，更是人类无法企及的。整整 90 米的范围内，机器裁判都能够自如地推进高清镜头。即便以每小时 60 千米的速度移动，它也能毫不含糊地看清球员球鞋上的钉钩数量。这样的工作能力，怎么能不叫人叹为观止呢！Cybertron 从不会错过任何的细枝末节。当然，它出色的工作还需要两位特殊的边裁鼎力相助。这两位与满场飞奔的主裁判可不一样，它们被牢牢地固定在沿球场周围的边线上。每条边线上都铺设了畅通无阻的轨道，因此，边裁们能够以电光火石般的速度记录在边线附近发生的事情。这不仅是对主裁判的工作支援，也大大方便了电视转播的编导们。

已经欣赏到点球的惊心动魄，端坐在电视机前的观众还想看些什么经典场面呢？对了！机器裁判掏牌会是什么样子不也让人充满期待吗？果不其然，比赛中途，广阔的绿茵场上亮起了一抹鲜艳的红色。又是倒霉的巴西人，这一次，他们犯了不可原谅的错误：故意铲球加上严重犯规。法国球员应声倒地，长时间躺在地上，手捂着膝盖似乎疼痛难当。审判毫无争议：红牌——巴西人离场！任凭犯错的球员走向主裁如何理论都无济于事，机器人只管它亲眼看到的，至于耳朵听到的不过是一阵"耳旁风"罢了。它向巴西人指出了离场方向，随后立即投入到了比赛当中。此时在它的脑中（其实是一个海量信息存储硬盘）已经列出了一张技术统计数据表，两队球员的犯规信息一目了然。要是哪个已经吃到黄牌的球员再不老实，巴西人的无奈离场将是他的前车之鉴！

就在 Cybertron 整理记忆的时候，法国队的队医赶紧为受伤躺在草地上的球员进行临时治疗。在过去的足球比赛转播中，由于摄像机离比赛场地较远，因此即便有受伤倒地的球员，其救治情况也不能清晰地反映在屏幕之中。现在，有了机器人裁判在场内巡查，它随身携带的摄像镜头无疑成了最理想的转播仪器。声音、图像……统统都以最逼真的原始状态呈现在观众们的面前。过不久，守在电视机前的观众就能清晰地看到，法国队的球员并无大碍，还能继续比赛。于是，大家悬着的心也终于放了下来：你现在可以去拿罐饮料、弄些零食什么的消遣一下。只要主裁判的哨声再次响起，比赛就会重新开始了。

你昨晚看到的比赛只有裁判是机器人。但你知道吗？现在的科学家们又在马不停蹄地研究清一色、全部都是机器足球运动员的对抗比赛。能用钢铁打造的机器人完全代替有血有肉的球员是研究人员一直以来的梦想，如果能够成功，就代表着人类对于机器人的研究又攀上了新的高峰。依照目前的设想，机器人球员将拥有与普通人完全一样的外表，并安装有基本运动常识的数据软件。要真正实现这一空前绝后的完美技术，许多最新的科研成果都将是必不可少的基础保障：电子光学、纳米材料学、动力守恒……

要取得今天这样的成绩，绝不是短时间的突击就能立竿见影的。事实上，在绿茵场上打造特别的机器人并不是现在才有的突发奇想。早在 21 世纪初时，一批高等院校的工程师们就已经致力于相关课题的研究。2004 年，世界上最早完全由机器人参赛的足球赛、橄榄球赛在欧洲大陆吹响号角。只不过那时，有关机器人的技术还相当不成熟，它们的发挥也算不上稳定。经过几年的举一反三，科学家们对机器人的制造、编程又有了新的见解。早期的机器人视野狭窄，尤其在绿茵场上，一旦遇到身高超过 1.90 米或者几十米开外的对手，老式机器人就会出现"视而不见"的状况。而现在，这一问题已经在 Cybertron 身上得到了解决。由于后者实在太像人类，它的发明者真的为它征集了一个漂亮的人名。

　　记得 2000 年时，一度风靡的机器人引来了无数的猜疑与不安，人们纷纷咬住"道德伦理"这一主题不肯松口。73 年后的今天，几乎世界上所有的家庭都配备了一台机器人。在某些发达国家，如日本，机器人的人均普及率更是达到了 110%。洗衣、煮饭、开车、作业……但凡你想得到的，似乎就没有机器人做不到的。有的人认为，机器人能力的过分强大是对人类的一种威胁。但是这些人都忘了一点重要的事实：人类才是机器真正的主人，过去是、现在是，将来一定还会是！

资料来源：

1. Asimo 网站：http: //asimo.honda.com
2. 全自动智慧网站：www.automatesintelligents.com
3.《机器人》：www.foxfrance.com
4.《机器人的技术》：www.robotik.com

冰山拖曳首度成功，海湾国家迎来甘泉

经过 8 个月的旅程，一块雪白的大冰块终于漂入了毗邻阿拉伯海岸的红海。这都归功于新的贮冷技术。此项技术的新突破对于当地居民，可以说是受惠无穷，因为这座冰山尤其能为当地干旱的地区送去淡水。

人们讨论这个话题已有数十年了，而如今终于成为现实。为什么呢？因为我们的冰块终于经受住了考验！这场名为"触礁"的行动取得了意外的成功，并为后人打开了不可思议的前景：那就是向缺水国家大规模地输送新鲜淡水。不过，也许和大家的想法相反，淡水正在渐渐地消失。当然了，地球表面积大部分为海洋所覆盖，但很遗憾，这个巨大的水体（1.34 兆亿升！）是咸水，所以就不能饮用，也不能用于灌溉。至于淡水（体积只占全球水资源 0.007%）中，有四分之三冰冻在格陵兰和南极洲，所以也无法使用。剩下来的淡水分布在江河湖海及含水层中，不要忘了，还有雨水，不过这类淡水通常是受到污染的，且分布也极不均衡。总共只有 1% 出头的淡水资源是人类可以方便使用的。故挪威一家公司 Icewatersun 才提出发掘埋藏在巨大冰块中的"白色金子"的想法。这些冰块是从南极洲或是从格陵兰脱离出来的冰山。这一想法过于耽于幻想，但因这些冰山所源自的远离人类污染的冰山或是冰岩（取决于你指的是格陵兰还是南极洲）储藏着极为纯净的淡水，故也极具吸引力。

拖曳冰山这一富有创意的项目可以追溯至 1949 年，有一位美国人，他的姓名今天已不为人知。他提议用从阿拉斯加运过来的冰山浇灌干旱的南加利福尼亚。问题是北极的冰块只能运到北半球国家，而那里又不缺水……

是以，到了 1977 年，这个想法又被沙特阿拉伯王子穆罕默德·阿尔·法萨尔提了出来，这一次他把目光投向了南极。此前他已通过一些海水淡化项目获得了数百万美元，如今他正在寻找其他的解决方法，并设想将这些冰山拖到吉达港（位于沙特阿拉伯西海岸中部，濒临红海的东侧，是沙特阿拉伯的最大集装箱港。又是圣城麦加的海上出入门户，相距约 70 千米。早在 17 世纪作为朝圣者的集散港而兴盛起来，现为全国的金融和商业中心。主要工业有炼油、汽车装配、炼钢、水泥、制糖、地毯、陶器及日用百货等。港口距机场约 35 千米，是世界最大的国际机场之一，每天有定期航班飞往世界各地），他相信开发这些冰山是国家新的希望所在。从理论上来讲，从这些冰山融化所提取的淡水更具优势，可替代淡化后的海水。

数年之后，勘探者保罗·艾米勒·维克多也开始考虑这一想法，他的方法更为科学，也更为量化。他计算出南极这些冰山所蕴含的淡水可以满足全球消费的三分之一。不消说，他的估算也纯粹是理论上的……

不过，还有一个问题，那就是，当时的人都忘了考虑一个重要的细节：从南极到沙特阿拉伯，或者随便哪个非洲或是亚洲干旱地区的国家，都要经过"热气腾腾"的海洋。不用成为专家，也能想得到，这么远、这么长的旅程，即使是一块硕大无比的冰也极有可能在到达目的地之前就融化光了。

这真是憾事，因为南极确实是一座美妙的冰山库。每年夏天都有不少于 10 万亿立方米的冰山从冰岩上脱离，有的经过数年才漂离，最后消融在大陆周围三大洋之一中。这些冰山的大小不等，从冰岩上掉下的一小块冰，到与瑞士或比利时国土同样大小的大冰山，不一而足。现观察到的体积最大的冰山是 1956 年 11 月从 Filchner 冰岩上脱离的，长 335 千米，宽 97 千米。融化后释放出 3 亿亿升水。这可是不幸的萨赫勒居民所梦想的。但如何穿过炎热的海水、冰块可能出现的裂缝、拖曳这样一个庞然大物所要动用的能量，还有到达目的地后冰块的储存问题，这些都是在当时看来无法攻克的技术局限，最终使得沙特君主放弃这一计划，中止于纸上谈兵……

但就在一年前，不可思议的新局面发生了，几乎同时发生的两大事件又把这项计划重新引入人们的视野。首先是柔软隔热材料领域取得的新进展解决了运输途中的融化问题，融化程度的上限预计可减少到体积的 50%。加拿大一名工程师负责引开对岸边石油勘探平台造成威胁的冰山，结果成功地掌握了冰块拖曳的技术，不过是短途拖曳。这些经验可投入使用，进行将冰山转移至阿拉伯半岛的第一次试验。

对冰山进行绝热处理绝非易事。用的是一种专门的隔热材料（救生衣的材料），以把水面上水面下的冰山从头到尾包裹起来。总共要覆盖的面积达六百多万平方米！

至于拖曳，也不是靠冰山自己。为使事情更简便，一队水文地理学家想出了一个办法，即在冰块顶部安装数面巨帆。这些巨帆迎风前进，可缓解拖船的拉力，从而节省不少的能量。人们又在前头装上许多推动系统，配有太阳能巨型螺旋桨，以保证那边有能量提供。此外，还需向海洋地理学家询问该区域的海水动力，洋流的精确轨道以绘制大洋热力图，同时通过卫星的雷达系统监测海波的平均高度。航行于波涛汹涌之间，在南极洲沿岸寻找冰块，这可不是消遣之旅。

为使此次行动产生效益，还需在数以千计可供选用的冰山中进行严格挑选。候选冰山体积不能太大（便于拖曳），也不能太小，这样到达目的地后，才能取出至少1 000亿吨水来。经人计算，最后选出来的冰山应该长2千米，宽1千米，最大吃水深度为250米。要知道南极的平顶冰山有6/10的体积是浸在水里的（北极的冰山是8/10—9/10，那里的冰山来自冰川，故形状很不规则），这意味着有近10亿吨的重量要运输。用上的拖船至少6艘，总能量相当于9万匹马的气力，将这个冰怪物拖动10 800千米。平均速度为一节，即每天43千米。从挪威的阿斯特丽德公主地（Princess Astrid，选中该地区周围，是为了保持最短距离）到吉达港，这意味着行程将耗时8个月加1星期。

此次行动引起了媒体的密切关注，但一开始媒体都怀疑这"触礁"行动是否能成功。每日报道之事就是跟踪运输。人们可以看到拖船们用龟速拖着它们珍贵的包裹，首先越过1 700千米波涛汹涌的海面，直至来到克尔格伦群岛，那边有暴风雨频频来袭，均在8级以上。之后沿毛里求斯岛的一段3 500千米的航程才算稍许平静一点。先前气象学家已建议让运输避开该地区每年1月到3月、年中到南半球夏末的飓风期。之后，到达非洲最东角，或称Gardafui角，位于索马里。热带之旅总共3 500千米，环境较为可靠。接下来，还要在亚丁湾中行驶1 000千米，绕过吉布提，然后才到达此次动人心魄的沿海旅行的最后一段：红海上的1 100千米，最后是目的地吉达港。

　　为拍照急派至现场的无数记者，数架装有四脚锚的直升机飞过冰山上空，先一步靠岸，以将冰山外层保护衣剥下，这是开始用水前必不可少的一步操作。自昨天起，融化与抽取系统已在冰块外部安装完毕，可移动接头也已接上管道。第一股新鲜淡水已注入国中的引水网络，供家用和农用。不用说，大家也知道这首度成功又催生了许多项目：下一步是澳洲西海岸和智利阿塔卡马沙漠（Atacama Desert）仍然是地球上最干旱的地区。阿塔卡马沙漠为南美洲智利北部的沙漠。介于南纬18°—28°之间，南北长约1 100千米，从沿海到东部山麓宽一百多千米。在副热带高气压带下沉气流、离岸风和秘鲁寒流综合影响下，使本区成为世界上最干燥的地区之一，且在大陆西岸热带干旱气候类型中具有鲜明的独特性，形成了沿海、纵向狭长的沙漠带。气候极端干旱，少雨多雾；相对湿度较高，可达70%以上；年降雨量一般在50毫米以下，北部尚不到10毫米，且变率很大；有些地方曾多年不雨。许多赞助商已宣布准备资助这些行动，其中还包括一家名牌开胃酒！

资料来源：

1. www.antarctica.org
2. www.petro-canada.ca
3. www.paulemilevictor.fr
4. www.oecd.org/media/parutions

击破玛雅文字的最后防线

　　一个多世纪以来，玛雅文明一直是考古学家们津津乐道的话题，只不过在这个领域，由于玛雅文字的艰涩难懂，人类始终没有取得大的斩获。近日，在全自动智能翻译机的帮助下，可以追溯到公元前2000年的古文字渐渐剥去了神秘的外衣，这也使得玛雅文明终于以其本来面目原原本本地展现在世人的面前。

　　就在21世纪初时，还有千千万万的玛雅文字始终是考古学界的谜题：天马行空的符号以及似画非画的象形文字都让专家们摸不着头脑。这样的困境终于在人们找到了帕克岛上的一个岩洞后豁然开朗起来。据负责此次考古任务的法国人类学家回忆，当站在硕大无比的岩洞前看着形形色色的壁画，他简直不敢相信自己的眼睛。尤其值得一提的是一块足足3.5米高的巨大石板，它完好无损地藏在布满泥土的岩洞墙面之后，上面绘有五彩斑斓的图案。据称，这块石板是由几十位古代画师历时数月才完成的经典之作。

　　科学家们欢天喜地，将发现的古文物抱回巴黎。当然这只是研究的开始，因为到目前为止，石板上所记载的艰涩文字仍不能传递任何有关古文明的讯息。下一步要做的是求助于VHT（Virtual Hyper Translator 的缩写，中译名为"模拟超级翻译"），只要与专业的信息软件相连接，再诡秘的文字也会现出原形！更加惊人的是，这台听起来呼风唤雨的翻译机，其体积还比不上一台家用的数码相机，但却能在短短几秒间高速处理文字信息，帮助人类揭开古文明的神秘面纱。在昨天举行的新闻发布会上，本次考古行动的负责人米勒教授高兴地说，许多不久前还被认为无意义的玛雅文字，现在有了新的注释；根据 VHT 的提示，有关学者已经总结出该语言中各符号的不同排序所具有的特殊含义。在不久的将来，我们甚至可以把这个体系教授给孩子。不仅如此，语言学家还发现了一个有趣的现象：巨型石板上除了记载当时的风土人情，还用抽象文字撰写了不少引人发笑的小故事。"玛雅人很早就懂得用字画谜来准确表达自己的想法，当我们发现这一点时，都感到大为震惊！"一位参与研究的教授感叹道，并向在场媒体展示了他的最新学术成果。这是令人激动的时刻，因为自 1962 年以来，人类对于玛雅文明的认识就一直停滞不前。终于在一百多年后的今天，我们敢大声地说："玛雅文字的最后防线就要被现代科学击破了！"

回想过去的研究历程，我们似乎走了许多弯路，也犯了不少错误。一个世纪以前，考古学家们始终坚信玛雅人使用过超过 31 种的不同古代语言，因此他们在繁杂的各种已知符号、文字面前望而却步。后来，就是众所周知的历史轨迹：随着 16 世纪西班牙殖民者的到来，玛雅人渐渐受到现代文明的同化，并将自己的语言文字逐步转向拉丁语系，同时引进罗马的字母符号代替原有的书写规则。说实话，经过了这样复杂的演变之后，要破解玛雅古文字的奥秘确实不是一件容易的事。根据 20 世纪诞生并成熟的"四角翻译"原则，语言学家尝试进行了初步的古文字注释，认为玛雅人之所以会使用大量的文字，主要是用于记载与宗教、天文观测有关的仪式或法则。由于资料有限，绝大多数的科学家都推测，玛雅文明所留下的大部分文献、书籍已经被 16 世纪入侵的西班牙人焚毁殆尽。

这个观点究竟是对是错呢？显然，从今天发现的巨型石板上来看，这样的推断是站不住脚的。物理学家也通过"碳14"的放射性对巨石的真伪作了鉴定，结果证明石板上所记载的文字内容货真价实，如假包换。而且在同一个岩洞里，除了巨型石板外，考古学家们还发现了其他有价值的文献资料——也就是说，能窥视玛雅文明的依据并没有就此止步！

不过话说回来，要不是有了 VHT，几千年前的古文明也未必能顺利地解开。要知道在很长的一段时间里，不论是历史学家、考古学家还是语言学家，所有人都对这块从帕克岛运回的玛雅巨石一筹莫展。没有人知道上面的画符代表着什么含义，因此历史的秘密仍然被隐藏在石头之中。通过最新发明的模拟超级翻译机，科学家能够系统完整地分析石板上包含的文字信息，同时也将掩藏了几千年的秘密大白于天下。

根据 VHT 的最新解释，我们发现原来之前对玛雅文明所做的相当一部分研究与史实有着很大的出入。比如：在过去很长的一段时间里，几乎所有的历史学家都达成共识，古玛雅人并没有修筑过道路。原因很简单，他们落后的农牧业技术根本无法饲养会拉车的大型牲口，因此修路这件事情也就变得可有可无。但依照最新发现的石板记载，玛雅文明所具有的发达程度似乎远远超过了人们先前的想象。玛雅人不但打造了属于自己的黄金干道，还掌握了定期修整道路的精妙技术。不但如此，相关文字还提到，正是由于古玛雅人打通了四周的交通要道，才会使得他们的文明在短时间内迅速传播发扬，最后还创造了属于玛雅文明的辉煌年代。当然，高度发展的文明不会仅仅局限于几条修成的小路，石板上的象形文字还清楚地描绘出当时人们所发明制造的精巧工具。耕地用的犁、手杆、绞车、滑轮……这一件件精雕细琢的杰作都大大提高了当时的生产劳动效率，可以说是古文明大发展的第一功臣。更值得一提的是，科学家们在帕克岛岩洞的石墙上还发现了一段插图说明。经过 VHT 的初步翻译，专家们了解到这些文字、图片竟然是出自几千年前的工匠之手，用来详细说明弹簧发条以及齿轮传动系统的工作原理！

随着对帕克岛上各个岩洞的进一步考察，更加惊人的发现打开了世人对玛雅古文明的超级热情。作为古代人，他们自然有迷信的一面。在大大小小的岩洞石墙上，我们可以看到类似于风、雨、雷、电诸神的圣像。很显然，对他们的顶礼膜拜是为了来年在农耕渔牧上有更好的收成。然而作为古代人，他们有着连现代人都感到惊异的先进技术。在查尔巴斯岩洞中，考古学家发现了一部有关物理知识的典籍，上面竟然记载着如何用银、铜两种金属制造电子的技术，同时作者还提到了前者可能是世界上最好的电流导体；数学方面，玛雅人提出了与勾股定律相类似的理论，从时间上来看，它都遥遥领先于古希腊的先哲们；最不可思议的可能是医学上取得的成绩，根据石板记载，当时的玛雅人已经开始研究对抗一种奇怪的恶疾，而按照文字的描述，医学专家推测这种疾病很可能就是今天人们谈之色变的癌症！看看玛雅人，是多么的有先见之明啊！

谁能够想象，在距离玛雅文明三千多年后的今天，整段历史竟然被一台神奇的计算机识破。在人类了解过去、了解自身的过程中，VHT 一直都扮演着不可或缺的重量级角色。记得在 5 年前，考古学家发现了一处绝妙的历史遗迹，但由于岩洞陷于地底深处，因此里面带有文字资料的巨型古物也很难出土并加以研究。幸亏当时有了 VHT 的帮忙，学者们背着与普通家用摄像机一般体积的小家伙潜入地下，顺利破译了隐藏在人们脚底的历史谜题。在之后的考古工作中，VHT 始终不负众望，不断深入历史学研究的第一线，不仅带回了宝贵的文献典藏，还大大拓展了学者们的理论视野。高科技的好东西自然逃不过商家锐利的眼睛。现在，已经包装上市的民用 VHT 在市场上同样颇受好评。旅游爱好者们更是把小家伙当成了贴心的伴侣，走到哪里带到哪里。

由于古代文明遗留给现在的人们太多的疑问，因此"模拟超级翻译"总是有干不完的工作。随着相关专家进一步改进、提升 VHT 的各项性能，在不久的将来，它一定还会创造出更多的奇迹。你不是一直都想探寻卢浮宫里各种古代石碑上所隐藏的秘密吗？自己背上 VHT，去法国巴黎亲身体验它的魔力吧！

资料来源:

1. 格兰克·约翰丹，《建筑学的历史》，《读者品位》杂志精选集，2001 年

2.《玛雅文明》: http: //www.vjf.cnrs.fr/celia/FichExt/AM/A_14_04.htm

3. 让·拉古特，《生命之光》，Livre de Poche 出版社，1991 年

4.《国家地理》文献资料，2004 年 9 月: www.nationalgeographic.fr

自己给自己把脉

　　有没有听说过"自己给自己把脉"的治病方式？最近在患者之间，这可是开展得红红火火的流行新趋势。当然，要它完全代替职业药剂师并非一朝一夕的事情，但该职业在新兴事物的挑战下，确实面临着严峻的考验。不仅如此，连从前几乎垄断市场的各大药房也不得不改变他们的经营策略。自从"自行看症"被相关法律条款批准之后，不去药房咨询而自主配药已经成了司空见惯的现象。

　　之所以能够做到不去药房也能自主配药的"自行看症"，主要应该感谢最新问世的 Derme 健康贴纸。如果身体只是微恙，那么完全可以放心地交给 Derme 负责。在整整一天的时间里，只要在皮肤表面贴上这枚和邮票同样大小的黏纸，它就会定时定量地给出合适的药品剂量。纵然你的记忆力差到不行，或者是个大忙人一刻不得闲，这枚小小的黏纸也会像一位贴心的健康助理，根据需要提醒你用药的时间。

　　在这种情况下，即便我不说，你应该也能猜得到药剂师们现在进退维谷的两难境地吧！为了突出重围，他们可是千辛万苦费尽了心思。里昂一家最大的药房联合公司旗下的所有药剂师，一直以来都全力抵制"自行看症"的做法，但可惜的是似乎不见起色。Derme 健康贴纸的热卖仿佛是一阵势不可挡的旋风，尤其是它在照顾慢性疾病患者的过程中所表现出来的卓越性能，更加奠定了其在新兴医药技术领域的黑马地位。再也不用每天都逼着自己硬吞下一把一把的药片了，Derme 会在长达一周的时间里合理安排每天应该服食的药品剂量，并定时摄入人体。特别是对于上了年纪的老年人来说，每天都要区分五颜六色的药品、保健品仿佛就像一场恶梦。有了 Derme 的帮助，终于可以走出梦魇了！

这么好的技术自然不是一蹴而就的事情。早在 21 世纪初，法国人就投入了大量人力、物力用于该领域的研发。这项计划得到了许多政要的支持，因为法国境内频频爆发的医疗费用虚高引发了许多社会问题，对整个国家的医保体系（在法国，我们称之为"社会保障局"）也提出了重大考验。几十年来，"自行看症"伴随着相关技术的成熟得到了飞跃式的发展，其流程也更加专业可信。从今往后，身体抱恙的患者将会有两种选择：其一，直接去医院寻求医护人员的帮助——但是要提醒你的是，从医院拿着医嘱去药房取药可是一件极其昂贵的服务！当然你也可以考虑第二种选择，就是在患病程度并不严重的情况下，上网使用 24 小时全年无休的"医疗专家咨询系统"。

如果你选择的是第二种治病方式，那么事实上就是选择了"自行看症"的医疗模式。首先第一步要做的事情：找出一个与自己电脑相连接的特制盒子。不用担心这盒子是什么稀有的宝物，其实它就像锅碗瓢盆一样，是每个人家里必备的日常用品。它的主要作用就是通过与患者身体的接触，将其主要生理信息规整后传送到电脑中去。所谓的生理信息，其范围可谓包罗万象：血管压力、心跳频率、体温以及脑压等基本数据都是小盒子需要捕捉的对象。所有这些信息一旦进入电脑，就会被专业软件分门别类地整理到同一份文件之中。接下来的步骤同样不用患者操心：你只要将文件链接到网上的"医疗专家咨询"站点，就可以跷起二郎腿，等待专家的回应了。或许，电脑上会跳出几个对话框，询问你感觉到的症状、近几日参加过的活动、前一天用过的膳食等问题。这是专家们与你最直接的交流，所以一定要认真对待。值得一提的是，在与专家的对话过程中，你千万不要啰里巴嗦花几个小时闲扯自己的家族病史或对某些药物的过敏症状，因为在专属于你的个人医疗档案上，一切需要注意的因素都已经记录在案了。当然，本着最严谨的治病救人原则，避免不必要的错误是网上咨询系统最在意的重中之重。因此在诊断的过程当中，网络服务器甚至会选择性地运用专业的生物统计学，确保患者身体的万无一失。

在众多"网络咨询"所提供的服务中，最受欢迎的项目莫过于针对患者瞳孔的症状分析。你只要对着与电脑连接的特殊摄像仪看上两三秒钟，所有的基本信息就录入完成了。特别需要指出的是，这种特殊的摄像仪正是前几年运用在机器人足球裁判身上的高新技术。科技总是能够这样轻而易举地融会贯通，实在叫人叹为观止。把眼光再次转回"网络看症的专家"身上：详细的检查完毕之后，系统专家会总结已知的各项信息并列出一张初步的诊断结果；同时，根据探测得知的病理学，你还将得到一张相应的药品清单。当然，患者也是有发言权的。只有在他本人认可了网络专家的判断之后，咨询系统发出的诊断书才会被认为合法有效。一经承认，这张单据就会被直接派送至与患者住宅小区最近的药品仓储中心。根据要求，该中心会仔细地核对清单，并提供从抓药到送货的一条龙贴心服务。用户甚至可以提出在药品包装的过程中，直接将适量的药剂涂抹在特制的 Derme 贴纸上，这样一来就能大大方便患者的使用。接下来的半个小时时间里，病患要做的就是安心在家等待，直到"新鲜出炉"的药品送到他的手中。

看吧，一切就是这样的简单神奇！在"自行看症"概念刚刚提出的时候，它并不为大多数人看好。因为在欧洲人的传统观念中，不去医院、药房而私自配药的行为无异于自寻死路。但事实证明，传统在现代科技的冲击中完全败下阵来。看看最新的统计数据，欧洲每天使用"小盒子"看症的患者数量已经接近四千万，而平均每位居民每年通过"医药配送中心"买到的药品数量也维持在 10 瓶左右。对于政府而言，大力倡导"自行看症"并不是一件亏本的买卖。由于许多民众都转投"药品配送中心"的怀抱，因此政府节省了一大笔原本必须支付给药品中间经销商的费用。一举两得的事情，谁不愿意做呢？

由于"自行看症"在某种意义上仍然存在一定风险，所以政府出台的相关法律政策也十分严苛。要想使用"自行看症"的患者，他必须符合条例中所列出的全部条件。比如："自行看症"的持续时间不得超过三天；患者在病愈前不得丢弃购买药品的外包装，以备查验；对于网络专家所规定的药物剂量必须严格遵守，以避免所有可能发生的危险……事实上在过去，我们也能找到不遵医嘱自行买药的患者，在某种意义上，这也是"自行看症"的一种。但它与我们今天所倡导的理念显然大相径庭：前者只是患者根据自己的症状所作出的非专业判断，没有任何科学依据，很可能造成严重后果；但我们所提出的"自行看症"却完全不是这么回事，它是在"网络专家"的指导下，以最高新的科技为辅助手段为患者提供权威可靠的治疗建议。所谓的"自行"并不是指自己充当赤脚医生，而是在获得权威建议后自主参与判断，以一种积极的心态加入治疗。这样的话，不但更能激发患者乐观的求医态度，治疗效果自然也会事半功倍的！

最后要花一点篇幅赞美一下功能强大的新型服务器，没有它作为后台支持，"自行看症"即便在今天恐怕也是无法实现的天方夜谭。从患者家中的个人电脑、网络一直到最后的终端服务器，各项技术环环相扣才为我们呈现出完美无缺的"网络医疗咨询专家"。这一体系的建立大大规范了从前混乱的医药市场，一度横行无忌的地下药庄也被扼杀于无形。对于老年人而言，这项技术更是如珠如宝，有的老人甚至感激地将 Derme 称为"电子护士"。至于一直以来都入不敷出的法国社会保障局，它也终于可以如释重负了。这何尝不是找回了健康与快乐？从今以后，法国人再也不会哭天抢地向社保局讨钱了！

资料来源：

1. 法国药品工业协会：www.afipa.org

新一代 DNA 证件——瞬间证实你的身份

　　此前的五十多年里，生物统计学的技术研究曾经取得过巨大成功，而今，又迎来了新的突破：人们的身份证里即将写入染色体所含的遗传信息。这项技术不但完善了指纹鉴定技术，也在虹膜辨认技术的基础上更上一层楼。现在，所有的障碍已经扫除，认证工作也于本周大功告成。

位于圭亚那库鲁的太空中心里，工程师们终于可以松口气了。从前，窃贼曾频频光顾那里盗窃用于保护宇宙飞船引擎的稀有金属，而如今，这样的日子已经一去不复返了。原因很简单，新的个人身份鉴定法在前不久开始生效。所有员工均须事先经过 DNA 测试，即使在勘测的认证尚未经官方授予的情况下，也要进行这样的 DNA 测试。该省隶属法国，与巴西交界。自从一些犯罪集团来往生事，扰乱地区治安以来，安全问题便上升成为当地政府的首要议题。21 世纪初发明的传统生物统计方法也曾取得过不凡成果，但随着时间的推移，现存安全体系的问题开始出现漏洞，不再是坚不可破的了。而自从采用了 DNA 身份证后，这一战略基地又再一次被置于重重保护之下。员工们均接受了抽血取样，以提供他们的遗传密码用以保存。不过读者大可放心，这并不意味着每天早晨一到太空中心，就要在门口扎一针。其实，这套系统是在可疑的情况下，碰到被入口检测仪拦截下来的不速之客时，才会用在他们的身上。

换句话说，只有在极端的情况下，才会进行血样检测；检测地点也只是在司法机关管理下的地区鉴定中心。此外，还要说明的是，这种血样检测是无痛的，其设计是受了使用已久的糖尿病患者检测的启发，而且不会在皮肤上留下任何痕迹。

该城市政府准备将这项鉴定技术推广至全体市民。推广还要等到身份证更新以后才能进行，届时会让人们接受抽血取样，就像100 年前人们接受指纹取样一样。取样获得的信息将会被储存起来，以备非常情况之需。但是时代也在改变，人们已不再能够准确地鉴定数量不断攀升的嫌犯和罪犯。由此，圭亚那预计法国人的身份证将在 5 年以内全部换成他们新一代的 DNA 身份证，因为新出台的法律规定，从现在开始，身份证记录将每 5 年更新一次。随着第一代生物统计身份鉴定系统的问世，塑料身份卡早在 30 年前便已被取消了物质形态，从人们的视野中消失了。自从这一技术应用于市民身份鉴定以来，检测方法已然经历了一场颠覆性的转变。如今的人们已无法想象，在 2000 年的时候，人们接受公安检察或是出境旅游的时候，还须出示他们的纸质身份证。

今天，这样的证件早已从人们的手提包中消失。事先经过记录储存的指纹信息取代了身份证。只需将手指在传感器前面过一下，当局便可调出有关你的全部信息。一旦警察局电脑屏幕上显示出的照片与市民本人有出入，那就需要进行调查了。碰到有些特殊情况，还有可能添加 DNA 信息，这样做是为了加强安全，避免可能出现的差错。生物统计学还同样改变了用户的日常生活。2000 年的时候，职员进入办公室前，需要通过电子标记阅读器的检测，开电脑时则要键入口令；而且，这密码每月还要更新一次，长度一年比一年惊人，内容也一年比一年复杂。就连使用所谓的移动电话时，也需要输入密码之后，才能连通网络。开小汽车之前，必须插入钥匙；就是要进自家门，也得和一串钥匙搞半天，为的是打开一扇弱不禁风的门。一直等到生物统计的问世后，这些传统行为才得以改变。等到 22 世纪初，人们若是回顾这段时期，会觉得不可思议。

人们第一次尝试此类身份鉴定是在 1997 年，在英国，当时使用的是面部辨认的方法。为了遏制当地愈来愈高的犯罪率，政府此前已经开始使用一种摄像机。这种摄像机可以辨认先前已记入中心档案的罪犯面容，结果是犯罪率由此减少了 34%。同样，为了保障私人生活的安全，政府又出台了一套司法框架，目的是让那些对此类远距电子监控颇为反感的组织宽心。生物统计学的问世最初也是出于安全问题的考虑，最后才终于推广到了百姓当中。如今，指纹辨认已然是最为常用的技术，也最受用户的欢迎。这是因为它操作方便，只需经过几道手续，就可以开始使用了。所以生活当中，到处都可以看到指纹辨认技术的身影。自从传统的门锁退出日常生活以来，人们开自家的门，用的都是事先储存好的指纹信息。自从这一套系统商业化后，不但可靠性大大增强了，操作也变得更为简便，简直如同儿戏一般。房间里放着一只小盒子，里面记录了每种手纹的 80 种形迹，包括各种起伏与分叉。房间外面，在原来装锁的地方，如今安装的是一台小型传感器，用来解读手指或手掌信息，至于解读的是手指还是手掌，这就要视所需安全度高低而定了。所有允许进入屋子的人都要事先记录下他们的指纹，这样以后就不用再带钥匙了。办公室里也是一样的情形，人员进出的管理得到大大的简化。开电脑用的是数字密码，甚至连通信网络也可以使用这种密码。更为可喜的是，自从指纹鉴定技术出现以来，网上购物量也比以前多多了。以前，电子商务客户还要担心是否会有盗版，所以远程购物的数量一直停滞不前，难以上升。而如今，鼠标里安装了一种传感器（由西门子公司开发，命名为"指甲"，因为它的尺寸只比指甲大一点点），内含 65 000 个电极，它可以精确地记录下皮肤的轮廓。每次使用时，只要随机鉴定 12 个点，便可防止任何可能出现的指纹伪造。今天市场上的许多汽车里面都安装有这种设备。用户只要轻轻一划，就可打开车门，甚至车主喜欢哪种画线式样，都可以事先设置好，以存入辨认信息。一旦传感器对指纹辨认完毕，便开始自动调节方向盘、驾驶座以及后视镜，并将车内温度固定在车主通常选择的那个温度上。而且车主下车后，只要在车外的传感器上轻轻一挥，车门便会自动关上。

这些技术都是 20 世纪的电影爱好者们看到特工詹姆斯·邦德的那些小玩意儿后所孜孜以求的。今天，这些玩意儿都已经是日常生活中的一部分了。比如我们有虹膜辨认技术，它要记录的形迹可不是指纹辨认技术的 80 个了，而是 260 个。在德国的德累斯顿银行，所有的自动取款机都配备此类设备。银行客户需要事先在一架微型摄像机前登记一下，将个人信息通过照射眼睛储存进去，这样，客户以后才可使用自动取款机。使用前，只要看一下传感器（不会刺眼），然后就可以取钱了！而且不会再有密码错误或者伪造密码之类的情况出现了。在一些战略意义比较重要的地方，人们还对行为辨认技术进行了完善。在那里，不用再像以前一样，将身体的各种信息记录在案了，而是只要将正在行动的人的动作记录下来就可以了，比如说签署文件或是在电脑上打字的动作。这是因为不同的人，手的活动方式都是不一样的。所以，我们不可能模仿另一个人敲击键盘的速度，或是两次触碰之间的时间间隔。其实，科学取得的成就还远不止这些！从现在开始到 2100 年，生物统计技术还会给我们带来更多的惊喜。有可能投入研究的还有温度记录法，它可以将我们脸部不同的温度区域记录下来。将来，人们还可以绘制出人体全身的静脉血管图。但是对新一代身份证来说，目前最理想的储存信息还是 DNA（脱氧核糖核酸）。这下可好，一针见分晓，骗子们也无缝可钻了。

由国家工业财产研究院（www.inpi.fr）复阅，在此衷心感谢。

资料来源：

1. 埃尔兰根市西门子实验室（www.siemens.de）

2. 索斯特·尹费恩科技（www.infineon.com）

3. 乐·乔尼尔·杜·奈特（www.journaldunet.com）

昔日不毛撒哈拉，今日瀚海送清泉

经过半个多世纪的努力，撒哈拉的人工海——沙漠之海，终于在世人的共同见证下诞生了。如今，人工引入的海水已经逐渐稳定下来，地产投资业也开始兴起。非洲生活水平正蒸蒸日上。

半个世纪前，这个想法就在一些大学者的脑海里悄然萌生。那时，对这个荒诞的想法，国际社会是群起而攻之。在撒哈拉沙漠里建立一个内海，这就和想要削平喜马拉雅山、抽干地中海一样是异想天开。其实，细细琢磨，这个项目也不是什么革命性的想法，早在1880年，就有一位地理学家想到了，他的名字是艾利·鲁代尔（Élie Roudaire）。他毕生都在研究这个问题，这个想法令费迪南·德来塞普（Ferdinand de Lesseps）和儒勒·凡尔纳（Jules Verne）深深着迷，非洲这一地区的繁荣是他们关心的对象。此后的20年中，法国各大报纸都为之疯狂。研究部门出台了一系列计划，那条抽取地中海海水用以灌溉的运河起点也被标了出来，位于吉尔巴（Djerba）岛北部，突尼斯的加贝斯（Gabès）湾中。这个宏大的项目，儒勒·凡尔纳曾以此为主题写过小说《撒哈拉的海洋》，后来又重新命名为《造海》。将撒哈拉沙漠淹没在地中海的波涛之下——费迪南·德来塞普本来倒是很想接手这一浩大工程的（他接受的其他工程还有苏伊士运河、巴拿马运河……），以至于总是不无幽默地询问他的朋友艾利·鲁代尔："鲁代尔先生，您的大海现在怎么样了？"或许是因为工程过于浩大，代价过于昂贵，德来塞普还是放弃了这一计划，不得不终止于纸上谈兵。

可就在 200 年后的今天，那里已可见小桥流水。沙漠之海周围，宾馆如雨后春笋般涌现。那个地方不再属于突尼斯，也不属于阿尔及利亚，它只是离摩洛哥西海岸 300 千米处，毛里塔尼亚以北的一片地区。棕榈林方圆 100 米的广告牌上都写着："只要 1 000 欧元，即可拥有一小块水汽氤氲的土地。"其实，这也是往那些日夜伺机的商家嘴里送水。这块地方 20 年前还是一片石滩沙漠，今日却是一片良田美池、井井有条的硕大绿洲，四周宾馆林立，名字五花八门，有什么"一千零一夜"、"驼铃之城"或是"辛巴达的沙漠"。艘艘快艇载着一拨拨从大西洋岸丹丹（Tan Tan）海滩和拉勇（La'youn）远道而来的游客，这是摩洛哥王国在 21 世纪 30 年代末开发的两个新时尚站点。专门为迎接氢能空中快艇而建造的国际机场，也推动了当地的旅游事业。玛瑞克奇（Marrakech，摩洛哥著名旅游城市）和奥拉扎扎塔（Ouarzazate，摩洛哥首府城市，著名旅游城市）已成为历史了：从今而后，这片液体沙漠就是蛋糕上的樱桃，人人皆能品尝的皇家甜点。

尽管如此，大家心中依然疑惑重重：人们又是怎么把大洋里的水引过来的呢？让我们回到 2020 年去看一下吧。原因首先是生态学方面的：全球变暖导致海平面急剧上升，引来全世界为之瞩目。水城威尼斯危在旦夕，卡尔马格（Camargue）没入水中，卡萨布兰卡一年有 3 次泡在水里……为保护那些受到威胁的世界遗产，联合国教科文组织组织了一次研究，这就有了在撒哈拉沙漠中建立内海的想法。起初，这个工程的目的只有一个：将一部分海水引入无人居住的地带，目的是建立新的水库，从而营造可供庄稼种植的适宜环境。乍得湖（非洲中北部，在乍得、尼日尔、尼日利亚、喀麦隆等国交界处）一度是地球上最大水库之一，它的干涸，曾在西非人民当中引起强烈的恐慌。数百万居民眼睁睁看着他们生命之源的面积从 1960 年的 26 000 平方千米骤降至 2000 年的 1 500 平方千米。而今日的乍得湖就像是另一个咸海（亦名阿拉海，位于苏联中亚细亚地区，是个大咸水湖），已经百分之百地干涸了。

在这一生态灾难（它还导致了沙漠面积不断增大）的面前，种种不可思议、异想天开的计划开始浮出水面，被人们提上议事日程。这时就有人提出要在撒哈拉沙漠中造出一个内海来。这个计划一旦成功，便可将这一片非洲的不毛之地的生态环境重归平衡状态。在许多天体物理学家、气象学家以及美国国家航天航空局（NASA）和欧洲宇航局的支持下，人们开始研究这一计划对气候平衡可能产生的影响。初期调查并未发现什么令人不安的迹象，因为这一块巨大水体保留的面积和维多利亚湖（非洲中东部的湖泊，在乌干达、肯尼亚和坦桑尼亚交界处。它是在 1858 年被英国探险家约翰·斯巴克在寻找尼罗河的源头时首次发现的）不相上下——68 000 平方千米。而且，这一内海的出现，使得这一片遍地沙石的地区的大气湿度得以上升，令当地环境更加适合植被的生长，沙漠前进的脚步也就被阻拦了。

很快，工程师们就发现，这一工程可与 1931 年美国科罗拉多大峡谷的胡佛大坝相提并论。论想象力之丰富，前者其实还更胜一筹，因为这座大坝将一部分原本是沙漠的地区转变成广大的农业区，又将水和电送到了 7 个州的 1 500 万人身边。而在非洲，为将海水送到沙漠之海而需要克服的困难，就能令任何一个西方国家都望而却步。为了确保行动能够成功，整个计划都交给了联合国领导之下的一个非洲国家集团。承包者、工程师和工人均来自非洲国家，他们骄傲地向全世界证明了那句话："没有什么是不可能的。"工程的资金来源于由一百八十多个国家参与的国际捐助，这些行动都属于"保护地球事业"计划的框架之内。西非政局形势稳定下来之后，从 2030 年开始动工，工程的目标是建立若干条长 300 千米的灌溉运河，这些运河要从塔法雅和比尔·摩格瑞恩之间（位于摩洛哥海岸）抽水。同时，人工海的位置也是经过精心挑选之后才确定下来的。位置是选在了洼地和山丘之间，那里的制高点高度为 370 米。人们将沙漠里的沙子推向两边，堆成了数座巨大的沙丘，这是为了挡风阻止它们的下沉。在 2060 年又投入使用了一套永久疏浚的系统，为的是不断地对运河底部进行筛刮，防止积沙。通过以上种种努力，来自大洋的海水便在这深度不超过 30 米的人工水库中安居了下来。

不过，不管这一技术如何成功，我们不应忘却伴随地区发展而产生的令人叹为观止的经济增长，这可让邻近各个国家都大为受益。这些国家的人民实在不敢相信他们的生活水平在 21 世纪末居然能够取得这样大的进步。在驯化了可再生能源之后，摩洛哥政府又有了一个天才想法，即在撒哈拉西海岸沿岸建立起一片风车林，预备一直延伸到毛里塔尼亚，这样，长度就要达到两千多千米了。那里布满数百架风车，每架杆身皆长 60 米，螺旋桨半径 42 米，这片风车林将成为世界上最大的发电中心。别忘了，这一地区可是世界上风能最充沛的地区之一，这一结论是"撒哈拉之风"协会在 2004 年所鉴定出来的。风车发出的电首先用于抽水和灌溉系统的运转，且提供的电流远远超过了当地生活所需，故那些地下埋着的直流电高压电线已经为西班牙和法国供了 2 年电，所得的外汇由参加这一新兴投资的非洲国家分享。距拉勇数千米处，竖着一块巨大的牌子，写道："此地在建西非最大的海水淡化厂"。3 年后，这家工厂将为整个摩洛哥、毛里塔尼亚和马里提供可使用的淡水。对于这个见惯了海市蜃楼的地区来说，这真是令人难以置信的发展，使得他们终于能够达到先前只有西方国家才拥有的生活水平。

由于人类日益强烈的共赢意识，如今并未发生过任何夺水大战。去年，中国开凿了 3 条长 1 500 千米的运河，实现了自 2003 年起就开始进行的南水北调计划。利比亚则刚刚安装完非洲最大的管道系统，以将尼罗河的水运往苏丹——这是不是法老们所梦想的呢？如果说尼罗河是上天赐给埃及的，那撒哈拉的沙漠之海就是一份来自大海的礼物。

亨利·迪·斯塔德霍芬先生复阅。

资料来源：

1. 马科特·金-罗伊斯，撒哈拉之海，《差异》，2003

2. 儒勒·凡尔纳，《造海》，西洛斯·基尤尼斯 Jeunesse，2003

3. 阿肯色·迪·鲁耶（www. Lesagencesdeleau.fr）

4.《乍得湖史》：美国航天局观察（www.nasa.gov）

器官银行——求人不如靠己

　　克隆治疗法的空前成功吸引了越来越多的欧洲人前往器官银行设立账户。顾名思义，这种新做法的操作流程与普通意义上的储蓄账户是一模一样的，只是目的截然不同。前者旨在存放并培养各类器官细胞，从而在必要的时候让"储户"领取"储金"应急。

　　早在21世纪初，克隆治疗就已经成为众说纷纭的热门话题。那时，研究领域的重量级人物纷纷表示这是未来医学之光，也是惟一能实现人类自身功能修复从而自救的灵丹妙药。然而，即便学术权威们力挺支持，对于基因的修正更改还是引起了恐慌与仇视。人类历经近一个世纪才最终接纳这种方法。现有的经验已经充分证明了基因克隆治疗的高效性。它不仅能在不引起排异反应的前提下复制人体器官，而且还不会产生不相容的问题。

　　第一批器官银行创建于2050年。设立之初，它们便被视为逾越道德底线的机构。有些民众甚至毫不犹豫地将遗传学家比作巫师的门徒。但是这一切已经成为过去式！继俄罗斯与美国之后，中国也建起了属于自己的首个器官银行。现在，轮到欧洲发力了。一直在相关研究领域遥遥领先的欧洲人提出创办个性化基因账户，让有待培养的器官细胞真的可以产生经济收益。众所周知，在某些人出生以前，疾病种子就已经深深埋在他的基因当中。因此，针对那些有家族遗传病史的患者，医生会从他们身上提取原始细胞并送去实验室精心培养，以备将来的不时之需。随着 21 世纪初科学家们对人体基因组密码的完整破译，现在，要预测一个人几十年后的健康状况已经易如反掌。胎盘尚未发育成熟前，从母体子宫内提取基因样本进行分析，就能对婴儿将来患上癌症或其他元素缺乏症的可能性一目了然。高度机密的个人医疗档案会根据分析结果详细记录下患者的染色体辨识图，并交由遗传学家判断今后可能出现的健康问题。研究报告完成后，患者就可以知道自己将来的身体状况以及得病概率。接着，他可以去器官银行申报，办理细胞提取业务。

没有人能够忘记 30 年前那激动人心的一幕。得益于由人体细胞复制出的器官，人类成功完成了第一例肝脏修复手术。更为神奇的是，遗传学家甚至可以把从皮肤表面提取的细胞培养成母体胚胎中才有的干细胞直接用于器官复制。许多学者都把这个过程笑称为"时光逆流"。把新技术看作医学界革命性的胜利也毫不为过，因为它实现了人类将成熟细胞退回到未分化阶段的可能性，并将之保留在分娩后 14 天内的原始新鲜状态。我们都知道，一旦过了 14 天这个关卡，婴儿体内原本未分化的细胞便会明确分工，向各自所在的器官游移（比如：脑、肾、心、肝等）。目前器官银行中施行的克隆疗法正是"时光逆流"术，把"储户"的细胞保存在未分化的鲜嫩阶段，我们可以举一个具体的例子：如果某一位肝脏严重受创的病患之前有储存过他的皮肤细胞，那么遗传学家就能使之退化成未分化状态，从而复制出新的健康肝脏器官进行移植手术。当然，要最终达到令人满意的结果，中间繁琐的步骤可一个都不能省：细胞培养、复制、繁殖……任何环节都马虎不得。正是因为有了严谨的工作作风，成就才会如此非凡卓越。不论患者想替换体内的哪个部件，器官银行中都备有存货有求必应。假设某个人在年轻时得知他的胰腺会在 30 年后病变，那么他可以提早到银行中准备培养细胞以便将来自救。不论是胰腺、心脏还是肾，这样的过程都可以确保没有排异、零风险。更重要的是，患者们不用再承受术后治疗带来的痛苦，也不用再因为国外或匿名器官提供者来路不明的捐赠而忐忑不安。有了克隆治疗法，同一个人的所有器官都会打上相同的基因代码。患者只要去器官银行存入细胞，制造相应的"零部件"就可以自力更生了！

21 世纪初，前国家伦理顾问委员会成员贝尔纳·德布雷教授就一直从事基因治疗的推广工作。他把这种治疗美誉为"人类梦幻般的飞跃"。但是由于当时民众普遍对基因问题心存敬畏，整个医学界也在发展新技术的道路上踌躇不前。对于这样的举棋不定，德布雷教授表示困惑不解。就他而言，不论人们是否愿意接受，新技术都将势不可挡地成为未来医学的主流。当然，那些高举伦理道德义旗的机构，你也不能说他们完全没有道理。事实上，一直以来都有人担心回到胚胎阶段的细胞可能被利用直接复制出克隆人。更糟糕的是，心怀歹念的人甚至会随意改变人的外表或智力水平。这些在基因技术层面上都是行得通的。为了阻止非法的克隆人计划，科学界树起了层层障碍。而一切的努力也为今天重新开启基因治疗的大门打下了扎实的基础。从今往后，全世界得益于新技术而延长生命的人将何止千万！就像德布雷教授 75 年前一再强调的那样，人类完全可以依靠自己的细胞与病魔抗争。这个论断的确高瞻远瞩，它让人们感受到了新兴疗法的神奇。现在，走在细胞医疗尖端领域的当属英国。它发明了一种心脏培育细胞注射法，能够有效对抗心脏疾病。

现在说说人类的自身修复疗法，它同样在克隆研究的基础上发展而来。和其他许多新技术一样，这种模式的疗法也走过了一条布满荆棘的道路。很长的一段时间里，自身修复法因为其复杂繁琐的医疗理论被视为学术界难啃的硬石。它的指导方针十分明确：只要用健康的基因替代病变基因就算成功，但实际操作却难如登天。相关技术的最早成功案例可以追溯到 2000 年，两个由于免疫功能障碍而被迫生活在无菌环境下的婴儿得到治愈。我们把这样的新生儿称为"暖箱宝宝"。在 3 个月的漫长治疗后，病变基因得到修复的小宝宝们回到了正常的生活当中。可是情况并不如大家想的那样顺风顺水。随着其中一个孩子免疫系统的突然恶化，新技术的可行性又被推上了风口浪尖。医生们决定再次试用自身修复疗法，并希望通过第一次手术的失败汲取经验教训。2005 年，医学界进行了第二次尝试，包括 2 个法国人在内的 6 名患者接受了治疗。新的基因疗法同样是科学技术的一大飞跃。几年来，研究人员大大地增强了基因活性，使人体能针对自身疾病分泌"含药物质"，从而达到修复自救的目的。

此外，如何向病变细胞中转移健康基因的难题也曾长期困扰科学家。人们甚至一度想出利用病毒作为载体打入细胞内部的构想。但事实证明，这太过危险，因为传导过程中病毒引发的副作用足以致命。2000 年，在美国进行的一次临床实验中，病毒便断送了一条 18 岁的年轻生命。所以科学家不得不另辟蹊径，尝试制造一种安全无害的合成载体，将修复基因送入细胞。这种新型载体在某些疾病，如帕金森和阿尔茨海默病面前似乎收效不大，但在对抗心脏病、视力障碍以及肥胖症时却是威力无穷。现在，医疗人员甚至用它对抗癌症，因为经过处理的基因能够有效抑制肿瘤细胞的扩散并绕过可怕的化疗将病变体连根拔除。

　　70 年的时间里，基因疗法终于从最初的饱受争议成为今天当之无愧治疗遗传疾病的首选良策。同时，它也被用来辅助其他的传统治疗方法从而对抗癌症以及传染病等恶疾。它"以健康基因替代病变细胞"的理念为大家打开了医疗技术的新视野。下个世纪的人们无需再耗费大量的时间与疾病周旋，直接将它剔出细胞就又能神气活现了！

资料来源：

　　1. 美国宾夕法尼亚州费城大学

　　2.《费加罗》报，2004 年 8 月 31 日

　　3. 贝尔纳·德布雷，《伟大的反思》，米歇尔·拉封出版社，2000 年

　　4.《自然生物技术》杂志，2002 年 2 月

　　5.《暖箱宝宝》，巴黎奈克尔医院，马克·贝坎斯基教授

　　6. 欧洲医学社：www.emea.eu.int

空调夏衣入时尚，从此酷暑成清凉

在最近举行的一次夏季时装表演中，人们惊喜地看到以下一幕：年轻的当红模特新秀史黛拉·德·圣安德莱（Stella de Saint-André）身着一系列空调夏衣清凉上场，这种衣服直到那时还只是上年纪人的专利。近几日来，法国频频遭受热浪侵袭，故各大时装店纷纷请进这种新式夏衣。从前，冬天人们御寒有戈尔特斯；而如今，在夏天，人们手中又多了制服炎热的法宝。

现在，我们可总算有了抵抗炎热的衣服了——这种新款空调夏衣从前还只是体质敏感人士的专利，如今却已成为不可阻挡的服饰潮流啦。举一个最近的例子：环法自行车赛的选手，他们个个都穿上了空调运动衣，这样一来，不管外界温度是多少，他们周围的温度始终保持在20摄氏度。尤其当他们在7月上乐门托冯度山（Le mont Ventoux，位于沃克吕滋省，高1 909米）时，这种衣服就大派用场了，甚至可以说不可或缺。要知道，最近一次比赛中，那边的温度已然紧逼40摄氏度。沙漠马拉松运动员也已武装在身，他们可是要在8月中从阿尔及利亚的塔曼腊塞特市（Tamanrasset）出发前往霍加尔山脉的。这样的壮举在以前，大概是想也不敢去想的，如今多亏了这种清凉夏衣，已经成为可能了，所以此次著名赛事的主要赞助方中，有三方选择了在运动衣上面动脑筋。

不需要别的事件，这些已经足够掀起一股时尚潮流了：今年8月，无论是在圣特罗佩还是在迈阿密，到处都可找到身着空调夏衣的超级名模亮丽登场。"我不再惧怕炎热。"在马拉喀什（Marrakech，摩洛哥城市，阿特拉斯山脚下，是摩洛哥的商业中心和旅游中心。该城建于1062年，为摩洛哥著名古都），体态优美的史黛拉·圣安德莱如是说，尽管气温近45摄氏度，我们这位名模却走遍了城里的集市，依然仪态万方，脸上滴汗未流。在法国，前几年夏天的一波波热浪也推动了此类隔热清凉夏衣的销售。和21世纪初的三伏天不同，法国的酷暑天不再导致超高死亡率，这多亏了人们房屋里安装的气温调节系统。而随之而来的电力消费则一路攀升，以至到了让人担心的地步，逼得研究人员要想出一个既省钱又对环境无害的解决方案来。可能这就是研究空调夏衣的生态学动机吧。起先，纺织品生产商推出了一种可以随外界温度改变颜色（既可以变黑，又可以变白）的衣服。热带地区的居民可不就是靠了这个才找到冷热之间那个最佳的适宜点么？而制作这种（根据外界环境改变颜色的）衣服并不需要纺织"技术"研究专家怎么费劲，他们事先已经有几套方案在手了。但这种衣服却并不叫座，因为缺乏"性感"，缺乏创新。必须要进行改进，要证明这些衣服可以做得更好，而不仅仅是一件超轻的短袖衬衫。

"智能"衣服的诞生非一日之功。从21世纪初起，许多相关计划就已悄悄在人们的酝酿之中。第一批所谓"技术性"的纺织品是为运动员发明的。全球许多实验室均投入大量精力来研究这种新型材料，用这些材料制出的纤维做成的运动服，可以通过在皮肤周围制造空气循环来吸收汗液。有些运动服甚至还能将运动员身体状况的一些信息实时地传送至教练那里，尤其是运动员的脉搏、呼吸节奏。一些在衣服里装满了传感器的外衣或运动装也在市场上遍地开花起来，这种衣服的主要销售对象是喜爱慢跑的人士及自行车一族。一家知名时装店还首先推出了一款为疾病高发人士设计的 T 恤衫。这种 T 恤衫配有一台信号发射器，可以不断地向一家专业医疗中心发送用户的一系列健康信息，例如血糖含量、心率及血压等等。当然了，用户也要为这一服务付费，不过该服务在大伏天的时候真是救了上千条性命。这种电子远距离医疗监控系统受到了诊所、医院以及那些夏季不得不休息在家的高龄人士的热烈欢迎。

　　"智能"纺织品还取得了其他一些成就，可能并不如以上举的那些例子那样动听。比如，人们在商场里已经看到一些所谓的"专门"服装，这些衣服在合成材料内部各处放了一些微型胶囊，据研究应用表明，这些胶囊能够释放出所有化学物质。大部分情况下，这些纤维释放的都是一种怡人的香味，或放出一些驱虫（尤其是驱蚊）的气体。这种"驱蚊衫"又成了一股新潮流的源头，许多名牌时装店纷纷加盟，推出一款可在夜间数次改变颜色的短裙或是牛仔裤。其中登峰造极、人们仍记忆犹新的是一款可变衬衫，可根据女性穿着者的情绪变化，其颜色也就随之跟着变化！这款衣服在纤维中混有一些微型生物传感器。其他知名时装品牌也不甘落后，纷纷推出香味连裤袜、夜间催眠衬衫，甚至还有释放性激素的春药短睡衣！

　　不过，这些还都只算是些小玩意儿，并不能解决更为严肃也更难解决的问题，即如何在衣服里安装气温调节系统。而不可思议的是，尽管我们已经拥有能够御寒的时装，但人们开始研究用于炎夏的制冷时装，其实要比御寒时装来得更早。20 世纪的人们都知道，我们在寒潮来临或是冬季运动时穿的衣服，制造时都大量使用了腈纶（又称聚丙烯腈纤维，具有优良的性能，由于性质接近羊毛，故又名"合成羊毛"）、黏纤（黏纤又称人造丝、黏胶长丝，是取材自天然棉中的纤维，经先进科学的处理方法去除杂质，提纯纤维素，通过集束拉伸后形成连续不断的、纤细的、洁白的丝状物，再经过处理加工后制成的纺织纤维）和氯纶（即聚氯乙烯纤维。它是由聚氯乙烯或其共聚物制成的一种合成纤维）。但长久以来，防热却始终是难以攻下的课题，以至于最顶尖的实验室也都在投入大量资金之后半途而废。人们也曾经想到过借鉴消防人员的防火连裤制服进行仿造，但是由于此类衣服透气问题难以解决，所以最终未能进入日常生活，况且，人们也很难天天都去穿这种衣服。

最终，还是聚合物化学领域为人类提供了答案，发明了一种人造丝，一种与蚕丝非常接近的合成纤维，但这种人造丝性能优于黏纤。人们预备以这种人造丝为材料制造出一种冬暖夏凉的服装。这种纺织品的调温性取决于两个参数：纤维的性质和微型胶囊的使用，这和其他拥有调温调湿功能的"技术型"纺织品一样。这个发现归功于一家美国公司，因为其超级秘方已经申请了专利，故人们知道的只是它用了一种材料，以石蜡为原料，用来吸收储存的热量。包在这种石蜡外面的是另一种材料，它的结构随温度改变而改变。这种石蜡不仅能够吸热，而且天气渐凉时，还会将这些热量重新释放出来。就能量方面来说，不存在任何代价，故也没有任何能源消耗。人们穿上这样的衣服，便好似进入了一片小气候之中。更令人欣喜的是，这种丝织衣还具有极好的伸缩性（可随人体姿势的改变而改变），这样便可一直保持人体的舒适感。在我们看来，这一切似乎已经十分完美了，但那家公司最近宣布他们又推出了新一款神奇的丝织衣：不怕脏、不起皱，而且还能自我修复，再细小的裂缝也能愈合！数月后还会推出其他系列产品，这次限于军事领域。产品是一些用于伪装的作战服，也是用这些聚合物制成的。预计里面还会配备一些微型摄像机，以侦察环境变化，且在紧急情况之下，还可改变作战服颜色。未来人们的梦想是一种与乡间融为一体的闪色织物，且穿在身上冬暖夏凉。不管怎样，大家都确信，未来的人们穿上衣服后，将再也不用惧怕酷暑寒冬了。

资料来源：

1. 法国纺织品与服装学院（www.ifth.org）

2. 服装业技术中心

3. 迪马特（www.damart.com）

4.《纺织品杂志》（www.textilejounal.ca），第 112 期，2004 年 4 月，法国时尚学院（www.ifm-Paris.org）

5.《新工厂》，2004 年 3 月 11 日

航天哥伦布，探索宇宙无极限

　　终于在等到国际科学委员会点头应允之后，我们迎来了星际飞船的处女航，这也预示着人类即将迈开征服宇宙的步伐。得到了联合国的鼎力支持，10个来自不同国家地区的幸运家庭被选中参与有史以来最伟大的探险。他们将永远告别地球，在茫茫银河中寻找一颗未知的行星开辟"新大陆"。

说起"新大陆"，没有人会忘记克里斯多夫·哥伦布的赫赫大名。正是他在几百年前一举完成了永刻丰碑的创举，只不过那一次探险征服的是海洋。而现在的10个家庭，他们即将前往的是更为浩瀚无垠的宇宙。曾经，多少次辗转反侧梦寐以求，而现在梦想就要成真了。"为什么不呢？"联合国此次探空行动的负责人感慨道，"几个世纪以来，多少杰出的宇航员前赴后继，为探索太空奉献出他们毕生的心血。现在，是时候让我们知道宇宙究竟有没有尽头。"虽然有些科学家对此次行动还存有太多的疑问，但这一切似乎都没有吓倒候选家庭。相反，他们个个跃跃欲试，兴奋之情难以言表。多年来，有关人类探索太空的百科全书他们背得烂熟于心。所有人都使出浑身解数，削尖了脑袋争取"出走地球"的候选资格。最后，10个家庭在激烈的竞争中脱颖而出，成为万众瞩目的出征者。媒体适时地搬出几百年前的古人——克里斯多夫·哥伦布。他和他的传奇船队横跨地球，寻找新大陆。不过有一点需要特别指出：与现在 10 个家庭不同的是，哥伦布从没有把梦中的"印度"当做永远的家园。在新的土地上留下足印之后，他又回到了自己的故乡——欧洲。必须提醒您的是，参与这一次探空行动的家庭有去无回！如果非要找出历史上的一次航海探险与本次计划相类比，那非"五月花"号巨轮莫属。1620 年 9 月的某一天，这艘巨轮运载着一百来个心系海外的移民者直奔美洲。同样是永远买不到返程票的探险，同样是面对吉凶未卜的命运，但所有的乘客都怀着无比轻松自在的心情。他们的心中只有一个信念：未来属于他们，而身后的世界已不堪入目，必须舍弃。

这一次，地球真的沸腾了！所有人都拭目以待，希望看到代表人类的那 10 个家庭能在新的环境下创造一种截然不同的太空文明。参与星际移民计划的候选人中，没有一个人敢说他能预见这次的奇幻之旅究竟有怎样的明天。即便最简单的问题"要上哪儿去？"也是一个无人知晓的悬念。以地球为圆心向四周辐射 20 光年的范围内，天文学家共探测到一百来颗恒星。其中，除太阳外离我们最近的恒星距太阳系约 4.3 光年。但是，如果想找到适合人类生存的气候，可能又要将距离再推远一点。根据天文学家们的保守估计，与地球环境相仿、完全适合人居住的行星远在 60 光年之外。也就是说，纵然你能达到光的速度，也要长途跋涉 60 年才能到达目的地！当然还有另一种可能：星际飞船上的乘客可以借助舷窗边飞边观察。一旦看到符合要求的行星立刻登陆，就地取材。

现在，只有一件事情是可以肯定的：已经准备好要登上星际飞船的出征者并不知道等待他们的会是什么。他们将乘坐速度远远超过传统宇宙飞船，有"诺亚方舟"美誉的"银河 1 号"直冲霄汉。其实说起来，几百年前的哥伦布与麦哲伦，他们同样是不计后果地勇往直前。对于今天的太空移民而言，最重要的莫过于找到一个能让生命延续的环境：一颗与地球相仿的行星、可以呼吸的大气、液态水以及宜人的温度。如果他们孤注一掷选择登陆的星球已经被其他类似于人的高等生物占领，那么行事则更加需要小心谨慎。大家不难想象在一颗满是危险生物的星球登陆是一件多么不幸的事情，比如：中古世纪的恐龙就曾在地球上横行一时。任何攻击，甚至只是小小的病毒感染都会让太空移民命丧黄泉。更为悲惨的是，不论踏上了一个排外的星球还是遇到了天塌下来的灾难，他们都不可能向远在几十光年外的地球呼救。从到达新家园的那一刻起，地球人就必须开始小心翼翼地观察土著居民、确认他们的攻击性、分析他们的智力水平，从而了解主人对远道而来的客人可能会采取什么行动。当然，这一切工作还得背着"外星人"偷偷完成。

值得一提的是，"银河1号"上的乘客都拥有极高的自主权。必要的时候，他们可以自己决定更换航线，甚至完全改变目的地。只不过太善变也许会带来一些麻烦，他们很可能花更长的时间像一只无头苍蝇似的在太空里打转。另外还有一个很严重的问题，那就是庞然大物的故障修理。说实话，乘客并没有装备去替换"闹情绪"的配件。可以肯定的是，在星际飞船抵达理想的目的地之前，10个家庭必定会经历生老病死。既然选择了太空移民这条道路，就必须对自己负责并坚定不移地走下去。再过几天，人类有史以来最艰苦卓绝同时也是最具挑战性的大冒险即将启程。对于仍然留在蓝色星球上正常生活的人们而言，出走太空并不是一件事不关己的闲谈杂事。毕竟，我们的同胞即将离开出生成长的太阳系。不过遗憾的是，那些一心想追踪"银河1号"情况的探空发烧友们恐怕会大失所望。因为就目前技术水平而言，以接近光速的速度在宇宙中驰骋的移民根本无法与地球上的人们取得联系。纵然地球上春去秋来，世纪变迁，在出走的人看来不过是短短几年在行星间跳来跳去的时间。借助于将近 100% 的光速，"银河 1 号"上的人们可以用自己 40 年的生命时间跨越 300 光年的距离。而对于地球上的人而言，那可就是整整 3 个世纪！我们可以想象要是哪一天他们心血来潮想回娘家——地球看看，也许家园早就大变脸了⋯⋯

对于筹备这项计划的科学家而言，最难的莫过于要乘客们接受星际飞船中单调无聊的禁闭生活。研究人员甚至一度提出在飞船飞行期间冰冻所有乘客，并在需要的时候使其复苏的提议。然而，这个构想很快即遭到否定。虽然科学家们已经证实通过降低体温能够使哺乳类动物心跳降速并进入睡眠状态，但迄今为止还没有一个人敢保证经过冷冻而进入冬眠状态的人能苏醒过来。2065 年时，研究人员曾在类似的实验中取得成功，但前提是为"冬眠"的人提供整整 10 年全程医疗监护。而现在时移事易，再加上近光速的风驰电掣，谁都无法预料浩瀚的时空中会发生怎样的变数。

现在来说一说"银河 1 号"的助推系统。该系统十分实用，直接吸收太阳等恒星发出的能量就地取材。虽然 21 世纪初风头正劲的原子核能也表现不俗，但在更加节能环保的新能源面前还是败下阵来。至于曾经带领人类涉足月球的化学燃料则更是被我们扔到了九霄云外。要让"银河 1 号"真正自由驰骋，一条又一条的物理法则必不可少。首先，要想以光速行进，能量供应必须做到一刻不停！推进系统会向广袤的宇宙求助，搜寻无穷无尽的动力。如果要说这种系统最大的优点，那就是源源不断的能量补给会让飞船永远神采奕奕！根据科学家们的最新报告，新世纪登陆太空的"哥伦布"们不会向地球发送任何有关宇宙的信息。当然，如果几百年后他们的子孙后代愿意叶落归根，那就又另当别论了！

资料来源：

1. 布斯，《太空：百年之后》，拉鲁斯出版社，2003 年
2.《太空飞行》，英国空间研究所：www.bis-spaceflight.com

神经移植显神通，健忘少年有救星

提高记忆力，拥有超强的计算能力，治疗意志消沉之人或学校生活出现问题的天才儿童，在如今，这些都已经成为可能了，因为我们已经可以在大脑中随心所欲地移植神经元（构成脑、脊髓、神经的传导脉冲波的细胞，包括一个带有一个或多个树突和轴突的成核细胞），这是自人类发现大脑记忆机制之后所取得的一项尖端技术。文中，我们还将安排一次全球最大的脑部药物中心的独家参观，切不可错过哦！

80 年前，美国匹兹堡大学的神经学家在研究中取得了一项历史性进展：他们第一次将神经细胞植入 12 名因脑受伤而导致脑部运作出现问题的患者大脑中。这种疗法在当时能够恢复患者的自主活动能力。自从这次了不起的科学进展以来，神经元的移植便成为人们常用的治疗手段，在日常生活中，该疗法已可以治疗神经退化疾病，比如帕金森病（大多发生在 50 岁以后的一种越来越严重的神经疾病，与制造多巴胺的脑细胞的坏死有关，其症状是肌肉颤抖、动作变缓、部分面部麻痹、步态和姿态怪异及衰退）和阿尔茨海默病等，还有亨廷顿舞蹈病（尤其是在臂、腿及脸部出现的无法控制的、无规律的肌肉运动为症状的各种神经系统紊乱，该病会导致智力下降以及行动困难）。多亏了这几年来脑部移植所取得的进展，我们终于可以揭开人类生理学最大秘密之一的神秘面纱——智力和记忆的秘密。法国和加拿大的一些研究人员已成功地破译出神经元通道，并通过科学方法证明出积极记忆有一条特定通道，而那些负面信息取的则是另一条通道。这样我们就有了一个治疗忧郁、焦虑或是烦躁的绝妙方法了！

10年来，核磁共振照相术（磁共振是指磁场中的原子吸收辐射和微波特定频率的现象。吸收的方式能揭示分子的结构）系统得到了进一步完善，这就开辟了新的疆界，使人们得以窥探大脑最深层的秘密。通过这种深层勘探，今天的人们就可以了解成为记忆的信息是储存在什么地方的，大脑又是通过什么样的方法找到它、利用它的，这些过程就好比电脑里所进行的那样。而有了大脑照相术，人们就可以跟踪大脑做出的反应，同时分析每一次人说话、狂喜、发怒或是享乐之时所产生的联结。21世纪以来，这些认识不断得到细化，大脑各个功能的分区也不再是神秘之处了。哪里出了问题，就移植神经元，修复一下，这已变得越来越容易了。这种技术的应用也十分广泛，可以说，它完全颠覆了人们的生活习惯，因为现在我们可以根据情况或病情不同来决定大脑的活动量。还有更不可思议的：美国宾夕法尼亚州的卡梅尔学院，这是全球第一家对此类移植活动进行管理的中心。患者也不全都是身体不好，比如说前来的还有一些学校生活出现问题的天才儿童和记忆力出现漏洞的中年人。其他一些患者不太出挑，故未能夺人眼球，其中有不好意思吐露病情的忧郁症患者，他们很乐意去找那里的专家，索求治疗大脑的新方法。还有人壮大胆子找到医生，希望提高自己那满意度不甚高的智商；一名年轻人甚至推开诊所大门，请求提升自己的计算能力，比如提升到鲁迪杰·格拉姆的程度，这是出生在20世纪的一位年轻的德国小伙子，他可以用自己的长期记忆功能来计算6位数的平方根。

自从神经元移植获得授权认证，并开始纳入官方管理以来，便没有什么能够阻止那些不满自身智力者的脚步。他们身上有一个地方是共同的：他们要求治疗结果持久可靠，对健康没有任何影响，且不会反弹。他们承认已经试过其他所有方法了，包括传统治疗方法，但均毫无起色。他们对医生的话语已毫无耐心，因此，才会毫不犹豫地投向阳电子断层摄影术，这种超级扫描仪可以透露脑脊髓灰质（脊椎动物中枢神经系统中，神经与神经的连接处，为神经系统的部分组织，颜色为棕灰色，主要由突触和树突神经细胞组成）的一切秘密，同时可识别新陈代谢的各个要素。由此，医生可以在几秒钟内破译出患者的大脑身份证，解读患者情绪，以期植入最佳的神经细胞，只要伦理委员会同意进行该移植。大部分情况下，都是没有问题的，因为神经元移植不会改变思想。换句话说，移植来自死者大脑的神经元，是不会改变受体的知识结构，或者说，死者的知识结构是不会影响受体的。人们经常会以爱因斯坦为例，如果人们把他的神经元植入一位中等智力的人的大脑中，是不会把爱因斯坦的知识一道移植过去的。如果要移植知识，那我们就要将一整套神经网络都移植进去了，这种手术如今因伦理原因而遭到禁止。这就是为什么神经科学家都拒绝谈论任何关于大脑移植的事情。故21 世纪末，我们可以想到的最神奇的进展，似乎只是为神经元添加点兴奋剂而已。

这些手术的成果都是非常了不起的：来自加利福尼亚的一名年轻人，毫无数学才能，他说自己的智力得自遗传，是欠佳的。医生为他植入 200 万个神经细胞以填补他的不足，这种新的方法给了他人生一个转机，但也需要在良好的教育环境下成长，因为世上是没有人造大脑的。大脑移植还使更好地安排智力的形式成为可能，以期在逻辑、直觉和实际经验中求得更好的平衡。科学家很早就证明这几种智力形式的结合所形成的智力多多少少是比较发达的。卡梅尔学院一年前推出了一种完全诊断法，目的就是要为缺乏该平衡的人找到这种平衡。接受移植手术的大多是一些天才少年，他们超常的智力导致了一些严重的心理问题（烦恼或抑郁，容易自我夸大，导致偏执狂甚至自杀行为）。幸运的是，如今他们在年轻的时候就能避免这一情况的出现了，因为他们大脑里的智力分配重新找到了平衡。

自 1983 年意大利医生卡米罗·戈尔吉（Camillo Golgi，1844？—1926，意大利组织学专家，由于在神经系统的机构研究方面有卓越贡献而与人同获 1906 年诺贝尔奖）发现神经元以来，人类走过的是一条什么样的道路啊！在此发现沉寂多年之后，20 世纪的 70 年代出现了分子生物学以及医学照相术，大脑终于开始向人们露出它神秘的一角。现在有谁会不相信，神经元被激活之后，会通过电流传送神经脉冲，并释放出一种化学物质，与其他的神经元相连，在大脑中形成一条真正的电路呢？因为这已经属于我们常识的一部分了。以此种构想为基础的"天然"机械装置正在人工设计之中。科学家说，现今的工程技术可以在 21 世纪末前做到复制一台功能与人脑相近的大脑机器。不可思议的是，如今的大脑勘探技术已能清点出我们脑脊髓灰质当中的 100 亿个神经元，而在 2007 年，人工智能机器还只有 10 亿个与神经元相当的元件。技术上取得的进展也证实了英籍研究人员雨果·加里斯（Hugo de Garis）的预见。早在 2000 年，他就预言了这场技术飞跃的到来，并提出了第一台超智能机器的概念，这种机器内有 64 000 条电路，每条电路含有类似于生物神经元的人造细胞。

下一步要制造的是大脑磁盘,并且能够与大脑连接,目的是让人们在大量信息面前能够轻松自如地进行处理,而不再头晕。所有知识都可以随时获取,记忆上的漏洞也不再令人发愁了。该项目将于 2096 年问世。在此之前,那些反对神经元移植或是未来大脑磁盘的人,仍可继续通过自然方法来供养大脑。一种新的药丸也已问世,含有大脑再生不可或缺的 40 种物质,其中有几种维生素和氨基酸。有了这种药方,我们的脑脊髓灰质还可以在祖先的食谱上继续获得充足的营养。

由外科医生弗拉克斯·皮诺托女士复阅。

资料来源:

1.《神经学》杂志

2.《科学》杂志

3.《神经科学》杂志,2001 年 1 月

4.《世界报》对雨果·加里斯的采访,《机器人的世纪》,1999 年 11 月 9 日

5.《意识形态的断裂》,2000 年 7 月 2 日和《人造大脑研究》,2000 年 9 月 27 日

6. 神经学及营养学家 Jean-Marie Bourre 采访的摘要

7. 亨廷顿舞蹈病:《手术刀》杂志,2000 年 12 月

太阳能接收站和卫星传送能量该不该禁

昨天，在亚利桑那沙漠上空，一艘航空飞船飞入一串能量束的大网中发生事故。国际社会开始怀疑维持这样一个太阳能接收站是否必要。不过，这座太阳能接收站还是取得了巨大的成功。

尽管事先做了预防措施，还是有一架飞船闯进了能量束……运营一年以来，这个太阳能接收站还没有让能源管理部门操心过。这座接收站坐落于亚利桑那沙漠的腹地（亚利桑那是美国西南部的一个州，与墨西哥接壤。1912年成为美国第四十八个州。1539年西班牙人首次到此勘探，1848年通过瓜达卢佩–伊达尔戈条约，该地区划归美国。菲尼克斯为该州首府和最大城市），接收来自天空的微波（一种高频电磁波，波长在红外线和短波无线波之间，为1毫米至1米）；尽管位置偏远，然而却在各大航空地图上均有明显的标记，且配有雷达侦察系统，如有飞行器不小心飞入禁区，将立刻发出警报。然而那架飞船的飞行员，为躲避一场可怕的风暴而不得不转向，他已经从自己的全球定位系统上得知自己离接收站非常近了，但他却没有想到会从波束当中穿过。接收天线直径4千米，肉眼可以看得很清楚：赭色沙滩上，一个巨大的白环，这无论如何逃不过飞行员的眼睛。但都怪那场特大的风暴……

当局保证说不会因此次事故改变其他接收站的设置。"我们准备加强警报系统,并扩大安全范围。"民航的一位发言人这样宣布,"核电站和水坝也属于敏感区域,已经受到高度保护。"而且,国际社会,包括生态学家都是站在太阳能系统中心一边的。原因很简单:此中心是利用可再生能源的理想工具。有数据为证:地球接收到的太阳能是每平方米 1.4 千瓦,如此丰厚的恩赐若不利用真是可惜了。理论上来说,人们可以将所有接收自太阳的光能转化为电能,这将是全球所需的 2 万倍! 是不是还得在地上铺满庞大的接收板呢? 问题是这部分太阳能已"稀释"得太厉害了,光电池(光电,或称光生伏打,意为当暴露于辐射时能产生电压的,尤指光)的工作效率也远不算高。经过几十年的研究,人们终于把效率艰难地提到了 25%,这就使得那些预备建立太阳能接收站的国家开始准备在地上装满光电池,毫无疑问,这势必要对自然景观与环境产生影响。

久而久之,人们又想到了在远离地面的室中建立巨大的轨道接收站,将生成的能量发回地球。这个想法其实很久之前就有了,在 1928 年俄国工程师提出太空太阳能中心的项目之时,还被视为空想(用接收到的微波为太空飞行器提供能量)。40 年后,1968 年,捷克裔的美国工程师彼得·格莱瑟又重新提及这一计划,不过他考虑得更为完善,具体可以参看《科学》杂志上名为"来自太空的能量及其未来"的文章。他的想法就是在发电站中,通过地球同步轨道(人造卫星相对于地球是静止的,属于、关于或本身是人造同步地球卫星的,该卫星在地球赤道上空约 35 900 千米高度上,以与地球自转速度相同的绕地速度自西向东运行,因此似乎停留在同一空间位置上)上大面积的光电池来收集太阳能,然后再将这部分的能量通过微波形式发回至地球表面,在那里,有一家发电站接收这部分能量，再将之转化为电能，送入电网。他甚至还想到要形成激光束（激光束就是激光器发射的光束。具有 3 个特点：①亮度极高。比太阳的亮度可高几十亿倍；②单色性好。谱线宽度与单色性最好的氪同位素灯发出的光的谱线相比，是后者十万分之一；③方向性好。光束的散射角可达毫弧度。激光束可用于加工（如打孔、焊接、切割）高熔点的材料，也可用于医疗、精密测量、测距、全息检测、农作物育种、同位素分离、催化、信息处理、引发核聚变、大气污染监测和基本科学研究方面，有力地促进了物理、化学、生物学等学科的发展。激光器是偶然的混杂频率的电磁辐射，变为一个或更多的高度强化和连续的紫外线、可见光或红外线辐射的分离频率仪器中的一种以提高效率，但尽管激光束更为紧密，却仍将受到云层的阻拦。微波就不会有这种问题。所以，为了找出利用太阳能的最佳方式，研究一直在进行。

从 20 世纪 70 年代起，美国能源部开始试图证明轨道太阳能接收站无论是在技术方面还是经济方面都是可行的。1978 年，波音公司向卡特总统的科学顾问提议开展一个巨大的太阳能接收站的计划，这个计划将在距地球表面 36 000 千米处安装一块 30 千米长的巨大接收板，覆盖有 140 亿个太阳能电池，与一家能量转换站相连。这样一座巨大的接收站，最初的设想是要维持一个世纪的（这是一家核电站寿命的两倍），到了 1995 年，具备了开始运作的条件。但是当时太空运输的费用还不足以承担 11 万吨物品的装配。第二个版本就不那么雄心勃勃了，而是更加合理，是建立 60 家更小的接收站，每 6 个月造一个。到了 2025 年，就可以建起一套满足美国电力需求 10% 的能量供应网络。

日本对太阳能接收站的概念也是密切关注。由于日本没有可燃性化石能源，故立刻抓住了该项目的主要利益，从而为本国的独立能源供应提供保障。1990 年，日本经贸工业署太空部的负责人 Osamu Takenouchi，正式宣布日本准备投建一家 10 亿瓦的轨道太阳能接收站，预计于 2040 年建成。该卫星包括 2 块巨大的边长为 2 千米的接收板，总重 2 万吨左右。政府规定由此生成的能量价格不得超过现行普通价格的 2 倍。

由于在一定花费之下，地球上的能源还是可以使用的，故此计划并未付诸实施。然而当地球上的能源开始日渐稀少，情况就完全改变了。没有人会忘记自 2004 年以来石油储备量的长期下降。此前人们曾几次尝试建造地上太阳能接收站，但无论是在法国、美国加利福尼亚，还是在澳大利亚或者以色列，都亏本了。太阳能到了地球表面，已然经过层层大量稀释了。

所以那时，预计建于亚利桑那的太阳能系统计划将重新调整面积，这一次是建起来了。接收站接收的第一份能源于去年冬天投入电网。同时，日本已开始投建全球第二家接收站，预计明年投入使用。它的特色是建在海中搭建的一个平台上。目的是想要尽可能地靠近赤道，发射卫星的垂直下方。还有重要的一点是日本的地理环境——一个火山岛，所以可用建筑面积非常有限——迫使它不得不利用海洋。接收天线在海上平铺开来，形成硕大网络，分布在 12 个固定的平台上。

但那只是开始。俄罗斯、澳大利亚和中国已宣布有意建造太阳能接收站。而且一个严峻的问题也凸显了出来，其实在 20 世纪后 25 年里的卫星热中就已经显现出来了，那就是地球同步轨道的空间是有限的。其他类型的轨道在不同的倾斜角下，可以进行垂直伸展，而地球同步轨道就像在一个精确距离（35 785 千米）之外固定住的一个大箍环，位于赤道正上方。换句话说，就像一根串着珍珠的项链，总归有一天珍珠的空间要被挤满……可以确信的是，这个大箍环的总长为25万千米左右。盖一家太阳能接收站占用的是我们头顶几千米处的公用空间，而且它的位置要求又很高，尤其是要建立在人口众多的大洲上，因为那里是能源需求的集中地。所以才会有许多国家表示反对。

不过，对于这种新型轨道太阳接收站，人们依然兴趣不减，似乎不可能叫停该项目。故首先建造接收站的两个国家，对征服太阳能的行动不无溢美之词，因为在他们看来，这是取之不尽、用之不竭的宝库。

资料来源：

1.《空间》:《今后一百年》，拉鲁斯出版社，2003 年

2. 美国航空航天局 NASA（www.nasa.gov）

3. 国家战略智能协会 ADIT（www.adit.fr）

4. 法国驻日本大使馆（www.ambafrance-jp.org）

素食主义者的天下

　　随着对新口味的不断追求，人们的饮食习惯也在潜移默化地发生着重大的变化。大家不再吃肉，别具风味的调料汁也消失不见了，这一切都使得久负盛名的传统法国大餐不再吃香。可爱的动物们得以自由自在地生活，这一切的一切，难道不应该感谢21世纪的新饮食吗？

　　"夫人，给您来一块新鲜多汁的牛肉怎么样？"这句在肉摊耳熟能详的话，从此成为过去式。最后的肉类柜台也因为没有顾客光临而不得不撤出了历史的舞台。从今往后，人们将食用全新的"饮食套餐"——一种小巧可爱的营养食品盒。也许你不禁要问，那些饕餮盛筵中必不可少的秘制排骨和罗西尼腓力牛排到哪去了？五香烤鹿背和卡恩风味的牛肚锅又怎么样了呢？还有令人垂涎欲滴的各式烤肉及其芬芳四溢的香气，难道都消失不见了吗？要知道一个世纪以前，这些都是著名餐馆菜单上耀眼夺目的明星，彰显着法式美食独有的魅力。而如今，不争的事实就是，它们确确实实已经被人遗忘，只存在于介绍"家常法国菜派系"的旧纸堆中。

　　这一切都缘何而起？真的要找谁来背负一切责任的话，那么21世纪锅碗瓢盆的革命可以说"难辞其咎"，因为正是它把科学和美食紧密结合在了一起。这项运动是由4个顶级厨师发起的，其中包括卡塔兰地区的弗朗·阿德瑞亚先生——他位于巴塞罗那附近著名的阿布衣餐厅（El Bulli，译注：加泰罗尼亚语"斗牛犬"之意）在这项运动中起到了至关重要的作用，还有伦敦的赫斯顿·布卢门撒尔先生，斯特拉斯堡的艾米尔琼先生和来自德国不来梅地区的奥利佛·斯米德特先生。从那时起，媒体就认为他们是当仁不让的"美食科学"先行者。他们参与到欧盟资助的现代美食改良计划（Inicon, Introduction of innovative technologies in modern gastronomy for the modernisation of cooking）中，旨在帮助新一代的年轻人挣脱快餐的魔爪，重新品尝到健康美味的食物。这项计划始终低调进行，历经好几个十年才真正从研究机构到达食品商店的货架，与普通老百姓见面。这项令人耳目一新的计划是在 2003 年初露端倪的。随着长时间都毫无新意的炊具忽然起了变革，这门食物科学也奇迹般地不断得到普及。那时，当挑剔的美食评论家品尝到低于 100 摄氏度沸水煮出的油煎食物时，他们也情不自禁地赞叹"食物的巨变"和"感觉的新奇"。新的技术来自于一位生物学家的独特发明，其原理十分简单：即在不让水沸腾的情况下提高它的温度。于是乎，人类的味蕾有史以来体验到了从未享受过的美妙新滋味。与此同时，自动食物制作机的诞生也在加速这门新科学发展的过程中起到了推波助澜的关键作用。由于该技术能够控制压力和温度，因而使得食物加工有了前人难以想象的飞速发展。

现在，这些家家户户都司空见惯的设备不仅给味觉打开了新的窗口，同时还特别强调要注重人们饮食的健康。脂肪和糖类等容易诱发高胆固醇的食品统统不见了踪影，清淡的饮食成为消费者日常生活中的首选，人们越来越喜欢吃清蒸的鱼类以及高纤维沙拉。与此同时，还可以根据自己的个人喜好在这些食物中加入自然的口味，使它们的口感更加丰富。比如：在一个根本没有贝类食物的菜肴里加进各种海鲜贝类的调味剂，保证每一口都让你鲜得到位！今后的正餐将会包括北非小米配杂菜、海苔脆饼和沙丁鱼冻……最后再来一份果汁冰糕配烤玉米，嗯！大快朵颐的同时又有利于身体健康，一举两得岂不美哉？最近，刚刚在圣布达佩斯成立的欧洲食品艺术档案馆公布了这份菜单，它是由新浪潮的先驱者们早在 80 年前就编制出来的。思想保守的传统主义者曾批评这些菜色过于清淡，但嗅觉灵敏的食品工业可不管那一套，紧跟潮流，马上调整了生产销售的方向。雀巢公司作为整个快速消费品行业的领军人物，展开了大规模的分子食物研究。这个词在当时也许还鲜为人知，但现在，它注定要成为整个改革浪潮的领头羊。特别是受到了 20 世纪末兴起的素食主义的影响，注重营养和口味的菜肴最终脱颖而出，独领风骚。

受到这个改革运动最直接影响的当然就是传统的食物，比如曾经是力量和健康象征的红肉（牛肉、羊肉、马肉）。直到 20 世纪 90 年代，任何大餐都不可能缺少肉的身影：在拉丁语中，肉的原意是"有益于生命的东西"。即便广告里宣传着"牛肉就是力量"，21 世纪仍然是素食主义者的天下。受到疯牛病频发的影响，人们变得忧心忡忡，肉类销售曲线持续下滑。即便说这是"一落千丈"似乎也毫不为过！1 个世纪之前的 1984 年，曾是肉类消费的黄金时期，绝大多数的西方国家中，每人每天要食用超过 100 克的肉。当然，其销售额与价格也节节攀高。尤其是受到快餐消费的影响，美国当之无愧地成为肉类食用冠军。但是过度食用肥肉却导致了世界性的肥胖症大流行，这也使人们突然意识到吃得更"好"的重要性。带自动计算器的烤肉架出现在了超市的小推车上，它能明确指出食物所含的蛋白质和纤维含量等信息。从今往后，人们就可以自己制订菜单，避免由于饮食不平衡而导致各种怪异的疾病。绝大多数的消费者们都知道 100 克鱼肉所含的蛋白质和 100 克猪肉所含的蛋白质是一样的，因此人们越来越喜欢食用去骨的食物，例如冷海鱼类，其中包括三文鱼和鲱鱼等，它们都成为西方人餐桌上的新宠。研究表明，每餐食用两个鸡蛋就可以得到红肉所含有的所有能量。酸奶和奶酪也具有同样的功效。随着个人医疗信息系统的发展与健全，能记录每个欧洲人健康状况的 DMP（dossier medical personnel）个人医疗档案系统从 2020 年起便能直接反映到冰箱门的屏幕上，为每家每户制订适合的菜单。辛苦的家庭主妇们再也不用面对"今晚吃什么"这个令人伤透脑筋的问题了；当然，也再也不会有买菜这样的苦差事，因为在短短几个月内，送货上门的周到服务就已经红红火火地开展起来。从 2040 年起，这个变革取得了喜人的成果：欧洲人的健康水平显著提高，心血管、肥胖症和糖尿病等 20 世纪最可怕的隐形杀手也基本消失了。

这一切对养殖业而言可以说影响重大，牛肉市场的持续低迷使得养殖业主不得不调整方向，转业发展。他们重新把重心放到了乳制品和奶酪产品的开发上来。至于牛，虽然现在成了受保护动物，人们仍然还有食用牛肉的可能，不过在食品柜台确实是很难觅其踪影了。在 2050 年的知名报纸上还出现过这样醒目的标题——"吃肉已经过时了"。受此影响，大部分的欧洲屠宰场都已经关门大吉，摇身一变成了分子美食实验室或是定制食物中心。这些新食物还会源源不断地出口到发展中国家，作为欧洲扶持营养不良国家基金的一部分。同时，随着保护动物运动的兴起，友好对待动物的理念也深入人心，更给素食主义者的生活方式以充分的支持。禽类的养殖主要在于鸡蛋的产出，对于牲畜的宰杀也有了严格的限制，特别是性情温和的羊群尤其受到照顾，政府立下条例限定宰杀数量。至于猪肉，由于猪肉食品的巨大需求而变得价格奇高，因此有关猪肉最高脂肪含量的欧洲标准也在此后出台。这项美食业的进步能使人们享用到低脂的熟肉酱和完全不含脂肪的猪肉糜、火腿以及香肠。从2060 年起，定期到营养师府上小坐，顺便聊一聊最近的饮食平衡问题成为人们日常生活必不可少的一部分。这样一来，天上飞的、地上爬的、水里游的，法国人可要"三缄其口"了呢！

资料来源：

1. Inicon 计划（相关网站：www.inicon.net）

2. 分子食品：国家农学研究院（相关网站：www.inra.fr）

3.《世界报》,《烹饪艺术百科全书》，2004 年 2 月 26 日

4.《世界报》，2004 年 2 月 27 日，让-克洛德·列勃（Jean-Claude Ribaut）

来自定制汽车的亲身体验

　　不出家门，自己也能设计一辆汽车玩玩，一星期内它就可以开到你家——这是个多么大胆而新奇的想法！而就在最近，一家日本汽车制造商就推出了这项新兴的服务项目，使这个想法变成了现实！汽车变得像蛋糕一般可以定做……简单得就像买一份比萨，就连价格都可以根据自己的预算随意确定。

　　今后购买汽车的方式将主要分为两种：一是根据汽车制造商提供的目录，精心挑选颜色和其他的项目，然后耐心等待交货；二是使用网上的新型配置系统，利用强大的模拟工具，可以帮助人们实现拥有属于自己的"梦之车"的美好愿望。为了进一步了解其中的具体情况，我们自己也可以进行尝试。在约定的时间内，这辆用网上的工具选项设计出的汽车竟然真的开到了家门口！运用按单定制（Build-To-Order）软件，人们就能亲身参与到汽车的设计当中，创造出一个独一无二的型号，这简单得就像一个游戏，却又是多么令人兴奋的事！而这一切只需要下载一套由日本制造商发行的电脑辅助设计软件，汽车业的革命性突破便就此展开。这些原本为汽车业和航空业开发的软件，在诞生之初，操作起来是相当复杂的。但随着直观易用的程序出现，今后，普通大众都可以通过这套软件，得到任何物体的 3D 图像——当然也包括未来的汽车。

　　拥有这套软件，你的想象力就可以尽情发挥。从选择车身、车门和仪表盘开始，完全由你来组合一辆完美的汽车，然后，这些预制的配件就会在专门定制汽车的工厂里进行组装。接下去的工序主要在于确定汽车的外形，包括各项尺寸大小、车灯的式样和车顶的高度等等。在电脑屏幕上，高分辨率的图像以及可以自由控制的工具条会呈现在用户的面前，自由设计属于自己的汽车就变成了随心所欲的乐事——只要汽车部件的各项指标符合国家工业体系标准就可以安全上路了。

激烈的市场竞争使汽车制造商深刻地意识到，消费者对新汽车的要求越来越苛刻。而新兴的这项定制技术正是面向几近挑剔的需求应运而生的，它同时宣布了标准化汽车时代已经彻底终结。汽车生产商们曾经通过设计比赛和网上调查努力向这方面靠拢，但是并没有得到太多有用的信息，可以说是收效甚微。而现在，大众对于外形、材料和布置等自我品味的回归显得更加重要。因此，更为紧急的，是再向前跨出一步，给消费者提供一个有效的工具，让他们自己来设计汽车。基于这个想法，朝思暮想在创新上打败欧洲对手的日本汽车厂家和软件专家在这个领域达成了合作。他们的原理就是在软件中加进一个完整的数据库，这个数据库里包含有车身型号、发动机、使用材料以及表盘仪器等其他项目的宝贵信息。通过这个系统，买家可以立即知道可供其选择的范围，因为这个软件能具体指出某种合金或者某种仪器是否可用。然后我们就可以待在电脑键盘前观看整个制造的步骤了。从第一道工序起，每个部件都会被完整储存记入，直到最后产生最终价格，这就和在网上买电脑的模式是一模一样的。以具体的情况为例，也许某人的偏好是一辆运动型汽车，需要装配有适合全家人一起出行的座位和行李厢，但不能太笨重，也不能太费燃料（虽然氢燃料很便宜，但这不足以成为浪费的理由）。知道了他的大致要求以后，制造商就会为客人提供一份包含每个汽车设计步骤的单子。根据这份单子，设计者就会清楚地知道事实上没有他原本想要的铝质车身；另外，如果要安装能在挡风玻璃上叠影呈现的仪表盘很可能会超出他的预算。如果客人额外要一个 100% 的电动发动机，那就意味着他不得不再多等一段时间，因为现在市场上这种发动机很是热门，供不应求。当然了，所有这些信息都会和汽车制造商的中央服务器直接连接，绝对做到及时更新。这样一来，软件最终替我们做出的选择是一辆 8 缸发动机的旅行汽车。但这并不是我们想找的类型。我们的想法是要一辆加长型的小汽车，前座和后座之间能自由调节空间距离。只有这样的设计，才能保证年纪大的人坐在车里，脚能放得舒舒服服。由于要求有变，汽车的外形在我们眼前也会发生转变。这是个独一无二的型号，因为各个标准尺寸是由客人自己精心打造的。终于有了一辆完全满足个性化需求的汽车！能够让使用者随心使用，美梦成真！

　　一旦汽车的结构（车声、发动机、传动装置）确定下来，接下来就要选择内部的仪表设备了，当你面对精确到每个细节的选择，就会知道这可不是件简单轻松的事。幸运的是，这套软件还能够参照买家预算，辅助买家做出选择。因此，先前选择的 GPS 全球定位系统的型号服务器会建议客人换成更便宜的款型。至于椅子，选择的单子就长了：按摩式、取暖式或是拥有自带遥控装置系统的音响式……总之，要做出决定还真难。不得不提的是，这个系统的最大王牌是保证 8 天送货上门，同时，买主还会得到一份由国家工业体系服务部门授予的合格证书，这样一来，那些过于大胆的人，也就不会太过异想天开，设计出没法通过审核的汽车了！最后要确认订购时，我们只需要把编辑好的含有汽车各项数据的电子光盘放到品牌经销商处，他们会进行进一步的验证，然后再向我们收取全车价格 25% 的预付款。

这项产品的上市和瑞士日内瓦汽车博览会的开幕十分巧合地撞在了一起。车展在瑞士日内瓦国际会议中心（Palexpo）举行，已经听说过这款软件的设计师们都持有怀疑的态度。其中，有汽车界"高级订制服装设计师"之称的法拉利集团（Pininfarina）、斯巴罗集团（Sbarro）和意大利设计集团（Italdesign），他们就等着看街评巷议的定制汽车是否真的有三头六臂。当然，为什么不呢？这套能创造奇迹的软件，大众自然也要享用一番！因为电脑辅助的设想由来已久。最初，这些系统是专门用于工业开发产品生命周期管理（PLM，Product Lifecycle Management）的。中小企业能因此凭借高性能的工具设计新产品或者模拟工厂的建置。随后，面向普通大众的软件版本也不甘示弱，抓紧推出抢占市场，尤其是在家居装潢还有珠宝设计等方面发挥着不容小觑的作用。

可见，虚拟现实技术在日常生活中正发挥着非常重要的作用。只要看看专卖店里销售这些软件的柜台：它们的大小就和 21 世纪初的手机柜台一般。而一旦有了这些信息系统，一切都有了可能！不出家门半步就能日行千里，环游世界；戴着虚拟头盔和管子在海底自由自在地潜水；在 SD 软件上学习格斗运动或者在数码还原的场景里回到遥远的过去，重温历史……甚至还出现了大胆的版本，利用能复制人类交往接触感觉的头盔和手套，爱情都可以被模拟。

剩下的就只有汽车了！从 19 世纪末汽车被发明以来，事实上它并没有经历真正的变革。"你还可以选择其颜色……如果它是黑的。"亨利·福特在福特 T 形汽车上市前不久这样说过。从此，汽车颜色的选择也变得更加多元化，如果说这是制造商赋予消费者的小幸福，那么把汽车制造建立在对这份幸福的数量预测上就未免有些碰运气的成分了（"有多少辆灰色的车，就有多少辆黑色和红色的车"），因此就有了代价昂贵的库存积压。而如今，选择的时代就此到来，根据消费者的订购制造汽车，在2—6周间交货的模式已经建立。21世纪中期，首批在网上推出的个性化产品系列曾获得了巨大的成功。人们能够在仪表盘上刻上自己喜欢的图案、文字，还能导入自己的音乐库。然而，这都只不过是些小细节，事实上革命性的改变还是没有出现。而现在，转折的时刻已经来到，随着远程概念的建立，人们不仅能够驾驶汽车，自由出行，随心驰骋，还能创造出完全和自己生活相匹配的汽车！

资料来源：

1. Dassault Systèmes 法国达索系统公司（相关网站：www.sds.com）

F1 进入虚拟世界，荧屏之前不再昏昏欲睡

这真是一场革命：F1 方程式车手将要从虚拟世界的起跑线出发了。从这个赛季起，全球房车冠军赛将在因特网上进行，参赛者都是清一色的三维赛车，整个比赛会成为一场不折不扣的大型电子游戏。

不知这算不算是历史的反讽，此次马拉喀什（Marrakech）大奖赛的最佳位置留给了著名冠军赛车手迈克尔·舒马赫的曾孙。这位超级冠军如果活到今日应该有 117 岁了，如果他真能活到今日，也将为自己的后代而感到自豪。其实，我们这位年轻的舒马赫对赛车运动并不怎么感兴趣，但数年来，这位电脑高手兼软件专家却很自然地选择了这条路。对于国际赛车协会来说，这也是一个为自己招牌贴金的好方法。有什么比舒马赫——这个赢得比赛和破纪录的同义词——更能吸引媒体和网民的眼球的？要知道电视台已有很多年不转播 F1 赛事了。由于赛车业太过贪心，每年都将赛事转播权的费用不断提升，因此招来各大频道的责骂。有些频道先是搞起了录像转播，然后就只安于发表发表简报了，随后便简简单单地向赛车业说了声不，关起门来。于是，互联网接过了接力棒，它能够将声音和图像结合起来，带来的反应性更强：比如说，人们可以在网上投票、发表见解、预测比赛结果，等等。网上的一些链接，还可以使人们登录一些介绍车手的博客，那里有许多关于车手日常生活和

活动的评论。等到全民都通过电脑、电视机和手机联到互联网的时候，选择互联网就势在必行了。

　　F1 赛事也经历了极为深刻的改变。临近 2008 年的时候，反对声就四面而起，一些制造商威胁要组建一个与 F1 平行的赛事，借口说协会偏爱法拉利，对来自电视台转播权的费用的重新分配也远远不够。于是有了一段两大赛事同时举行的浮动时期。雷诺（世界十大汽车公司之一，法国第二大汽车公司。创立于 1898 年，创始人是路易·雷诺。而今的雷诺汽车公司已被收为国有，是法国最大的国有企业，也是世界上以生产各型汽车为主，涉足发动机、农业机械、自动化设备、机床、电子业、塑料橡胶业的垄断性工业集团）、丰田（丰田汽车是全球六大汽车品牌之一。TOYOTA 在汽车的销售量、销售额、知名度方面均是世界一流公司之一。TOYOTA 生产包括一般大众型汽车、高档汽车、面包车、跑车、四轮驱动车、商用车在内的各种汽车。其先进技术和优良品质备受世界各地人士推崇。今天，丰田已经发展成为拥有数个车系、数十个车型和车款的庞大家族。它所涵盖的车型从最低端的民用经济小汽车，一直到最高级的豪华轿车和 SUV）、本田（本田公司是世界上最大的摩托车生产厂家，汽车产量和规模也名列世界 10 大汽车厂家之列。1948 年创立，创始人是传奇式人物本田宗一郎。公司总部在东京，雇员总数达 11 万人左右。现在，本田公司已是一个跨国汽车、摩托车生产销售集团。它的产品除汽车摩托车外，还有发电机、农机等动力机械产品）、梅赛德斯（梅赛德斯-奔驰是戴姆勒克莱斯勒汽车集团的高档品牌）、宝马（宝马是驰名世界的汽车企业，也被认为是高档汽车生产业的先导。宝马公司创建于 1916 年，总部设在慕尼黑）等汽车公司决定自己举办赛事。这些汽车制造业的大牌还请来了其他汽车品牌，如大众、凯迪拉克和现代。更想不到的是，两年后，PSA 集团将雪铁龙也加了进来。鉴于标致汽车（法国标致汽车公司是世界历史悠久的汽车制造商之一，所制造的汽车在法国乃至全世界均享有极高的评价。自 1976 年起，标致并购了法国另一家著名的汽车制造商雪铁龙成为规模庞大的 PSA 集团后，标致汽车在汽车产业扮演更为重要的角色。1995 年，PSA 集团的营业额高达 1 642 亿法郎，汽车年产量为 1 887 900 辆，在法国汽车市场占有率高达 30.2%，在全欧洲汽车市场亦有 12% 的占有率。PSA 集团目前是法国境内第一、欧洲第三、世界第八大的汽车制造商）不幸的 F1 比赛经历，这可谓是一个大胆的举动，但事实证明，此举确实值得，因为在 2012 年，塞巴斯蒂安·勒布又一次赢得了金牌。

2015 年，国际赛车协会及其汽车制造商找到了一处人人都满意的场地，重新建立了新的 F1 锦标赛。可容纳的赛车数及同一车队的赛车数也都大大增加，每支队可有 3 名车手。借鉴美国比赛的经验，每 10 分钟就重新开始比赛。这种模式效果很好，赞助商同意支付大量经费。

问题是，这种比赛受到了越来越多的指责，因为石油资源日益稀少。人们如何能够一方面迫使汽车用户选择越来越简朴的车型，而同时又看着赛车手们花费亿万元添置极度耗油的汽车，而不做任何的环保措施？体育部门得知民意后，告知工程师们，让他们好好思考一下，以使得高速车的设计能够更加环保。人们已经看到有绿色燃料赛车上市了，还有其他生物能燃料赛车，甚至还有天然气赛车。然而英国人不愿失去赛车运动的贵族气息，在他们的压力之下，不可能使用柴油（尽管新型的马达发动力极强）。丰田则开启了杂交型汽车的先锋，源自它神奇的一款普锐斯；普锐斯因耗能少而胜过了其他赛车。日本制造商还设计了一款带合成图像模拟系统眼镜的头盔，及时向驾驶员提供关键参数（最佳转弯、刹车标记、下一次加油倒计时、跑道上的位置以及电子地图上显示的第一名车手的位置），使车手能够更加专心驾车。其他种类的头盔只是通过向头盔传输虚拟图像，从而更加适合平视而已。

多年来，F1 一直是一场极佳的技术成果展示会。然而好景不长，尤其是在 2050 年，氢能源时代来临以后，全世界都开始转向清洁能源。赛车的反对者们前往布鲁塞尔向联合国进行激烈游说，以保护臭氧层的名义，叫停此类比赛。

最好的办法就是让锦标赛在虚拟世界继续下去。这个天才的想法要归功于伦敦一个顾问委员会。随着图像和合成模拟图像系统取得了令人咋舌的进展，在电脑屏幕上模拟真实图像成为可能。令人印象最深刻的是汽车发动的一刻。数字世界的神奇，真可以创造一切。从汽缸装满的发动声到汽车的运行性能，还有刹车和空气动能。软件开发水平之高，还可以在多处地点安装摄像机（也是虚拟的），包括车上和路边，以更好地跟踪比赛的进程。

虚拟赛车和真实赛车主要的不同之处是，手持操纵杆的并非职业车手，而是些游戏高手。靠的不再是金钱，而是智慧。舒马赫的曾孙在本赛季初独占鳌头，他还是个年轻的学生，只有 22 岁，却已经凭网上赛车的骄人战绩而闻名全世界了。从 10 岁起，他就开始打破纪录。用汽车参数的标尺来衡量，这样的早熟是不可思议的，以致各大电子游戏的开发商都邀请他担任大使以及顾问。不过，收入和 F1 时代是不可比的，那时一名车手的收入可抵一部好莱坞电影的制作成本；今天的报酬可谓微不足道。这些数字车手无需任何体育训练。车队只需为每人配备一位教练，以注意他们是否需要取暖，手指是否有力，脖子是否僵硬。定期要进行背部放松运动和眼保健操。食物有比萨和汽水。

不过，虚拟 F1 仍然是一场十分严肃的赛事。整个赛事经过周密的规划，有试验赛期和 34 场紧凑的大奖赛。这类比赛的优点就是选手还留在他们各自的国家，只要与一台巨大的服务器相连就可以了。每人都坐在一块大屏幕前，手握方向盘以及曲柄和踏脚板。高分辨率的摄像头可以让他们现身于屏幕上，尤其是在赛后的采访中。

今天下午，马拉喀什的跑道温度为 37 摄氏度，起码理论上是这个温度，因为这座旅游城市内没有公路。还有几秒钟，比赛就要开始了。全球 20 亿名观众已经联网，焦急地等待比赛的开始。激烈的决赛在开法拉利的小舒马赫和开尼桑的法国选手布鲁诺·勒赫中间展开。下一次又会是谁呢？今天，每一个人都可能成为 F1 赛车手，只要他是一名……电脑游戏高手！

资料来源：

1. http：//www.gpwc.com

2. http：//www.fia.com/index_1024.html

地球人都知道的语言

经过整整 50 年艰苦卓绝的谈判，世人终于盼到了《诺维尔岛国际公约》的诞生。这颗镶嵌在大西洋上的明珠是连接欧美两洲的中心点。现在，它更是见证了伟大的历史事件：联合国所有的成员国在这座人工小岛上最终达成一致，同意在世界范围内通行惟一的官方语言。这种语言极易上口，能在短时间内惠泽全球。

在美国威斯康星州的一所幼儿园里，麦迪逊城的孩子们正与远道而来的莫斯科小伙伴尽情玩耍。他们真诚相拥，不分彼此，同时也以他们的方式庆祝各国元首终于达成一致，签订了《诺维尔岛国际公约》。记住这个瞬间吧！它将在历史的长河中熠熠发光。

2 个世纪前，大名鼎鼎的列夫·托尔斯泰就曾向世人发出倡议，作为俄罗斯年轻一代心中至高无上的文学巨匠，这位伟大的作家极力推荐在全球范围内使用统一的官方语言。为了纪念他的高瞻远瞩，今早，两座姐妹城市中的孩子们欢聚一堂，齐声朗读文学泰斗的不朽名作《战争与和平》，而他们所使用的正是刚刚得到推行的世界语。伟人在 200 年前写下的至理名言，现在读来仍是字字珠玑，铿锵有力："地球上的人们，只要花费少许的时间、做出小小的牺牲就能取得绵延后世的伟大成果。这值得我们全情投入地去尝试。"在那个遥远的年代，列夫·托尔斯泰就预言了推行世界语这项计划的任重道远。这不仅要求拥有截然不同文化背景的各个国家全身心投入，也需要发明一种既精简又易学的文字体系。这一过程可能会耗费大量的时间与精力，没有百折不挠的决心是走不到终点的。而且即便找到了理想的语言文字，情况也并不如我们想象的那样顺风顺水。许多国家都对统一语言的国际公约持观望态度，毕竟谁都不愿意失去自己原有的文字，也不愿意看到整个地球只打上惟一的语言烙印。半个世纪来，大家不是逃避拒绝就是砌词推诿。经过很长时间的商讨，各国才点头同意先在某个没有任何语言扎根的土地上对世界语进行试验。于是诺维尔岛，这座北大西洋上毫不起眼的人工平台走进了人们的视线。事实上，这座小岛是新型能源的研究基地，主要致力于风能的采集与开发。按照世界语的文字体系，诺维尔岛应该叫做 "Isole Nopara"。在这片地灵人杰的土地上聚集了来自二十多个国家的科研人员共同采集新能源。一位负责推行世界语计划的官员专程从纽约赶赴当地考察情况，他说："新的语言绝对不是风一般的过眼云烟！"

新的国际公约有效期限为 20 年，主要是希望有足够长的时间让地球上每一个人都能充分掌握新的语言，从而使其真正成为独一无二的沟通工具。那么这项在 20 世纪仍被视为天方夜谭的计划究竟有没有步入正轨呢？一切得从头说起。毫无争议，放眼时下人们的生活，因特网绝对是大家互通有无的首选方式。它日新月异的发展带来了语言文字体系中翻天覆地的大变革。一直为大多数人所使用的英语在这个改革的浪潮中似乎也渐渐丧失了原有的影响力。尤其是伴随着手机短信与电子邮件的急速发展，新兴的缩略语充斥在我们的日常生活中，让曾经独占鳌头的英语也黯然失色。一位世界语的语法专家进一步指出："每个国家都会产生具有本国特色的缩略语言，但这也使得跨国之间的交流更加困难重重。"比如在法国，不知所云的缩略语遍地开花。像"a2m1"（明天见）、"ab1to"（一会见）、"Cpa5pa"（不热情）、"keskeC"（这是什么）等等，常常让非母语的外来者听得一头雾水。21 世纪初还风光无限的英语以令人咋舌的速度衰退萎缩。早在 19 世纪，作家韦尔德·艾丕就预言说："如果美国人每天遗忘 10 个母语词汇，那么 7 天之后，12% 的人口将无'话'可讲。到 2030 年，一半的国民将成为文盲，而现在所用的英语也会被抛到九霄云外。"虽然亚洲经济的崛起令人欣喜，但这也使得东西文化上的差异日趋明显。在充斥着东方文化的西方世界，互相之间的难以沟通已经愈演愈烈，实在是一件可笑的事情，我们把 21 世纪看作"沟通交流"的新时代，但整个地球却沉默无"语"！更为严重的是，文字大有退出历史舞台的架势。在简单的书写符号把我们层层包围之后，人类似乎要回归到玛雅或古埃及的象形年代。是的，带有民族、国家印记的语言正在消失。就像德国哲学家康德预见的那样，地区性的语言终将演化成其他人无法使用的方言。2040 年，德国人的高瞻远瞩受到了事实的肯定。为了使不同的民族、人种更好地融合交流，通用的英语中不得不引入大量陌生的词汇。"为什么要强迫一个东方人去学习英语呢？"一位笔迹专家抱怨道。他实在很难接受一个民族放弃自己原有的书写系统而全盘迎合西方的字母。一位语言学教授对此也是惶惶不安："随着移民国家的崛起与发展，语言领域必将有新的变化。昔日贫穷落后的文化也许会在 22 世纪大行其道。难道我们真的要倒退回象形文字的年代吗？"

这就是为什么 2087 年时，全世界都掀起了学习世界语的滚滚热潮的缘故，虽然这门语言还远远称不上百试百灵的万能药。既要统一每一个民族的习惯又要照顾各自的偏好，如何顾此又不失彼的确难倒了不少专家学者。在现行的世界语之前，出现过沃拉博克语、埃斯贝朗托语等等试验品，最后都无疾而终。这一次签订的国际公约中，每一个国家都做出了让步同时也尝到了甜头。大家普遍接受拉丁语及希腊语中的字母符号，并配以斯拉夫语的重音音节。其中单词简短精练，都像阿拉伯以及希伯来语那样拥有固定的词根。词汇数量小，语法也参照波斯语作了大幅度删减。语言学家还添加了部分中文标注，强调音节以便于翻译。总的来说，普通人只要花 200 个小时就能基本使用世界语与人交流。而反观英语，没有 1 000 个时辰恐怕根本无法品味莎翁的名作吧！

在法兰西学院，那些古板的常任秘书再也找不到怪诞的借口去批驳到来的全球一体化。从上学期开始，世界语已经正式进入学校，成为欧盟国家小学生的必修课程。这门与语法同时教授的课程似乎并没有引起家长的反感，因为他们认为新语言比法语更易上口且更为实用。不过，还是有人对新事物举起了反对牌，他们害怕世界语会将母语排挤得毫无立足之地，也害怕它像当年的英语一样独占鳌头，夺得日常交流中的统治权。对于反方的观点该怎么说呢？也许这就是世界各民族在融合过程中必须付出的代价吧！

推算起来，要在世界范围内推行统一语言的念头与人类文明几乎一样源远流长。从 2 世纪开始，先后有六百多种语言在地球上被拿来尝试，但每次都因为缺少足够的坚定而宣告失败。1887 年，在一个没有广播、没有电视也没有飞行工具的年代里，路德维克·扎蒙霍夫发明了埃斯贝朗托语。就在当年，人们不仅创办了第一份用世界语评写的日报（发行量累计达 1 000 份），还在布洛涅召开了全球世界语大会。1924 年，法兰西科学院号召人们都来学习埃斯贝朗托语，并赞叹说："这是缜密逻辑与高度简练的杰作。"一直到第二次世界大战以前，该语都是各国教育部关注的焦点。可惜的是战后，虽然联合国教科文组织仍然不遗余力地向世界推广埃语，但曾经红红火火开展的普及运动却在英语的冲击下逐渐偃旗息鼓。尤其是在 2019 年同声传译的耳塞问世后，大家都纷纷投向了以逸待劳的科技阵营。但是不管怎么说，新诞生的世界语都将是无可代替的。相信在不久的将来，新的语言一定会铿锵有力地从每个人的嘴里说出，带我们走遍天下。

资料来源:

1. 埃斯皮·沃德，《文字游戏》，布莱克多出版社，2003 年
2. 埃斯贝朗托语网站: www.esperanto.net
3. 感谢亨利·德·斯塔德霍芬的研究成果

东京诞生第一颗人造大脑

日本已秘密制造出世上第一颗人造大脑，性能可以和人脑相比。一家美国的科学杂志透露了这个重大发现：该人造大脑完美地复制了人脑的神经网络。今天早上，这颗大脑开始展现于世人面前，令伦理学专家瞠目结舌。

日本诞生了第一颗人造大脑，但其设计者，不知为了什么如此害怕，急于向世人宣布这只是一架机器而已，是人类完全可以操纵的。也许他害怕有人会指责他将一个人工智能带到世上来，相当于开启了潘多拉的盒子，这个人工智能可能会自我复制，然后统治人类……为证实这一点，各大电视台同时邀请了一些专家，就此次发现的结果展开辩论。中心议题就是：上帝还是魔鬼？这颗大脑的诞生地，苏克巴实验室的研究人员异口同声地表示他们的目的只是开发"有用"的机器人而已，是一些可以侦查房间里的人类踪迹，并相应地做出反应，比如开灯、开门或是关门的机器人。伦理委员会今晨在东京开会，他们要求立刻摧毁那颗大脑原型。他们说，奴隶制很早以前就废除了，人类在任何情况下都不应该有被机器人完全服务的需要。

此时，人造大脑还躺在展出的玻璃球中，绝对不可能移动，但是人们已经想象到将来人类会派给它怎样的任务。对于这个问题，日本人的回答是，这颗大脑可以分辨出"主人的声音"，甚至其情感状态！它现在只能分辨出六种情感：愤怒、害怕、惊讶、欢乐、悲伤和厌恶。在制造这颗令人瞠目的人造大脑的过程中，日本研究人员可以说是从头开始的，也就是说从复制我们大脑的神经网络来制造出一套神经网络开始。不过要知道人类智力和电脑技术是有很大的不同的，所以没有人会认为那些人形机器人属于人工智能，尽管它们长得像我们，会开灯或是绕开障碍物。当日本人宣布他们造出了可以自主学习的机器人，可以积累经验作为未来行为的借鉴时，势必会引来怀疑，接着是惊讶与好奇。不久以前，还没有人（甚至包括科学家）相信这种计划可能实现。要造出一个会推理、学习、有感情，甚至会想象的人，先得了解大脑的功能，这个自然界的奇迹产物有几千亿个神经元通过突触（一个神经元的轴突接触并影响另一个神经元的树突或胞体，一个肌肉细胞或分泌腺细胞）杂乱无章地连在一起。神经元之间不到千分之一秒就可互相交换信息，一些类似接收天线的树突神经细胞用来获取信息，轴突则用来将电流引导至邻近的神经元。传递的信息以电流形式不断增大，称之为"神经冲动"。这种神经冲动，传至突触，转化为化学物质，即神经递质。每当我们学习的时候，我们大脑某处的神经电路就改变了一些。每次学习完后，突触的效率就更高一些，使得该电路中神经冲动的通道更加通畅。神经元在一起就像一片森林，信息在里面不断穿行。因为取了同一条道，一条道路开辟了出来，且道路的凹陷跟随的是信息通过的节奏，因此找起来就更方便了。我们的记忆也是这样：我们回想得越多，在我们神经网络中就嵌得越深。因为神经元能够改变其线路以增加其效率，我们的行为才会越来越符合周围环境的要求，这也使我们的生存机会大大增加……

为仿造人类智能，日本研究人员的所有功绩就是成功地创造出一套神经网络，不是一片铺满电子的硬硅片，而是内部进行"柔软"生物物质传递的化学综合体。现有的电脑做的是事先编写好的程序，只知道跟随指令。当然，它们的运作速度是很快的，但是没有丝毫的自主性。所以它们也只能和人类比比运算速度，或者在最短时间内试验所有可能的组合。比如象棋比赛就很适合此类人类与人工智能之间的对决。打从电脑发明以来（20 世纪 50 年代的电脑看起来还是一个大怪物，由二极管灯和几千米的电缆组成），人们就不断地尝试让它下象棋。但是也要找到可相比的对手：如果对手是人，那这个比赛就怎么也不能算是平等的，因为这还不能算是两种智力形式之间的对决。这是人脑和超级计算机之间的比赛，仅此而已。信息技术取得了惊人进展。根据著名的摩尔定律，信息技术的能力每 18 个月就翻一番。1965 年，也就是集成电路发明之后不久，美国人戈登·摩尔（Gordon Moore）曾预言计算机芯片的晶体管的集成密度将每年增长一倍。后来他又预言芯片的集成度每隔两年翻一番。事实上微电子界所接受的摩尔定律是一个平均值，即计算机芯片的集成度每 18 个月翻一番，这就是著名的摩尔定律。摩尔定律，即意味着同等价位的微处理器速度会变得越来越快，同等速度的微处理器会变得越来越便宜。作为迄今为止半导体发展史上影响最深远的摩尔定律，集成电路数十年的发展历程，令人信服地证实了它的正确性。它并不是严格的物理定律，而是基于一种几乎不可思议的技术进步现象所做出的预言。在过去 10 年中，摩尔定律所描述的技术进步不断冲击着计算机工业：晶体管越做越小，芯片性能越来越高，计算能力呈指数增长，生产成本和使用费用不断降低。世界半导体工业界有关专家预测，这种进步至少仍将持续 10—15 年。面对现有的晶体管模式及技术已经临近极限，借助芯片设计人员巨大的创造才能，使一个个看似不可逾越的难关化险为夷，硅晶体管继续着小型化的步伐。近期美国科学家的最新科技成果显示，将10纳米长的图案压印在硅片上的时间为四百万分之一秒，把硅片上晶体管的密度提高了100倍，同时也大大提高了流水线生产的速度。这一成果将使电子产品继续微小化，使摩尔定律继续适用。总之，近40年的实践证明摩尔定律有利于工业的发展及人类的需求。直至今日，半导体工业还是按照DRAM每18个月、微处理器每24个月翻倍的规律发展着。1997年5月11日，加瑞·卡斯帕罗夫，世界冠军棋手，自1985年来就未遭败绩，被人们认为是象棋史上最伟大的棋手之一，最后却败在了一台电脑手中。这件事在当时登上了各大媒体的头条，这个日子也被永远地写在了信息科技发展史上。

卡斯帕罗夫输给了电脑"深蓝"（由IBM公司为此次比赛专门提供）。之后，许多人都相信电脑已经变得比它的设计者更加聪明了。而事实显然不是这样：电脑最主要的能力仍然还是计算。打败卡斯帕罗夫的那台电脑每秒钟可以试验200万种棋步。此前几年，京都的研究人员取得了人工智能研究的首次突破性进展，他们的研究项目叫做"星空之脑"，这颗人造大脑可以控制一台有活动关节的机器人的动作。2001年5月，网络生活研究公司设计出了"露西"，这是一个小的人造猩猩。但这两项成果主要还是在电子和信息科学的领域。今天，人们实际上已脱离了信息科学的领域，完全摒弃那种安装许多微型处理器（存有大量信息和专家系统的）和软件的做法。如今，我们有了真正的人工智能，人们进入了更为复杂也更为神秘的生命科学领域。这颗大脑的制造人说他们接下来要制造一只人造猫，拥有3种感官：视觉、听觉和触觉。嗅觉和味觉还很难控制。这只"智能"猫可以辨认、记忆外部世界，做出一些有利于自己生存的决定，就像人类做的那些事：感到危险就躲避起来，吃饭（电池量低于一定水平时就开始重新充电），甚至遇到陌生物体时，还能上前认识，增加对外部世界的了解！这已经不再是电脑程序了，而是和生物世界、"智能"世界相仿的反应。日本的这颗人工脑是能够"思考"的。

2001 年有一部著名电影，名叫《太空史诗》，取材于阿瑟·克拉克的小说，里面有一台电脑哈尔，被认为是人工智能，它失去了记忆，故成为飞往木星的飞船队员的大威胁。希望日本的人造大脑能始终忠于人类，对它的设计者们心存感激。饮水思源嘛！

资料来源：

1. 国际人工智能会议

2. 哈金·S.，《神经网络》:《一个综合的组织》，第二版。Upper Saddle River，NJ：Prentice Hall，1999

3. 比·夏普 C.M.，《辨认模式的神经网络》，牛津大学出版社，1995 年

4. 柯尼·K.，《神经网络简介》，洛特雷吉，1997

机器人当大厨的家庭餐馆

在纪念法国大革命爆发 300 年之际，热衷于革新的法国人又发起了一场餐饮界的革命浪潮。饭菜设计机器人的出现占据了无与伦比的优势，也意味着锅子炉子的天下一去不复返。而我们呢，自然又会有口福了！

纵然钟爱保姆烹调的饭菜或是对传统菜谱忠贞不渝的人们仍然对这个新技术充满轻视和怀疑，广大的家庭主妇面对这项发明可真是喜笑颜开！有一位家庭厨师贴身服务将再也不是遥不可及的奢求，信息软件的神奇发展使得更多的人可以享受到这项服务。人们可以通过数码系统控制汽车和飞机，提升电脑的运算速度，让机器人分担打扫房间、照顾老人等等琐碎的家务活……今后人们在炉灶前待的时间决不会多于 5 分钟，却可以把煮饭烧菜全部搞定。当一想到要照看炉灶、掐准火候加各种调料才能做出令人满意的饭菜，家庭主妇们一定倍感心烦。只是，这样的时代将会一去不返，使人兴奋的技术飞跃着实令人浮想联翩。家庭餐馆已经成为每家每户厨房里必不可少的东西，就像 20 世纪的微波炉和高压锅一样。这个机器可不输给任何经验丰富的厨师，拥有强大头脑的它什么都能做：计算烹饪时间，确定调料分量，揉面团，打鸡蛋、翻炒肉片、熬汁煮汤，就像一个真正的大厨。不管是传统的菜肴还是其他时髦的烹饪做法，迄今为止所有存在的美味佳肴，这个不带厨师帽的大厨都可以一手替你包办。

这台机器的核心，是由传感器和设定程序的自动装置组成的。它能轻松复制人类的各种动作，因此已经存在的各种技能都可以在这个机器人身上得到体现。机器内部还储存了不少于 2 000 种的烹饪方法，充分考虑到全世界一百五十多个国家、地区的饮食习惯。今后你再不用为晚上或是周末的饭菜绞尽脑汁了，因为每天屏幕上的菜单可以为你提供多种选择，尽心尽力满足你的口味。你想要吃中国菜，尝尝正宗的火锅、煲鸡、雪花酥点心或是阿拉伯风味的菜肴？完全没有问题。电脑会告诉你做这些菜需要哪些调料；然后你只要在网上直接订购原料，就可以等着它们在预定的时间内被送货上门了。只要食物一到，神奇的魔术表演就要开场了！只需几分钟，原料就变成了完全上得了顶级饭店餐桌的美味佳肴。如果你要做中国菜，首先你得把原料装入"家庭餐馆"，然后放进蒸炉内，机器内置容器内的糖会均匀地撒在食物上，如果需要，它也可以自动撒盐。最后，内槽里的碟子会自动盛好可以上桌的春卷或是糖醋排骨，根本就不需要人在旁边照看！也许你也会提出，今天想换个口味，尝尝阿拉伯风味的晚餐？没问题！在你出门上班之前，善解人意的电脑就会给你北非皇家菜谱的建议。机器人会和能提供送货上门服务的商铺直接联系，把你的选择告诉对方，也可以让对方为你把食品原料包装妥当，只要你在下班后过去领取就可以了。整个烹调过程中，绝不会有任何的问题，编入的食谱都足以做出完美的饭菜。神奇的是，你还可以通过私人"大厨师"知道自己确切摄入的卡路里量。这对于节食或是忌口的人来说会是相当实用的信息……消费者们可以设定适合自己的糖分和胆固醇的比例，让"机器人大厨"烧出符合营养学的饭菜，充分满足每个人不同的需求。在厨房里，各种原料要以一定的次序放入机器内。首先是粗粮面粉，然后是水、黄油、蔬菜，接着是肉和香料。这个手动的第一步总共需要3分钟的时间，也是饭菜制作和装盘前的惟一步骤。然后，一盘即便在摩洛哥的菲斯（Fès）也称得上顶级的北非菜就会呈现在你面前，等着懂得享受生活的你细细品味。

更加精彩的还在后头呢："家庭餐馆"甚至能够炖奶油和做酱料，这可是几乎失传的绝技，因为一方面现代人根本没有时间在这方面潜心研究；另一方面，这些美食的传统做法也确实已经无人知晓了。在选择好"头盘、主菜、调料和甜点"之后，机器人会自动确定内部的洁净和计算空间的容量，然后它就开始工作了。按一下"贵族菜肴"的键，就能得到最为精致的食物菜单。要做瓦泰勒（Vatel）式的发泡奶油（crème chantilly），或是鲍居斯（Bocuse）式的蛋黄酱（sauce gribiche），只需要把原料提供给电脑，它就可以做到过去只有顶级大厨才能做到的事。我们可以举一个简单的例子，比如甜味发泡奶油的制作过程：首先需要250克新鲜奶油、糖粉、100毫升新鲜生牛奶、一瓣香草，把这些统统倒入"大厨师"的肚子里面。机器安静地运行几分钟后，轻而滑腻的奶油就已经在盘子上了，真是完美无比。至于以考究难做而闻名的蛋黄酱，"自动大厨"围裙都不用戴就可以出色地完成任务！只要往机器里加入3个鸡蛋、250毫升的油、一匙芥末、一些酸渍小黄瓜、醋、香辛蔬菜、盐和胡椒粉……接下去的事就通通交给机器人做吧！

机器的内部还有自净系统，所以也不必为它的清理和保养操半点心。著名厨师世家——贝尔纳卢瓦索家族的后代对这个新发明感到十分惊奇，他们进行了有针对性的测试，就是让机器做出他们祖先（居住在塞留的土著民）的拿手好菜——锅煲鸡。他们选了一只上等的布雷斯母鸡，放到"精致菜肴"一格内，然后启动家庭餐馆。沸水把动物蛋白质凝固了，阻止了汁液同锅里的其他液体混合。盐和蔬菜由机器自动添加。最后的结果是，这个菜肴达到了味觉享受的顶峰。很长的一段时间里，定居在沃纳斯的布朗克兄弟家族对神乎其神的厨房机器人同样感到半信半疑，他们要尝试烧小牛头，这个菜肴通常要花大师们 7 个小时的时间做准备。而仅仅 1 个小时后，近乎完美的菜肴就摆上了桌。面对这一切，世界闻名的烹饪世家简直感到难以置信。为了保住最后一点薄面，他们鸡蛋里挑骨头地说：配菜中的胡萝卜稍微硬了点！在圣米歇尔山（le Mont-Saint-Michel），布拉妈妈的侄孙为了验证"家庭餐馆"的神奇魔力，也进行了试验，要比一比他们引以为豪的金牌蛋饼。相信结果不说你也猜得到，最后机器人交出的蛋饼和他们姨婆的秘方简直一模一样。而说到甜品方面，机器大厨同样做到了博采世界美食的精华。乐诺特贺甜品学校用步骤繁琐的千层蛋糕做实验。机器首先揉好面团，然后再把层状的面团切成一条一条，接着制作糕点奶油、打鸡蛋、加面粉和牛奶。不过奇怪的是，这一次机器人做出来的千层蛋糕口感单薄，味道上似乎也差强人意。究竟怎么了？长着皇帝舌头的美食家们最后发现了问题所在：千层蛋糕中缺少了最重要的朗姆酒。怎么会这样呢？原来，粗心大意的学生们在采购原料时忘记买了。看来，犯错误的不是机器，倒是人类啊！

除了制作精致的美食，"家庭餐馆"稳定的工作性能也是无与伦比。它可以在完全无人照看的情况下煎鱼。惟一需要人为操作的步骤就是把原料放入容器，选择烹饪的方式（煎、蒸或是铝箔烤）。"怎么到 2089 年才出了这样的好东西！"一位来为自己添置这台机器的家庭主妇这样抱怨道。这个机器的确有些笨重但却蕴含了十足的创意……必须承认，自从洗衣机和洗碗机诞生以来，就再也没有这样救星式的发明出现在家用电器业中。家庭餐馆技术的成熟，意味着人类在机器人的界面研究中又向前迈进了一大步。"这是解放人类的新方法。"它的发明者在提及 1935 年由法国莫里涅克公司（Moulinex）推出的家用绞菜机时这样说道，这个机器标志着家庭现代化运动的开始。而家庭厨房的发明者，让·马特莱特则毫不怀疑他的"蔬菜碾磨机"将会是"自动化厨房"的开始。

本文来源于亨利·德斯达德罗芬先生的创意。

资料来源：

1.《拉鲁斯厨房词典》，拉鲁斯出版社，2004 年

2. 马蒂约·吉奈特，《我了解厨师》，阿尔班·米歇尔出版社，2002 年

3. 2004 年机器人工业展（巴黎北维勒班特展览公园）

4. 西门子自动化与驱动集团（相关网址：www.automation.siemens.com）

来自外太空的"迪纳"病毒

近日，科学界一致确认：迪纳病毒——这个迅速引起全球大面积感染的罪魁祸首，随着一颗陨石的降临登陆地球。虽然是不速之客，但该发现却为 21 世纪的某些科学谜题带来了解决的可能。

2085 年 3 月 26 日，葡萄牙的渔民们正在亚述尔群岛附近海域（les Açores）紧锣密鼓地张网，他们也许还不知道自己即将要参与到一个影响科学研究界的宏伟计划当中。这些渔民们大都来自阿尔加威（Algarve），几天前他们从法鲁（Faro）出发去一片捕鱼的水域。由于前一天晚上气候恶劣的影响还在持续，他们丝毫没有注意到无线电波里一直在宣布他们经过的区域正在发生着异常事件。在 16 点 30 分的时候，他们注意到一个阴影，类似于一架飞机在太阳下飞过的影子，眼前展开的景象使得他们惊讶万分。一颗几米长的流星坠入海中，和他们的小船相距只有几千米。幸运的是，撞击形成的潮波并没有造成什么影响。亲眼目睹了这个景象的渔民们激动不已，他们毫不犹豫地通知了海上的巡逻艇。

如果没有这些渔民的在场，美国俄勒冈州（Oregon）大学的微生物学家可能就没有办法及时确定这个天体的确切位置，也会因此没有办法提取到岩石的样本。要知道，经过详细分析，这些样本在 5 年后表明了人类鉴别的首例宇宙病毒是确确实实存在的。科学家们在电子显微镜下对碎片进行了分析，得到的结果表明了神秘的行星集体癌症遗传病的病源微生物并非天方夜谭，只不过这个病源微生物一直处在沉睡状态下。"这个冒着烟、外面包裹熔岩壳的陨星以每小时 54 000 千米的速度接触到了水，表面完全变成了玻璃状。它的中心温度极低，温差和海水引发了部分外壳的分裂，使得病毒趁机进入了海洋，"一位分子生物物理学的专家这样解释，"如果渔民没有精确地指出掉落的地点的话，这一切都将无从得知。"一名研究人员肯定地说，"要知道，每年有十几吨的陨石降落地球，而引起的撞击却远远少于 500 起！"

为什么这个原生状态的病毒会在那么短的时间内感染到地球的部分地区，这仍然还是个谜。从 21 世纪初开始，人们知道病毒可以以闪电般的速度发生变异，同时，一个普通动物身上的病毒感染能够发展成全球性的流行疾病。没有人会忘记 2003 年，由母鸡感染人类的禽流感所造成的悲剧：几个星期内，病毒蔓延到了十几个国家。而在亚述尔群岛附近海域坠落的陨石碎片中找到的宇宙病毒，首先在海洋的生物界蔓延，当地繁荣的捕鱼业又使得病情快速转向人类传播，引发了类似于 1918 年西班牙流感的全球流行病。病毒是怎么从动物身上转移到人类身上的呢？从 2004 年起，法国图尔科学研究小组的科学家们在研究"生物间的隔阂消失"的课题时曾提到过这个问题。他们认为，病毒不仅满足于在一种物种上存活，还有通过快速变异来从动物转移到人类的能力，而免疫系统却没办法识别新病毒的遗传图谱。随着地球的变暖，病源以 21 世纪初无人能想象的惊人速度不断繁殖。举一个具体的例子：海洋温度的升高导致了鱼群向新的海域迁徙，就像以前携带尼罗河病毒的苍蝇和蚊子一样。这些昆虫在法国的卡马尔格地区和美国纽约造成的状况，如今同样在深海里发生了。一个气候学家进一步向我们阐释：温度上升半摄氏度就足够使一个病毒以比之前快两倍的速度繁殖，这就使得普通动物携带的病毒造成了真正的世界大流行。最后的结果就是：随着宇宙沉淀物中出现了宇宙微生物，科学面临着进入新时代的严峻挑战。更为棘手的是，这些病毒不属于任何一个科学家已知的生物种类。2003 年，马赛的两个科研团队从一家英国医院的空调管道里提取受到污染的水体，从中发现了阿米巴变形虫，找到了后来著名的"拟菌病毒"。更加令人难以置信的是，在它的身上还发现了第四种生命，使得世界上已知的三域分类学中的真核生物、真细菌和古细菌又多了一个新的类别。这实在是令人难以置信……这个病毒已经存活了 30 亿年，它的寿命远远超过了最原始的活细胞组织。这个发现也使它的来源得以揭开：它来自太空，和 2004 年在安的列斯群岛海域附近的大西洋深处发现的外来微生物可以说同属一族。一个海底的微生物群体受到一股火山热流的吸引，在那没有氧气、113 摄氏度的条件下存活下来。这是一个足以颠覆科学界关于病毒抵抗力和对抗性细菌的认识。在这个震惊世界的发现之后，广阔的水域和冰层成为研究者们的最爱，因为在那里，他们可以不懈追寻来自宇宙的新病毒线索。仅仅在北极所搜集的 15 000 块碎片中，就有 12 块来自月球，6 块来自火星；还有两块陨石是 100 000 年之前坠落的，已经无法准确追寻它的来源了。

　　"自从隐藏在石头里的亚述尔群岛宇宙病毒被发现后，人们一直担惊受怕地球上是否存在着潜在的危险。不知哪一块石头里就藏着病毒呢。"亚述尔 2085"团队的一个成员毫不避讳地坦言。事实上这不是没有可能。目前的预防措施是针对所有接近过宇宙矿石的科学家进行为期一年的隔离观察。2020 年，美国人在亚利桑那州沙漠建造的"实验室宾馆"成为目前世界上最大的去污染基地。结束了火星任务的成员不得不在他们完成航行任务后继续受困365天。宇宙病毒的出现和繁殖成为当今地球上的现实问题。在20世纪的大流行病之后（比方说埃博拉病毒、非典型性肺炎、禽流感和艾滋病），疫苗的研制使得这些恶疾都得到了解决。只不过，人类面临的难题总是源源不断，不明原因的外来疾病这不又被发现了！更可怕的是，该病毒感染后的症状表现为集体性的歇斯底里。5年来，成千上万的人都受到了它的影响。人们没办法解释其中的原因，患者的行为让人觉得他们是吸进了笑气。这就是为什么亚述尔群岛病毒被命名为"迪纳"的原因，"迪纳"在法语中原本就是意为"有活力"的前缀词，而"迪纳"的特征就是"积极，充满活力"，这使得它同其他削弱机体的病毒比较起来更显得与众不同。"感染者会沉浸在无止境的乐观主义中，把时间都花在笑上面。"一个研究人员这样解释。由于人类长期使用抗生素使得机体产生了抗药性，如此一来，抗病毒药物会毫无效果，他对此感到忧心忡忡。更严重的是，几个月来，另一种病毒在印度引发了大规模的恐慌。这种被命名为"生育滞后"（Retro-Procrea）的病毒，会引发生殖系统的完全瘫痪，这会使当地的出生率大幅降低，最终很有可能会引发人类完全灭亡的危险。病毒会通过在潜伏期开始的接触以令人担心的速度繁殖。因此，世界卫生组织发出了最后通牒，决定终止任何与印度往来的国际航班。一个受此病毒感染的人有足够的时间在被隔离之前无意中将它再传染给其他二十几个人。研究人员无法找出这次大规模病毒发作的病源。现在人们抓住了"宇宙病毒"的线索，到了该解决这个新的医学谜题的时候了。但人们已经不由自主地想到了灾难最糟糕的结局，那就是多细胞生物在地球上的彻底毁灭终结。

值得一提的是，如果生命是由陨石带到这个蓝色星球上来的，它也有可能在一夕之间在这个星球上消失得无影无踪，而生命的见证者，则只有病毒和细菌！或许有一天，人类生命还会被天上坠落的平凡的黑色石头所没收。

与法国国家科研中心（CNRS）奥尔良分部分子生物研究中心教授安德烈·布瑞克共同合作完成（www.cnrs-orleans.fr）。

资料来源：

1. 图尔国家农艺学研究所（相关网站：www.tours.inra.fr/centre）

2.《禽流感：红色警报》,《快报》, 2004 年 10 月 4 日

3. 微生物：法国天文学学会杂志网站：www.cieletespace.fr

4. 细菌微生物：法国国家科研中心（CNRS）马赛分部，文章刊载于《科学》杂志，2003 年 3 月 28 日

5. 新病毒：卫生总署（www.sante.gouv.fr）和世界卫生组织（www.who.int/fr）

行人传输带现身各大城市

你并不一定要使用它，但自从它现身以后，就很难忽视它。高速行人传输带已征服了全世界的城市居民，平均时速12千米，节省的时间大大增加，就短距离的路程而言，它已经代替了公共交通。

香港的人行道大变样！数月来，这个中国第四大城市（前三大城市分别为北京、上海和天津）里，到处可见行人一边走路一边工作，手里拿着手提电脑，或是一边走向办公室一边谈判合同。他们安于被传输带送来送去，坚信步行是一种过时的运动。首条高速传输带出现在香港国际机场，将刚下飞机的乘客送往海关。海关那里又有另一条传输带将旅客送往行李领取处。不用再步行去乘车或是拦出租车了，一条慢速传输带会把你轻松地送到你的目的地，不会有拥堵发生，因为不会有人争先恐后去抢第一辆出租车。有时会有一些旅客和商人违反规矩，这些通常是法国人，总喜欢动几下再站上传输带。如今在香港的各大马路上，行人传输带用得越来越多。由于人口密度越来越大，政府担心堵车和交通事故也会越来越多。亚洲其他国家，从韩国再到日本，均紧随其后。数千万人行路再也不用费力了。

但最终是在美国的法国工业家找到了最佳销售市场。美国的肥胖及行路困难问题促使美国人开始使用这一装置。21世纪初有了不转弯的汽车，从那时起又有"自动行人传输器"。尽管自 2059 年以来，由于治疗有效，美国人的肥胖率有所下降，但我们的美国朋友依然是出门必车。有了"自动行人传输器"，美国人开始流行"零步行，零费力"。自动传输带几乎是到处可见，甚至连商业中心的停车场上也不例外，进商场就不用迈步了。只有佛罗里达和加利福尼亚采用了"运动性更强"的器械，拜那边的气候所赐，阳光充足，传输带也就运行得更加快，甚至还有一种可在上面跑步的传输带，眼下纪录的保持者是一名古巴人，他的速度始终保持在每小时 40 千米以上！

高速传输带，人们自 21 世纪初就开始讨论了。2002 年，蒙帕纳斯（Montparnasse-Bienvenüe）地铁站里就在其主要通道中装上了快速运输带，长 200 米，每天可以接送 9 万多名乘客。那时，传统的运输带的传输速度是每小时 3 千米，而这个当时算是革命性的名曰"通路"的运输系统速度则达到了每小时 12 千米，通行时间减少了一半。每周节省的时间为 15 分钟，也就是每年 10 小时。开始时，情况非常混乱，好多人在传输带试行时摔了下来，迫使创办人不得不中止试行。首先要制服这个类似滑雪运动员用的吊缆（缆车进出的时候，也经常有类似的事故发生）的高速传输带。最终，数年后还是成功运行了，得到了交通部门的批准。这种装置又延伸至查特勒特车站，这是巴黎公共交通的另一枢纽站。不久，法国这一技术就出口至许多国家。日本、澳大利亚和芬兰都为这一全新的交通方式兴奋不已，因为这对机场以及一些超级大道来说真是再理想不过了。在香港，这一交通设备的发展速度甚至比传输带本身的速度还要快！这种每天运行效率超过 99.95% 的传输带让香港政府惊讶不已，不假思索就将这一法国技术投入使用。

奇怪的是，法国却一直反对这一设备的使用。巴黎市长拒绝在香榭丽舍的某一段及卢浮宫附近安装此类行人传输带，绝对不能破坏民族遗产的风景。于是传输带试行区就放在了共和国区和马德雷尼区之间的大道上，时速达到每小时 10 千米，两区之间的来往只需 15 分钟。和其他国家不同，法国人没有丢弃他们的运动天性：他们继续在这些传输带上行走，速度达到了令人不可思议的每小时 15 千米！奇怪的是，传输带的使用率其实很小。行人走得最多的还是传统的柏油石路。在巴黎，自动巴士在首都的旅游区域日夜奔走服务。这种全身玻璃的小巴士靠全球定位系统标位，沿设定好的路线，来往于预定的通道中。这些车子人们是随便叫的，巴士的目的地已醒目地贴在了挡风玻璃的上面。车上配有录像传感器和一个图像处理软件（与一个手势辨认系统相连），行人一竖大拇指，车子就停了下来。行人上车后，会惊讶地发现车上没有司机，只有方向盘在动。这种方便的全自动交通工具来源于很久以前的"赛博姆福"计划（赛博尼特明日城市交通系统，欧洲大型研究项目之一），发起者是国家信息科技和自动技术研究学会。有了它，人们可以免费出行，且不会有任何污染。马达由电力发动，且能够不断自动充电，这是因为车上的程序可以通过感应电流和马路相连。这种交通工具在旅客中间大受欢迎，巴黎人也不甘落后，他们给这种自动巴士起了一个昵称"青蛙"，因为制造者名字就叫 Frog（英语：青蛙）。在法国几乎到处都能找到这种车子，从机场停车处到商业中心。对有些夜猫子来说，这种车子是他们深夜痛饮后回家的惟一的交通工具。

很长时间以来，科学界始终相信人类不可能造出完全自动的汽车来。媒体可没有那么安分。Frog 公司的老总在香榭丽舍一家饭店宴请一些记者。在饭店门口，老总让自动巴士在街区附近找一处地方先停着，饭后打了个电话，叫它来接他。车子还真的做到了！

2091 年是整个交通史的转折点。尽管法国人还是很注重运动，但乘传输带的人越来越多了，坐小轿车的人却越来越少了。大家都没有忘记摄位车（Segway）是一种电力驱动、具有自我平衡能力的个人用运输载具，是都市用交通工具的一种。它由美国发明家狄恩·卡门（Dean Kamen）与他的 DEKA 研发公司（DEKA Research and Development Corp.）团队发明设计，并共同创立赛格威责任有限公司（Segway LLC.），自 2001 年 12 月起将赛格威商业化量产销售。虽然曾经一度被认为是划时代的科技发明，前景看好，但由于诸多现实因素所致，赛格威的产品并没有在上市后获得原本预期的反响。2002 年初，美国发明家狄恩·卡门将新发明的一种被称为将对未来人类旅游方式产生革命性影响的自动平衡单脚滑行设备——"赛格威人类运输机"公之于众。由于赛格威是一种前所未见的崭新交通工具，因此很难用传统的分类方式定义它的种类。有人认为赛格威应该是一种双轮版的单轮车（Unicycle），有人认为它应该是动力滑板车（Stand-up Scooter）的一种，但它是单轴双轮设计，与双轴双轮的传统滑板车有些不同。而在某些比较正式的场合（例如官方的道路法规），赛格威交通工具又被称作"电动个人辅助机动装置"（electric personal assistive mobility device，EPAMD），俗称电动代步车。赛格威的产品名称"Segway"起源于英文单字"Segue"，意指"流畅平顺地走"，用来形容这种交通工具可以让人们骑着它在都市里面毫无障碍地移动。该自动平衡单脚滑行设备在未与公众见面之前一直被称为"活力产品（Ginger）"和"信息技术（IT）"。卡门相信它有潜力缩短行程，代替汽车，改变城市观光前景在 21 世纪初做的一系列关于迷你电控个人传输器的尝试。这个想法在当时可能是超前于时代了，且又催生了许多其他系统，比如艾-尤尼特，从日本引进，由丰田设计。2005 年的名古屋世界博览会上展出了其原型。这种车子有 4 个轮子，开起来没有噪声，也没有污染，驾驶员可以始终保持直坐的姿势。操控装置安放在扶手上，这样开起车来就不会很累了。今天，艾-尤尼特已是风景的一部分了。一台远程遥控器就可以把它叫到你的身边。这个介于残疾人轮椅和机器人之间的工具大受欢迎，因为它模样喜人，且性能突出：在预定的轨道上行驶时，速度可以达到每小时 30 千米！首先在行动不便的人群中受到好评。而装有新式真空轮胎的轮椅几乎可以在道上跳跃前进，毫不费力就能登上电梯。残疾人终于可以在城市中享受真正的交通工具了。

资料来源：

1. 地中海工业建设（www.cnim.fr）
2. Frog 导航系统（www.frog.nl）
3. 地铁极（www.metro-pole.net）
4. 丰田（www.toyota.co.jp）

钱币将离我们远去

日前，欧洲进行了大范围的全民投票，表决是否应该废除传统的纸质钱币，结果出人意料：竟有72%的投票者同意收回钱币。自从"钱单卡"在民众中得到广泛普及以来，有形钱币就被认为毫无用处了。

2092年将会被永远载入钱币学的史册，因为有形的钱币消失了！要知道，所谓钱币的消失在人类历史上还是首次，对于它一丝一毫的变动，人们向来表现得小心翼翼。欧洲人就曾经历过欧元的变迁，这使得他们原来的习惯发生了巨大的改变。然而90年之后的今天，他们又不得不再一次面临硬币和纸币的回收问题。事实上这样兴师动众的原因很简单：人们没有办法有效解决假币泛滥的问题——以至于在整个欧共体内，普通民众只敢使用10欧元或20欧元的小额纸币进行交易。当部分国家得知其邻国强行制造500欧元甚至是1 000欧元的大面额纸币时，事态的发展达到了顶峰……刚才最后提到的票面价值——也就是1 000欧元，是在引入欧元之前不久才被去除在名单之外的，原因就是以防假钞引起重大损失。这次回收钱币的另外一个原因来自欧盟好几个新成员国对于欧元的抵制情绪。他们因为不能够在流通货币上保留和自己国家有关的醒目象征标志而感到非常不快。因为事先的规定是，以后欧盟的新成员将不再享有那样的特权……后者甚至发出最后通牒威胁说如果布鲁塞尔再没有任何举动的话，他们就将重新使用以前的钱币。最后，第三个原因，就是欧洲信息技术的快速增长。最新的服务器今后将能够同时处理几十亿笔的交易，就算这些交易最后只涉及一分钱，那些天文数字也会一刻不停地滚动着。这个系统在欧盟试用两年以来，一起事故都没有发生。在凡尔克斯地区的一个小村庄里买最小的长棍面包，或是在布鲁塞尔消费一杯啤酒，系统都会及时地进行记录处理……就算是给咖啡店服务生的小费都会被反映到消费者的个人电子账户内。至于乞讨的行为，这个问题已经由于"票券服务"的出现而得到了解决，这些能在任何邮局买到的票子可以在一些商店里使用，条件是这些商店能得到一张任何市政府都发放的固定流浪汉的政府信用卡。

所有对这个系统的可信性持保留态度的人最后都对全球信用卡的新规则心服口服。硬币越多，纸币越多，支票也越多！所有这些已经存在了几个世纪的支付方式，都将不再流通……每位欧洲的民众，毫无例外地都将会拥有一个属于自己的支付工具。但是它和那个带有 54 mm × 86 mm 大小的芯片的长方形塑料卡片（即信用卡）没有任何关系。再称之为"卡片"其实已经不合适了，因为这个新的支付方式根本就没有卡片的任何影子。为了防止遗失，设计师选择了一个简单但新颖的形式：1968 年由著名科幻小说作家勒内·巴赫加威尔在《时间的暗夜》（*La Nuit des Temps*）里设想的戒指给了他们很大的启发。在作家设想的理想社会中，社会上的年轻人拥有的是一种虚拟的资本，这种资本储存在一个电子戒指中，他们要做的就是管理好自己的财务情况，以保证终其一生的物质生活始终井井有条。在《时间的暗夜》一书中，主角爱蕾阿赫·帕伊康的戒指不仅仅是一种支付方式，还是一种在集体中自我标志的工具。虽然勒内·巴赫加威尔的想法听起来颇有乌托邦式虚无缥缈的味道，但这却<u>丝毫</u>不影响它成为使后人茅塞顿开的黄金点子。当然在 2092 年，人们还没有达到这样的理想状况。现在，要做的只是使地球上的每个居民能拥有一个标准化、通用并且使用方便的支付方式。因此就目前而言，我们面临的只不过是普及化的问题——这也是可以预见的——尤其是出于心理规则等方面的考虑而引发的强烈反对。实际上，要一下子放弃全世界都习惯了的货币标志的确不是件容易的事情……

电子支付方式的原形，是由法国发明家罗朗·莫尔诺在 1974 年首先提出的。有意思的是，最初的构想就是一枚戒指，与勒内·巴赫加威尔小说中所描述的东西如出一辙。不久之后，布尔信息技术集团（Bull）便把这个想法变成了现实。所谓"现实"的关键其实也就是一张经过微处理机的芯片。虽然所有的研发工作只开了个头，但这最初的一步却开启了 40 年的革新浪潮，也促生了第一张"信用卡"。接下来登上历史舞台的是电子钱包，后者仿制公用电话亭的电话卡设计：本质上就是一张余款芯片卡，里面有一定的有限信用额度。这个发明大获成功。接着银行乘胜追击，推出了基于相同原理的电子货币，成为叮当作响的硬币和现款的理想替代品。有了它，第一时间你会想到什么？对了！你不用现金就可以支付有限数额内的款项：顾客不用为了支付现金而取出纸币，他们只要在卡上存一定的金额，就能在拥有读卡器和合适终端的商店里支付消费了，但前提是必须要在信用额定的范围内。这其实和现金也没有什么多大的区别，只不过这种钱没办法用肉眼识别罢了……还有就是每次交易，银行都能获益！随着技术的进一步发展，电子钱包有了新的变种——移动电话从 21 世纪初开始也成为一种支付方式。在日本，索尼公司和日本电信电话株式会社（NTT）最早推出了无接触支付的服务，成为整个领域的先驱。他们的方法是从法国人莫尔诺的接触式支付卡方案开始起步的。日本人的革新原理是：通过离读取器少于10厘米发出的超高频率无线电波进行通信。这样一来，不但可以迅速提高交易速度，还可以把芯片放入其他物品中去，例如：钥匙圈等日常用品。它还允许其他的个性化设置，比如：操作权限的鉴定，或者是运输凭证的支付等。香港的公共交通系统早在100年之前——也就是1997年，就采用了这个系统，而东日本铁路公司，也就是日本第一的龙头老大也在2001年引进了该系统。拥有如此的业务便利，日本在相关领域的技术水平得到了前所未有的发展，与世界其他国家相比可谓一马当先。转眼间，曾经由法国人一手打造的理念也销声匿迹了。

在人类文明的最初，进行商业交易的惟一方式就是物物交换：一头牛交换几袋大米，一头羊交换一些手工艺品。这个交易系统并不坏，但我们必须清楚的是要把一头牛或是一头羊切成两半来交换可不是件容易的事……这就是为什么人们要发明钱币的原因了。最早，钱币是以金属块的形式出现的：铅或是铜，在当时价值是很高的，此外还有金和银等珍稀的贵金属。但这样的做法也存在问题：每次交易之前，买卖双方都需要切割金属，然后还要给它们称重，这意味着商人还要带着秤、砣等笨重的工具来回奔走。于是人们就有了把这些金属块事先切分的想法，因为这些小单位的金属块更易于运输和随身携带。最初的货币可以追溯到公元前7世纪的吕底亚（Lydia）——现在土耳其境内，当时是受克拉苏斯国王的统治——时期。这也就是词组"像克拉苏斯一样富有"的由来了，他可是第一个有意识集聚金币和银币的人……钱币的出现加速了商业的发展，特别是中国人想到把金额价值写在物质的载体上，使得纸币应运而生。接下来还出现了支票，通常我们说这是第一个表示两方信用的虚拟处理方式。随着电子钱币的诞生，钱和商品的交换彻底消失了，取而代之的是对电子系统的盲目信任。高科技确实不错，但有时也会令人困扰，比如电子系统的内情对于绝大多数普通大众而言是晦涩难懂的。人们往往说，钱是没有气味的，其实它也没有颜色，因为它变成了硅化物上一些看不见的电子……如果这个技术无法阻止花钱大手大脚的人一"掷"千金，那么要对一张未付的票据"锱铢必较"地追回恐怕也会是十分困难的。

资料来源：

1. 昆·尼古拉，《当电子钱包变成可以移动的物体》，2003 年 11 月 21 日（相关网址：http://www.o1net.com/）

2.《研究》第 176 期，1986 年 4 月

小小跳蚤连卫星，监狱劳改成历史

刑罚体系的重建工作已经进入了最后阶段。在电子监控技术引入后一百多年，卫星跟踪罪犯使监狱成为累赘。只有那些罪刑极重的囚犯才将继续待在专门的监管中心，和外界隔离开来。

2090 年发射的 Libersat 卫星，继续改写着监狱的面貌。在 21 世纪初还繁荣于全法国的 185 所监狱如今已全部消失。各大监狱、拘留所、自动化半自由制看管所已被电子罪犯监控系统所取代。四面高墙的大牢已变成虚拟监狱，取得的效果也出奇的好。人们也曾担心过罪犯中间可能会发生重犯，人们也担心这些受到监控、被时刻跟踪的罪犯会出现严重的心理问题：但结果，一切担心都没有出现。这个监控系统最终被人们认可了，只不过，人们对那个监控犯人一举一动的"举报者"可从来没有多大好感。这个"举报者"，它每一秒都在监视着罪犯，观察罪犯行为变化的时候，精确度可以达到 50 厘米。

卫星跟踪技术上取得的飞跃性进展，以及生物统计学日益完善的鉴定技术，这些科技成就都让人们为之浮想联翩。传统电子手铐的使用情况是，罪犯每次想要挣脱的时候，手铐都会释放信号，而如今，这种手铐已经让位给了使用温度记录法的生物统计学技术。这种系统可以在很远的距离就能分析每一位"受到电子监控"的罪犯其身体上不同部位的温度以及血液循环状况，几乎不会出现任何差错。这就让铐在腕上的手铐毫无用武之地了。这种系统更佳之处是，由于温度（取自脸上不同部位，故没有任何可变参数）和血管图都是每一个人特有的，在这套系统中，这些信息从文在脸上的一个肉眼看不见的微型跳蚤上发出，结果也不会有任何差错。这个小跳蚤文身是没法擦去，也无法脱离的，且罪犯本人并不知道自己身体的哪个部位上安装了这种电子设备。如今的计算技术可以达到每秒对这些"没有围栏的罪犯"的预先设定好的作息时间进行分析，并将其与罪犯的实际行动进行比较。法官的行程则每日隔一段时间便由一位负责跟踪刑罚的工作人员重新公布，而那些从前我们称之为"狱卒"或是"班房看守"的工作人员呢，现在都回到家里去上班了，他们要做的就是和 Libersat 系统相连。这样，他们一个人可以同时管理数十名处于电子监控下的罪犯，这就好像空中指挥员监控飞机航行一样。

一旦出现紧急情况（这种事情每天都要发生好多次），工作人员就会向警察巡逻队发送信号。这些巡逻队有市级的，也有国家级的，它们是通过一个移动电话端口与该系统相连的。治安队可以确定哪些犯事的罪犯眼下正在何处，然后等到有需要的时候，可以随时介入。碰到罪犯不遵守法官定下的规矩的时候，则对罪犯延长监控时期，对其活动限制也将加强。同时，还可能强制给罪犯规定每日行程。我们举个例子，一名犯有家庭暴力的罪犯此后就不能再接近他昔日的住宅了，否则的话，他的举动就会触动巡逻队的警报。而所有有恋童癖的罪犯则都要接受化学治疗，主要是接受雌激素注射。至于毒贩子们，21 世纪初，他们的比例占了全法国罪犯人数的大部分，这些罪犯，连同杀人犯、持枪抢劫犯和强奸犯一道被司法部门视作危险分子。他们被监禁在分布于欧洲各地的改造所内，与外界隔离。

但如今对这些危险分子而言，却已经没有拘留所这个概念了。因为现在所有的重罪犯的身上都贴上了一张"反暴力"的膏药，一旦罪犯出现暴力以及攻击性行为，抑制信号便会被激活，从而阻止这些行为的发生，由此直接作用于罪犯的暴力行为。这就是为什么所有收容这些罪犯的专门的监管中心如今都不用将这些人关在监狱里了，相反，他们还要照顾这些罪犯，让他们待在划定好的空间内——这是一种封闭式的生活，在这里，罪犯的一切犯罪动机都没有任何机会去转化为行动。有些罪犯还可以让他们上课，以使他们重新融入社会。这些进步可谓是不可思议啊，从而结束了此前数十年中法国监狱里那种杂乱无章的状况。这种取消高墙深院的想法是21世纪50年代在哥伦比亚的麦德林城首次出现的，是名为"拯救城市"的行动后续。当时这些行动使暴力事件数量攀升，曾波及大部分欧洲国家深受农村外来人口过多之苦的大都市，其中也包括法国，而由于预算方面的原因，政府又不可能增加拘留所的数量。这种种一切，都迫使人们开始反思现行的监狱制度究竟该何去何从。美国人20世纪末曾想象出一种"没有铁窗的监狱"，此刻也开始成为世界各地人们努力的方向。当然，这也不是什么万灵药，不过，还是令人们改变了以往对"拘留"这一概念形成的那种成见。

在人们的反思刚刚开始的时候，人们在内务部门档案里找到了让-吕克·华斯曼（Jean-Luc Warsmann）代表在21世纪初撰写的一份报告。他在报告中已经提出了87条与监狱刑罚执行有关的措施。在当时，监狱人口过剩成为怎么也解决不了的老大难问题，有些监狱的空间利用率甚至达到200%，而更甚者，是犯人的数量在

20 年内又增加了 70%。这份报告又在危险罪犯和那些可以在牢墙外服刑的罪犯之间划了一条清晰的分界线。该报告里面，作者还强调了这样一点，即在监狱里面，由于罪犯日日相接触的仍然是些犯罪分子，且又是 4 个人同住在一间 9 平方米的小室中，这种情况的危险性无疑是极大的。总之，他的结论是，监狱会制造罪犯，罪犯在监狱里面是没有任何改造和融入社会的机会的；作者又认为，在罪犯拘留的阶段内，我们应该让罪犯有接近外界工作圈的机会。于是渐渐地，有一种想法开始在社会上流行起来，那就是改变监狱的面貌，使之更适合服刑所要达到的目标。昂热的拘留所是全法国首批试验在家囚禁的监狱之一，里面的 50 名拘留犯都戴上了电子手铐（固定在踝骨上），然后他们就可以离开监狱，回到家中。这是 2002 年的事情。其他的实验在艾卡萨、阿拉、里尔和格勒诺布尔进行，也均取得了成功。

刚开始的时候，这种做法还仅仅限于处于临时拘留中的嫌犯，久而久之，电力监控系统的使用范围开始扩大，逐步涉及短期服刑的罪犯、有条件释放的罪犯，然后是女性和矿工。对于唆使种族仇恨（21 世纪初频频发生）的犯罪，刑罚又得到了进一步加重。此类罪犯必须要接受电子监控，他们每天都要在种族主义受害者居住的社区中参加劳改，进行公益服务。而那些因酒后驾车而导致公路犯罪的囚犯，也必须参加公益劳动。吊销他们的驾驶执照，那是肯定的，这些肇事司机还必须在身上安装一个 Libersat 卫星，同时还必须接受医疗。诈骗犯除了要接受电子监控外，还要支付长期罚款，从此以后，他们一生都要不断地赔偿巨额的钱数。防止重犯是监控工作的重中之重。而公共部门已经找到了一帖对付监狱人口过剩的良药。

　　话说回来，其实这些措施的实行也并不是一帆风顺的。首先，我们要建立监控站，还要组建刑罚服务人员队伍，再布置新的跟踪监控任务，然后是加强社会调查，还要为在家工作的罪犯所需的设备进行投资等等。同时，我们还看到，城市保安职业也在各大都市得到发展，这种个人监控的手段投入使用，可以令市民的生活更加安全。结果是犯罪事件的数量明显地减少了，举个例子，比如说你打算外出下馆子，或是去（未受到监控的）三层地下停车场取车，你只需打一个电话，就可以享受数小时的保镖服务，安全问题自然也不用发愁了。

资料来源：

1.《狱中的刑罚选择，短期渐进的管理模式，以及犯人为出狱所应做的准备》，众议员让-吕克·华斯曼，2003年4月28日（可以访问 www.justice.gouv.fr）

2.《城市恋人》，高丹·希尔瑞，《2100——下个世纪的纪录》，帕约出版社

3. 约什·德尔加多工程，马德里

4. 法国资料档案（www.ladocfrancaise.gouv.fr）

5. 司法部活动报告（www.justice.gouv.fr）

6. 在线网站 http://biometrie.online.fr/techno/Techno_index.htm

来自火星的第一批玫瑰来到了地球

在有"红色星球"美誉的火星上，第一次长出了绿色的植物。位于伦敦的索斯比拍卖行里，这些蓝色的玫瑰以极其高昂的价格被人摘得。2030 年在火星建立的基地取得了巨大的成功，它不仅使埋藏于星球地下的水源涌出地面，更创造出了茫茫宇宙中的第一片绿洲。从此以后，地球将多一个姐妹了！

"爸爸，你相信人们有一天能在火星上种花吗？"——20 世纪的孩子每当来到佛罗里达州的迪斯尼乐园，看见未来世界主题公园（EPCOT）中的宇宙画廊就会这样询问。而现在，这个问题似乎已经成为过去。红色星球上，地下水涌出了地面，使得科学家们成功地创造了首个实验玫瑰园。从火星运送到地球的花在伦敦的售价是每朵 10 000 美元。而"火星玫瑰"这个新品种也会进入记载所有经典品种的目录中。

正如其他伟大的发明创造一样，在火星上创造"绿洲"的疯狂想法也应该感谢一个偶然的巧合，并且可以说几乎是一个玩笑——而且事情发生的时间就在三月（译注："三月"在法语里和"火星"是同一个单词，Mars）！那是在 1979 年，正值休斯敦的一个宇宙年会进行期间。在月球协会的草坪上，人们正在进行一个午餐会。靠近宇宙中心的清水河旁边，几个大胆的工程师突然有了新主意，他们要临时召开一个会议，正是这个会议引发了"引土造田"的想法以及所有围绕这个想法展开的实践的雏形。这个意外的会议延续了4个小时，只不过当中因为红蚂蚁的蜂拥而至而中断了一小会儿。这反而使得一些人不无幽默地注意到：在其他星球上引入植物时也要注意红蚂蚁这样的问题。

事实上，"引土造田"的想法早已不是新闻。中世纪的荷兰人就利用沼泽引流的技术来围垦土地，还有沙漠的人工灌溉，于此也不无相似之处。在太阳能系统方面，人们能够利用能源满足各方面的需求，使人类的生活发生了巨大的变化。而所有这些做法的目的是相同的：就是把以前不适宜居住或是不能开发利用的区域进行彻底的改变。月球上是没有大气层的，所以人们对它没有什么兴趣，而火星和金星都已经整装待发，准备迎接"地球2号"的称号。

从那时起到后来的六十多年时间里，人们对火星进行了无数次的研究，包括它的大气层、它的结构组成和它的压强。"最大的难点在于创造出能使火星表面有液态水出现的各种条件。"一个天体物体学家这样解释。因此，人们计划给火星创造出密度更大的大气层，于是就想到了创造出一个罩子下的城市，但这只能是一个暂时的解决办法，同"引土造田"的想法没有什么关系。而后者，才是真正能使得人类长远地进行太阳系的星球开发，甚至还包括对小行星开发的良策。

在红色星球上重现水源并没有难倒科学家：只需挖出人工的火山口，把它们变成自然的盆地，而水——人们知道火星上有大量的水藏在地下——会填满这些盆地。问题是，根据众所周知的自然法则，水的沸点（就像其他液体的沸点一样）会随着压强的降低而降低，低于6毫巴——也就是原来的压强，水没办法以液体的状态在火星表面存在。因此需要人为地提高这个压强，但也不需要达到和地球一样的数值：根据计算，地球一般的压强（也就是 500 毫巴）就足够了。

为了深入挖掘到几千米深的地底下，科学家运用了小的热核炸弹，这可是从地球秘密运送过去的。"这不会带来什么问题，所有人都认为这是地球上撤除武装设备的好方法，可以同时消灭 20 世纪期间一些国家储存的军备。"一个天体物理学家日前透露。考虑到自由放射性元素的周期很短，核辐射的污染被认为是可以忽略的。惟一可能存在的风险——即便有，其影响也不会很大——在于这些大大小小的爆炸会引起距今已沉睡 5 亿年的火星火山再一次苏醒……

一百多年前在休斯敦草原上诞生的主意意义非常重大。从第一批宇航员踏上火星表面开始，人们很快发现这个星球会成为富有吸引力的第二个地球。但是仅仅在火星开发出水是不够的，同时提高大气层的压强来使它保持这样的状态也是必需的。最后的解决办法是借助带离子推进器的自动穿梭机，"捕捉"哪怕是火星环中心的冰块！这些机器会升起到几千米的海拔高度，在火星提取极其微小的冰，而这些微不足道的获取却会使得火星大气层中的水蒸气大量增加，与此同时，也能使得它的压强升高。

很快，这些"火山口—绿洲"被水填满了，但是大气层中水蒸气比例的提升带来一个意想不到的后果：火星上下雨了！不过这是个有利的情况，因为水不会再集中于火山口，而是开始在火星以前河流的河床中流淌。结果就是：海洋和湖泊开始形成，最初的绿洲能够比预计更快速地发展，这也使得著名的实验玫瑰园能够投入种植。

借鉴了火星上的成功案例，科学家们适时地启动了在金星上的工程，首先是把压强的数值从 90 Pa 降低到 1 Pa！同样的，这会有意想不到的好结果："毒害"星球大气层的二氧化碳含量将大幅度减少。这样不仅能够使金星的"空气"变得适宜人类呼吸，也能有效地制止温室效应。众所周知，因为二氧化碳的从中作梗，温室效应能使金星地表温度攀升可怕的 400 摄氏度，这都已经接近铅和锡等金属的熔点了！

为此，科学家最后采用的技术是播种——这是从非常古老的想法出发的，某人从 1976 年出版的一本美国科学杂志上发现了这种方法。于是，科学家们把成千上万的小胶囊从位于星球轨道的卫星装载器上投掷下去，这些胶囊内含有能够在有水的情况下制造氧气的蓝藻。然后它们会到达大约 50 千米的海拔高度——在那里，温度和压强与地球的情况接近，接着，胶囊会放出它们珍贵的内容物质，借助于这个高度的强风，这些物质在金星大气层的高位传播开来。当然，效果并不是立竿见影，马上就能呈现出来的。但是，受到风的影响，这些物质会在几个月的时间内一直在这里停留，在这个离金星表面很远的虚拟的海洋里，这些只能在显微镜下才能看到的蓝藻就会开始繁殖。蓝藻通过光合作用，引起了一氧化碳（CO）分子的分解，使得碳酸气体逐渐被氧气所取代，结果温室效应马上显著减少。同时，就像工程的发起者所期望的，也就是专家称之为反作用力的现象也出现了：一旦压强和温度降低，水蒸气的蔓延层也会扩大到更低的海拔高度，使得有利于蓝藻繁殖的虚拟海洋体积不断扩大。而蓝藻数量的不断增加，也会加速氧气的产生，直到它达到今天的平衡状态。

只短短几年，那个三四十亿年始终犹如地狱一般的金星已不复存在，对于这个星球来说，这毫无疑问是一个巨大转折。虽然金星还没有成为真正的天堂，但是我们有理由相信，从今往后，水绝对有可能在金星的表面保持液体的状态，这样一来，人们就会看到海洋在金星上形成，就像在火星上一样。我们可以说，金星正在成为地球真正的姐妹星球的道路上大步前行。

受到这些巨大成功的激励，"引土造田"领域的行星学家现在又把他们的眼光投向了更加惊人的计划，其中有使"木卫2号"欧罗巴（Europe）和"木卫3号"甘尼米得（Ganymede）这两个土星最大的卫星"掉落"到离太阳更近的一条轨道上，使得它们的表面温度能够提高的计划。这些主要由冰构成的天体，在未来，会成为地球人见所未见的最大的淡水储水池。当未来的某一天，水——这流动的"蓝色金子"——成为人们极其稀缺的物质，这些天体的作用将会是至关重要的。

资料来源：

1. 皮戈莱·盖（Pignolet Guy），《来自未来的报告》，国家宇宙研究中心，1983 年

"微量支付"式的"移动蚕茧房"

距今一个世纪以前,"微量支付"的概念——特指在家付费远程观看一部电影的方式——进入了流行的词汇中。谁会想到这个方式还会被运用于居住形式呢? 事实就是如此! 新新人类甚至还称之为"惬意生活"……

如果看一看地产业公布的销售曲线,那么也许欧洲的房产商不得不承认他们投资的直觉正在消失。的确,谁会那么疯狂,给一栋高层楼房混凝土中的四面墙投资几百万呢? 这不就和空头业主没什么两样吗? 事实上,近 20 年来,每年传统的房产交易都会有所下降,以至于敲响了房地产代理人的丧钟,尽管这个职业在 20 世纪还非常吃香。现在的生活方式带来了新的社会反响,这也和一个越来越广阔的欧洲不无关系。在职的管理者们不愿意为了维持职业的稳定发展,东奔西跑,每两年就要换一个城市,他们中的大多数人都订购了"微量支付居住",在法国更通俗的叫法是"居住支付"或者"惬意生活"。

请你千万不要马上下结论,认为这个类似于租房。不是! 租房的概念已经完全不复存在,只需到无数的提供"H 服务"商店里逛逛就可以了解这个运动的规模。这个著名的 H 服务实际上是由很多以前的房产代理人组织的,他们互相形成了一个网络,在生活环境管理方面发展出了一门新的生意。单从外表看来,这些在一定环境中建立的生活空间同 50 年来在法国非常流行的小屋没有什么两样,后者是由以前的农业荒地发展开来的。在法国的塞纳-马恩省，位于莫城和马恩谷之间的地方，昨天还是一望无际的玉米地，今天已经成为一个范例，启示着越来越多的欧盟房地产商。这个示范性的村庄，经过一个网络频道"koi29"的报道之后，在短短几个小时里被迅速变成了一件商品。拥有墙壁和土地的产业主或是租赁房屋的时代已经结束了："有啥新鲜事"节目的网民在那天晚上得知，只要支付一笔登入费就可以成为这座"移动蚕茧屋"的业主，还可以根据家庭生活的变化自由改变地点。

我们跟踪采访了一个有 4 个孩子的家庭，他们来到"蚕茧村"咨询有关 H 服务的情况。选择材料、家居设备和装饰物品，统统加在一起也只需要 2 个小时，这跟过去比起来真是截然不同。"只要凭借户口簿，所有这些东西都会送到你家"，一个销售部的主任这样解释，现在他们的产品真是供不应求，但是很快地，他就转而介绍起四块由超轻合成材料制成的护墙板。因为惟一的推销商品就是这四面墙，其他的物品都是各种组件，能根据家庭自己需要的房间分配情况来安放。"实际上，这就在于根据自己的品味和需求改变内部的设置"，一个室内建筑师这样说道。而这个活动的创意者之一也做出了这样的保证："重新组合的家具，当新的家庭进驻的时候，在大多数的情况下需要被搬走，从而可以自由创造出更多的空间。而当家庭里又添了新的家庭成员或者有孩子成年后离开家庭的情况下，只需要对房子的内部空间稍事修改就可以了，不需要再支付一分一厘。"而最不可思议的地方在于，可供选择的材料种类数不胜数，有了它们总能达到你理想中的舒适状态。例如，房子的玻璃门窗能够隔音、隔热和隔离光线。纺织品模仿了荷叶的质料，并且能够防尘。至于墙壁，钛氧化物的艺术画作在消除周围空气的污染方面效果显著，借助其内部装入的无害因子，还能够赶走蚊子和其他昆虫。另外它还有不少其他优点：居住是完全自主式的。为了方便随意地拆卸，这种房子是没有地基的，在这种情况下，如何确保房子能够稳稳当当？答案就是依靠一个深埋在地底的磁铁系统，它能确保房子有一个稳固的支撑，甚至还可以抗击时速超过200千米/小时的风暴。这个新型的居住方式，已经成为一个简单方便的消费品，它是根据住户居住的时间来收取金额的。建筑装潢材料的价格变得很低，也不需要众多价格昂贵的人力，使得这个原本费时费钱的力气活儿变得轻而易举就可以完成。至于家居用品方面，人们还是选择近20年来在这个领域出现的一些优秀的发明成果。同样的，这也是家庭科技的真正普及化。

而专属给那些富裕的想成为房产业主之人的产品，也是非常便宜的。这个规则非常简单：每项服务都要付费！在这一点上，可以说"微量支付"的发起者并不是斤斤计较的，因为房子的保养维修都会由H服务一手包办。房子还能像人类一样，会有不同的节奏变化，自动调节状态。通过移动房屋内置的净化站，雨水能被收集和循环使用，然后作为饮用水供给住户使用。而在沿海地区，家庭海水异化系统能保证盐水转变成饮用水。电能来自小型太阳能传感器，这个设备固定在屋顶上，和迷你风力机形成匹配，后者能够聚集风力，分配器会根据需求进行重新分配。一个家庭舒适方面的工程师这样解释："屋顶上采集的水还能在煮沸后，在最冷的时期保证取暖设备的供应。"

在"蚕茧村"周围，坐落着一大群微型企业，提供着就业岗位。其中，人们可以发现所有和日常生活息息相关的服务，从衣物洗涤一直到鞋子保养样样俱全。受到送菜上门模式的启发，当地的公司派年轻人每天晚上骑着两轮车去取回客人的洗衣袋和要保养的鞋子。这些个人衣物被处理完了之后，早上就会被送回客户家中，这样的服务还可以按季度预订，收取的费用也是十分合理的。这个新服务还可以避免家中添置昂贵和占用空间的家用电器，这样一来，人们生存和活动的空间就更大了，真是好处多多。而每家每户的厨房则都配备了"家庭厨房"，这个机器推出已有 10 年左右，可以精心烹调出顶级大厨级别的精致小菜。人们还给它添了一个新的功能，这个被命名为"奶品助理"的功能非常有趣。这个选择项是专门用来控制对牛奶和羊奶进行巴斯德灭菌的，保证干酪的成熟和加速奶酪的陈化处理，同时，它还能确保有两百多种奶酪的香味，口味纯正。"微量住宅"的申请人对这个新的设备都很感兴趣，它能够在几分钟内做出洛克福羊乳奶酪（Roquefort）。与此同时，你会听到一个带着鲁埃尔格口音的声音："我是白胡子皇帝最爱吃的奶酪，早在查理曼大帝之前，罗马人老普林尼（Pline L'Ancien）就提到我了"。"奶品助理"已经被评为 2095 年圣诞节销量最高的产品。它用奶酪，这个特殊的食品，使得长期彼此间多多少少有些罅隙的欧洲人又重归于好。同样有趣的现象是，在饭厅的桌子底下一个很小的地方，会摆放最新型的洗碗机。把餐具碗碟放入祖母级的古老机器的抽屉里来洗刷，这样做可就太落伍了：只要把碗碟在机器的平台上划过，同时启动程序。啊，我差点忘了……现在再也没有用水或其他液体冲洗的洗碗机了！整个机器的内部系统是由一种接近于二氧化碳的气体同波组合来运转的，拥有即刻分解油脂的奇效。

这个蚕茧房屋的理念是从 2003 年起萌生的，当时的建筑学校正为了人们生活方式的飞速变化而困扰不已，于是这个想法一经提出，立即得到了大力赞扬。围绕在居民的周围建构居住环境，而不再是居民被动地接受一套房屋，这个想法已经得到了实施。这个蚕茧房屋可以在住户的旅行迁徙中一直相随左右，可以在整个欧洲迁移，就像在淘金潮时流行的老式旅行汽车一样。如果这个家庭想要居住在法国的一个新的地区，情况也是如此。合同包括一年可以搬三次家。"这恰恰符合我的需要，"一位一家之主这样说道，"我会在布鲁塞尔待六个月，然后再到雅典待上一年。"至于孩子入学的问题，由于远程教学的发展，很早之前就已经得到了解决，在孩子们房间的移动隔墙上挂有灵活的有机屏幕，他们可以在固定时间通过屏幕看到转播。对于来取他们定制的"蚕茧"房子的家庭来说，展现在他们眼前的，真是一个多彩的服务的世界啊！

资料来源：

1.《资本杂志》,《智能材料》, 2001 年 8 月

2. 未来的居住：www.habiteraufutur.com/Ateliers/HabitatDemain/habdem2.html

3. EDF 法国电力公司

4. 未来先驱房屋的规划：(http: //www.habiteraufutur.com/FichiersPDF/Maisonfut.pdf)

5. 安德胡埃特·皮耶尔,《奶酪指南》, Stock 出版社, 1991 年

6.《活性材料》,《新工厂》, 2004 年 3 月 11 日

7. 不用水的未来洗碗：http: //arkius.overblog.com/article-129133-6.html

8.《西门子的未来家用电器》, 西门子产品部马修·沙巴访谈录,《发现》杂志, 2002 年 11 月

9. 博世有关于家用电器的未来的研究报告：《用长远的眼光》, 2003 年年度报告

人脑？不，人工脑

就在离22世纪仅有一步之遥的时候，人类又捣腾出新的玩意儿。这一次登台亮相的主角是一只能存储海量信息的小跳蚤。有了它在脑中，3秒钟轻松获取的知识量能远远胜过寒窗10载的苦读！不过它的诞生也并非十全十美。浪漫的法国人欢天喜地，将小跳蚤用于文化教育事业，然而山姆大叔却更希望小家伙能在军事防御方面大显身手。

根据最新的官方消息，美国军方已成功完善了代号为G1 JOE的军用计划。五角大楼的专家们声称，他们近日把《孙子兵法》中最复杂的计谋战略完整地植入了一名美国大兵的脑袋中。接下来，举世闻名的格斗功夫——日本的合气道以及韩国的跆拳道将成为他们的新目标。有了科学家们研制出的神兵利器，战士们亲眼目睹自己掌握知识的速度如离弦之箭，一发难收。不过问题也接踵而来，人们不禁想问："这样的军人与战争机器还有什么区别？"只有大家愿意将高科技用于正途，地球才能享受真正的和平。前不久在巴黎举行的一次新闻发布会上，世人终于看到了科技为日常生活服务的典范。法国人提出了名为"巨象记忆"的文化项目，将高新成果与教育完美结合在一起。这个计划的目标是帮助所有名落孙山的毕业班学生能在全国会考中走出阴影、金榜题名。如果计划可以得到进一步发展，越来越多的成年文盲也将受益。带有基本读写运算等规则的小跳蚤会根据他们的实际情况而量身变化。当然，最受新产品眷顾的还是那些考入大学的天之骄子们。从明年起，一款名为"双脑"的小跳蚤将隆重问世。有了它，大学校园里的精英们便可以高效完成各科课程，并在学业与实习工作之间游刃有余。我们可以以医科学生为例：无须再耗费多年的精力去死记硬背，只要通过跳蚤在自己脑中下载一部完整版的医学术语词典，枯燥无味的学习将豁然开朗。除此之外，学生还能节省下大把的时间，更快地投入到实践操作中完善自己。如果说科学拥有大批趋之若鹜的狂热者，那么文学后面也一定跟着无数死心塌地的粉丝。不论你是哪个国家的作者，不论你所使用的是什么地方的语言，从今往后只要有小跳蚤的帮忙，那些拜倒在华文美句石榴裙下的文学迷就可以将人类历史上的优秀作品尽收脑中，一览无遗。想一想拜读原汁原味的歌德、莎士比亚会是一件多么赏心悦目的事啊！

在这里需要说明一点：虽然向脑中植入跳蚤前要经过麻醉等外科手术，但绝对无痛无害。更好的是，一旦成为小家伙的主人，你的大脑就像接上了 U 盘，掌握的信息、知识量将无限延伸。只要你愿意，原有的知识会不断被更新，最酷的时尚资讯、最前沿的技术发明尽在你手！

看到这样卓越的技术新品，我们的祖父母们要是不惊喜才怪呢！对于从 40 岁起记忆力就不断衰退的老年人而言，小跳蚤可是解决了他们的大难题。从今往后，银行卡、存折、密码、账号……再也折腾不了他们啰！也许我们这一代人很难忘记《黑客帝国》，1 个世纪前红遍全球，赚得盆满钵满的科幻大片，到今天恐怕早已是无人问津。片中那个能从自己脑中直接下载数据信号的英雄人物——尼奥，以现在的眼光来看，似乎与一只小小的跳蚤无异！只不过，人类是花了 100 年的时间才使科幻真正走入现实的。要达到今天拥有的技术水平，必须首先解决亿万信息的编码以及数据压缩这两大难题。早在 2005 年，法国科学家就携手世界各大顶级图书馆倾力合作。当时，嘉利卡数码图书馆拥有电子图书 7 万册，图片 8 万幅；而门户网站谷歌（google）也在这个领域身先士卒。截至 2015 年，全美境内的七大图书馆已经能提供多达 150 亿的电子页面材料。不论是论文、小说还是新闻资讯，大众都可以足不出户将全球动态尽收眼底。更为神奇的是，我们甚至能直接在个人电脑上浏览 1687 年出版的首份牛顿定律原稿！

看着美国人卓有成效地开展工作，其他国家也按捺不住，纷纷迎头赶上。他们要对以本国文字撰写成的所有文献、报刊、书籍进行编码。这项浩大的全球工程所取得的成就远远超越了山姆大叔的一人之力。法国更是集全民之力允诺，要在 20 年之内完成所有法语文献的编码工作。在与版权所有人以及各大出版社达成协议之后，该计划的负责人决定优先处理一批当代法国文坛的力作。如果可能的话，就连共和国历任部长们早已束之高阁的工作文件——天知道有多少——也会被编整人员考虑在列。2035 年，法国早就稳坐上世界书籍编整领域的头把交椅。就连巴尔扎克的宏篇巨作——《人间喜剧》（内有整整 88 篇小说与 2 500 个人物）也已经有了编码版。再加上《行话大全》等作品，我们就能在指甲盖大小的薄片中收录巴尔扎克全集了！此外，凡尔纳的科幻杰作、苦行僧侣们的游吟诗……总之，从中世纪法语诞生起到眼下，你能想得到的文字作品都能找得到。

除了在书籍编整领域做出的卓越贡献，法国人还有其他更为耀眼的绝技。乘着 2050 年世界博览会在巴黎举办的东风，东道国决定发挥所长，将人类迄今为止的所有知识编撰成册。知名学者、作家、哲学家、历史学家、科学家等，各个学科领域的权威级人物全体总动员，倾尽所有打造一部简单易懂的百科全书。只要粗略地浏览一下，学生们就能对最前沿的科技发展有所了解，比如量子力学、纳米材料以及克隆等。这部作品既有印刷版也有电子版，当然，后者必须与强大的搜索引擎配合工作。你只要在键盘上敲几个简单的字符便能直击答案，相关文字、图片、影像立现眼前。2088年，日本人提出了一个有趣的问题，同时也直接触发了人工脑的研究工作："有没有可能将这些海量电子信息直接与大脑相连接呢？"随着科学家们对人类记忆的层层解密，相关实验取得了突破性的进展，许多科研中心都在合成脑的连接中大获成功。不少工作人员坦言，他们是看了基诺·李维斯主演的科幻电影后才大获启发，因为剧中的男主角正是借一只跳蚤之力将所有的机密信息斩获囊中。

　　神奇的科学力量仍然不断地震惊着人类。去年又一款新型海量跳蚤诞生，完全由电子配件合成的小家伙竟然无色无形，成了不折不扣的隐形人！不过冷静地想一想，这样的技术要真正得到普及并为大众所接受恐怕尚待时日。多年来，不少民间组织一直愤愤不平，大骂"人工脑"只是少数富豪的玩物。随着小跳蚤的设计者站出来反驳，似乎也向世人宣誓，知识从来不分贫富贵贱，新的技术成果是为了造福所有人而来到我们身边。最后，让我们花几分钟时间为传统的教育体系默哀。孩子们有了"人工脑"的帮忙，学习知识成了几秒钟就能消化的小菜一碟。人们实在找不到理由继续耗费大量的人力物力，硬着头皮开办学校。就连几十年前红红火火的网络课堂恐怕也要关门歇业了。未来的学生需要学习的不是如何填鸭式掌握条条框框的公式定理，而是学会如何审时度势，在自己的脑袋中建立起最符合需要的数据库。

近日，恰逢法国各大名校的年考。会考的难度可以称得上史无前例，让专家学者们也大跌眼镜。可是考生们偏偏从容不迫，因为他们的脑中早有小跳蚤马力全开！看着他们自信地应答如流，我们真的很难想象：这批拥有 n 个脑袋的精英们将来会变成怎样的文武全才？总之，还是让我们屏息凝神，拭目以待吧！

资料来源：

1. 嘉利卡数码图书馆：http: //gallica.bnf.fr
2. 百科知识大学：www.tous-les-savoirs.com
3. http: //arbredespossibles2.free.fr/FutursTechno2.html

超级新音乐，你的耳膜准备好了吗

　　最近，世界上各大顶尖剧院乐团动作频频。继加涅尔歌剧院建造了最新的隔音墙之后，国家爱乐乐团也不甘示弱，引进了一种全新的混音乐器。这款名为 Mixon 的新式乐器堪称神来之笔，许多业内人士都对其寄予厚望，称它是颠覆 21 世纪传统审美，为全新音乐形式注入生命的杰作。听吧！新音乐正向我们走来呢。

　　"这真是一个闻所未闻的美妙夜晚，我们的耳朵享受到了从没有想过的听觉盛宴。听见了吗？演奏大厅里久久回荡着观众们雷鸣般的掌声，新的技术似乎在告诉人们：22 世纪离我们不远了。"——尽管传媒向来以刻薄、严厉闻名，但这一次他们却一反常态，极尽赞美之能事，将新乐器赞得"此曲只应天上有，人间难得几回闻"。由此不难看出，圣·希尔维斯特大剧院大胆启用的新音乐演奏方式取得了巨大成功。今年离新世纪只剩下短短 4 年时间，伴随着音效混声技术的诞生，人们似乎正尝试着在音乐领域翻开新的一页。传统音乐恐怕会真的伴随着过去的 100 年走入历史，我们将引来崭新的 Mixon——这是为了纪念 20 世纪 90 年代辛勤工作的 DJ 们而特别设计的名字。事实上，Mixon 系列的出现不仅象征着耳朵的革命，还预示着普通人在演奏、学习乐器的过程中将迈出大跃进的步伐。但从外表上来看，新的乐器与传统吉他倒是有几分神似。它的技术核心说白了就是电控调声器与和音系统的完美组合，只不过作为和弦铃音的嫡传弟子，新的乐器更加悦耳动听罢了。熟悉音乐的人有两个名字是绝对不会忘记的：以电子音乐的先驱者——哈蒙而命名的管风琴以及最早实现声音合成器商业化上市的罗伯特·穆格。现在，即将步入 22 世纪的新型和声器也要起航，它将以电声学为基础，为下一个百年的音乐展开恢宏壮丽的新画卷。

对音乐痴迷的人而言，他们一定无奈地消磨了很长一段百无聊赖的时光。因为在近 100 年的时间里，人们甚至能用"乏善可陈"来形容毫无新意的音乐领域，至于什么新的音乐体验，那就更别奢望了。在这一次圣·希尔维斯特大剧院公演的新音乐会上，四十多位风格迥异的演奏家同时使用新型的 Mixon 乐器演绎音符，也使观众们对于"新音乐"这一概念有了直观感性的认识。尤其值得一提的是，从今往后，学习乐器不再是一件耗时又费力的苦差事。一位古典音乐的粉丝激动地回忆说："我的父母常常和我抱怨，他们小时候可是要花大把大把的时间去啃乐理——这块难啃的硬骨头……"对于新式乐器的到来，音乐迷自然是 120 分的欢喜。虽然 Mixon 的外形其貌不扬，有点像厚厚的贝壳，但它发出的天籁之音悠扬婉转，足以让粉丝们沉醉其中。更神奇的是，由于该乐器的声音管理完全由电子计算机控制完成，因此在演奏的时候根本不用担心节奏上会出现错误，高精度的智能系统能修正所有乐章段落的划分。除此之外，Mixon 还是造音高手：不论是弦乐器、键盘乐器还是打击乐器，Mixon 都能模仿得惟妙惟肖。更令人不可思议的是，小家伙还能出色地混合各种声音效果，累计数量超过百余种。如果单单用耳朵来听，那你可就走宝了！新式乐器所呈现的饕餮盛宴绝对值得动用你身上的每一个部位去悉心感受。不论是激昂的海豚音还是沉稳的低吟轻唱，一旦进入由 Mixon 营造的音乐世界，你会情不自禁地与之共鸣。想一想那载歌载舞的欢乐场景吧，该是多么令人高兴呀！

如果仅仅只在乐器这方面花大力气，效果恐怕还不怎么尽如人意。为了唤醒更加独一无二的感觉（有人把这种感觉定义为"如同飞翔一般的意念提升"）并拓展 Mixon 的受众面，相关技术的研发人员又开发出一种名为 Sensasons 的特制小盒子。从观众进入大剧院的那一刻起，每人都会收到这个特殊的小东西。你可别小瞧了它，演奏家如何在音乐会中与观众取得互动联系，Sensasons 将发挥至关重要的作用。一位声学工程师向我们解释道："在传统的音乐厅里，所有听众在同一时间都只能接收到相同的声音信息，他们无法选择偏重哪一种自己特别感兴趣的乐器重点聆听，眉毛胡子一把抓可以说是从前音乐会的普遍模式。但现在，得益于 Sensasons 的出色工作，听众真正成为自己音乐审美的指挥家。随着乐团的演奏，你可以随心所欲地选择走近钢琴大师的节奏，当然也可以将重低音的大提琴音量调小。"小盒子不仅仅能够针对乐器演奏而发挥作用，在演唱会上对于歌手的嗓音把握同样炉火纯青。众所周知，音乐会上的独唱常常被粗犷的吉他或其他打击乐器完全淹没。而现在有了 Sensasons，你只要将主角的声音调到最优档，一切不就搞定了吗？事实上，Sensasons 所运用到的核心技术通常被称为"声音的空间分层"。早在 2020 年，相关技术就已经在高保真的音像制品中得到尝试，只不过当时所谓的"空间分层"仍然处于起步阶段，根本不上台面。感谢工作人员多年来坚持不懈的努力，我们终于看到了成熟的技术被广泛运用。从今往后，对于音乐质感极度挑剔的发烧友们再也不用抱怨声道呆板、高低音混杂的传统唱片了，

Sensasons 会引领我们走进一个完全不同的音效世界。现在，应该已经没有必要向你描述"空间分层"唱片是如何卖到脱销、家庭歌剧院是如何像当初（大致的时间是在 21 世纪初）的家庭影院一样成功登陆普通民众的日常生活。因为你完全可以想象最新的技术早已经席卷全球，将从前人们的生活习惯彻底颠覆，走入了如同 22 世纪般的视听王国。

正像我们一直所说的那样，随着混声乐器的不断发展，音乐也步入了一个前所未有的新维度。那些潜心致力于新型乐器发明的设计者们发现了许多有趣的现象，比如某些动物能接收到人耳无法辨识的声波频率。通过对不同声波段的研究，专家们得出结论，新的乐器完全可以做到拓展人脑的听觉范围，并混合原来耳朵无法捕捉的混音信息。这也是为什么后来，音乐家们会如此热衷于"混音乐器"的设计与使用的缘故。看看现在市面上热卖的高端乐器，能混合风笛、电吉他、架子鼓和萨克斯的神奇产品不在少数，有的甚至还融合了风琴以及小提琴的别种音韵。用新型的混音乐器办一场鸡尾酒会也绰绰有余，只要经过短时间的训练，一名杰出的指挥家就能将管弦乐队中所有成员的工作一手包办，因为一台乐器能混合出你想要的任何声音效果。对于如此高科技技术在音乐界的使用，业内人士毫无疑问都做出了各自的分析。一位"神奇音乐盒"的发明者介绍说："人类是自然界中最杰出的物种，因为他被赋予了各种各样得天独厚的才能。我们知道如何书写、绘画、歌唱以及表达思想……但是需要指出一点，音乐与上述的所有才能都是不同的。纵然我们能够接收到音乐所表达出来的强烈情感信息，但如果没有混音乐器，我们就不可能演奏出完美的和声从而全面地表达内心的思想感情。"

理解声音、欣赏声音并最终将它们融合为一体表达出来，这是 Mixon 在世人面前所作出的疯狂尝试。你甚至可以把它看作是一场赌局，就像 1923 年一个名为吉布森的声音学工程师一样，他把麦克风粘在吉他上，大声地向所有人演奏——这何尝不是一种豪赌呢？也许他做梦也不会想到，正是因为他的奇思妙想，才启发了德国人里根·贝克在 1930 年成功制造出第一台电子吉他，从此世界上诞生了新的音乐形式。如果传统守旧的音乐人还没有侧耳倾听过 Mixon 所带来的高山流水，那么现在是他们竖起耳朵的时候了。如果再不听，他们可就变成不折不扣的老顽固了呢！

资料来源：

1. 阿尔诺·萨班，乐器设计师

2. 西门子拜尔有限公司：http：//www.pursonic，de/franzoesisch/f_home.htm

3.《回声的游戏——墙壁也有音乐细胞》，2004 年 10 月 1 日

4. 其他相关网址：http：//www.ircam.fr/26.html；http：//www.01net.com/article/254550.html

可以扔掉的汽车

要是你问 2098 年的世界车站有什么看点，那么"可以扔掉的汽车"绝对是压轴性的重头大戏。多年来，印度的生产商 CarDelhi 一直探索着如何标新立异，做到与西方汽车工业的巨头们反其道而行。随着"不耐用汽车"的成功问世，印度人似乎已修成正果。从今往后，香车会自动报废，总之，大限到了，它也就消失了……

对于传媒而言，最怕的事情莫过于大摆噱头却最终被指报道失实的尴尬。最近，某报纸的巨幅标题"可以扔掉的汽车"就引得舆论一片哗然。所幸，现在事情得到了证实，印度著名的汽车生产商成为相关技术的领军人物，在摄影师们的镁光灯下十分拉风。提起印度这个国家，你最先想到的一定是它遥遥领先的信息材料技术。至于汽车生产方面的发展，印度人保密功夫可是做到了家，懵得全世界都措手不及。由于长期以来都饱受道路交通事故频发的困扰，这个国家一直都动着将这颗毒瘤拔除的脑筋。与其吃力不讨好去开发所谓的高端豪华汽车，让消费者在糟糕的道路上磕磕碰碰，还不如逆向思维，一心一意将汽车设计为价格低廉的"快速消费品"。这样一来，也可以让新款产品在国外众多名牌车中脱颖而出，抢夺有利的市场占有份额。从今往后，区区 3 000 欧元就可以将自己心爱的小车抱回家：复合型的操作模式、经济环保的使用方法，更重要的是，在产品生命周期结束之前，它决不会对你乱使小性子，隔三差五地发生故障找你麻烦。

也许你会有这样的疑问，这么廉价的汽车使用寿命岂不是很短？虽然与普通车型的使用年限相比，新型车确实不能算长寿，但是每辆车出厂的时候都会与消费者签订使用期限协议，根据车辆型号的不同，车主会得到制造商的保证：30 000 千米、50 000 千米或者 100 000 千米。总之在得到承诺的行驶里程之内，属于你的座驾一定会风驰电掣地完成任务，绝不给你带来后顾之忧。根据生产线上的编制程序，新型汽车能高效地满足用户的各种要求，表现不俗。更为神奇的是，纵然大限来临，小家伙也决不麻烦主人分毫，竟会自己安安静静地"寿终正寝"！你别害怕，它可不会突然爆炸，消失得轰轰烈烈，只不过某些需要启动汽车的重要部件不听使唤而已，罢工也罢得从容祥和。车上的绝大多数零部件采用纯生物可降解的聚合物制成，因此过了一定的使用期限，这些环保部件就会像枯叶一样分解风化。技术人员在选用主要部件时倾注了极大的心血，最终才选定了纯天然的纤维物质。值得一提的是，这种植物只有在印度才有，别无他家。你也许已经猜到了，"可以扔掉的汽车"本身就是可回收并二次利用的宝贵资源。从前因为合金或塑料而导致的环境恶化问题将不再是我们的噩梦。作为印度数一数二的汽车制造巨头，CarDelhi 公司当然不希望看见自己辛辛苦苦研发得到的产品最终会以垃圾场或肥料田为归宿。为了解决"扔掉后的汽车"，公司出资修建了专业的分支机构，专门从事新型汽车报废后的零部件回收处理工作。直到现在，不少 CarDelhi 的竞争者仍然对所谓的"可以扔掉的汽车"不屑一顾，他们坚信：像剃须刀或餐巾纸一样成为"快速消费品"的汽车决不会在市场上掀起大的波澜，而消费者也不会对这类品牌产生信赖感。不过现实似乎是对他们轻敌的最好打击，因为新型汽车引起了爱车一族们的巨大反响。你瞧瞧环球大道上的玻璃橱窗，清一色都在展示最新款的"快速消费车"。虽然产品的使用寿命有限，但围观的路人数量可是无限，将整条商业街挤得水泄不通。瞄准了同类产品的巨大市场潜力，一家土耳其生产商也开始频频动作。后者打算进一步发展印度人的绝妙创意，在市场上投放一种全新的车款——"可以扔掉的体育赛车"。众所周知，疯狂追捧极速房车运动的体育迷向来队伍声势浩大，只是他们中的绝大多数人都是工薪阶层，没有实力购置一款心爱的保时捷或法拉利。在这个时候，推出价廉物美的"快速消费赛车"显然是降低了极限运动深入普通人家的门槛。具有竞争力的价格一定会让厂家赚得盆满钵满，而"车的速度与价格成正比"的传统观念也将被彻底颠覆！现在，只要 15 000 欧元——市面上，这仅仅是一辆普通家庭用车的价格——就能把风靡世界的跑车开回家。只不过有一点是要注意的，一旦新型跑车出了故障，这就意味着它的生命走到了尽头，而你也不得不考虑下一辆汽车该选择怎样的款式、怎样的性能……

每一项技术在刚刚问世的时候都会遇到不小的阻力。还记得早先发明的一次性 DVD 碟片吗？刚诞生的时候不也饱受世人的质疑与批评？尽管困难重重，但我们必须承认：属于新型汽车的时代已经到来！事实上，F1 方程式大奖赛中早就有了先河，为短时性的汽车零部件使用开了一个好头。最具有代表性的莫过于赛车中的组合引擎，后者与特殊的转换器、润滑油以及碳氢燃料配合工作，虽然寿命还熬不过大奖赛短短 1 个星期，但其卓越的性能确实无与伦比。新型汽车的制造商只不过在 F1 模式的启发下进一步完善了

"短寿命"汽车的概念，将从前运用于局部几个零件的方法拓展到整车的装配上。现在，只要花一点点的钱就能实现你拥有爱车的梦想。更重要的是，你并不会因为花钱少而退而求其次得到一辆自己不满意的车型。不论是外观设计、产品性能还是速度参数，购置一台新型车都绝对不会是一单亏本的买卖！西方某些汽车生产大户信誓旦旦地说，他们的客户是念旧的，正因为这份念旧的感情，他们不会像换衣服一样轻易换掉自己的座驾。言下之意再明显不过了，随便"可以扔掉的汽车"是不会有市场的。你不能完全否认他们的说法，因为根据最新的统计报告显示，汽车使用寿命已经从 21 世纪初时的 7.5 年增长到现在的 12 年。由于汽车制造材料质量的不断完善，加上新兴的技术可以帮助使用者直接在车上更换主要零部件，这都使得汽车的报废时间一延再延。不过在商言商，你永远无法精确地预料到下一秒钟市场上会有怎样的风起云涌。正像当年不被看好的智能视听系统与"数字网络"现在已经全面垄断民用市场一样，新出现的"快速消费车"也一定会将汽车市场搅得天翻地覆。还记得过去很长的一段时间里，汽车司机根本无法接受在车辆内部或车灯上安装 LED（后来举世闻名的电子发光二极管）。但看看现在，随着车头挡风玻璃的发展变化以及选择多样性的汽车远程下载模式，原先对新技术极端抵触的司机朋友也不得不承认：原来生活可以如此舒适便捷！有的时候，你甚至可以通过小巧的 U 盘在心爱的座驾上完成全新功能的升级：卡拉 OK 点唱、远程视频会议、声控辨识……在我们这个高新技术一统天下的年代里，你怎么能不知道电子文件、雷达追踪或智能停车呢？从今往后，这可是日常生活中必不可少的一部分呢！

　　全球化高速发展终于让世人尝到了甜头：为人类创造无数福祉

的科学技术能在世界范围内得到广泛传播、推广，尤其造福于那些本身没有专业技术人员或行业的国家。在互相沟通的过程中，你也许会感觉到不可思议，因为在南非、泰国、斯洛文尼亚、埃及等相对落后的地方竟然也冒出了不少举世闻名的大品牌。千万别少见多怪，事实上，这些国家拥有相当雄厚的科研力量，在市场经济的推动下正蓬蓬勃勃地发展呢！

一次性剃须刀的问世并没有完全断送传统电动剃须刀的市场地位。因此我们不禁想问，为什么不能推广"快速消费车"？也许后者也能与传统意义上的汽车和平共存，一起开创便捷交通的新时代呢！

资料来源：

1. 纯生物可降解聚合物的研究，瓦尔维克大学

居无定所的海上城池

眼见着人口密度与日俱增，各国政府意识到大城市不再是百试百灵的避风港、遮阳棚，怎么解决居无定所的流动人口成了全世界迫在眉睫的大难题。受到了中国、日本等亚洲国家成功管理人口的案例启发，欧盟各国想出了打造"水滴城池"的主意。今早，名为"哈博"的城市正式从港口出发，拔锚远航。

终于在古老的欧洲大陆诞生了充满活力的城市运作模式！你听说过吗？镶嵌在蔚蓝海域中自由飘荡的城池。从今往后，20 万幸运的市民将重新在长 2 000 米宽 500 米的人工海岛上安营扎寨，小岛的一边还有 30 千米的跨海大桥贯穿天际，连接起大陆与岛上的生活。哈博城，欢迎你的到来，同时也祝贺你成为世界上第一个广袤海域中的重要城市！

在这片崭新的土地上，没有狂风肆虐、没有寒风凛冽，更没有可怕的污染……幸运的你身处四季如春的人工气象调节岛上，整片土地就像一个超大规模的石油开采平台，而之前科研人员作出的所有努力、发明的所有技术都只有一个目的：让未来岛上的居民能够真正地安居乐业。人工海岛上也有四通八达的小路，就像昔日豪华游轮上的纵横通道一般无处不在。更值得一提的是，这些露天道路都通过高端技术作了防风处理，居民可以搭乘环保干净的电子汽车自由自在地徜徉其中。哈博城里最大的公寓房也不过 80 平方米左右，但它的舒适程度却足以与五星级饭店里的套房相媲美。为了严格控制不法分子在房地产领域的投机倒把，欧盟国家联合设立了权威的房产管理机构，其总部就设在瑞士的巴塞尔。该机构将负责统一管理岛上房产租金的征收，并监督规范中介商的运营操作，确保城市中的房产市场稳定有序。你也许会有这样的疑问，是不是岛上的居民将永远与大陆隔离？回答是否定的，事实上，海上城市与大陆一直保持着千丝万缕的联系：居民们来来往往，出行完全不受到任何限制。倒是他们不怎么回大陆探访，因为现在，哈博城才是一块香饽饽，每年世界各地都有数不尽的游客慕名前来，只为一睹风采。

你不得不承认这是一座充满活力同时也充满魅力的城市，环岛四周都有一片葱绿的巨大草坪，满眼绿色与远处的蔚蓝海水融成一片，迂回曲折又水乳交融的壮观场面确实叫人叹为观止！得天独厚的地理位置使得岛上随处可见迷人的空中花园，在满园缤纷的落英上踏青是不是别有一番风味呢？由于是孤悬在外的海岛，因此城市动工之初，就有专家担心海上多变的气候等不利因素会使该地区的生活条件大打折扣。事实证明这完全是杞人忧天：最新的人工调节气候系统将大大小小所有的自然风都清一色转化为春天才有的和煦暖风，温度也被神奇地定格为宜人的 20 摄氏度。现在，你也许充满了好奇，究竟这座岛屿目前身在何处？不妨告诉你，哈博城（也有人把它称为"巨型平底船"）眼下正在英吉利海峡附近。这块风水宝地可是经过了千挑万选才最终敲板决定的，它的正前方是赫赫有名的勒阿弗尔海港——欧洲最大的海洋运输集散地之一。更让人惊喜的是，哈博城里的居民享受着欧洲优惠财税体系的特权——他们缴纳的税款额度普遍低于欧洲纳税人的平均水平。我想在这里，就没有必要向你啰嗦一堆，仔细地算这笔账了，因为聪明的你一定可以想象他们的钱袋有多么殷实。位于巴塞尔的欧盟总部也曾出面为小岛担保，只要有欧洲公民自愿申请搬入哈博城，他就可以享受优惠的财税政策。

得益于哈博城的成功运作，在接下来的 10 年时间里，会有超过 30 座的新海上城池陆续进入人们的视线当中。各大洲的海岸线上可有得热闹啰！不过话说回来，不论这种人工海岛技术在未来有怎样突飞猛进的发展，作为相关领域的领军者——哈博城无疑都会被载入史册，成为历史长河中一颗耀眼的星星。上文中也有提到过，哈博城与欧洲大陆是紧密联系着的。而这根纽带——宏伟壮观的跨海大桥，事实上是受到了海上越江桥的启发才修建而成的。可以这么说，"水滴城"已经完全颠覆了岛上居民传统的生活习惯。诺尔曼·尼克松建筑师事务所的资深专家评论道："对于城市主义源远流长的历史而言，哈博城的出现毫无疑问是一次重大的转折。"这位世界上首座海岛城市的总设计师将时间推回到了 2003 年，正是在这一年，人们构想打造一座名为"自由船舰"的海上平台。根据当时的设计，"自由船舰"的占地面积约为 50 个中型飞机场，并能以 6 节（"节"是海上运输专用的速度单位，数值为每小时 1 海里）的速度在海上自由漂浮。之所以会有这样的念头，据说主要是为了逃避高昂的税收制度。既然"自由船舰"在海上漂浮，自然不受到任何国家的管辖，因此也自然而然免去了沉重的缴税负担。这个暗藏玄机的计划到了 2020 年才正式启动。"世界上有或者曾经有过许多超大规模的城市，比如：巴比伦、君士坦丁堡、雅典、罗马、纽约……它们都一度是无比繁华的大都市，这一点无可否认。

但是随着时间的推移，加上外来人口的不断聚集，昔日的黄金城市最后都无一例外地沦落为破旧的'难民集中营'。"东京建筑总署的负责人向我们介绍道，"随着海上城池的出现，我们即将进入新的城市文明时代。陆上的空间越来越狭窄，因此传统意义上的城市已经到了穷途末路。惟有海上开创的新纪元才能为我们打开不同的视野，找到正确的出路。"在高度赞扬哈博城的同时，这位负责人也表示，从很早以前，他就十分欣赏荷兰人围海造田的创举。这是人类向海洋寻找空间的创举！

这几年来，国土资源相对有限的日本一直希望能在"海上城池"技术上有所作为。一些大的公司财团，如池上建筑株式会社等，更是瞅准了当中的巨额商业利润，乐此不疲。名为"海洋明珠"的计划应该是日本最早设计并有意实施的相关工程。该计划于20 世纪就率先在"未来城市"主题展中与世人见面，一经推出更是引来了世界范围内的普遍关注。摩纳哥王国就对该计划案兴趣十足，几乎在同一时间向全球建筑巨头招标，希望能打造属于自己的海上天堂。单从性质上来分析，这可能还是哈博城的前身呢！

城市化的发展从来没有停止过前进的步伐。2005 年，8 分钟可以覆盖50 千米的磁悬浮列车风驰电掣地向我们驶来。现在，哈博城成为迈入新世纪继往开来的技术领路人，为我们呈现出完全不同的城市概念。现任纽约市长在发表演说时激情洋溢地讲道："我们要走可持续发展的道路，坚持和谐进步、和谐创新。城市是让生活更美好的地方！"遥想1920 年纽约市中心落成的第一座摩天大楼，在后来的一百多年时间里，它都是建筑师们打造经典作品的不二模板。美国人自豪地说："就像当初我们的摩天大楼能影响后世1 个世纪之久一样，新建成的海上城池也必然会有同样的影响力。在未来的 100 年中，我敢保证，'水滴城'将会遍地开花!"在过去的 1 个世纪里，全世界范围内的城市人口从 2 亿飙升到 40 亿。毫不夸张地说，地球上一半的人口都拥挤在狭小的城市中。许多大城市不得不容纳 1 000 万的人口，而十来个顶尖城市更是塞进了足足 3 000 万生灵! 城市要爆炸了……

这个问题要怎么解决? 古有巴比伦、波斯、君士坦丁堡、雅典、罗马，而现在，我们有了属于 22 世纪的新型城市——哈博! 登陆海上解决空间问题，难道不是最行之有效的方法吗? 对于那些一直致力于探究城市改革问题的学者而言，出路就在前方。从今往后，就在人工海岛的和风煦日中享受"海鸥翱翔天际，白浪轻拂沙滩"的惬意吧!

资料来源：

1. 西门子有限公司，《明天的城市》: www.siemens.fr

2.《快报》，1997 年 1 月 2 日，《惊天计划——当城市开始漂流》

3.《首都》，2001 年 8 月，《城市漂起来了，税款存起来了!》

22 世纪，去东京看世界博览会吧

21 世纪不是公认的技术大跃进时代吗？难道还有什么是我们没有发明的吗？今早在东京开幕的世博会将为你找到答案。真是不可思议啊！徜徉在未来与时空交织的科幻隧道里，亲眼看见许许多多还没有被发明的神奇物品，你会情不自禁地喊道："为什么？为什么这么好的东西不更早一点诞生呢？"

你敢相信自己的眼睛吗？在这一次东京主办的世界博览会上，竟是一群年逾 150 岁的日本老头出尽了风头！本来应该是颤颤巍巍的古稀老人却个个精神矍铄，和年轻人抢着担任展会的司仪！单单从年龄来看，他们可是典型的"尼龙人"（即 Nylons，是英语 New Young Lovely Old Nippons 的缩写，意为"可爱年轻的新日本老年人"），事实上，他们也惟妙惟肖地扮演着专属于"年轻人"的角色。人们都说"尼龙人"是一个很传神的翻译，因为它的缩写不仅仅恰好是英语单词 Nylons，而且这些老人还是与尼龙材料同时代诞生的幸运儿，可以说两者之间有着千丝万缕的联系。熟悉合成化工业发展的人一定知道，尼龙材料是由美国杜邦公司于 1938 年最早研制成功的。诞生之初，该材料的名称是"66 号超级合成纤维"，后来为方便产品的市场推广，才有了"尼龙"这一说法。没想到一百多年过去了，"尼龙"竟被日本学者借去描述当下的社会现象——Now You Lost Old Nippons（意为"日本的老年人消失了"），这同样是巧妙地借用了英语缩写。

现在把话题转回到这些可爱的日本老人身上。虽然之前早就已经听说过他们的年轻活力，但是亲眼见到本人，尤其是得知他们都出生于 20 世纪四五十年代而今天仍然保持着如此健康的体魄与奕奕的精神，你就会情不自禁地感到惊讶。看看他们矫健的步伐，每一位都兴致勃勃地带领着游人们参观一个又一个的展台，眉宇间无不流露出对于高新科技的赞叹之情以及对下一个世纪的美好憧憬。他们是幸运的一群人，因为 21 世纪的重大科研成果为他们的生活带来了幸福与和美：延年益寿的不老药 DHEA、使用方便的义肢、全自动的智能心脏还有电子辅助视力设备……大约自 21 世纪初，这些神奇的技术成果陆陆续续地进入人们的日常生活，不仅战胜了疾病、延缓了时间对于生命的侵蚀，更标志着人类在医学科技领域一步一个脚印的踏实跃进。作为人类长寿的最佳见证人，这群老年人成为整个展出中最引人注目的导游。"东京，2100 年"，这是一个多么令人激动的时刻！还记得吗？1900 年的巴黎世博会用精灵般的"电流"点亮了整个蓝色星球；2000 年的汉诺威世博会又用互联网连接起五大洲四大洋；今天的东京，一定也会呈现给我们流芳百世的科技杰作吧！对于这样的观点，所有与会的观众、嘉宾都深信不疑。

从你步入展会现场开始，就注定了这将是一场梦之旅。五十多个拥有顶尖技术的国家各显神通，就地演示或最新完成或仍在调试甚至刚开始构思的不同技术蓝本。在这里，你根本无须劳神费力地走东走西，安装了全自动"步行者"（前几年发明的代步工具，英文名为 People mover）的走廊会卷起电动地毯，引导游客前往已经选择的目的地。也许你会问，"步行者"怎么知道我想去哪里？

很简单，完全由声音控制的微型智能屏幕就固定在你的手腕上，不费吹灰之力就能四通八达啦！当然，你也不用担心会与其他游客撞车，因为"步行者"与自动地毯是人手一套的，提供的是为使用者量身打造的贴心服务。有的健身爱好者对组委会提供的"步行者"似乎有点感冒，他们坚持用自己的两条腿逛完会场。对于这一点，聪明的你会做出明智的选择吧！整整 30 平方千米的巨大会场可不是人的两条腿应付得来的，所以乖乖听主办方的安排才是上上之策呢！举个最简单的数据希望不要吓到你，单单欧洲大展区的南北两扇出入口就相距 1 万米！要是没有了"步行者"，就算来个世界长跑冠军恐怕没有个把小时也拿不下来。

亲切的"尼龙老人"们首先把我们带领到了法国展台前。会场布置得整齐有序，白色的圆桌上只有几片不太起眼的药丸。你可别小看了它们！这些计划于 2103 年推出上市的小家伙已经在最近的一次临床实验中大获成功。相关技术的研究人员向我们介绍道："有了它们的积极工作，人体的器官组织就能获得重生，皮肤也将恢复到青少年时期的最佳状态。即便没有复杂的克隆治疗法，所有功能也可以正常地自我修复，十分神奇。"听到这里你还不明白吗？在下一个世纪，围绕着外科领域的变革又将风云再起！

视线转回到另一个发明，亦称"永恒的太阳"。这是由英国为祝贺全人类跨入新世纪所献上的大礼。一直饱受迷雾的困扰与暗无天日的阴冷，英国人这一次选择不再沉默。他们根据自己国家的地理位置，设计了一种专门用于捕捉阳光的卫星，其独有的定位管理系统甚至能够拨云散雾，真是令人百思不得其解。在金色阳光的普照下，几百年来始终被冠以"雾都"恶名的伦敦终于可以一扫阴霾，改头换面了。据称，这个计划已经上轨，到 2113 年，还会同时与"白昼延长"计划相呼应，彻底改变英国人的生活环境。根据目前的计划，"白昼卫星"会在未来几年的时间里逐步延长阳光在英国的停留时间。这对于绝大多数的国民而言都是有百利而无一害的喜讯，因为 21 世纪诞生的激素修改技术已经使他们自动减少了睡眠时间，如何排遣漫漫长夜一直是大家烦恼的问题。部分前沿科学家更是无法接受好端端的壮年人，年纪轻轻竟浪费三分之一的时间用于睡觉！顺应着英国人的想法，日本展台上也有新鲜的玩意儿。该国的科学家已经成功将人们用于睡眠的时间缩短了整整 180 分钟，这也就意味着从今往后，粘在床上的时间从原来的 7—8 小时骤降为 5 个小时。如果你有耐心算一笔账，那么结果可是极其惊人的。以一年为单位计算，人类可以多出近千个小时从事各项活动，也就是整整 45 天！假设一个人能活 100 岁（当然对于现在的医疗水平而言，这可是十分保守的估计），他就能多赚 4 500 天。4 500 天相当于什么概念呢？不多不少 12 年，你可以用这 12 年的时间拓展知识面充实自己、参加体育活动强健体魄，抑或积极投身社会公益事业。总之，时间就是财富——这一点，你一定能够体会吧。

　　还有其他杰出的展品，比如由美国选送的未来网络远程感应系统"AlloClone"。投入该技术研究的专家们坚信，地球上每个个体都有与之相呼应的克隆体。抱着一定要找到"另一个我"的强大信念，科学家们打造起了通过基因身份证辨识个体的互联网络信息传输系统。如果两个身处不同地方的个体确实拥有相同的遗传特征，一旦经该网络计算后确定，双方之间的联系就会变得异常便捷。这样的想法乍听之下是有些疯狂，但何尝不是一次科学家们对于前沿领域的可贵探索呢？

如果每个展台都要介绍一遍，那么就是说到明天恐怕也没法结束。在这里只能遗憾地一笔带过了：时速高达 5 000 千米的超级地铁、滴油不沾的清洁汽车、重量不及人的平均体重的轻质跑车（著名的有保时捷 911、法拉利、Testarossa 以及雪铁龙 DB7 等）。

就在要走出世博会大展区的时候，我们发现了一样好东西：酒！事实上，酒瓶边上的微波冷冻仪才是真正的主角，这台由澳大利亚人发明的小家伙能在短短 10 秒之内冷冻烈酒，将佳酿甘醇冰封在最佳时刻。更重要的是，即便有强制冷的功力，冷冻仪对脆弱的玻璃酒瓶却毫无杀伤力。管它呢！说实话，已经没有几个人在注意机器了，兴奋的人群都抢着举起酒杯，高喊："万岁，可爱的'尼龙老人'！万岁，伟大的世界博览会！"

资料来源：

1. 加利克·丹尼尔，《未来档案》，奥利弗·沃班出版社，1980 年

致　谢

首先，请允许我向本书的所有读者致谢，你们将在通往 2100 年的道路上尽情享受。

接着，感谢 Nathalie 一直以来的耐心支持。

还有，向资深记者、作家，同时也是科学界的老朋友——Albert Ducracq 先生致以最崇高的敬意。一路走来，他都致力于科学知识与技术信息的普及，贡献卓著。

最后，向西门子（法国）公司的执行主席——Philippe Carli 先生表示十二万分的谢意，感谢他对本书撰写的鼎力支持。